LUMINAIRE

光启

守望思想　逐光启航

帝国的眼泪

WEEPING

的

BRITANNIA

眼泪

[英]托马斯·迪克森 著　　　　　　　赵涵译

一部　　　　PORTRAIT　　情感
英国　　　　OF A　　　　史
　　　　　　NATION
　　　　　　IN TEARS

上海人民出版社　　LUMINAIRE BOOKS
光启书局

中译本受教育部人文社会科学重点研究基地重大项目"数字沟通时代中华民族共同体跨文化情感传播研究"（22JJD860006）资助

"所以学着我去哭吧。"

——《哭泣的艺术》,约1500年

总　序

王晴佳

　　上海人民出版社·光启书局建立情感史书系，其宗旨是引荐当代世界高质量的相关论著，为读者提供选题新颖、内容扎实、译文流畅的作品，以助国内学术界、史学界推动和扩展情感史这一新兴的历史研究流派。本书系的计划是在今后的数年中，每年精心挑选和出版数种相关著作，以飨对情感史这一研究领域兴趣日益高涨的读者。

　　对于大多数读者来说，情感史还是一个比较陌生的领域。事实也的确如此。中国学术界首次接触"情感史"这一名称，与2015年国际历史科学大会在中国济南的召开大有关系。素有"史学界的奥林匹克"之称的国际历史科学大会，每五年才举行一次；2015年是该组织首次在欧美之外的地区集会。该次大会的四大主题发言中，包含了"情感的历史化"这一主题，十多位学者齐聚一堂，发言持续了整整一天。这是情感史在中国史学界的首次亮相，而情感史能列为该大会的四大主题之一，也标志这一新兴的研究流派已经登堂入室，成为当今国际史坛最热门和重要的潮流之一。

　　值得重视的是，自2015年至今天，虽然只有短短六年，但情感史的研究方兴未艾，论著层出不穷，大有席卷整个史坛之势。这一蓬勃发展的趋势似乎完全印证了美国情感史先驱芭芭拉·罗森宛恩（Barbara Rosenwein）在2010年所做出的预测："情感史的问题和方法将属于整个历史学。"德国情感史研究的新秀罗伯·巴迪斯（Rob Boddice）在其2018年的新著《情感史》一书的起始，也对该流派在今天的兴盛发达发出了由衷的感叹："在过去的十年中，情感史的论著出版和研究中心的成立，其增长数字是极其惊人的（astonishing）。"那么，情感史研究的吸引力在哪里？它在理论和方法上有什么特征？情感史与历史学的未来走向又形成了什么样的关系？我不揣浅陋，在此对上述问题做一个简单的梳理，[1]也借此说明一下在光启书局编辑出版这一书系的意图和意义。

当代世界历史学发展的走向，大体呈现了一个多元化的趋势，并没有一个流派能占据压倒一切的地位。于是一个新兴史学流派的勃兴，往往需要兼顾其他相关的研究兴趣，同时又要与历史学这一学科关注的主体对象相连。情感史这一流派的兴起和发展明显带有上述特征。以前者而言，情感史与其他新兴的学派，如妇女性别史、家庭史、身体史、医疗史以及之前流行的新文化史和社会史都有密切的关联。而就情感史的研究与历史研究的主体对象的关系而言，或许我们可以参考一下《全球化时代的历史书写》一书。此书作者是当代著名史家林恩·亨特（Lynn Hunt），以提倡新文化史而闻名遐迩。她在2014年写作此书的时候，指出历史学的未来走向，将就"自我与社会"（self and society）的关系展开进一步的探究。这一观察，似

1　此篇导言，基于笔者在2020年9月7日《光明日报》理论版发表的《情感史的兴盛及其特征》一文。

乎卑之无甚高论，因为自古以来，历史书写便以人的活动为对象，而人的活动之开展，又必然以社会环境和自然环境为舞台。其实不然。亨特认为历史学的未来将是："自我领域与社会领域会相得益彰，同时向外扩张。"她的言下之意其实是，自20世纪以来，历史研究在扩张社会领域的方面，从社会的结构来分析人之活动如何受其制约和影响，已经获得了相当显著的进步，而现在的需要是如何深入扩张自我的领域。当今情感史的兴盛及其巨大的吸引力，正是因为其研究朝着这一方向，做出了深入全面的探索和耳目一新的贡献。

　　自古以来的历史书写，的确以人为主体，只是最近才有不同的尝试（如动物史、"大历史"、"后人类史学"等）。但若借用约翰·托什（John Tosh）形容男性史研究的话来说，那就是人虽然在历史著述中"随处可见"，其实却往往"视而不见"（everywhere but nowhere）。这里的"视而不见"，指的是一般的史家虽然注重描述人的活动，但对人的自身，也即亨特所谓的"自我"，没有进行深入的探求。更具体一点说，人从事、创造一些活动，由什么因素推动？是出于理性的考量还是情感的驱动？由于弗洛伊德精神分析学的影响，20世纪70年代曾流行心理史，在这一方面有所探究，而心理史也与当今流行的情感史有着相对密切的联系，但同时情感史又对此做出了明显的推进。心理史虽然注重人的心理活动及其成因，但其实对后者没有更为深入的考察。而情感史的研究则指出，人之从事活动，既为心理学所重视，也与生理学相关，也即人的自我，由大脑和身体两方面构成。而且这两方面，并不是分离独立的，而是密切相连的。举例而言，我们看待史家治史，以往注重的是评价他（她）写出和发表的著作，也即注重其研究的结果，而不是其从事研究的**起因和过**

程。即使我们研究、解释其从事研究的缘由，也往往只简单指出其对学术的兴趣和热诚或者学术界的外部要求和压力等，停留在常识、表面的层面。但问题是，如果学者从事研究出自其兴趣和热诚，那么这一因素是如何形成的呢？而在研究、写作的过程中，他（她）又经历了什么心理和情感的起伏波动？这些都是情感史关注的方面。这些方面与当今学术史、思想史研究的新动向，关系紧密。譬如说自21世纪以来，史学界出现了一个"情感的转向"，那么在情感史及思想史等领域的研究中，也出现了一个称之为"施为的转向"（performative turn）。这里的"performative"是动词"perform"的形容词，而"perform"一般理解为"表演""做"或"执行"等行为。所谓"施为的转向"，便是要强调在哲学层面打破主、客观界限和形而上学传统思维的意图，因为"表演""执行"和"施为"等行动，既有行动者本人又有其行动的对象（例如表演时的观众和听众；作者、史家著书立说所面对的读者等），所以这些行动将主体与客体结合起来，两者之间无法分开、割裂。

换言之，情感史研究在近年十分流行，与史学界和整个学术界的新动向有着紧密的关联，产生了密切的互动。近代以来的西方哲学思潮，基于一个二元论的形而上学前提，譬如主观与客观、人类与自然、心灵与事物、大脑与身体、理性与感性之间的区别与对立，而战后的学术思潮，便以逐渐突破这一思维传统为主要发展趋势。福柯对疯癫的研究，尝试挑战理性和非理性之间理所当然的界限，由此启发了身体史、感觉史、医疗史的研究。情感史的开展既与性别史、身体史、医疗史相连，同时又在这方面做出了不同的贡献。如同上述，情感史同时注重身体和大脑两方面，因为情感的生成和波动，牵涉两者。比如一个人脸红，可以是由于羞涩，也可以是由于紧张或愤怒。情感是身体反应的一种表现，但这种表现同时又与大脑活动相连，两者之间无法区别处理，而是互为因果。同样，一个人微笑——嘴角两端上翘——这一身体的动作，也包含多重层面。微笑可以表达一种愉悦的心情，但又无法一概而论，因为有的人由于尴尬，或者心里不安甚至不悦，也会微笑对待，当然这里的"笑"是否还能称作"微笑"，便有待别论了。事实上，情感表达与语言之间的关系，一直是情感史研究中的一个重点。

上面的两个例子既能说明情感史研究的理论基点，同时也有助于显示其兴盛的多种原因，因为如果要研究人的脸红或微笑，可以采用多种方法和不同的视角。情感史研究的兴起，本身是跨学科交流的一个结果。比如神经医学的研究进展，便部分地刺激了情感史的研究；神经医学家会主要考察脸红和微笑与脑部活动之间的关系。受其影响，一些科学家希望能通过考察人的脸部表情来精确测出人的心理活动（如测谎仪的制作和使用），但社会学家和历史学家则往往持相反的意见，认为人的身体活动表征，虽然有先天（nature）的一面，但更多是习得（nurture）的经验，至少是双方（生理学、神经学VS.人类学、历史学、社会学）之间互动的产物。这个认识既挑战了近代的二元论思维，也成为当代情感史领域从业者的一个共识。

情感史研究近年能获得长足的进步，与上述这一共识的建立有关。而情感史研究的路径和方法，又主要具有下列特征：首先，如果承认身体活动同时具有生理和社会的属性，那么学者可以就此提出许多问题作为研究的起点，如：两者之间何者更为重要？是否相互影响？是否因人而异，也即是否有人类的共性还是各个文化之间会产生明显的差异？其次，通过身体动作所表现的情感，与外部环境抑或人所处的社会形成怎样的关系？比如一个人愤怒，是否可以随意发泄还是需要受到社会公德的制约，表达的时候有无性别的差异，是否会随着时间的推移而有所变化，从而展现出情感的历史性？再次，情感与语言之间也形成了多重关系：一个人情感的波动是否由语言引起，而波动之后是否选择使用某种词语来表达，然后这些语言表述有无文化之间的差异？历史研究以过去为对象，所以情感的研究，通常需要使用语言文字记述的材料，因此如何（重新）阅读、理解史料，发现、解读相关情感的内容，也就十分必要了。最后，情感史研究又常常需要走出文字材料的束缚，因为人的情感起伏，也会由于看到一座建筑物、一处风景及一个特别的场景而起，此时无声胜有声，语言文字不但无力表达，甚至显得多余。总之，情感史在近年的兴盛，综合了当代史学发展的特征，在理论上与整个思想界的发展走向相吻合，在方法上则充分展现了跨学科的学术趋向，不但与社会科学交流互动，亦常常借助和修正了自然科学的研究成果。情感史的兴盛展现了当代历史学的一个发展前景，而其新颖多元的研究手段，也对培养和训练未来的历史从业者，提出了崭新的要求。本书系的设立，希望能为中国史学界及所有对历史有兴趣的广大读者，提供一份新鲜而独特的精神食粮。同时，我们也衷心希望得到读者的积极反馈和宝贵建议，以便更好地为诸位服务！

2021 年 4 月 8 日于美国费城东南郊霁光阁

目　录

插图目录

引　言
我是一块磐石

1945年，驻守文莱的英国宪兵上尉威廉·马丁（William Martin）被日军俘虏并关押在古晋战俘营。他相对平静的囚禁生活因一个错误的行为戛然而止：他将一条裤子扔给铁栅栏另一侧的狱友——一名只有腰布遮身的士兵。因为这个善良但违规的举动，马丁上尉被带到监狱副指挥官面前，遭到拳打脚踢；一把刺刀反复扎进他的双脚；一名警卫用枪托猛砸他的脸，致其左眼无法睁开，鼻子血流不止，嘴巴被撕裂；在小牢房关了几分钟后，他又被拖出来，成为看守们练习柔道的工具。后来，他被要求站在水沟边，日本人用刺刀抽打他的大腿，并命令他哭。马丁拒绝就范，于是施暴的日本兵将他打倒在水沟里，骑到他的身上。马丁上尉回忆道："我感觉失去了肋骨。"被扔回牢房后，他双手抱头地坐着，神志不清。监狱的另一个守卫再次问他是否在哭，马丁回答道："英国人从不哭泣。"[1]

1　"Prolonged Brutality To Prisoner: 'No Britisher Ever Weeps'", *The Times*, 20 Dec. 1945, p. 3; "Pigs Before Men: Sadism at the Kuching Camp", *West Australian*, 20 Dec. 1945, p. 7; "Revolting Details of Japanese Atrocities", *The Advocate* (Tasmania), 20 Dec. 1945, p. 5.

在电影中，这会是一个绝佳的催泪桥段——一个让我们为某个泪不轻弹者落泪的经典电影场景。1950年，"大众观察"（Mass Observation）组织询问被调查者是否会在看电影时落泪。正如我们所料，男性和女性对催泪影片的品位大相径庭，但那些曾在军队服役的男性特别容易被探险家、冒险和战争题材电影中的英雄主义场景所感动。的确，根据我们对20世纪中期英国男性习惯的了解，我猜马丁上尉从古晋战俘营获释并与爱人重聚时，以及后来在当地影院看电影时，他都会落泪。影院的半隐秘性，以及人们对充满戏剧性的虚构故事的认同，为战后哪怕最为坚忍的英国人提供了流泪的机会。[1]

"英国人从不哭泣。"这是一句著名的修辞，我不想从字面意义上纠正已经过世的马丁上尉，因为他的话不论作为一种历史陈述，还是一种社会学概括，事实上都是不准确的。我敢肯定，在一个更为深思熟虑的时刻，马丁上尉会回想起英国历史上一些重要人物的眼泪，包括波阿狄西亚（Boadicea）、狮心王理查德、哈尔王子、女王简·格雷和乔治四世，正如亨利埃塔·马歇尔在畅销儿童历史书《我们岛屿的故事》中所讲述的那样。[2] 毫无疑问，马丁还会回忆起自己童年和家庭经历中的一些私下落泪的瞬间。但这些都不是重点。那一刻，在古晋战俘营，威廉·马丁代表了大英帝国。他的鼻子流着血，一只眼被打得青紫，耳朵嗡嗡作响，折断的肋骨带来剧烈的疼痛，他知道自

1　关于20世纪中期的观影和流泪，以及1950年"大众观察"组织开展的是否在观影时哭泣的问卷调查，见第十六章。

2　H. E. Marshall, *Our Island Story: A History of England for Boys and Girls* (London: T. C. and E. C. Jack, n.d. [1905]); 可通过The Internet Archive在线阅读：https://archive.org/details/ourislandstoryhiooomarsuoft。

己决不能表现出一丁点软弱。忍住不哭是为了证明英国人的力量和自尊，尤其是当"小日本的"监狱看守用嘲讽的语气命令他哭泣时。马丁的这段经历，是他在战后对狱守进行战争罪审判时所做的陈述。故事以马丁拒绝流泪、狱守随即将其释放结束。威廉·马丁赢得了日本人勉强的尊重和这场心理较量的胜利。

　　1945年以后，情况发生了巨大变化。英国人从不哭泣吗？如今我们似乎一天到晚哭泣。我们生活在无法撼动的情感统治之下。美国脱口秀在20世纪80年代引领风潮，英国脱口秀紧随其后。"奥普拉"（*Oprah*）的"新宗教"以忏悔式谈话为中心，社会名流和普通民众在电视心理学家的引导下分享自己的情感和泪水，向数以百万的观众传授关于情商的新教义（并向他们兜售新书）。回顾过去，我们不禁要问当代英国的眼泪潮是何时出现的。人们记得1990年英格兰足球运动员保罗·加斯科（Paul Gascoigne）因和首相玛格丽特·撒切尔都曾在众目睽睽下落泪。但最令人难忘的是1997年人们对戴安娜王妃倾注的悲伤。当时有许多人认为这毫无道理、不合时宜，甚至虚情假意。即便如此，参加悼念的人达数百万之众。[1]

　　如今这些年，最成功的电视节目无一例外是泪点横飞的苦情剧。各种达人秀、真人秀、歌唱秀、舞蹈秀、烘焙秀，以及和我们身体、衣服、生活方式、宠物及孩子相关的各种秀，它们全都变得催人泪下。就拿昨晚来说，我在电视上收看真人秀《约克郡的教育》的最后一集。它以在迪斯伯里一所学院举行的普通中等教育英语口试为背景，用一位患有严重口吃的十几岁男孩穆沙拉夫和他鼓舞人心的老师伯顿

1　关于最近的发展情况，见第十九和二十章。

之间的故事，再现了讲述乔治六世的电影《国王的演讲》中催人泪下的情节。影片的高潮是穆沙拉夫发出了自己的声音，得到了他期望的C等成绩，并在最后一天向全校发表了激动人心的演讲。男孩、女孩、老师们热泪盈眶（不过看到他们中至少有几个人在笑，我长舒了一口气）。我浏览了推特：那是一片汪洋泪海——整个国家都在推特上呜咽恸哭。[1]

　　我本人对这种情景毫无招架之力。即便我用历史学家的怀疑的眼光来观看穆沙拉夫的演讲，即便我对这类现象有职业上的兴趣并且对节目的叙事和情感技巧了如指掌，我还是忍不住流下了眼泪。为了不让自己尴尬，我将列出这些年让我哭泣的许多其他的电影、电视桥段。我在英国长大，那时紧抿上唇的时代已经结束——这是一个跨越近百年的时代，大致从1870年查尔斯·狄更斯逝世到1965年温斯顿·丘吉尔去世，并在两次世界大战之间达到顶峰。在我生活的时代，上唇一直在变得松弛。20世纪80和90年代，人们口中的"新男性"不仅要了解自己的情绪，还应格外注重自己的打扮，我对前者深信不疑，但对后者不以为然。我对哭泣的历史、英国国民性和紧抿上唇的最初兴趣，源于我对自己作为一个好哭的混血英国人的好奇。

　　一些人，尤其是那些出生于丘吉尔在世时期的人，会觉得英国人这种新的、情感外露的生活方式有些恶心。他们称其为"情感失禁"（emotional incontinence）。该短语源自19世纪晚期的精神病学文献，它暗示在公共场合流泪和在大庭广众小便一样可耻。[2] 2010年，

1　Educating Yorkshire, Series 1, Episode 8, Channel 4, first broadcast 24 Oct. 2013, http://www.channel4.com/programmes/educating-yorkshire; 关于20世纪90年代以来由电视和社会媒介建构的情感共同体和情感规范，见第20章。
2　关于"情感失禁"在近代早期的表述，见第三和九章，关于"情感失禁"的晚近用法，见第十三和二十章。

记者兼播音员琼·贝克韦尔（Joan Bakewell）对肥皂剧《加冕街》50周年纪念版中所有的呜咽和拥抱镜头感到震惊。她说，这种"情感失禁"会让信奉斯多葛主义而非感伤主义的"老一辈人感到诧异"。[1]一年后，喜剧演员乔·布兰德（Jo Brand）制作了一部关于公开哭泣的电视纪录片。她反对这种行为，指出哭泣应在极少数情况下发生，并在私底下进行。[2] 网络上对该影片的评价表明并非只有布兰德持这种观点。其中有条评论来自一位署名"Algol60"（一种计算机语言的名称）的人——我猜他是一名男性。Algol60写道："如果你想哭，就躲到沼泽地悄悄地哭。除了小孩和娘娘腔的外国人，任何8岁以上的英国人都应该有自制力。"这句话后来因冒犯其他用户被从英国广播公司的网站上删除，但这正是当今时代宣扬情感至上的又一例证。[3]或许亚历山大·蒲柏嘲讽约瑟夫·艾迪生著名的感伤戏剧《加图：一场悲剧》的诗也会被删除，因为它描述了一位女性观看完艾迪生戏剧之后的反应：大量的尿液，而非18世纪令人期待且时髦的感伤之泪，"虽然她的骄傲抑制了眼泪，但滔滔不绝的水流在下方找到了一个发泄口"。[4]

不管你是带着Algol60的轻蔑，还是怀着满腔的热情，抑或用泰

1　Joan Bakewell, "What the Crying Game Says About Us", BBC News Magazine, 17 Dec. 2010, 〈http://www.bbc.co.uk/news/magazine-12021519〉.

2　Jo Brand, "For Crying Out Loud", What Larks Productions for BBC Four, first broadcast, 14 Feb. 2011, 〈http://www.bbc.co.uk/programmes/booymhqz〉.

3　"The Myth of Britain's Stiff Upper Lip", BBC News Magazine, 16 Feb. 2011, 〈http://www.bbc.co.uk/news/magazine-12447950〉.

4　[Alexander Pope], "On a Lady who P-st at the Tragedy of Cato: Occasion'd by an Epigram on a Lady Who Wept at It" (1713), in Norman Ault, *New Light on Pope: with Some Additions to his Poetry Hitherto Unknown* (London: Methuen, 1949), p. 132; 这首诗经常被认为是18世纪乔纳森·斯威夫特的作品。

然中立的态度看待近年来英国人生活中情感风格的变化，你都会感到这是一个值得探索和解释的现象。这便是本书想要做的，它旨在展示一个被认为是普遍的人类现象——流泪——是如何、何时以及为何被视为"非英国的"，并还原过去600年间不列颠群岛各地哭泣的男男女女们的一些想法、感受和经历。英国人的泪水曾经滔滔不绝，其内涵和功能比"紧抿上唇"和"情感失禁"这两个有限的现代概念所能揭示的要丰富得多。事实上，20世纪中期对眼泪的极度压抑，而不是在此之前和之后流行的哭哭啼啼式的多愁善感，才是英国历史上的反常现象。在更早的时期，英国满是习惯和精于哭泣的人。我们直到现在才逐渐从长期的军事化和帝国主义国家形态中恢复。在古晋战俘营，紧抿上唇是有用的。而英国在维多利亚和爱德华时代崛起为全世界首屈一指的帝国，在这一过程中，压抑泪水发挥了相同的作用。但那个时代只是更加漫长和精彩的历史故事的一部分。这段更加漫长的历史中，英国人有过虔诚、狂热、感伤和多情，以及如今让人讨厌的英国式的情感压抑。这种压抑本身又是一段多层次和多阶段的历史，例如英国人曾对抗过罗马天主教和法国大革命。

1965年，美国创作歌手保罗·西蒙推出歌曲《我是一块磐石》。[1]这不是一首关于英国国民性的歌，但它目中无人的孤立主义立场概括了"紧抿上唇"中最令人同情和生厌（同时包括两种意义）的部分。歌词写道，"我不需要友谊；友谊带来伤痛"，结尾则是"一块磐石感觉不到伤痛；一座岛屿永远不会流泪"。大英帝国的民众曾为此

1　Paul Simon, "I Am a Rock" (CBS, 1965).

备感骄傲。对于一个被异域泪海包围的岛国而言，这是一种非常适合的心态。曾有一段时间，英国人试图标榜他们国家的地理特征：他们不仅居住在干燥的岛屿上，还居住在一片不会流泪的土地上。但是到了1965年，在保罗·西蒙的音乐之外，出现了一些变化的迹象。丘吉尔的去世为最终正式进入战后时代创造了机会。诺丁山狂欢节在那一年首次举行，它代表了英国人一种新的热情和活力；人类学家杰弗里·戈尔在《当代英国的死亡、悲伤和悼念》一书中哀叹对健康地表达悲伤之情的长期压制。越来越多的人意识到，在战场上紧抿上唇是正确的，但在和平时期非但不合适，还可能导致身体和情感上的疾病。[1]

因此，探讨眼泪史的一个重要原因是为了推翻关于英国国民性的一些迷思，另一个原因是为了将我们的观念从当下某些心理学的条条框框中解放出来。通过对早期哭泣材料的深入研究，我们能发现大量奇特的经历，解读这些经历使我们认识到自己的情感生活似乎显得匮乏和平庸。过去人们的情感体验之强烈、情感表达之极端、情感所涉道德和宗教责任之深刻，对我们来说都是陌生的。我们仍会去剧院观看莎士比亚的悲剧，尽管现代观众的反应相当平静。而其他一些现象，比如女巫审判、露天绞刑、在山坡上向数以万计的人做复兴主义布道，曾猛烈冲击过我们祖先的心灵，却从未感动过我们。

眼泪史也涉及思想史。我们对身体和心灵的认识，本身就是我们

1　Geoffrey Gorer, *Death, Grief, and Mourning in Contemporary Britain* (London: The Cresset Press, 1965). 关于20世纪60年代人们对死亡和悲伤态度的变化，见第十七章，以及 Pat Jalland, *Death in War and Peace: Loss and Grief in England, 1914-1970* (Oxford: Oxford University Press, 2010), ch. 11。

情感经历的组成部分。例如，在不同时期，人们相信他们的情感是罪恶的激情借助堕落肉身的运动，是四种基本"体液"的相互作用，是上帝以美德为目的而设计的规范思想和行为的机制，是进化中的人类祖先留下的毫无用处的行为遗迹，是被压抑的童年精神创伤的流露，是应激激素的不健康堆积。这些看法并不是对同一种基本经验的不同解释，而是形成截然不同的主观经验的基础。这些看法不仅产生了不同的思想，而且制造了不同的情感。思想和情感是随时间的推移一起发展的。[1]

自1872年查尔斯·达尔文在该领域影响深远的著作《人类和动物的情感表达》问世以来，我们倾向于认为哭泣是一系列基本情感表达中的一种——一种通用情感语言的一部分。但是，若把哭泣理解为个人悲伤的外在表达，就忽视了它的本质、复杂性和重要性。达尔文正确地指出，眼泪不能与任何一种心理状态完美联系在一起，它可以"在完全相反的情绪下，甚至在没有情绪的情况下，大量分泌并从脸颊上滚落下来"。[2] 历史上，眼泪曾在许多不同的情境落下，不论个人抑或集体、喜悦抑或悲伤、顺从抑或反叛、重大公共仪式抑或最为私密的场合。眼泪可以表示绝望或决心、软弱或坚强、愤怒或同情。它可以因感觉、记忆、思想以及强烈的情绪而产生。因此，当我们为一部影片、一段音乐或生活中的某件事哭泣时，我们所做的远不止表达

1　关于此处隐含的对情感的认知解释，见第十章和结论，以及 Jerome Neu, *A Tear is an Intellectual Thing: The Meanings of Emotion* (Oxford: Oxford University Press, 2000); Martha C. Nussbaum, *Upheavals of Thought: The Intelligence of Emotions* (Cambridge: Cambridge University Press, 2001); Robert C. Solomon, *Not Passion's Slave: Emotions and Choice* (Oxford: Oxford University Press, 2003)。
2　Charles Darwin, *The Expression of the Emotions in Man and Animals* (London: John Murray, 1782), p. 163. 关于维多利亚时期达尔文关于眼泪的理论，详见第十三章。

悲伤。眼泪作为一个普遍的标志，并不是指它在任何时间和地点都具有相同的含义，而是指它可以在不同的心态、社会和故事背景下表达几乎任何事情。[1]

我们的身体就像被水浸透的海绵，当它被一套强有力的、通常是叙事形式的思想观念抓住和挤压时，眼泪就会产生。这就是哭泣能够作为历史研究主题并吸引我的众多原因之一：由此产生的故事同时和身体、观念、叙事相关，因为眼泪既是一种分泌物，又是一种信号。在某种程度上，哭泣似乎与呕吐、流汗、打喷嚏或放屁——一种身体反射和排泄——别无二致，它甚至可以被看作一种处理废物的行为。即便毫不起眼的屁，也被证明经得起具有启发性的史学研究。[2] 眼泪处于一个更加高贵的地位。在所有体液中，眼泪是唯一被赞美的对象，它不仅被认为是洁净无瑕的，而且具有深刻的内涵，甚至是神的工具。眼泪是身体分泌物中的圣母玛利亚，是人类排泄物上的一片雪花。[3] 眼泪是一种受尊敬的排泄物，这个矛盾的地位，只是围绕哭泣的众多矛盾中的一个。正如我们将要看到的，哭泣曾被认为是无意识的、健康的、真挚的、虔诚的、理性的和男子汉的，但它同时也是戏剧性的、病态的、虚伪的、渎神的和女子气的。

仅将哭泣视为一种生理表达，会使我们忽视它的三个重要方面：思想性、互动性和想象性。正如威廉·布莱克在1803年所言："一滴

1　Thomas Dixon, "The Waterworks", *Aeon Magazine*, 22 Feb. 2013, 〈http://aeon.co/magazine/psychology/thomas-dixon-tears〉.

2　Keith Thomas, "Bodily Control and Social Unease: The Fart in Seventeenth-Century England", in Garthine Walker and Angela McShane (eds), *The Extra-ordinary and the Everyday in Early Modern England: Essays in Celebration of the Work of Bernard Capp* (Basingstoke: Palgrave Macmillan, 2010), pp. 9—30.

3　关于哭泣与圣母玛利亚的悲伤和怜悯之间的关系，见第一章。

泪乃理智之物。"[1]哲学家杰尔姆·诺伊用布莱克的这句名言给自己的书取名,并用一句口号进行概括:"我们哭泣,因为我们思考。"[2]对世界的特定认识,而不仅仅是生理机能,让我们潸然泪下。眼泪的思想和道德属性,让几个世纪的理论家们否认动物会真的流泪。哭泣不仅是一种思考的具象,也是一种社会活动。从婴儿时期开始,眼泪就与依恋和分离密切相关,因此我们最好不要将哭泣看作个体情感的表达,而是将其视为一种液态的社会纽带。[3]回顾历史,哭泣也是一种和其他社会活动紧密相连的社会公共活动,包括祈祷、讲道和忏悔,思考、阅读和写作,表演、唱歌和观看,聚会、结婚和哀悼。通过富有想象力的故事,尤其是那些集体讲述和共同倾听的故事,眼泪的思想和社会维度得到了最有力的体现。所以,当你下次坐在沙发上,为《国王的演讲》或《约克郡的教育》中的情节安静地呜咽擦泪时,你应该意识到,一个复杂的、共有的、无意识的和理智的故事正在你的脸颊流淌。如果现在你觉得这是一种奇怪的想法,但愿在阅读了这本书后,不会再这么认为。

　　因此,《帝国的眼泪》不仅仅打算成为一座眼泪的博物馆(即便它的确如此),它还旨在剖析、重建、复原和重温历史上的落泪者及其旁观者的种种经历。当然,直接得到逝者的主观体验是不可能的,我们也不可能参与他们的行动或体会他们的想法,但这并不妨碍我们试着做一番政治和思想史研究。我们做我们能够做的,不必一厢情愿

1　"The Grey Monk" (c. 1803), in *The Complete Prose and Poetry of William Blake*, newly revised edn, David V. Erdman ed., with commentary by Harold Bloom (Berkeley and Los Angeles: University of California Press, 2008), pp. 489—90; 进一步的讨论,见第十章和结论。

2　Neu, *A Tear is an Intellectual Thing*, ch. 2, p. 14.

3　Judith Kay Nelson, *Seeing Through Tears: Crying and Attachment* (New York: Routledge, 2005).

地相信我们对历史人物的读心术能完美无缺。因为即便是我们自己和爱人的想法，当我们试图去理解时，也可能是晦涩难懂的。所以，梳理几个世纪前人们的情感生活所面临的挑战，和我们每天想象自己和他人可见言行背后的那些不可见的想法和情感所遇到的困难，没有类型上的差异，只有顺序上的不同。不管是面对当代还是历史案例，我们都是通过他人的语言、信仰和行为，深入他们的情感生活。在接下来的章节中，我经常采用的办法是将第一人称的落泪故事，与更具反思性的、阐释特定时期理论和道德观念的作品进行对照，其类型既可以是文学、哲学和科学，也可以是新闻。几个世纪以来，哭泣的理论、经验、语言和伦理协同演进。从心灵回忆录到工人阶级自传，从莎士比亚的悲剧到报纸上的咨询专栏，从哲学小册子到电视真人秀，从私人书信到议会辩论，从浪漫主义诗歌到后现代推特，泪水在各种各样的历史文献中留下了印记。在这些文献中，我们不仅找到了引起流泪的情感的证据，而且发现了由情绪化的流泪场面引发的愉悦、怜悯、崇敬或厌恶等次生情感。

仅仅通过对事件和思想的干瘪叙述来复原哭泣这种个人的、情绪化的行为是不可行的。因此在结构安排上，本书通过个体的独特经历，再现更大范围内的社会、宗教、文化和思想变迁。我尝试通过一系列哭泣的微型人物画像——历史上的20滴泪珠——来描绘一个国家的肖像（而不是进行一番，比如说，社会学调查或统计学分析）。在这部故事里，那些呜咽擦泪的男男女女中有英国历史上最具影响力的人物：奥利弗·克伦威尔、乔治三世、维多利亚女王、温斯顿·丘吉尔和玛格丽特·撒切尔。本书也描绘了许多普通的民间人物、被遗忘的名人，甚至像提图斯·安德洛尼克斯和小耐儿（Little Nell）这样的虚构人物。《帝国的眼泪》通过挖掘爱、悲伤、宗教、犯罪、性、疯癫、医学、爱国主义、文学、戏剧、电影和音乐的历史，探究中世纪晚期以来英国人如何以及为何感动落泪。我们原本以为最坚忍克制的一群人——士兵、律师、法官、首相、大法官，甚至刽子手——曾经常在公共场合潸然泪下。英国历史上重大的宗教和政治动荡，如宗教改革、英国内战、法国大革命、大英帝国的兴衰以及第二次世界大战的余波，都永远地改变了眼泪的内涵和英国国民的观念。

英国的世俗化真正开始于19世纪，在20世纪中期达到了一个新的水平，它从公共生活中移除了产生和解释眼泪的一个重要背景。通过对比前几个世纪的汪汪泪眼和20世纪的饮泣吞声，我们还可以看到基督教情感和由古代帝国的哲学家们创立且更加世俗的斯多葛主义之间的差别。耶稣、圣母玛利亚、抹大拉的玛利亚（Mary Magdalene，英语中创造了一个新的单词"maudlin"，用来形容抹大拉的玛利亚的哭泣）的眼泪，曾经是日常道德和情感表达的楷模。因此，我们历史上20个落泪瞬间中的第一个，当属生活在中世纪晚期的一位妇女。从金斯林到耶路撒冷，再从耶路撒冷返回金斯林，她肆意流淌的宗教之泪一刻也没有停歇。

第一部分
虔　诚

第一章
寻找玛格丽

作为母亲、磨坊主、酿酒师和神秘主义者,玛格丽·肯普
(Margery Kempe)是一个极度好哭的人。多亏了她那本引人注
目并保存至今的《书》——现存最古老的英文自传,我们在六个世纪
后依然能听到玛格丽独特的声音。那是一个人在荒野——或者至
少在金斯林——哭泣的声音,而且不只是哭泣,更是号哭,有时她甚
至在恸哭时面色大变,晕倒在地。玛格丽生于1373年前后,是林恩
(Lynn,即后来的金斯林)市长的女儿。她嫁给了当地一名酿酒师,
做着不算成功的啤酒和磨坊生意。她先后生下14个孩子。第一个孩
子出生后,她一度陷入疯癫,后来经历的一系列幻象,使她开始了虔
诚的宗教生活。她充满生气的虔信生活的一大特点是她流泪的能力。
玛格丽那惊天动地、频率极高的哭泣,是包括她自己在内的许多人都
有理由希望她不曾拥有的能力。其自传在20世纪30年代重见天日,
讲述了一个女人因自己的眼泪而出名的故事。[1]

---

[1] 关于玛格丽的生平和《书》,见Karma Lochrie, *Margery Kempe and Translations of the Flesh*
(Philadelphia: University of Pennsylvania Press, 1991); Sandra J. McEntire (ed.), (转下页)

在研究英国哭泣史的最初阶段，我就清楚地认识到玛格丽应当是我研究的起点：英国人如泉水般喧闹涌动的眼泪从何而来？我从未见过历史上有哪个人的生活如此彻底地被泪水所淹没和定义。于是我登上了一列开往金斯林的火车，去那里寻找玛格丽的灵魂。今天，这个城镇仍然保存着完好的中世纪和近代早期的建筑，包括一座市政厅、一座监狱、一座女修道院和圣方济各修道院的遗址。但是当我寻找玛格丽和她丈夫居住和酿酒的街道时，我只看见了阿格斯（Argos）连锁商店和一座现代购物中心。天堂路（Paradise Road）和天堂街（Paradise Parade）两侧的许多窗户都被钉上了木板。旧时光商店（Past Times）也关门歇业了。安·萨默斯（Ann Summers）商店的橱窗里展示了一套圣诞老人风格的红白色内衣，旁边的海报上写着："噢！噢！噢！"我想，一件透明的情趣睡袍通常不会让人想到玛格丽·肯普，也许粗布衫（hair-shirt）更合适，但至少不会完全不合适。玛格丽的书记录了她在性和信仰上的冒险经历，其中包括某次她计划在晚祷结束后与一名男子发生不正当的性行为。[1] 我不打算和安·萨默斯的店员分享这些轶事，于是我继续

（接上页）*Margery Kempe: A Book of Essays* (New York: Garland Publishing, 1992); Charity Scott Stokes, "Margery Kempe: Her Life and the Early History of her Book", *Mystics Quarterly 25* (1999): 9—68; John H. Arnold and Katherine J. Lewis (eds.), *A Companion to the Book of Margery Kempe* (Cambridge: D. S. Brewer, 2004); Barry Windeatt, "Introduction" to *The Book of Margery Kempe*, trans. with an introduction by Barry Windeatt (London: Penguin, 2004), pp. 9—30; Santha Bhattarcharji, "Tears and Screaming: Weeping in the Spirituality of Margery Kempe", in Kimberley Christine Patton and John Stratton Hawley (eds), *Holy Tears: Weeping in the Religious Imagination* (Princeton: Princeton University Press, 2005), pp. 229—41; Felicity Riddy, "Kempe, Margery (b. *c.* 1373, d. in or after 1438)", *Oxford Dictionary of National Biography* (Oxford University Press, 2004; online edn, May 2009), doi: 10.1093/ref:odnb/15337.

1　玛格丽的《书》详述了她在一段时期里遇到的巨大诱惑，包括晚祷结束后与勾引她的男人约会。《书》将淫荡好色描述为一种"罪恶"和"陷阱"，即便玛格丽穿上了粗布衫，不断积累善功，（转下页）

前往圣玛格丽特教堂。14和15世纪,玛格丽曾在此礼拜和哭泣。

天开始下起大雨,我想起了玛格丽在书中提到的一件事。某日,林恩的一场火灾眼看就要烧毁圣玛格丽特教堂,玛格丽整日祈祷和哭泣,直到雪奇迹般地落下,仿佛是结成冰晶的神秘眼泪浇灭了火焰,拯救了教堂,这也为她赢得了全镇居民的感激。[1]当我在圣玛格丽特教堂避雨,努力寻找玛格丽在此生活的蛛丝马迹时,我在想这场雨是不是她给我的暗示。这座建筑的中世纪部分已经被后世的扩建、装饰和雕像所覆盖。祭坛后面是一面巨大的木刻彩绘屏风——一件维多利亚鼎盛期的中世纪风格装饰物,屏风上有金色的被钉在十字架上的耶稣像,耶稣两侧是一些早期教父的雕像。这些神学圣人包括奥古斯丁、安布罗斯、格里高利和杰罗姆,他们都是眼泪神学(theology of tears)的创立者。玛格丽依靠宗教导师的大声朗读,从她那个时代的灵修读本中学到了眼泪神学。这些书教育虔信者如何思考和感受,它们有着《爱的火焰》《成圣的阶梯》和《爱的刺痛》这样的书名。[2]在眼泪神学中,"刺痛"是一个非常重要的意象。眼泪通常有三个来源:虔诚、怜悯和愧疚。愧疚正有一种"刺痛"(pricking)和"刺入"(piercing)之意(词源和"puncture"相

(接上页)滔滔不绝地流着悲痛的眼泪,但她依然将其视为诱惑。*The Book of Margery Kempe,* trans. with an introduction by Barry Windeatt (London: Penguin, 2004), ch. 4, pp. 49—50, 后文该书简写为*Book*。

1 *Book,* ch. 67, pp. 202—5. 有关这次事件发生地点背后的气候现象和玛格丽的虔信之旅间的比喻关联,见Jeffrey J. Cohen, *Medieval Identity Machines* (Minneapolis: University of Minnesota Press, 2003), ch. 5 (p. 180)。

2 Windeatt, "Introduction", pp. 15—18. 作者包括沃尔特·希尔顿(Walter Hilton)和理查德·罗尔(Richard Rolle)。关于这些书给出的包括眼泪和哭泣在内的灵修建议,见Walter Hilton, *The Ladder of Perfection,* trans. Leo Sherley-Price, with an introduction by Clifton Wolters (London: Penguin Books, 1988), pp. 37—41。

同），表明信徒的灵魂被刺穿，就像耶稣身体被矛刺穿一样。与坚信和洗礼一样，愧疚是得救的三个要素之一，它存在的标志就是流泪。[1]

我继续在圣玛格丽特教堂探寻，最终发现了一个之前错过的关于玛格丽的小型展览，这让我对她在林恩的生活有了更多的了解。当我在访客簿上留言并准备离开时，我被其他人的几条评论吸引了。一些访客形容这座教堂"美丽漂亮"，有人称其"非常干净整洁"。一些留言是关于已故亲人的，其中一条出自小朋友之手，上面写着"我想念我的奶奶和姑妈"。但最让我印象深刻的，是留言簿中频频提到的平和与安宁："感谢你的平和与安宁"；"平静、轻松、鼓舞人心"；"平静的和安宁的"；"感谢教堂里的安宁与静寂"；"平静的天堂"；"愉悦、安静、令人印象深刻"。所有这些平和与安宁，与玛格丽·肯普生活的喧嚣世界有着天壤之别。在玛格丽生活的年代，圣玛格丽特教堂是中世纪城镇生活的中心，熙熙攘攘、人声鼎沸。如今，它变成了一个与现代生活方式截然不同的适于沉思和怀旧的宁静港湾：一个精神上的"旧时光"商店。

但访客簿上也有一些留言更接近玛格丽生活的世界。有人抱怨"管风琴手脾气差"，却能"弹出美妙的音乐"。还有人说："来这里祷告，但工人和女人们太吵了。"做祷告时被这些难以相处、大声喧哗的人打扰的感觉，以及访客簿中提及的美妙音乐，说明它们与玛格丽·肯普——在一项关于眼泪的系统研究中被描述为史上"哭泣冠

1　关于刺穿与愧疚，见Sandra McEntire, *The Doctrine of Compunction in Medieval England: Holy Tears* (Lewiston, NY: Edwin Mellen Press, 1990)；特别是Piroska Nagy, *Le Don des larmes au Moyen Âge: un instrument spirituel en quête d'institution, V^e—XIIIe siècle* (Paris: Albin Michel, 2000), pp. 425—30。

第一部分　虔诚

军"的女人——之间至少存在一些细微的联系。[1] 于是我在访客簿上写下我的留言——"托马斯·迪克森，历史学家，在寻找玛格丽"——然后冒雨冲进对面的一家匹萨店，重新打开玛格丽·肯普之《书》，继续我的探寻。

这本书讲述了玛格丽的不幸与挣扎，以及她借助心感神赐克服诸多困难的故事。最重要的神赐之物是她滔滔不绝的眼泪。玛格丽的神圣之泪，其量之巨，空前绝后，但这样的泪水是中世纪虔诚信仰已有的机制，它从北欧传入，并以两个人物为中心：哀悼的圣母，又被人称为"圣母玛利亚"（Mater Dolorosa）、哭泣的玛利亚或怜悯的夫人（Lady of Piety），还有她饱受折磨、被钉在十字架上流血不止的儿子耶稣基督。在玛格丽的时代，再现圣母玛利亚怀抱儿子遗体悲伤落泪的《圣殇》（Pietà）雕塑和绘画，几乎能在英国的每一个教堂里找到。玛利亚的圣歌，比如《圣母悼歌》（Stabat Mater）和《又圣母经》（Salve Regina），以及将尘世形象地比喻为"眼泪之谷"（vale of tears），都是西方传统眼泪的最重要来源。[2]

虽然玛格丽的眼泪来自一个满是彩绘圣像、木制圣母和石膏圣徒的世界，但她不属于这些中的任何一个。恸哭流涕的玛格丽与其说是上帝之母，不如说是巴斯妇人，她的眼泪和她生活中的其他事情一样，有一种讨人喜欢的亲切感，但有时也荒唐可笑。[3] 如果将《书》翻

1　Ad Vingerhoets, *Why Only Humans Weep: Unravelling the Mysteries of Tears* (Oxford: Oxford University Press, 2013), p. 226.

2　Miri Rubin, *Mother of God: A History of the Virgin Mary* (London: Allen Lane, 2009), ch. 15; Miri Rubin, *Emotion and Devotion: The Meaning of Mary in Medieval Religious Cultures* (Budapest: Central European University Press, 2009).

3　伊丽莎白·普萨基斯·阿姆斯特朗将玛格丽的《书》和其他神秘主义回忆录进行比较后写道："不论其他神秘主义者多么真诚地意识到自己的谦卑，据我所知，他们从未像玛格丽那样完全不顾自尊地记录下自己从最微小的家庭琐事中获得的体验。" "'Understanding by Feeling' in Margery （转下页）

拍成电影, 影片应取名为《一刻不停地哭》。玛格丽试图在朝圣之旅中重演基督骑驴荣入耶路撒冷的壮举, 那一刻她喜极而泣, 差点从自己的驴上摔下来。[1] 即便罕见的奇迹真的降临在玛格丽身上, 那奇迹也是粗糙危险、有失尊严的: 一大块木头和砖石砸在她的头上, 她 "奇迹般" 生还。[2] 对玛格丽来说, 虔信之路满是险阻。比如她曾努力劝说丈夫, 在她皈依后不再要求和她过性生活。在英国乡村朝圣期间, 她的丈夫竟然在一个炎热夏日的午后缠着她在路边做爱。[3] 当年的文献记录了玛格丽丈夫犯下的其他过错, 他曾因违反啤酒价格和质量的规定而受到惩罚, 还有一次因为 "将粪便塞满公共船队" 这一相当匪夷所思的罪行而受罚。[4]

即使在虔诚的人中间, 玛格丽也树敌不少。造访林恩的一位牧师无法忍受丁点噪声, 他禁止玛格丽进入教堂, 因为后者不停地号哭, 打断他讲道。"我希望这个女人离开教堂," 牧师说,"她是个讨厌的人!"[5] 教会怀疑玛格丽是异端分子, 控诉她是原始新教 "罗拉德运动" 的成员。该运动允许包括女性在内的俗人在教会中扮演重要角色, 否认教会拥有神职任命权, 鼓励使用方言阅读《圣经》。这个无比自

(接上页) Kempe's *Book*", in Sandra J. McEntire (ed.), *Margery Kempe: A Book of Essays* (New York: Garland Publishing, 1992), pp. 17—35 (p. 20). 斯托克斯 ("Margery Kempe", p. 31) 指出, 乔叟笔下的巴斯妇和玛格丽一样, 都曾前往圣地朝拜。关于乔叟笔下的眼泪, 见 Mary Carruthers, "On Affliction and Reading, Weeping and Argument: Chaucer's Lachrymose Troilus in Context", *Representations* 93 (2006): 1—21; 关于对玛格丽和巴斯妇的眼泪的更详细对比, 见, Katherine K. O'Sullivan, "Tears and Trial: Weeping as Forensic Evidence in *Piers Plowman*", in Elina Gertsman (ed.), *Crying in the Middle Ages: Tears of History* (New York: Routledge, 2012), pp. 193—207 (pp. 198—9)。

1　*Book*, ch. 28, p. 103.

2　Ibid., ch. 9, pp. 56—7.

3　Ibid., ch. 11, pp. 58—60.

4　Stokes, "Margery Kempe", p. 19.

5　*Book*, ch. 61, p. 188.

信、意志坚定的已婚妇女并不属于任何派别, 她居然理直气壮地告诉牧师该做什么和该信什么, 她身上的确散发着罗拉德派的气质。在莱斯特, 市长指责玛格丽是"一个虚伪的荡妇、一个虚伪的罗拉德派和一个虚伪的骗子"。被扣上罗拉德派的帽子, 玛格丽无疑会陷入危险的境地。[1] 1401年, 第一位因被控异端而被烧死的罗拉德派成员是威廉·索特里 (William Sawtry), 他曾是林恩的一名神父。罗拉德派中地位最高的约翰·奥德卡斯尔爵士 (John Oldcastle) 因被判犯有异端和叛国罪, 于1417年被处死。[2]

在前往圣地的途中, 玛格丽的形象引人注目, 她穿着一身白衣, 不时泪如泉涌。她的出现引起了当地人和其他朝圣者的批评, 他们被这个哭天喊地、眼泪汪汪的英国女人震惊了。玛格丽写道, 同行的朝圣者们"心烦意乱, 因为自己不歇气地号啕大哭, 一路述说着上帝的爱和仁慈"。一些人声称, 即便有人出一百英镑, 他们也不愿继续和玛格丽同行。玛格丽有关基督、爱、罪和苦难的沉重的宗教话题, 以及她那夸张肆意的眼泪, 毁掉了他们的朝圣之旅。[3] 但不管她的同伴怎么看, 完成这次朝圣是一项了不起的成就。玛格丽的旅程从北欧开始, 历经艰难险阻, 需要几个月时间才能走完。这段旅程要翻越阿尔卑斯山, 在威尼斯乘坐桨帆船前往海法, 最后从那里骑马去耶路撒冷, 这一切都是在一队弓箭手的保护下完成的。在中世纪, 很少有妇女拥有足够的资源、自主权和勇气去进行这样的远征。玛格丽离

1 *Book*, ch. 46, p. 149; Clarissa W. Atkinson, *Mystic and Pilgrim: The Book and World of Margery Kempe* (Ithaca, NY: Cornell University Press, 1983), p. 107; Stokes, "Margery Kempe"; Windeatt, "Introduction", pp. 11—14; Riddy, "Kempe".

2 Stokes, "Margery Kempe", p. 17.

3 *Book*, chs 26—30 (p. 97).

开丈夫独自旅行，一路上得到了许多牧师的保护，他们在不同路段陪伴玛格丽，还为她与那些心烦意乱的旅伴之间不断发生的争吵调解。玛格丽从耶路撒冷返回，途径阿西西和罗马的圣地，终于在1415年复活节后——也就是在她启程朝圣大约18个月后——回到了诺里奇。[1]

在1414年抵达耶路撒冷后，玛格丽的眼泪达到了一个新的程度。从那时起，她形成了独特的"咆哮"和"呼喊"式哭法。[2] 时至今日，游客和朝圣者们依旧造访圣地。但当玛格丽目睹这些曾让"我主承受肉体和精神痛苦"的圣地时，"她恸哭流涕，泪如雨下，仿佛亲眼看见了我主当时正在遭受的折磨"。当玛格丽来到耶稣受难地加尔瓦略山（Calvary），她无法站立甚至跪下，而是"扭曲身体，张开双臂，号啕大哭，仿佛她的心都要炸裂"。从那以后，包括回到英国后，玛格丽就开始有规律地——用她自己的话说——"啼哭""抽泣"和"咆哮"。当她试图压抑自己的眼泪时，她的脸色会变得乌青，然后变成"铅色"。甚至当她看见男婴或年轻英俊的男子时，会认为这是上帝在人间的化身。当她目睹一个男人用鞭子抽打马匹时，她会发出怒吼，因为这让她想起基督被鞭打的画面。玛格丽认为这些身体上的爆发是思想和情感虔诚的标志，是"爱的火焰和着真挚的仁慈与怜悯，在她灵魂中炽热地燃烧"的结果。但其他人认为这是恶灵的产物，或是一种疾病，或是酗酒所致。[3]

不论在陷入这种神圣咆哮之前还是以后，玛格丽总是眼泪汪汪。玛格丽在自传中记录了她为自己的罪行和对他人的不善而悲伤

1　Stokes, "Margery Kempe", pp. 30—4.
2　*Book*, ch. 28, p. 104.
3　Ibid., ch. 28, pp. 104—6. 对年轻英俊男子和脸色变化的其他记录，见ibid., ch. 35, p. 123, and ch. 44, p. 143。对玛格丽咆哮的类型、程度和含义的论述，见Bhattarcharji, "Tears and Screaming"。

哭泣，为丈夫强迫她过性生活而伤心恸哭，为贫穷和不幸之人潸然泪下；为世间的罪恶和个人的罪行啼哭哀叹，为堕落的尘世绝望落泪；为永恒的天堂热泪盈眶，为美妙的心感神赐喜极而泣。[1] 在她最早经历的一场宗教幻象中，玛格丽回忆道，晚上她和丈夫躺在床上时，她"听见一曲动听的声音，那声音如此美妙愉悦，以至于让她感觉自己置身天堂"。玛格丽从床上跳起来大喊道："啊，我是一个罪人！天堂里充满了快乐！"天堂的音乐比尘世间的任何音乐都要美妙。从此以后，每当玛格丽听到"任何欢笑声和悦耳的旋律"，她会"滔滔不绝地流下无比虔诚的泪水，为天堂的极乐感激涕泗，无所畏惧地面对来自这个腐朽世界的羞辱和蔑视"。[2]

玛格丽·肯普的自传是对中世纪盛期一位英国女性的哭泣的珍贵记录。在很多方面，玛格丽绝对是不同寻常的，但她的经历仍然可以揭示15世纪英国商业和宗教人士的一些行为和观念。玛格丽的哭泣符合因哀悼、怜悯和虔诚而流泪的既有社会习俗，但远远超出了通常的限度。她的哭泣是一种表演，一种为她带来大量关注和批评的公开行为。引发争议的不是她的眼泪本身，而是她毫无节制和无礼挑衅的行为方式。

我承认自己可以理解玛格丽的批评者，包括她朝圣路上的同伴和访问林恩圣玛格丽特教堂的牧师。她持续不断的抽泣和虔诚的宗教说教，老实说，一定让人心烦意乱。今天，如果有人觉得在公共场合哭泣是一种炫耀、尴尬和自以为是的行为，他们一定会庆幸玛格丽不是自己的邻居或同事。约克大主教有一次生气地质问玛格丽："夫

1　*Book*, ch. 7, p. 54.
2　Ibid., ch. 3, p. 46.

人，您为什么这样哭泣？"玛格丽回答道："先生，您应该期待自己有一天能像我这样哭。"[1] 还有一次，一名教士试图安慰哭泣的玛格丽："夫人，耶稣已经去世这么久了。"玛格丽回答："先生，对我来说，他的死就像今天发生的一样，我认为您和所有的基督徒也应该这么想。"[2] 尽管这些自以为是的反驳肯定会进一步激怒她的批评者，但玛格丽在面对那些试图通过阻止她流泪来施加权威的男性神职人员时所表现出的坚定自信和勇于抗争，我们很难不表示钦佩。

男性神职人员的生活记录表明，哭泣作为一种宗教行为，并不局限于女性神秘主义者。主教在庆祝弥撒时哭泣司空见惯，教士私下祈祷时流泪也是意料之中的事。托马斯·贝克特和阿西西的弗朗西斯尤其爱哭。当独身成为所有教士应当遵守的制度后，文献记载了许多神职人员夜晚在自己卧室里落泪的故事。他们效仿《诗篇》中大卫的呼喊——"我因唉哼而困乏；我每夜流泪，把床榻漂起，把褥子湿透"——一边哭泣，一边和欲望的魔鬼搏斗，与罪恶和苦难抗争。[3] 神圣的眼泪和供奉于沃尔辛厄姆的圣母玛利亚的乳汁以及珍藏于黑尔斯修道院的耶稣宝血等其他被神圣化的体液一样，在当时的宗教艺

---

1 *Book*, ch. 52, p. 163.

2 Ibid., ch. 60, pp. 186—7.

3 Psalm 6: 6. 关于教士落泪和男子气概，见Katherine Harvey, "Episcopal Emotions: Tears in the Life of the Medieval Bishop", *Historical Research* 87 (2014): 591—610. 关于男性性欲和宗教生活，见J. Murray, "Masculinizing Religious Life: Sexual Prowess, the Battle for Chastity and Monastic Identity", in P. H. Cullum and Katherine J. Lewis (eds), *Holiness and Masculinity in the Middle Ages* (Chicago: University of Chicago Press, 2005), pp. 24—37. 关于中世纪晚期作品中对男性眼泪的描写，见Tracey-Anne Cooper, "The Shedding of Tears in Late Anglo-Saxon England", in Gertsman (ed.), *Crying in the Middle Ages*, pp. 175—92; Stephanie Trigg, "Langland's Tears: Poetry, Emotion, and Mouvance", *Yearbook of Langland Studies* 26 (2012): 27—48; Stephanie Trigg, "Weeping like a Beaten Child: Figurative Language and the Emotions in Chaucer and Malory", in Holly Crocker and Glenn Burger (eds), *Affect, Feeling, Emotion: The Medieval Turn* (forthcoming).

术、文学和虔敬行为中占有一席之地。[1] 旺多姆的三一修道院展示的一件圣物是耶稣落在拉撒路坟墓上的一滴泪，它被天使装在一个瓶子里。事实上，在法国至少有8所教堂声称藏有这样的泪水。[2]

玛格丽的眼泪具有典型性，因为它是对基督的痛苦和情感的回应。在中世纪盛期，基督受难成为教士与平信徒情感冥想的焦点。具有强烈情感色彩的戏剧、诗歌和绘画，都通过将基督受难戏剧化来教导信徒如何感受和体验情感。这种题材最早的一个案例是12世纪里沃兹的埃尔雷德（Aelred of Rivaulx）献给他妹妹的《隐士的生活法则》，该书阐述了对激情故事的正确情感反应。其中一处，埃尔雷德教导他的读者：

> 走近圣母、门徒和十字架，近距离凝视那张苍白的脸。然后做什么？当你目睹最敬爱的女子凄然泪下，你的双眼会不会干涸？当她的灵魂被悲伤之剑刺穿，难道你不会哭泣吗？当你听见他对自己的母亲说"妇人，看着你的儿子"，然后对约翰说"看着你的母亲"时，难道你不会落泪吗？[3]

1　玛格丽曾造访黑尔斯和沃尔辛厄姆，后者是距离她家乡林恩最近的圣地。Stokes, "Margery Kempe", pp. 16—17, 35.

2　Kimberley-Joy Knight, "*Si puose calcina a' propi occhi*: The Importance of the Gift of Tears for Thirteenth-Century Religious Women and their Hagiographers", in Gertsman (ed.), *Crying in the Middle Ages*, pp. 136—55 (p. 150n.), citing René Crozet, "Le Monument de la Sainte Larme à la Trinité de Vendôme", *Bulletin Monumental* 121 (1963): 171—80; Katja Boertjes, "Pilgrim Ampullae from Vendôme: Souvenirs from a Pilgrimage to the Holy Tear of Christ", in Sarah Blick and Rita Tekippe (eds), *Art and Architecture of Late Medieval Pilgrimage in Northern Europe and the British Isles* (Leiden: Brill, 2005), pp. 443—72.

3　Sarah McNamer, *Affective Meditation and the Invention of Medieval Compassion* (Philadelphia: University of Pennsylvania Press, 2010), pp. 84—5. 关于圣母玛利亚在中世纪虔敬行为中扮演的中心角色，见Rubin, *Emotion and Devotion*。

与之类似, 中世纪晚期有一首用中古英语撰写, 用拉丁文取名为《哭泣的艺术》(*De Arte Lacrimandi*) 的诗。该诗用圣母为儿子哀悼的口吻创作而成, 其中的叠句是:"所以学着我去哭吧。"(Therfor to wepe come lerne att me.) [1]

  视觉图像可以强化这种文本说教的效果。据说圣方济各因为长年累月毫无节制的哭泣而失明, 他对基督受难极端和怜悯的反应, 首先是由一幅绘有耶稣被钉在十字架上的画引发的。画上的基督仿佛在对圣方济各说话, 这令他身体颤抖、涕泪交下。[2] 15世纪的北欧画家, 比如罗希尔·范德韦登(Rogier van der Weyden)和迪里克·鲍茨(Dieric Bouts), 率先对基督、圣母、抹大拉的玛利亚, 以及从他们面颊上滑落的眼泪进行了引人注目和细致入微的描绘。在基督的一些画像中, 他戴着荆棘头冠, 眼里爬满血丝, 脸颊上泪水和鲜血交融在一起。[3] 在我看来, 有一件15世纪晚期的作品绝好地表现了玛格丽·肯普极端宗教眼泪的精髓, 那就是尼科洛·戴尔阿卡(Niccolò dell'Arca)制作的人物雕像。雕像藏于博洛尼亚的圣母玛利亚教堂, 展现了悲痛的圣母玛利亚哀悼基督之死的场景(图1)。

---

1 Robert Max Garrett, "De Arte Lacrimandi", *Anglia: Zeitschrift für englische Philologie* 32 (1909): 269—94; McNamer, *Affective Meditation*, pp. 126—7.

2 Thomas of Celano, *The Second Life of St Francis*, bk 1, ch. 6, no. 10, in Marion A. Habig (ed.), *St Francis of Assisi: Writings and Early Biographies* (Chicago: Franciscan Herald Press 1973), p. 370. 另见Scott Wells, "The Exemplary Blindness of Francis of Assisi", in Joshua R. Eyler (ed.), *Disability in the Middle Ages: Reconsiderations and Reverberations* (Farnham: Ashgate, 2010), pp. 67—80。

3 Moshe Barasch, "The Crying Face", *Artibus et Historiae* 8 (1987): 21—36; Diane Apostolos-Cappadona, "'Pray With Tears and your Request Will Find a Hearing': On the Iconology of the Magdalene's Tears", in Kimberley Christine Patton and John Stratton Hawley (eds), *Holy Tears: Weeping in the Religious Imagination* (Princeton: Princeton University Press, 2005), pp. 201—28.

图1：尼科洛·德尔·阿尔加在15世纪后期创作的哀悼的玛丽。博洛尼亚圣玛丽教堂。

这是发自内心的哭泣，作品表现的重点与其说是流泪，不如说是伤心欲绝时的号哭行为。面对这种哭泣，你不仅能见其泪，仿佛还能闻其声。这是一种恰如其分的、毫无掩饰的、中世纪式的号啕大哭，玛格丽正是因此而出名。玛格丽在戴尔阿卡作品问世之前的几十年，就造访了博洛尼亚、威尼斯、阿西西和罗马，她甚至可能在那里就见过了类似的宗教雕塑。[1]

中世纪用于帮助灵修的物品，不论诉诸视觉还是文字，我们都能

1　关于肯普在1414年的博洛尼亚之旅，见*Book*, p. 101; Stockes, "Margery Kempe", pp. 31—2。关于戴尔阿卡在15世纪80年代创作圣母哀号雕像的具体时间，见James H. Beck, "Niccolò dell'Arca: A Reexamination", *Art Bulletin* 47 (1965); 335—44。

从中发现一个关于哭泣的基本事实：它是一种需要学习的东西。有一种东西被称为"哭泣的技艺"。[1]中世纪盛期的情感宗教就体现了这一事实，它有时被认为起源于圣方济各会，尽管它有别的或更早的起源，但圣方济各体现了情感宗教的本质：通过对基督耶稣痛苦情感的冥想，唤起对全人类的同情，并延伸到对遭受苦难的世间万物的怜悯。[2]相传圣方济各临终前不忘感谢一直陪伴他传道的驴，驴也因此流下了眼泪。[3]正如我们将在后面几章看到，在中世纪和近代早期的欧洲，动物流泪并不罕见。[4]方济各的葬礼为更加公开和更具感染力的哭泣提供了契机。教皇含泪发表悼词，当宣读这位圣人的全部神迹时，据记载，"一位无比睿智"和虔诚的红衣主教"用神圣的语言谈论它们，身上被泪水浸湿"。这反过来令教皇涕泪交加、泣不成声，"他的泪流倾泻直下"，感染了所有其他高级教士和民众，源源不断的眼泪将他们的衣服"浸透"。[5]我们可以非常确定的是，近200年后，当玛格丽在从耶路撒冷返回罗马的途中造访阿西西时，她也曾泣下沾襟。[6]

所以，尽管玛格丽有许多批评者，即便其中一些人称她的哭泣是不真诚的、做作的和病态的，但她最终获得了一次同情的倾听，因为她的虔诚与彼时官方认可的灵性生活是一致的。当玛格丽拜访诺里奇的女神秘主义者朱利安时，她收获了确信：她那不受控制的哭泣是

---

1 Garrett, "De Arte Lacrimandi", p. 270. 达尔文从进化论角度对此进行了探讨，见第十三章。
2 McNamer, *Affective Meditation*, especially ch. 3。
3 Jill Bough, *Donkey* (London: Reaktion Books, 2011), pp. 153—5.
4 关于其他流泪的动物，见第九和十三章。
5 Thomas of Celano, *First Life of St Francis*, trans. A. G. Ferrers Howell, part III, para. 125; online edn, Indiana University, 〈http://www.indiana.edu/~dmdhist/francis.htm〉, ed. Leah Shopkow.
6 Stokes, "Margery Kempe", p. 33.

神赐的真实标志，对此她不应该感到羞愧。朱利安告诉玛格丽，悔恨、虔诚和同情的眼泪是圣灵存在于她灵魂中的标志。[1] 在她与大主教们的交谈中，玛格丽也获得了认可。在前往圣地朝圣之前，她在兰贝斯宫的花园里见到了坎特伯雷大主教托马斯·阿伦德尔，后者心怀同情地听完玛格丽对自己哭泣天赋的描述后，声称自己非常高兴上帝以这种方式显现。[2] 阿伦德尔还主持了对约翰·奥德卡斯尔爵士的异端审判。据当时的记载，大主教"泪流满面地"敦促约翰爵士放弃异端信仰并回归统一的教会，但毫无效果。1417年12月14日，奥德卡斯尔被拖到刑场，处以绞刑和火刑。[3]

处决奥德卡斯尔是宗教改革的暴力所引发的最早的一个恶果。与罗马教廷决裂后，修道院被解散、圣像被破坏、宗教绘画被刷成了白色、圣母玛利亚的雕像就像异教徒一样被付之一炬。玛格丽·肯普生活的那个五光十色的眼泪世界将受到压制，在新的制度下，可接受和不可接受的眼泪之间的差异将被拉大。改革的对象不仅包括制度、教义和礼拜仪式，还包括身体、情绪和感觉：这个国家里的一切生理生活（physiological life）。

---

1 *Book*, ch. 18, pp. 77—8; Atkinson, *Mystic and Pilgrim*, p. 64. 关于玛格丽和中世纪其他女性神秘主义者——包括瑞典的彼济达（Bridget of Sweden）、尼瓦的玛丽（Mary of Oignies）和福里尼奥的安吉拉（Angela of Foligno）——在虔信行为和情感风格上的相似性，见Windeatt, "Introduction", pp. 17—22。
2 *Book*, ch. 16, p. 72. 关于阿伦德尔，见Jonathan Hughes, "Arundel, Thomas (1353—1414)", *Oxford Dictionary of National Biography* (Oxford University Press, 2004; online edn, May 2007), doi: 10.1093/ref:odnb/713。
3 Harvey, "Episcopal Emotions", p. 598, citing *The Chronica Maiora of Thomas Walsingham* (1376—1422), trans. David Preest, ed. James G. Clark (Woodbridge: Boydell, 2005), p. 393. 关于奥德卡斯尔，见John A. F. Thomson, "Oldcastle, John, Baron Cobham (d. 1417)", *Oxford Dictionary of National Biography* (Oxford University Press, 2004; online edn, May 2008), doi: 10.1093/ref:odnb/20674。

第二章

抹大拉的玛利亚的葬礼之泪

哭泣是人类面对死亡的普遍反应，但英国人有时觉得自己是个例外。1965年，人类学家杰弗里·戈尔出版论著《当代英国的死亡、悲伤和悼念》，我在前文提到，该书哀叹否定情感和压抑悲伤是有害的国民性格。如今，当爱人或公众人物去世时，眼泪从不会缺席。然而即便在21世纪，英国文化对情感外露依然抱有强烈的疑虑，对在葬礼上哭泣尤为如此。2013年，观察家们认为财政大臣乔治·奥斯本在玛格丽特·撒切尔葬礼上落泪是错误的。他受到了各种各样的指责，包括不真诚、虚情假意和道德标准扭曲。1997年，对戴安娜王妃的举国哀悼激起了反情感主义更加强烈的反弹，与此同时，戴安娜年轻的儿子们因为在葬礼上没有哭泣而受到赞扬。[1]

反对公开哭泣的英国人，体现了一种在宗教改革结束500年后依然深植于我们含混不清的民族无意识中的反天主教因素。这种向一个全国性新宗教痛苦而又不彻底的转型，永久地改变了英国人的哀悼方

1　关于撒切尔和戴安娜，分别见第十九和二十章。

式、他们对自己悲伤流泪的看法，以及他们对别人哭泣的反应。那个时代的牧师和诗人的生活与作品中记录了这些变化。其结果是形成了这样一种文化：某些形式的哭泣，尤其是那些与天主教忏悔和哀悼仪式相关的哭泣，被打上了无节制、女子气和无意义的标签（见图2，一幅16世纪早期的绘画）。16世纪最有趣的一本关于哭泣的小册子是《抹大拉的玛利亚的葬礼之泪》。这本小书匿名出版于1591年，作者是一位隐居的英国天主教徒罗伯特·索斯维尔。索斯维尔将玛利亚哀悼的眼泪描述为耶稣决定让拉撒路起死回生的原因。对于抹大拉的玛利亚在耶稣墓前落泪，索斯维尔直接写道："你为一个男人哭泣，你的眼泪唤来了天使。"[1] 在那个时代，人们争论的焦点正是世俗的眼泪能否带来这种神圣的结果。在宗教改革以后，眼泪不再能召唤天使。

图2：《哭泣的抹大拉的玛丽亚》，
"抹大拉的玛利亚传奇的画
师（约1525年）"研讨会。

1　Robert Southwell, *Marie Magdalens Funeral Teares* (London: Printed by J.W. for G.C., 1591), pp. 8—10 (p. 8r).

索斯维尔生于1561年，在诺福克郡一处原为天主教修道院的住宅里长大。16世纪30年代，他的祖父作为国王亨利八世解散修道院行动的督察员，获得了这处房产。天主教信仰在年轻的索斯维尔心里扎根。正因为他早年与罗马教会关系密切，他的父母用绰号"罗伯特神父"调侃他。索斯维尔名义上是新教徒，但生活在以前天主教的物质和精神世界中，他体现了16世纪英格兰在宗教上的摇摆游移。在法国受训成为耶稣会士后，索斯维尔以天主教传教士的身份回到伊丽莎白统治的英格兰，开始严肃认真地以童年时的绰号称呼自己。1592年，索斯维尔被藏匿他的一户人家中的一员告发。在经历了两年半的单独监禁和严刑拷打后，他被送上法庭。成为一名天主教神父本身就是叛国行为，因此对他的判决从未受过质疑。1595年2月，33岁的索斯维尔被判处死刑（正如他自己指出的，传统上这也是耶稣受难的年龄）。当时的文献记录了他在泰博恩刑场上激昂的举动，甚至在他生命的最后几秒，吊在绞索上奄奄一息的索斯维尔用尽全力地做出了十字架的手势。民众和官员被深深打动了，他们的怜悯使整套刑罚——包括斩首和开膛破肚——一时间难以继续进行。刽子手仁慈地拉住索斯维尔的双腿以加快他的死亡，然后将其尸体斩首并在静寂压抑的人群面前举起。罗伯特神父的尸体随后以被认可的方式屠宰，先是被"掏空内脏"，然后被"分尸"。[1]

　　如今，罗伯特·索斯维尔作为流行于16世纪末17世纪初眼泪

1　Richard Challoner, *Modern British Martyrology: Commencing with the Reformation* (London: Keating, Brown and Co., 1863), pp. 167—72; Scott R. Pilarz, *Robert Southwell and the Mission of Literature 1561—1595: Writing Reconciliation* (Aldershot: Ashgate, 2004), pp. 278—9; Nancy Pollard Brown, "Southwell, Robert [St Robert Southwell] (1561—1595)", *Oxford Dictionary of National Biography* (Oxford University Press, 2004; online edn, Jan. 2008), doi: 10.1093/ref:odnb/26064.

文学的主要倡导者而被人们所铭记。他的诗包括《泪之谷》和《圣彼得的哀怨》，后者的灵感源于彼得在否定耶稣后流下痛苦懊悔的眼泪的故事。索斯维尔的作品广为人知，甚至影响了莎士比亚以及17世纪早期由艾米莉亚·拉尼尔（Amilia Lanyer）、乔治·赫伯特（George Herbert）和约翰·多恩（John Donne）创作的安立甘（Anglican）宗教诗。[1] 索斯维尔最出色的散文作品是《抹大拉的玛利亚的葬礼之泪》。抹大拉的玛利亚在天主教传统中的形象，是用福音书中几个哭女的故事拼接而成的：拉撒路的妹妹在她哥哥的遗体上恸哭；有罪的妇人用泪水涂抹耶稣的脚（通常被视为预见耶稣遗体不腐的先知行为）；在空墓前哭泣并第一个目睹耶稣升天的玛利亚。[2] 索斯维尔写道："当她在寻找自己失去的人时，她也为失去自己所爱的人而哭泣。"[3] 为了宣扬天主教的哭泣传统，他赞美抹大拉的玛利亚为流泪哀悼者的楷模。[4] 英国国王处死并肢解索斯维尔，是对天

1　Richard Strier, "Herbert and Tears", *ELH* 46 (1979): 221—47 (pp. 221—2); Götz Schmitz, *The Fall of Women in Early English Narrative Verse* (Cambridge: Cambridge University Press, 1990), pp. 181—98; Alison Shell, *Catholicism, Controversy and the English Literary Imagination*, 1558–1660 (Cambridge: Cambridge University Press, 1999), ch. 2; Gary Kuchar, *The Poetry of Religious Sorrow in Early Modern England* (Cambridge: Cambridge University Press, 2008), ch. 1.

2　关于有罪的妇人将眼泪和药膏涂在耶稣脚上，见 Luke 7: 38. 关于抹大拉的玛利亚在空墓前哭泣，见 John 20: 11—18. 关于对抹大拉的玛利亚形象的反传统创作，见 Diane Apostolos-Cappadona, "'Pray With Tears and your Request Will Find a Hearing: On the Iconology of the Magdalene's Tears", in Kimberley Christine Patton and John Stratton Hawley (eds), *Holy Tears: Weeping in the Religious Imagination* (Princeton: Princeton University Press, 2005), pp. 201—28 (p. 207)。

3　[Southwell], *Funeral Teares*, p. 2r.

4　Apostolos-Cappadona, "Pray With Tears"; Patricia Phillippy, *Women, Death and Literature in Post-Reformation England* (Cambridge: Cambridge University Press, 2002); Katharine Goodland, *Female Mourning in Medieval and Renaissance English Drama: From the Raising of Lazarus to King Lear* (Aldershot: Ashgate, 2005); Vibeke Olsen, "'Woman why weepest thou?' Mary Magdalene, the Virgin Mary and the Transformative Power of Holy Tears in Late Medieval Devotional Painting", in Michelle Erhardt and Amy Morris (eds), *Mary Magdalene, Iconographic Studies from the Middle Ages to the Baroque* (Brill: Leiden, 2012), pp. 361—82.

主教实施剜刑的又一象征,一同被剜除的还有天主教式的哀悼行为。

1543年,亨利八世宣布自己为英格兰教会的最高领袖。1560年,苏格兰与罗马教会正式决裂。在经历了一段由天主教国王(苏格兰女王玛丽)统治新教徒的动荡时期后,詹姆士六世于1567年继承苏格兰王位。1603年伊丽莎白一世驾崩后,苏格兰国王詹姆士六世遂成为英格兰国王詹姆士一世,从此两顶王冠合而为一,詹姆士自称"大不列颠和爱尔兰国王"直至1625年去世。[1] 宗教改革中诞生了一件伟大的作品,即由这位新教徒国王钦定的英译本《圣经》(其中有100多处涉及哭泣和眼泪)。该版《圣经》成于1611年,时至今日它依然用詹姆士命名。从此以后,人们可以用他们自己的语言阅读(或听人阅读)大卫为儿子押沙龙、耶稣为拉撒路、抹大拉的玛利亚为耶稣落泪的故事了。[2]

宗教改革以前,人们会在哀悼时号啕大哭,揪扯衣发,亲吻遗体,泪流不止。[3] 天主教的丧葬方式为人们在葬礼之前、其间和之后与遗体

1　Jenny Wormald, "James VI and I (1566—1625)", *Oxford Dictionary of National Biography* (Oxford University Press, 2014), doi:10.1093/ref:odnb/14592; Eamon Duffy, *The Stripping of the Altars: Traditional Religion in England, c. 1400—c.1580* (New Haven and London: Yale University Press, 1992); Peter Marshall, *The Reformation: A Very Short Introduction* (Oxford: Oxford University Press, 2009).

2　和眼泪相关的段落可见于2 Samuel 18: 33—19: 4; John 11: 35; John 20: 11—18. On the King James Bible, see Gordon Campbell, *Bible: The Story of the King James Version, 1611—2011* (Oxford, Oxford University Press, 2010); Hannibal Hamlin and Norman W. Jones (eds), *The King James Bible after 400 Years: Literary, Linguistic, and Cultural Influences* (Cambridge: Cambridge University Press, 2010); Adam Nicolson, *When God Spoke English: The Making of the King James Bible* (London: HarperPress, 2011); Wormald, "James VI and I". 关于大卫和押沙龙的例子,见Goodland, *Female Mourning*, pp. 5, 209; 关于耶稣在拉撒路墓前落泪的原因,见第七章。

3　G. W. Pigman III, *Grief and English Renaissance Elegy* (Cambridge: Cambridge University Press, 1985); Duffy, *Stripping of the Altars*, pp. 360—1; Goodland, *Female Mourning*; Alison Shell, *Catholicism, Controversy and the English Literary Imagination, 1558—1660* (Cambridge: Cambridge University Press, 1999); Phillippy, *Women, Death and Literature*.

发生更为紧密的关系提供了机会，尽管英国殖民者试图在爱尔兰强制推行新教，但这种丧葬方式在宗教改革后长期存在于爱尔兰。[1] 索斯维尔对抹大拉的玛利亚的眼泪的论述，意在强调她在坟墓中寻找基督的遗体是为了与之为伴，而这对她来说是"最大的安慰"。[2] 哀悼者与逝者身体的紧密联系，说明人们相信生者的行为与逝者的灵魂归宿之间存在关联。人们认为，哀悼的行为可以加快亡灵通过炼狱的进程，炼狱是净化和荡涤罪恶之地，灵魂在此为最后进入天堂安息做准备。葬礼上的眼泪可以洗净逝者的灵魂。炼狱仿佛是一种精神上的盥洗室（lavatory）——就这个词的字面意思而言。玛格丽·肯普在她马拉松式的哭泣中，有时会专门为了炼狱中的灵魂而多哭一个小时。在索斯维尔的诗中，眼泪被描绘为具有洗去罪行污点的力量。[3]

在信奉天主教的爱尔兰，对着遗体号啕大哭的行为尤其引人注目，英国殖民者将其与异教信仰和政治叛乱联系在一起。在16、17世纪，造访爱尔兰的英国人吃惊地记录下伴随遗体下葬时的"咆哮和野蛮号哭"。[4] 在较富裕的家庭，哭丧是由雇佣来的哀悼者完成的。这些哭丧女的尖叫声就像"女巫或地狱的恶魔"，它就是英国作家笔下

1　Andrea Brady, "To Weep Irish: Keening and the Law", in Austin Sarat and Martha Umphrey (eds), *Mourning and the Law* (Stanford, Calif.: Stanford University Press, forthcoming).

2　[Southwell], *Funeral Teares*, p. 1v.

3　*The Book of Margery Kempe*, trans. with an introduction by Barry Windeatt (London: Penguin, 2004), ch. 57, pp. 178—9; 关于炼狱中的亡灵哭泣，见第七章第54页。关于索斯维尔诗中眼泪能够洗涤罪行污点的意向，见 "St Peter's Complaint", in Robert Southwell, *St Peter's Complaint and Other Poems, Reprinted from the Edition of 1595*, ed. W. Joseph Walter (London: Longman, Hurst, Ress, and Orme, 1817), pp. 4—5; 关于乔治·赫伯特使用的其他类似意象，见 Strier, "Herbert and Tears", pp. 230—3。

4　Edmund Campion, *Two Histories of Ireland* (Dublin: Society of Stationers, 1633), p. 14; 转引自 Brady, "Weep Irish"; 坎皮恩在1571年造访英格兰。

"像爱尔兰人一样哭泣"这句谚语的来源，意指像收费的哭丧女那样"高兴地哭泣，没有理由，也没有悲伤"。[1]英国人将爱尔兰人的哀悼与西班牙人、非洲人和异教徒的哀悼相提并论。[2]到了18、19和20世纪，英国的观察家依旧一次又一次被爱尔兰人的哀悼方式所震惊。维多利亚时代的一本书试图用哀号来阐释爱尔兰的"历史、礼仪、音乐和迷信"。该书引述了约翰·卫斯理日记中的一则故事。1750年，卫斯理在科克郡的一场葬礼上惊讶地目睹了"爱尔兰式哀号"，他在日记中描述了坟墓旁四名花钱雇来的哭丧女如何发出"凄厉悲惨、语无伦次的号叫"。[3]英国报纸在报道1972年北爱尔兰德里市"血腥星期六"大屠杀遇难者的葬礼时，不仅提到了那些"在棺材后蹒跚而行，呼喊死者名字"的黑衣妇女的滂沱涕泪，还提到了她们的哀号："哭天喊地的妇女们瘫倒在墓旁，表现出无法抑制的悲痛。"[4]这些被新教徒视为天主教徒特有的行为，在宗教改革后一度残存于英格兰某些地区。1590年，兰开斯特的新教改革者斥责当地人仍然对"五花八门的天主教迷信"执迷不悟，因为他们在哀悼仪式中亲吻遗体、摇铃铛，"比异教徒更大声地为死者哭号"。[5]

　　新教徒解决这类"天主教"行为的办法是重新设计包括葬礼在

1　Barnabe Rich, *A New Description of Ireland* (London: Thomas Adams, 1610), pp. 12—13; Brady "Weep Irish".

2　爱德蒙·斯潘塞（Edmund Spenser）曾对此进行比较，见Edmund Spenser, *View of the Present State of Ireland*，该书作于1596年，出版于1633年; Sujata Iyengar, *Shades of Difference: Mythologies of Skin Color in Early Modern England* (Philadelphia: University of Pennsylvania Press, 2005), p. 90—2; 另见Brady, "Weep Irish"。

3　Thomas Crofton Croker, *The Keen of the South of Ireland: As Illustrative of Irish Political and Domestic History, Manners, Music, and Superstitions* (London: T. Richards, 1844), p. xlviii.

4　"The Day of Anger and Sorrow", *Daily Mirror*, 3 Feb. 1972, pp. 14—15.

5　Goodland, *Female Mourning*, p. 135.

内的英国教会的仪式和礼拜。这项任务是由托马斯·克兰默在少年国王爱德华六世为期六年的统治期间完成的, 后者在1547年继承了父亲亨利八世的王位。在克兰默的监督下, 一系列强有力的改革将英国国教会变成了一个彻头彻尾的新教机构。这些改革包括1549年通过的《统一法案》(该法案在理论而非实践上适用于爱尔兰、英格兰和威尔士) 和新完成的《公祷书》。[1] 克兰默的《公祷书》一直深受安立甘传统派的喜爱, 它是改革丧葬行为的一份重要文献。遗体如今被移出教堂, 以使生者和逝者保持距离, 在葬礼上肆意流泪也随之被禁止。克兰默设计的葬礼, 强调上帝的公正和对基督拯救罪人的能力的信心。它带来了一种残酷的、关于死亡的现实主义——"女人所生之人, 人生苦短, 命途多舛: 他就像花朵一样, 绽放凋谢"——以及对死而复生和超越一切的向往。教士"衷心感谢"上帝"将我们的兄弟从这个苦难深重的罪恶世界中拯救出来", 希望不久以后所有虔诚的人都会在上帝的王国中复活。《公祷书》鲜少提及眼泪, 它仅作为悔过的标志, 在赞美诗中和罪人参加圣餐礼时出现。相比之下, 塞勒姆弥撒(Sarum Missal, 宗教改革之前在英格兰使用最为广泛的天主教仪式) 不仅包含一套旨在激发"滔滔不绝的泪河"的完整的祭祀弥撒, 而且多次提到罪人的眼泪具有减轻上帝怒火的作用。[2] 新教徒希望将眼泪控制在私人领域, 这不经意地体现在托马斯·克兰默自己的行

1　Diarmaid MacCulloch, *Thomas Cranmer: A Life* (New Haven: Yale University Press, 1996).
2　Clarissa W. Atkinson, *Mystic and Pilgrim: The* Book *and World of Margery Kempe* (Ithaca, NY: Cornell University Press, 1983), pp. 58—9; Santha Bhattarcharji, "Tears and Screaming: Weeping in the Spirituality of Margery Kempe", in Kimberley Christine Patton and John Stratton Hawley (eds), *Holy Tears: Weeping in the Religious Imagination* (Princeton: Princeton University Press, 2005), pp. 229—41 (p. 234).《公祷书》和塞勒姆弥撒的祈祷文可通过 "The Book of Common Prayer: Church of England", Anglican Resources, Society of Archbishop Justus, updated 14 Aug.2014, ⟨http://justus.anglican.org/resources/bcp/england.htm⟩ 在线检索和比较。

为和他的教礼改革中。据说，克兰默绝不允许他的言行举止在公共场合暴露自己的内心情感，但是"在私底下，当他和自己亲密特殊的朋友在一起时，他会泪流满面，哀叹世间的苦难和不幸"。[1]克兰默大主教似乎是这一观点的先驱：如果你真的想哭，就应该在私底下哭。

在克兰默和其他宗教改革者看来，在葬礼上恸哭不仅渎神，而且毫无意义。之所以渎神，是因为它显示了对上帝的力量和公正缺乏信心，夸大了个人对上帝的影响力。之所以无意义，是因为拯救与否全系于上帝至高无上的权威和仁慈。炼狱教义遭到否定，因为它是错误的，不符合《圣经》的内容，哀悼者的眼泪并没有使过世亲友的灵魂安息的超自然力量。[2]16世纪50年代，马修·帕克——后来的坎特伯雷大主教——在德意志新教改革家马丁·布策（Martin Bucer）的葬礼上布道。帕克开门见山称，为死者哀悼体现了对得救缺乏信心；用"异教徒"的方式对逝者"呼天喊地、号啕大哭"，不仅是"不体面和罪恶的"，而且是"女子气的""幼稚的""野兽般的"行为。类似的观点一直延续到了17世纪。1612年，一位教士依然抱怨道："在我们朋友的葬礼上看到人们如孩童般号哭，真是让人惊叹！如果我们能用号哭的方式让他们起死回生，我们的哀悼就有意义了。但事实上，他们是在白费力气。"[3]

当然，新教徒仍旧会落泪，不管是在葬礼上，还是在他们信仰或

1　Keith Thomas, *The Ends of Life: Roads to Fulfilment in Early Modern England* (Oxford: Oxford University Press, 2009), p. 188; 转引自 Bernard Capp, "Jesus Wept" But Did the Englishman? Masculinity and Emotion in Early Modern England', *Past and Present* 224 (2014): 75—108 (p. 84), 该文考察了这一时期哭泣的哲学、政治和宗教内涵。

2　Michael Neill, *Issues of Death: Mortality and Identity in English Renaissance Tragedy* (Oxford: Clarendon Press, 1997), p. 180; Goodland, *Female Mourning*, ch. 5.

3　Goodland, *Female Mourning*, pp. 102—3, 139.

世俗生活的其他方面。据记载，在1595年剑桥大学惠特克博士的葬礼上，副校长的布道"哀婉动人"，"如春潮般涌流的泪水将他的布道打断"。[1] 尽管如此，在16世纪，在葬礼上流泪会给人一系列新的、更为强烈的负面联想：天主教的、异教的、原始的爱尔兰式号哭。顺便说一句，回顾早期的哀悼仪式，让我们瞥见2013年撒切尔夫人葬礼的情形可能会有多糟糕。至少乔治·奥斯本没有突然哀号恸哭，也没有坚持开棺亲吻老夫人的遗体。与宗教改革以前天主教徒极端的哀悼行为相比，脸颊上滚落一滴泪根本不算什么。但这也表明，我国的新教徒有多么执着，即便葬礼上的一滴泪，依然可以引起全国的抗议。[2]

眼泪改革的影响并不局限于葬礼上的行为。天主教徒和新教徒的哭泣是不同的，他们看待和书写哭泣的方法也是不同的。宗教改革掀起了一场广泛的对泪腺的再校准。从最主观的层面上看，情感的基调是有差异的。天主教肆意放纵的表达方式被新教的拘谨收敛所取代。约翰·加尔文抨击天主教徒在忏悔时流下的是鳄鱼眼泪。在他看来，像忏悔这种神圣的事情是不能用眼泪来评判的："我们教导罪人不要关注自己的愧疚或眼泪，他的眼里只应有上帝的仁慈。"[3] 1563年，苏格兰女王玛丽和宗教改革家约翰·诺克斯的冲突也体现了天主教和新教在这一问题上的差异。玛丽对诺克斯公开批评她可能与国外的罗马天主教徒结婚而愤怒。她生气地抽泣，要求诺克斯说明

---

1 Goodland, *Female Mourning*, p. 108; 转引自 Clare Gittings, *Death, Burial and the Individual in Early Modern England* (London: Routledge, 1984), p. 137。

2 见第十九章。

3 John Calvin, *Institutes of the Christian Religion*, quoted in Strier, "Herbert and Tears", p. 224. 关于加尔文对眼泪和悲伤的态度，见 Kuchar, *Poetry of Religious Sorrow*, p. 18. 关于新教神学和虔诚如何引发和解释17世纪一位贵族妇女滔滔不绝的眼泪，详见 Raymond A. Anselment, "Mary Rich, Countess of Warwick, and the Gift of Tears", *Seventeenth Century* 22 (2007): 336—57。

这事与他何干。诺克斯回答道：

> 我从来不喜欢看到上帝创造的任何一个生灵哭泣；是的，当
> 我教训我的儿子时，我几乎无法忍受他们的眼泪，我更不可能为
> 陛下的哭泣而高兴。但鉴于我没有任何理由去冒犯您，只是说
> 出了我的职业要求我说出的真相，我必须忍受陛下的眼泪，我不
> 敢伤害自己的良心，或者用沉默背叛国家。[1]

这种对眼泪出于本能的不适——这是一种难以忍受的感觉——以及
对直言无隐、《圣经》独尊和朴素信仰的虔诚主张，都是新教精神的
一部分。

哭泣在天主教的某些方面居于中心地位，包括对基督感受的动
情冥想，以圣母玛利亚为榜样培养怜悯之心，悔罪者表现出的愧疚，
以及为亡灵祈祷的哀悼。因此，眼泪与圣母崇拜、悔罪行为、炼狱信
仰这三个最具天主教色彩的习俗直接相关。此外，在天主教徒的世
界观中，眼泪是有功用的。眼泪对悔罪者的灵魂和被泪水送别的逝
者都具有实实在在的精神上的影响。但在新教徒那里，眼泪的影响
范围和力量都被削弱了。哭泣不再是集体的哀悼行为，而是对罪行
的自怜自艾。[2] 当耶稣背着十字架走向加尔瓦略山，他对身后哭天抹
泪的妇女说："不要为我哭泣，要为你们自己流泪。"[3] 新教徒对眼泪的

1　John Knox, *The History of the Reformation of Religion within the Realm of Scotland, Together with the Life of the Author* (Glasgow: J. Galbraith and Company, 1761), p. 286; Jane E. A. Dawson, "Knox, John (*c.* 1514—1572)", *Oxford Dictionary of National Biography* (Oxford University Press, 2004; online edn, Jan. 2008), doi: 10.1093/ref:odnb/15781.

2　例如 17 世纪玛丽·里奇（Mary Rich）私人日记中的记录，见 Anselment, "Mary Rich"。

3　Luke 23: 28.

态度, 在耶稣的这句话中得到了淋漓尽致的体现。从这句话中, 我们仿佛听到了新教改革家对号啕大哭的天主教徒的训斥声。

宗教改革以后, 悔罪的眼泪不再具有自我救赎和帮助他人灵魂升入天堂的功能, 但它表明上帝在做工。尼古拉斯·布雷顿 (Nicholas Breton) 作诗《受庇佑的哭者》, 如此描述上帝:

> 他洗净了我的灵魂,除去了我所有肮脏的罪:
> 而我用自己的泪水,再一次将灵魂洗刷干净。[1]

17世纪早期, 乔治·赫伯特和约翰·多恩也创作了和眼泪相关的诗。两位诗人都不反对哭泣, 但他们用新教徒认可的方式描绘眼泪。为自己的罪行哭泣是被允许的, 但不是必需的。真正需要的是内心的改变, 而非悲伤的外露。"忏悔是心灵而非身体的行为", 赫伯特的这句诗可以看作内在和外在的重要性发生变化的信号。[2] 1623年, 约翰·多恩在以"耶稣哭泣"为主题的布道中也强调, "眼泪的正确用途"是对罪行发自内心的悲伤, 它与一个人是否好哭无关:"一个献身宗教的灵魂, 也许是一个哭泣的灵魂, 但它的双眼是干涸的。"[3] 这

---

1 Nicholas Breton, *A Divine Poeme Divided into Two Partes: The Ravisht Soule and the Blessed Weeper* (London: John Browne and John Deane, 1601), E2v.
2 George Herbert, *A Priest to the Temple, or The Country Parson, his Character, and Rule of Holy Life* (London: T. Garthwait, 1652), p. 145. 这句诗转引自Strier, "Herbert and Tears", p. 224; Marjory E. Lange, *Telling Tears in the English Renaissance* (Leiden: E. J. Brill, 1996), p. 210。
3 John Donne, "John 11.35. Jesus Wept" (1622/3), in *The Sermons of John Donne*, ed. with introductions and critical apparatus by George R. Potter and Evelyn M. Simpson, 10 vols (Berkeley and Los Angeles: University of California Press, 1959), iv. 324—44 (pp. 340—341). 关于此布道, 见本书结论以及Jeanne Shami, *John Donne and Conformity in Crisis in the Late Jacobean Pulpit* (Cambridge: D. S. Brewer, 2003), ch. 6。

便是新教徒的画像，泪水是神赐悲伤的次要标志，不是有利可图的忏悔或祈祷行为。哭泣的新教徒独自在卧室里、田野中或马鞍上祈祷，他的形象既是传递上帝力量的媒介，也是向他人展示上帝仁慈的标志。

一如往常，当面临两种选择时——这次是天主教的多愁善感和加尔文派对眼泪的严厉压制——英国国教会最终两者都选。反宗教改革运动关于眼泪的文献，以及宗教改革者对夸张过度的、偶像崇拜式的哭泣的谴责，都融入了 17 世纪的国教文化。1595 年，国教牧师托马斯·普莱费尔围绕经文"不要为我哭泣，要为你们自己流泪"讲道。他引用《圣经》其他段落以及斯多葛学派哲学家塞内加的观点，将"不要为我哭泣"解读为警告人们不要为死者无节制地流泪。复活的耶稣问抹大拉的玛利亚"你为什么哭"，也可以做同一阐释，将其理解为对泪流满面的哀悼者的指责。至于这句话的后半部分，即告诫人们"要为你们自己流泪"，普莱费尔用抹大拉的玛利亚和圣彼得的形象，作为哀叹罪行和为之哭泣的正确榜样，他甚至使用了眼泪具有洗刷罪名能力的意象，并且赞成在祈祷和讲道中哭泣。[1] 事实上，不论新教牧师还是天主教神父，他们都认为流泪是听布道的正常反应。17 世纪的新教预言家安娜·特拉普内尔（Anna Trapnel）回忆道，她年轻的时候，"从一座教堂跑到另一座教堂，听了一场又一场布道"，希望能被感动落泪，"如果我在一场布道中没有流下几滴眼泪，我会心怀恐惧地回家，最后认定自己就是基督在撒种寓言中所说的

---

1 Thomas Playfere, *A Most Excellent and Heavenly Sermon upon the 23rd Chapter of the Gospell by Saint Luke* (London: Andrew Wise, 1595).

石头地"。[1]

　　总之，托马斯·普莱费尔在1595年说道："如果他没有在忏悔时偶尔落泪，如果他的邻居没有在听布道时偶尔落泪，如果他在祈祷时没有获得上帝偶尔赐予的泪水，这个人就永远不会知道应该如何正确地爱自己。所以我们一定不能像斯多葛派那般铁石心肠，如果那样的话，我们就哭得太少了。"[2] 这里的哭，不是天主教式的虔诚之泪和哀号恸哭，而是安立甘的哭泣方式：不多也不少。艾米莉亚·拉尼尔是最早出版原创诗歌的英国女性之一。她出版于1611年的《致敬上帝，犹太人之王》是对耶稣受难的进一步思考，她认为玛利亚们和耶路撒冷姑娘们的哭泣是有益的虔信行为，值得每一个人学习。[3] 约翰·多恩关于"耶稣哭泣"的布道虽然采取了新教对眼泪的立场，但他毫不吝惜地表达了对眼泪力量和意义（如果使用得当）的赞美，以及对激发眼泪的人类情感的重要性的褒扬："过度的情感有时会让一些人看起来像野兽；但情感上的懒惰、缺位、空虚和匮乏，会使任何人在任何时候看起来都像石头和泥土。"[4]

　　在我们描述情感的日常用语中，有一个词语是宗教改革时期关于眼泪争论的鲜活遗迹："抹达林"（maudlin）。该词源于抹大拉的玛利亚的名字，它首次使用于17世纪初，意指一种过度的、多愁善感

1　*A Legacy for Saints; Being Several Experiences of the Dealings of God with Anna Trapnel* (London: T. Brewster, 1654), p. 2; 另见Arnold Hunt, *The Art of Hearing: English Preachers and their Audiences, 1590—1640* (Cambridge: Cambridge University Press, 2010), pp. 91—4。

2　[Playfere], *Sermon*, B 3v.

3　Kuchar, *Poetry of Religious Sorrow*, ch. 4; Femke Molekamp, "Reading Christthe Book in Aemilia Lanyer's *Salve Deus Rex Judaeorum* (1611): Iconography and the Cultures of Reading", *Studies in Philology* 109 (2012): 311—32.

4　Donne, "Jesus Wept", p. 330.

的、女子气的、不真诚的、很有可能在醉酒状态下的哭泣。[1] 彼时对爱尔兰人守灵的记述中，有人指责葬礼仪式之前竟是喧闹的通宵酒会，"抹达林"式哭泣的醉酒者是公认的滑稽人物。[2] 所以，如今当我们将一些哭哭啼啼式的感伤斥为"抹达林"时，我们使用的乃是近代早期新教徒流传下来的语言，他们带给我们的是对在公共场合无节制地宣泄悲伤的厌恶，认为新教徒的眼泪比它取而代之的天主教信徒的眼泪更加被动和隐秘。天主教徒的眼泪是外在的公共标志，是虔敬仪式、忏悔和哀悼的产物，是净化逝者灵魂和改变上帝意志的工具，而宗教改革将眼泪转变成为个人体验上帝为其灵魂做工的内在和私人的经历。[3]

---

1 "maudlin, adj.", *Oxford English Dictionary* (Oxford University Press, online edn, Sept. 2014).

2 关于对守灵时酗酒和淫乱行为的谴责，见Brady, "Weep Irish"。关于17世纪"抹达林"式酒鬼的典型形象，见Robert Basset, *Curiosities: Or the Cabinet of Nature* (London: N. and I. Okes, 1637), pp. 58—9; Thomas Jordan, *Pictures of Passions, Fancies, and Affections Poetically Deciphered, in Variety of Characters* (London: R. Wood, 1641), B4r—B5v。

3 关于宗教改革后新教徒眼泪（尤其是祈祷时的眼泪）的重要性，见Alec Ryrie, *Being Protestant in Reformation Britain* (Oxford: Oxford University Press, 2013), pp. 187—95。

第三章
泰特斯·安特洛尼克斯：哈、哈、哈!

16世纪90年代是充满泪水的十年。英国音乐家兼作曲家约翰·道兰（John Dowland）创作的帕凡舞曲《让我流泪》是这十年间最受欢迎的歌曲之一。之后的几年里，道兰用鲁特琴弹奏出其他催人泪下的作品，包括《落下晶莹的泪珠》和《我看见我的夫人在哭泣》，并最终在1604年出版乐集《流泪；或七首动人帕凡舞曲中的七种眼泪》。这七种眼泪分别是老者的泪、老者的泪之新篇、叹息的泪、悲伤的泪、不得已的泪、恋人的泪和真实的泪。[1]道兰是一名天主教徒，他像索斯维尔为眼泪作诗那样为眼泪谱曲。在舞台上，托马斯·基德（Thomas Kyd）和克里斯托弗·马洛（Christopher Marlowe）等剧作家创作的脍炙人口的复仇悲剧，为行将结束的伊丽莎白时代和16世纪提供了另一个泪水的发

1　Diana Poulton, *John Dowland,* new and revised edn (Berkeley and Los Angeles: University of California Press, 1982); Peter Holman, *Dowland, Lachrimae (1604)* (Cambridge: Cambridge University Press, 1999); David Greer, "Dowland, John (1563?—1626)", *Oxford Dictionary of National Biography* (Oxford University Press, online edn, 2004), doi:10.1093/ref:odnb/7962.

泄口。[1] 紧跟这些文化潮流的, 还有一位才华横溢的诗人兼剧作家, 他是罗伯特·索斯维尔的远房表亲, 他的历史剧和悲剧在16世纪90年代初首次登上英国舞台, 这个人就是威廉·莎士比亚。

莎士比亚创作的第一部悲剧也是他首部印刷出版的戏剧（见图3）。[2] 这部剧展现了死亡和肢解的血腥场面, 虚构了像索斯维尔那样在伊丽莎白时期遭到公开绞刑、斩首和开膛破肚的人的命运。《泰特斯·安特洛尼克斯》在16世纪90年代初首次上演, 这是一部充满暴力的复仇剧: 内脏、四肢、头颅、双手和舌头都被斩断或割掉。几乎所有主角的结局都是死亡, 其中不少人在最后的血腥对决中被杀死, 这些情节不过寥寥数行。对于喜好血腥和悲剧的戏迷而言, 这部戏当然物有所值。丹麦王子哈姆雷特是莎士比亚笔下最知名的忧郁人物, 但作为一个悲惨至极的哭泣者, 罗马将军泰特斯·安特洛尼克斯是无人能比的。[3]

《泰特斯·安特洛尼克斯》中的眼泪是近代早期哭泣的缩影, 它反映了文艺复兴时期古希腊和古罗马医学、哲学和文学的复兴。[4] 莎

1　对这一时期莎士比亚悲剧作品的介绍, 见Martin Coyle, "The Tragedies of Shakespeare's Contemporaries", in Richard Dutton and Jean E. Howard (eds), *A Companion to Shakespeare's Works*, i: *The Tragedies* (Oxford: Blackwell, 2003), pp. 23—46。

2　我在本章中用《泰特斯》(*Titus*) 代指莎士比亚的《泰特斯·安特洛尼克斯》。一些学者认为《泰特斯》是集体之作, 该剧的第一幕由乔治·皮尔 (George Peele) 撰写, 见Brian Vickers, *Shakespeare, Co-Author: A Historical Study of Five Collaborative Plays* (Oxford: Oxford University Press, 2002), ch. 3。

3　我查阅了这部剧的文本, 它包括乔纳森·贝特 (Jonathan Bate) 撰写的一篇详细的介绍, 此后我将 William Shakespeare, *Titus Andronicus*, ed. Jonathan Bate (London: Arden Shakespeare, 1995) 简写为*Titus*。关于该剧的初次登台, 见Bate, "Introduction", pp. 37—48。另见Ian Smith, "*Titus Andronicus*: A Time for Race and Revenge", in Richard Dutton and Jean E. Howard (eds), *A Companion to Shakespeare's Works*, i: *The Tragedies* (Oxford: Blackwell, 2003), pp. 284—302。

4　对文艺复兴时期英国眼泪的医学、神学和诗学内涵的富有洞察力的背景研究, 见Marjory E. Lange, *Telling Tears in the English Renaissance* (Leiden: E. J. Brill, 1996)。

图3：《泰特斯·安特洛尼克斯》的封面，该书是最早出版的莎士比亚戏剧。

士比亚的戏剧为观众带回了关于悲伤、情感宣泄、禁欲主义和怜悯的古典思想。在《泰特斯·安特洛尼克斯》中，哭泣者彻头彻尾的失败表明16世纪晚期是眼泪史上的危机时刻：在一些人看来，这场危机可以被缓和，但在其他人看来，这场危机会因舞台戏剧表演和消费而加深。沉浸在泰特斯·安特洛尼克斯的眼泪世界，一边阅读戏剧剧本，一边阅读文艺复兴时期的体液医学理论，我们可以回到那个危机的时刻。在1642年封禁伦敦剧院前后的几十年里，在英国内战时期，关于眼泪的政治和表演一直存在争议。[1]

在莎士比亚的时代，英国人和泪不轻弹没有任何交集，即便有，那也是相反的情况。英国人的名声不在于克制，而在于大汗淋漓、嗜酒成性、大口吃肉、暴躁易怒、行为暴力、头脑简单、精神忧郁。荷兰医生维努斯·莱姆纽斯（Levinus Lemnius）在健康手册《面色试金石》中比较了欧洲各国人的性情，将英国人的总体性情排在意大利人之下。莱姆纽斯形容英国人"身体强健，肤色好"，"思想有一定深度"，"胃口巨大"，善妒易怒。他在页边空白处总结道："英格兰人和苏格兰人胃口大、易怒。"这位作者认为英国人不擅长学习人文知识和"精雅的艺术"；这些看起来属于其他有深度的思想。[2] 1601年，天主教作家托马斯·赖特（Thomas Wright）在《思想的激情》中指出，在欧洲，英国人以头脑简单著称。赖特认为，那些来自气候炎热地区的人，比如西班牙人和意大利人，懂得如何隐藏自己的情感，但

1　见第四章。
2　Levinus Lemnius, *The Touchstone of Complexions Generallye Appliable, Expedient and Profitable for all Such as be Desirous and Carefull of their Bodylye Health* (London: Thomas Marsh, 1576), pp. 17v—18r.

　　　　　　　　第一部分　虔　诚

天真的英国人却不明智地将情绪写在自己的脸上。[1]

英国人不只是头脑简单、四肢发达，而且爱出汗，他们特别容易患上苏德·安格里库斯热病（Sudor Anglicus）——一种在16世纪流行于欧洲大陆的汗热病。莱姆纽斯称，"英国人出汗"是因油腻的饮食和潮湿的气候所致。英国人以爱吃牛肉出名，"他们狼吞虎咽的丑态，堪比嗜酒如命的德国人和荷兰人"。英国的气候还以致人忧郁而出名："他们的天空很糟糕，阴云密布，经常充满了潮湿的雾气。"对葡萄酒和烈酒的狂热消费，让容易怨恨、生气和流汗的英国人表现出醉鬼的特征：脆弱好哭，行为暴力，举止夸张，有时"争吵打架"，有时"哭泣哀号、胆大包天"。[2] 忧郁之人、酒鬼、舞台演员和戏剧观众都习惯过度表达情感，这之中既有欢笑，又有泪水。1733年，乔治·切尼医生将忧郁称为"英国病"，在16和17世纪，忧郁作为一种英国国民特征尚处在萌芽阶段。[3] 而约翰·道兰的拉丁语格言是：始终是道兰，始终有愁苦（*Semper Dowland, semper Dolens*）。[4]

1　Thomas Wright, *The Passions of the Minde* (London: Printed by V.S. for W.B, 1601), "Preface unto the Reader"（无页码）。关于赖特作品的政治和宗教背景，见John Staines, "Compassion in the Public Sphere of Milton and King Charles", in Gail Kern Paster, Katherine Rowe, and Mary Floyd-Wilson (eds), *Reading the Early Modern Passions: Essays in the Cultural History of Emotion* (Philadelphia: University of Pennsylvania Press, 2004), pp. 89—110 (pp. 93—6)。

2　Lemnius, *Touchstone of Complexions*, pp. 102v—103r, 149r; 莱姆纽斯对酒鬼的描述并不是只针对英国的。另见John L. Flood, "'Safer on the battlefield than in the city': England, the 'Sweating Sickness', and the Continent", *Renaissance Studies* 17 (2003): 147—76。

3　George Cheyne, *The English Malady: or, A Treatise of Nervous Diseases of All Kinds* (London: G. Strahan, 1733). 另见Paul Langford, *Englishness Identified: Manners and Character* 1650—1850 (Oxford: Oxford University Press, 2000), pp. 52—3; Mary Floyd-Wilson, *English Ethnicity and Race in Early Modern Drama* (Cambridge: Cambridge University Press, 2003), ch. 3; Jeremy Schmidt, *Melancholy and the Care of the Soul: Religion, Moral Philosophy and Madness in Early Modern England* (Aldershot: Ashgate, 2007), pp. 276—84。

4　Diana Poulton, *John Dowland*, new and revised edn (Berkeley and Los Angeles: University of California Press, 1982), pp. 119—20; David Greer, "Dowland, John (1563?—1626)", *Oxford Dictionary of National Biography* (Oxford: Oxford University Press, online edn, 2004), doi:10.1093/ref:odnb/7962.

对于生活在近代早期的人而言，哭泣和小便、出汗、流血或呕吐一样，都是一种"发泄"，字面意思就是排出和挤出。[1] 这就是我们现代观念中将哭泣视为一种情感失禁的起源之一。[2] 在文艺复兴时期的医学中，眼泪是一种"排泄物"：一种从血液、灵魂、体液或水蒸气中提炼的液体，由心脏或大脑产生，通过眼睛排出。在蒂莫西·布赖特1586年撰写的《忧郁论》中，眼泪是"大脑产生的最稀薄和清澈的排泄物"。[3] 罗伯特·伯顿在1621年出版的《忧郁的解剖》中，将汗液和泪水置于一种相似的体液系统中进行探讨。人体最主要的体液是血液、痰液、黄胆汁和黑胆汁。"除了这些体液，"伯顿指出，"你还能加上血清，也就是一种尿液，以及汗水和眼泪这种第三类混合型液体排泄物。"顺便提一句，我不得不说，在关于哭泣的全部思想史中，我还没有遇到哪个形容眼泪的短语，比"第三类混合型液体排泄物"更为精妙。[4]

在文艺复兴时期的戏剧和医学中，身体对喜剧和悲剧的反应紧密相连，就像现代评论家常说的"我笑了又哭了"所形容的一样。[5] 耶

1　参见 Walter Charleton, *Natural History of the Passions* (London, James Magnes, 1674), p. 157, 作者描述了哭泣时泪腺是如何"被某些神经挤压"，使眼泪"被挤出"或"从中排泄出来"。

2　关于"情感失禁"一词在维多利亚时期和之后的用法，见第十三和二十章。

3　Timothie Bright, *A Treatise of Melancholie* (London: Thomas Vautrollier, 1586), pp. 135—48 (p. 145)；布赖特在中世纪关于眼泪的医学理论中的地位，见 Lange, *Telling Tears*, ch. 1。

4　[Robert Burton], *The Anatomy of Melancholy, What it is: With all the Kindes, Causes, Symptomes, Prognostickes, and Severall Cures of It, by Democritus Junior* (Oxford: Henry Cripps, 1621), p. 21. 关于伯顿的眼泪理论和四种体液理论，见 Lange, Telling Tears, pp. 22—6。关于伯顿这部名著及其更广阔的思想、文化和医学背景，见 Angus Gowland, *The Worlds of Renaissance Melancholy: Robert Burton in Context* (Cambridge: Cambridge University Press, 2006); Erin Sullivan, "A Disease Unto Death: Sadness in the Time of Shakespeare", in Elena Carrera (ed.), *Emotions and Health, 1200—1700* (Leiden: Brill, 2013), pp. 159—81。

5　Quentin Skinner, "Hobbes and the Classical Theory of Laugher", in Tom Sorell and Luc Foisneau (eds), *Leviathan After 350 Years* (Oxford: Oxford University Press, 2004), pp. 139—66; Matthew Steggle, *Laughing and Weeping in Early Modern Theatres* (Aldershot: Ashgate, 2007); Indira Ghose, *Shakespeare and Laughter: A Cultural History* (Manchester: Manchester University Press, 2008); Beatrice Groves, "Laughter in the Time of Plague: A Context（转下页）

稣受难剧在宗教改革时期被禁演的一个原因在于宗教戏剧幕间穿插淫秽喜剧的做法日渐流行，比如诺亚及其妻子的喜剧场面就像一部以《圣经》故事为背景的《潘趣与朱迪》木偶剧。对耶稣受难剧、哀悼仪式和圣母玛利亚崇拜的压制，以及对取缔圣诞节、新年和五月节等异教节庆日不算成功的尝试，为人们学习笑和哭的新方法创造了需求。从16世纪70年代开始，商业剧院中上演的喜剧和悲剧满足了这一需求。[1] 人们现在可以购买到眼泪，不论同情、悲伤还是喜悦的眼泪，它们都是由剧团演员提供的称心如意的商品。夸张的哭泣是小丑用来制造欢笑的手段之一，医学作家认为这两者之间有潜在的联系。笑和哭常被认为是人类独有的反应，在极端情绪下，两者会发生混淆。[2] 这正是《泰特斯·安特洛尼克斯》的高潮部分发生的情况。面对儿子们的头颅和自己被砍断的手，泰特斯非但没有哭泣，反而大笑："哈、哈、哈！"[3] 在此之前，泰特斯是一位多产和雄辩的哭者。在此之后，他双眼干涸，精神错乱。作为医学和哲学的个案研究，《泰特斯·安特洛尼克斯》提供了一些有趣的启示。[4]

　　这部戏剧的中心事件是泰特斯的女儿拉维妮娅被强暴和残害，

（接上页）for the Unstable Style of Nashe's *Christ's Tears over Jerusalem*", *Studies in Philology* 108 (2011): 238—60; Bridget Escolme, *Emotional Excess on the Shakespearean Stage: Passion's Slaves* (London: Bloomsbury Arden Shakespeare, 2013), ch. 2.

1　Ghose, *Shakespeare and Laughter*, ch. 4; 另见本书第四章对威廉·普林的研究。

2　Steggle, *Laughing and Weeping*, ch 1; Skinner, "Classical Theory of Laughter", p. 143.

3　Titus, 3.1.265, p. 204.

4　在阅读了Steggle, *Laughing and Weeping*, pp. 128—31和Cora Fox, *Ovid and the Politics of Emotion in Elizabethan England* (New York: Palgrave Macmillan, 2009), ch. 3的分析后，我受到了鼓舞，于是对《泰特斯》中的眼泪进行了更为深入的研究。见Mary Laughlin Fawcett, "Arms/Words/Tears: Language and the Body in Titus Andronicus", *ELH* 50 (1983): 261—77; Robert Cohen, "Tears (and Acting) in Shakespeare", *Journal of Dramatic Theory and Criticism* 10 (1995); 21—30。

它的原型是奥维德笔下菲勒美拉被强暴的古老故事。[1] 袭击拉维妮娅的人是哥特女王塔摩拉的儿子们，他们在蛇蝎母后的首肯下，残杀了拉维妮娅的丈夫，强暴了拉维妮娅，并割下了她的舌头和双手。泰特斯的儿子们被诬陷为杀害妹夫的凶手。拉维妮娅的身心受到摧残：她的叔叔形容她"残缺扭曲"。[2] 她无法说话、无法写字，尽管她的眼睛还能流出泪水，但眼泪的含义比以往更难以理解。泰特斯的弟弟玛克斯看到残疾的拉维妮娅，于是将她带到她父亲那里并说道：

> 泰特斯，让你的老眼准备流泪，
> 要不然，让你高贵的心准备碎裂吧：
> 我带了毁灭你暮年的悲哀来了。[3]

流泪还是心碎，此时此刻玛克斯让泰特斯做出选择。这与当时流行的医学理论一致，即眼泪可以减轻精神上的痛苦，而流不出眼泪可能引发疾病。[4] 接下来，安特洛尼克斯滔滔不绝的泪水淹没了全家。当提到拉维妮娅的两个兄弟时——她知道他们是无辜的——她的泪水从脸颊滚落。玛克斯思索道："也许她流泪是因为他们杀死了她的丈夫；也许是因为她知道他们是无罪的。"眼泪被形容为"殉道者的标志"和"演说家"（orators）——这让人回想起当时宗教文学中的语言——后者也被罗伯特·索斯维尔在《抹大拉的玛利亚的葬礼之泪》

---

1 Fox, *Ovid and the Politics of Emotion*, introduction and ch. 3.

2 *Titus*, 3.1.256, p. 203.

3 Ibid., 3.1.59—61, p. 193.

4 Bright, *Treatise of Melancholie*, pp. 193—5; Lange, *Telling Tears*, ch. 1.

中使用过。[1] 泰特斯的悲伤感人至深, 他的儿子路歇斯劝说道:"好爸爸, 别哭了吧; 瞧我那可怜的妹妹又被您惹得呜咽痛哭起来了。"玛克斯递给泰特斯一块手帕, 让他擦干眼泪, 但泰特斯拒绝了, 因为手帕已经被玛克斯自己的眼泪浸透了。玛克斯又将这块打湿的手帕递给了哭泣的妹妹。[2]

在倾诉完自己因饱受摧残的拉维妮娅而承受的悲伤后, 泰特斯被邪恶的摩尔人艾伦说服, 砍断了自己的一只手, 以换取儿子们的性命。一只手的泰特斯双膝跪地, 乞求道:"要是哪一尊神明怜悯我这不幸之人所挥的眼泪, 我就向他祈求!"玛克斯是理智的, 他让兄弟冷静下来:"不要疯疯癫癫地讲这些无关实际的话了", "也该让理智控制你的悲痛才是"。这句话让泰特斯更加痛苦地为自己辩解, 他拒绝认为能从他的不幸, 乃至生活本身中找到任何原因。他将自己的眼泪描述为大自然的强大力量, 将自己描绘为大海和大地, 将拉维妮娅比作天空(Welkin)和风:

> 我就是海; 听她的叹息在刮着多大的风; 她是哭泣的天空, 我就是大地; 我这海水不能不被她的叹息所激荡, 我这大地不能不因为她的不断的流泪而泛滥沉没, 因为我的肠胃容纳不下她的辛酸, 我必须像一个醉汉似的把它们呕吐出来。[3]

醉汉倾吐悲伤的画面, 强化了眼泪是一种身体排泄物的观念, 在这个

1　[Robert Southwell], *Marie Magdalens Funeral Teares* (London: Printed by J.W. for G.C., 1591), p. 55v.
2　*Titus*, 3.1.26, 114—16, 137—50, 3.2.36, pp. 192, 196—7, 208. 关于索斯维尔, 见第二章。
3　*Titus*, 3.1.209—32, pp. 200—2.

观念中，忧郁和酒紧密相联。这一刻是泰特斯史诗般哀泣的高潮。莎士比亚将眼泪与大自然的所有季节和所有类型的水联系在一起：小溪、河流、海洋；阵雨、风暴和赋予生命的雨。安特洛尼克斯的"气候"是多雾、潮湿和阴云密布的。拉维妮娅和泰特斯在不同时刻都提到了他们哀悼时的"泪溪"（tributary tears），它同时暗指对死者的祭奠和大自然的溪流——这一意向暗示溪流汇入了象征集体哀悼的汹涌大河。[1] 拉维妮娅被描绘成一池清泉，因遭受强暴而变得污浊。泰特斯的孙子被比作"柔嫩的树苗"和"温柔的泉水"，"柔嫩"和"温柔"传递了年轻和湿润之感。泰特斯告诉男孩："你是眼泪做成的。"[2] 根据当时流行的生理学理论，儿童、女人和老人更容易流泪。[3] 尤其是女人，她们被比喻为"漏水的容器"，眼泪和包括母乳、经血在内的其他液体，会从这个容器里流出来。[4]

因此，《泰特斯·安特洛尼克斯》描绘的正是后来罗伯特·伯顿所说的"身体的液态部分"。[5] 它将眼泪描绘成强大的自然力量，通过体液将人类和自然联系起来。乔治·赫伯特发表于1633年的诗作《悲伤》，同样将眼泪和其他自然之水进行了类比。诗的开头是这样

1　*Titus*, 1.1.162, 3.1.270, pp. 138, 204.

2　Ibid., 3.2.50, 5.2.169, pp. 208, 262. "从你那温柔的泉水中落下几滴泪珠"这句话，是男孩的父亲路歇斯对儿子说的，该部分在最后一幕，见 Titus, p. 275。

3　Bright, *Treatise of Melancholie*, pp. 143—4, 175; René Descartes, *The Passions of the Soul*, trans. Stephen Voss (Indianapolis: Hackett, 1989), Article 133, p. 89 (1649年首版); Lange, *Telling Tears*, p. 29; Margo Swiss, "Repairing Androgyny: Eve's Tears in *Paradise Lost*", in Margo Swiss and David A. Kent (eds), *Speaking Grief in English Literary Culture: Shakespeare to Milton* (Pittsburgh: Duquesne University Press, 2002), pp. 261—83 (p. 274).

4　Gail Kern Paster, *The Body Embarrassed: Drama and the Disciplines of Shame in Early Modern England* (Ithaca, NY: Cornell University Press, 1993), p. 25; Andrea Brady, "The Physics of Melting in Early Modern Love Poetry", *Ceræ: An Australasian Journal of Medieval and Early Modern Studies* 1 (2014): 22—52 (p. 37).

5　[Burton], *Anatomy of Melancholy*, p. 20.

写的：

> 啊，谁能带给我眼泪？来吧，你们这些泉水，
>
> 来到我的头和眼睛里：来吧，云和雨：
>
> 我的悲伤需要一切水之物，
>
> 那是大自然的创造。[1]

在勒内·笛卡尔关于灵魂激情的论著中，我们找到了将眼泪等同于自然之水的物理学原理。笛卡尔认为，出汗、哭泣和下雨不仅是比喻，而且事实上就是一回事：身体和空气中的水蒸气被转化为了水滴。所以《泰特斯·安特洛尼克斯》将眼泪形容为"下雨"，至少笛卡尔不会将其理解成一种比喻。[2]

就在泰特斯说完"我就是海"和"她就是天空"，接下来的一幕简单得令人毛骨悚然："一使者持两颗头和一只手上。"泰特斯的手和他被处决的儿子们的头颅被嘲弄地归还，泰特斯用手赎回儿子的请求被拒绝了，这对他是最后的打击。就在这时，哭泣停止了，海绵被挤干了。玛克斯曾劝说泰特斯控制自己的情绪，但面对现在这个结局，他认为是时候发泄情绪了。"啊！现在我再也不劝你抑制你的悲哀了，"玛克斯悲叹道，"撕下你银色的头发，用你的牙齿咬着你残余的那一只手吧。""现在是掀起风暴的时候。"见泰特斯没有任何反应，玛克斯问他："你为什么一声不响呢？"泰特斯发出了恐怖的笑声："哈、

---

1 George Herbert, "Grief", in *The Temple: Sacred Poems and Private Ejaculations* (Cambridge: Thomas Buck and Roger Daniel, 1633), p. 158. 另见Richard Strier, "Herbert and Tears", *ELH* 46 (1979): 221—47; Lange, Telling Tears, pp. 204—22。

2 Descartes, *Passions of the Soul*, Articles 128—34, pp. 86—90; *Titus*, 5.1.117, p. 250.

哈、哈!"玛克斯责问道:"你为什么笑? 这在现在是不相宜的。"泰特斯回答道:"为什么? 我已再无眼泪可流。"[1]

从这一刻起, 泰特斯不再哭泣, 他假装疯掉, 开始了对塔摩拉和她儿子们冷酷无情的复仇。泰特斯用一场离奇和恐怖的表演将塔摩拉的两个儿子引入死亡的陷阱。泰特斯割开他们的喉咙, 将他们做成馅饼, 并在一场死亡盛宴上将其献给他们的母亲, 在这场宴会上他还杀死了拉维妮娅——"为了她, 我已经把我的眼睛都哭瞎了"。[2]如此看来, 泰特斯肯定不是装疯, 而是真的疯了。他干涸的双眼, 说明他不是用坚忍控制住了自己的悲伤, 而是被自己的悲伤所控制。泰特斯的悲伤无法弥补, 他从悲伤到疯癫的过程符合当时医学教科书描述的模式, 这些医书包括蒂莫西·布赖特的《忧郁论》。从《哈姆雷特》和《泰特斯·安特洛尼克斯》的内容来看, 莎士比亚当时可能读过《忧郁论》。[3]

布赖特阐明了一个标准观点: 哭泣是一种与忧郁和悲伤——只有在它们适度的情况下——有关的情感表达。和亚里士多德、蒙田、笛卡尔一样, 布赖特指出在极度悲伤时, 眼泪会干涸。[4]这是一个危险的状态, 它可能导致疯癫甚至死亡。赖特写道, 过度悲伤会让"自负者迷狂, 让内心惊讶"。眼泪是"普通情感"的自然流露, 但在极端情绪下, "悲伤会变成惊讶, 感官会陷入迷狂, 随后变得麻木, 泪流也干

1　*Titus*, 3.1.234, 260—7, pp. 202, 203—4.

2　Ibid., 5.3.48, p. 267.

3　Ibid., 4.3.31, p. 231; William Matthews, "Peter Bales, Timothy Bright and William Shakespeare", *Journal of English and Germanic Philology* 34 (1935): 483—510; Page Life, "Bright, Timothy (1549/50—1615)", *Oxford Dictionary of National Biography* (Oxford University Press, 2004; online edn, Jan. 2008), doi: 10.1093/ref: odnb/3424.

4　Bright, *Treatise of Melancholie*, pp. 138—9; Descartes, *Passions of the Soul*, Article 128, pp. 86—7; Lange, *Telling Tears*, pp. 38—45.

涸和停止了",取而代之的有时是"排尿和排便"。[1] 虽然舞台上的莎剧都没有表现这些可以替代泪水的排泄物,但从其他方面看,这听起来像是对泰特斯·安特洛尼克斯的准确描述。布赖特解释了灾难性事件如何首先引发"大量的哭泣"和"眼泪的溪流",然后"通过破坏心智,使眼泪干涸"。泰特斯的流泪和止泪,为我们认识近代早期情感的变化提供了教科书式的案例。首先,他的悲伤从溪流和河水中喷涌而出,最后汇聚起来,成为他所宣称的"我就是海"。但当他目睹两个儿子的首级,泰特斯悲伤加剧:"我已再无眼泪可流。"他的理智消失了,他的心变得冷酷无情,他的精神被摧垮:这是泰特斯·安特洛尼克斯过度悲伤的结果。

悲伤至极预示了泰特斯最后的毁灭,所以他也许应该听取他那坚忍的兄弟玛克斯的建议。虽然古典文学中有许许多多英雄落泪的例子,但将哭泣的男性指责为软弱和女子气依然屡见不鲜。[2] 在莎翁的作品中,这些例子包括斥责科里奥兰纳斯是一个"泪眼汪汪的男孩"以及谴责罗密欧"哭哭啼啼"。"你是个男子汉吗?"劳伦斯修士对哭泣的男孩说,"你哭起来像个女人似的!"[3] 在《泰特斯·安特洛尼克斯》中,反复出现的眼泪损害了理性的思考,不止一次阻碍或打断条理清晰的讲话。[4] 眼泪是激情的标志和象征,而激情又被广泛认为

---

1 Bright, *Treatise of Melancholie*, pp. 138—9.
2 关于古典作品中的哭泣, 见Thorsten Fögen (ed.), *Tears in the Graeco-Roman World* (Berlin: Walter de Gruyter, 2009). 另见Timothy Webb, "Tears: An Introduction", Timothy Webb, "Tears: An Anthology", and Henry Power, "Homeric Tears and Eighteenth-Century Weepers", all in *Litteraria Pragensia: Studies in Literature and Culture* 22 (2012): 1—25, 26—45, and 46—58。
3 转引自Bernard Capp, "'Jesus Wept' But Did the Englishman? Masculinity and Emotion in Early Modern England", *Past and Present* 224 (2014): 75—108 (pp. 76, 88); 另见Audrey Chew, *Stoicism in Renaissance Literature: An Introduction* (New York: Peter Lang, 1988)。
4 *Titus*, 5.3.87—94, 173—4, pp. 270—1, 276.

是灵魂的疾病。托马斯·赖特在1601年出版的《思想的激情》中写道，无节制的激情有三个主要后果："盲目的理解、扭曲的意志和变质的体液——疾病随之而来。"[1]

在《泰特斯·安特洛尼克斯》中，观众收到了一套关于眼泪的明确警告。虽然泰特斯有力地捍卫了眼泪作为心灵的一部分所具有的力量，虽然他坚忍的兄弟也给予眼泪一席之地，将之视为对死亡与逆境的恰当和健康的反应——"泪溪"和喜悦的眼泪得到了肯定，但泰特斯的悲伤通过泛滥的泪水表达出来，最终变得毫无节制，将他引向了疯癫并间接导致了他的死亡。《泰特斯·安特洛尼克斯》是一部充满泪水的戏剧。然而，眼泪始终没能发挥作用。当塔摩拉乞求泰特斯饶过她儿子阿拉布斯一命时（见图4），当拉维妮娅向塔摩拉乞求不

图4：皮查姆画：现存唯一的莎士比亚戏剧插图。经巴斯侯爵许可。

---

1 Wright, *The Passions*, p. 86.

　　　　　　　　　第一部分　虔诚

要强暴自己时，当泰特斯乞求罗马保民官放他儿子们一条生路时，眼泪全都未起作用。[1] 在情感经济中，泪水和怜悯应该同时发生作用：通过眼泪这一通用货币，悲伤可以换来怜悯。我悲伤，我哭泣；你落泪，于是你施以仁慈。但在《泰特斯·安特洛尼克斯》中，含泪乞求换来的不是永恒不变的结果，而是一具具被肢解的尸体：阿拉布斯被开膛破肚，拉维妮娅被肢解，泰特斯的儿子们被斩首。在最后几幕戏中，眼泪已经干涸，对怜悯的所有期待都已破灭。

结尾的两行话清楚表明，这是一场关于怜悯遭遇失败的戏剧。在将塔摩拉"那头狠毒的雌虎"的尸体扔给野兽猛禽后，路歇斯说道：

> 她活着像禽兽一样不知怜悯，
>
> 她死了就让禽兽去怜悯她吧！[2]

怜悯（pity）、虔诚（piety）和同情（pietà，圣母玛利亚哀悼她儿子时的标志性形象）都源自同一个拉丁词语。[3] 那么，莎士比亚的戏剧是否揭示了他对表亲罗伯特·索斯维尔的一种隐藏的同情，以及对宗教改革前的圣母崇拜和推崇泪水的天主教的怀念呢？也许没有。这部戏的结局确实类似于宗教改革前对死者的哀悼仪式，包括家人亲吻泰特斯的尸体，以及在他血迹斑斑的脸上流泪。[4] 另一方面，这部戏也可以理解为一场新教布道，其主旨是眼泪无力改变上帝的意志，因

1　*Titus*, 1.1.107—23, 2.2.139—41, 288—91, pp. 134—5, 176, 185.

2　*Titus*, 5.3.198—9, p. 277.

3　它们全部源自拉丁词语 *pietas*，见 "pity, n.", *Oxford English Dictionary* (Oxford University Press, online edn, Sept. 2014)。关于圣母玛利亚的眼泪，见第一和二章。

4　*Titus*, 5.3.145—99, pp. 274—7.

为这部戏一再表明乞求的眼泪是徒劳的。但是在莎士比亚的第一部悲剧中，眼泪情节中最明显的缺失是少了类似于忏悔、愧疚和悔悟之类的东西。正是因为这些缺失，我们很难辨析基督教的眼泪经济——不论是天主教，还是新教。这部戏证实了一场眼泪的危机，但是没有表明它的宗教立场。[1]

《泰特斯·安特洛尼克斯》最后一幕中最后的眼泪来自一个年幼的男孩，即泰特斯的孙子。男孩的父亲是泰特斯唯一在世的儿子路歇斯。路歇斯对男孩说的话，肯定也是说给剧院观众甚至我们听的：

> 过来，孩子，来，来，学学我们的样子，
> 在泪雨之中融化了吧。[2]

在整部戏中，眼泪在泰特斯和家人之间提供了一条同情的纽带。随着泰特斯的死亡，安特洛尼克斯家族希望教育他们最年幼的成员，莎士比亚或许也在教育他的观众，眼泪具有将家庭和社会连结在一起的力量，这就是泰特斯生前所说的"悲伤的同情"。[3]男孩想对他去世的爷爷说几句告别的话，但哽咽得无法说出口：

> 主啊！我哭得不能向他说话，

1　关于天主教徒和新教徒对哀悼之泪的看法，见第二章。对学界关于莎士比亚和天主教研究的介绍，见 Alison Shell, *Shakespeare and Religion* (London: Arden Shakespeare, 2010)。对文艺复兴时期莎士比亚、基德（Kyd）、韦伯斯特（Webster）创作的悲剧和宗教改革的创伤之间的关系研究，见 Katharine Goodland, *Female Mourning in Medieval and Renaissance English Drama: From the Raising of Lazarus to King Lear* (Aldershot: Ashgate, 2005)。

2　*Titus*, 5.3.159—60, p. 275.

3　Ibid., 3.1.149, p. 197.

一张开嘴，我的眼泪就会把我噎住。[1]

在这里，莎士比亚给他的观众布置了一项任务：用某种方式学会哭泣，但不至于发生道德和精神上的错乱，不至于变得盲目，不至于泣不成声，不至于诉诸旧式的虔诚。更重要的是，他为观众提供了完成该任务的契机：集体观看一场古典悲剧。[2]

聚在剧院里为悲剧哭泣开始成为英国国民性的一部分，这在一定程度上应归功于莎翁。18世纪英国舞台上和英国剧院观众中的暴力和哭泣对外国访客来说是显而易见的。法国的剧院有一个非常不同的传统；在19世纪以前，它们拒绝将莎翁的作品列入剧目单。让·贝尔纳在1747年出版的《英法民族信札》中表达了对《泰特斯·安特洛尼克斯》的惊讶和反感。他概括了全剧的情节，描述了第三幕往后拉维妮娅血淋淋和泪汪汪的场面，并为这部毛骨悚然的戏剧向读者致歉。"这是多么血腥和残忍的景象啊！怎么会有人想出这种场景呢！那些津津有味欣赏这部戏剧的观众，他们的性格一定也很残暴！"贝尔纳还指出，英国人特别容易被丧失理智的戏剧人物所感动，比如"有一位美丽年轻的姑娘因遭遇不幸而精神错乱"。贝尔纳冷冷地说道，正是这些场面，让英国人痛哭流涕。[3]

1783年，研究莎士比亚的英国学者爱德华·卡佩尔盛赞《泰特斯·安特洛尼克斯》为天才之作。他指出，这部戏剧的读者"如果

1　*Titus*, 5.3.173—4.
2　Steggle, *Laughing and Weeping*, p. 83. 许多文艺复兴时期的理论家相信，观众在观看悲剧时流下眼泪是有益的宣泄。用德拉·卡萨（Della Casa）在《加拉泰奥》（*Galateo*）中的话说，观众"通过哭泣治愈了他们的疾病"。
3　Abbé le Blanc, *Letters on the English and French Nations*, 2 vols (London: J. Brindley, 1747), ii. 205, 259.

不是没有感情的人，可能偶然会发现自己被这部悲剧激发的恐惧和怜悯情感所触动"。在《泰特斯·安特洛尼克斯》诞生两百年后，英国人依然通过集体和个人对泰特斯的故事的反应，学习如何感受以及如何哭泣。在谈到这部戏剧的特征时，卡佩尔特别提到了一句台词，他认为这句台词"即使在莎士比亚看来，也有一些伟大之处"。这句台词是什么？是泰特斯面对被砍下的手和头颅时的反应："哈、哈、哈！"[1]

1　Edward Capell, *Notes and Variant Readings to Shakespeare*, 3 vols (1783); 转引自 Bate, "Introduction" to *Titus*, pp. 67—8, 80。

第四章
演员、女巫和清教徒

奥利弗·克伦威尔是英国内战时期圆颅党的领袖，他打败了王党，签署了处决国王查理一世的执行令，从1653年以护国公身份统治英格兰直至1658年去世。正是这样一个男人，却是个好哭佬，这不免让人惊讶。这位"老铁骑"（Old Ironsides）——一个被热忱的宗教理想所驱使的狂热分子——认为自己正是那个带领人民摆脱流亡生活的清教摩西。护国公最大的特点是其卓越的军事才能、铁腕的领导方式和清教徒的坚定决心，他宽容其他新教派别，但无情镇压天主教。[1] 克伦威尔是英国清教徒中的典型——一个严肃且缺乏幽默感的人，我们可以想象他是一个克制和压抑自己情感的人，甚至带有英国人特有的紧抿上唇的特征。但这属于英国国民性的一个值得我们深入思考的要素。一个清教徒不会经常被人捕捉到笑容，更别说开怀大笑了。然而克伦威尔从自己和别人的罪行中，看到了许多值得落

1　John Morrill, "Cromwell, Oliver (1599—1658)", *Oxford Dictionary of National Biography* (Oxford University Press, 2004; online edn, May 2008), doi:10.1093/ref:odnb/6765; Ian Gemtles, *Oliver Cromwell: God's Warrior and the English Revolution* (Basingstoke: Palgrave Macmillan, 2011).

泪的地方。他不仅私下落泪，而且在公开场合也会如此。据说，有一次他怀着热忱和激动的情感祈祷，"他的眼泪滔滔不绝，顺着房门流了出来"。要想理解克伦威尔的眼泪，我们必须重新审视17世纪男性和女性的眼泪在不同公共领域的角色和地位。[1]

在研究内战时期的眼泪政治史之前，要注意两个基本矛盾，因为它们使这段历史充满了生机。我们可以将它们称为"演员的悖论"和"女巫的困境"。在演员的悖论中，眼泪是真情实感的终极标志，但也是专业骗子的惯用伎俩。哭泣时，我们都是演员；当目睹他人哭泣时，我们变成了观众。作为表演者，我们希望自己的眼泪看起来是自发的、真实的；但作为旁观者，我们会怀疑朋友、爱人、家人和同事的眼泪中有戏剧表演的痕迹。在近代早期的剧院里，我们有时会以自己的眼泪回应舞台上的眼泪，将真实和虚假的哭泣之间那令人困惑的关系带回家中。[2]

女巫的困境可以被视为有关女性和眼泪的"第二十二条军规"，这个困境直到今天依然存在：哭泣的女性被指责为软弱且擅于摆布人，不哭的女性则被斥为铁石心肠、不像女人、泼妇或女巫。[3] 女巫的困境是以一套完全自相矛盾的观念为前提的，它把哭泣同时描述为一种对个人情绪失去控制的行为和一种冷静、蓄意控制情绪的行为。

1　对这一时期英国男性眼泪的深入和前沿研究，见Bernard Capp, "'Jesus Wept' But Did the Englishman? Masculinity and Emotion in Early Modern England", *Past and Present* 224 (2014): 75—108。（关于克伦威尔的轶事，见p. 108。）

2　在18和19世纪，有关演员、眼泪和情绪的讨论经常会提到狄德罗的这篇文章: *Paradoxe sur le comédien* (1773), 见William Archer, *Masks or Faces: A Study in the Psychology of Acting* (London: Longmans, Green, and Co., 1888); Joseph R. Roach, *The Player's Passion: Studies in the Science of Acting* (Newark: University of Delaware Press, 1985)。

3　关于玛丽·沃斯通克拉夫特对感伤主义时期女性眼泪的态度，见第八章。关于"女巫的困境"在20世纪的延续，见第十五和十九章。

女巫的困境长期困扰着现代女性，但对于16和17世纪被当成女巫而被绞死的女性来说，它可能是致命的，原因之一在于人们认为女巫不会流泪。因此我们发现，在近代早期的演员（在当时常被称为"伶人"）、女巫和清教徒这三类人中，有三种原型可以继续用来反思自己和他人眼泪。这些原型在内战时期得到打磨，因为当时的小册子作者和争论双方转向了宗教和戏剧世界，对政治舞台上的眼泪进行评价。

在《哈姆雷特》中，忧郁的主人公感慨饰演另一个角色的伶人看起来非常"恐怖"，这个伶人在讲述特洛伊城沦陷的故事时，面色惨白，声音凄凉，神情仓皇，为赫卡柏的命运而热泪盈眶。哈姆雷特不悦地问："赫卡柏对他有什么相干，他对赫卡柏又有什么相干！他却要为她流泪？"[1]此时此刻，观众被期待能感同身受，并且很可能被期待为扮演哈姆雷特的演员所表达的"真实"悲伤而哭泣，而不是在观看神话人物埃涅阿斯的伪历史故事时，为一个真人演员扮演的虚构角色所表演的虚假悲泣而落泪。延绵不断的人造泪流，就像近代早期低技术版本的《黑客帝国》。[2]当观众透过自己的眼泪欣赏舞台上的哭戏时，这些眼泪和情感是真实的吗？我想起了约翰·多恩的一句话："眼泪是虚假的展示。"这句话他曾在不同的语境下使用过，但在这里它有了一个恰当的双重含义。[3]

当女性角色由男孩扮演时，一个新的虚假元素出现了。1610年，

1　William Shakespeare, *Hamlet*, ed. Ann Thompson and Neil Taylor (London: Arden Shakespare, 2006), 2.2.486—97, pp. 274—5. 更深入的研究详见 Matthew Steggle, *Laughing and Weeping in Early Modern Theatres* (Aldershot: Ashgate, 2007), pp. 52—3; Cora Fox, *Ovid and the Politics of Emotion in Elizabethan England* (New York: Palgrave Macmillan, 2009), pp. 105—7。

2　The Wachowski Brothers (dir.), *The Matrix* (Warner Bros, 1999).

3　John Donne, "Elegie on the Lady Marckham" (1609), 转引自 Marjory E. Lange, *Telling Tears in the English Renaissance* (Leiden: E. J. Brill, 1996), p. 196.

在《奥赛罗》的巡回演出中扮演苔丝狄蒙娜的男孩，凭借对尸体异乎寻常的悲惨表演，赚足了观众的眼泪。一首写给男童演员沃尔特·克伦（Walter Clun）的挽歌讲到他如何用"优雅的语言""女性的衣服"和"表面的悲伤"让观众对虚构的故事潜然泪下，仿佛那些故事是真实的一样。[1] 同样的，当第一批观众为《泰特斯·安特洛尼克斯》中拉维妮娅的遭遇落泪时，他们看起来也和男童演员产生了情感上的共鸣，因为他饰演了一位在古罗马恐怖的血亲复仇中被摧残和玷污的女性。拉维妮娅对观众来说意味着什么？或者观众对拉维妮娅来说意味着什么？至少当时有一些戏迷反思了这一切中的奇怪之处。作家托马斯·布朗写道，他在现实生活中不会为自己的烦恼而哭泣，但在剧院里，"我在看戏时会哭得一塌糊涂，被那些明知或宣称是虚构的情节所感动"。[2] 像布朗这样与饰演虚构人物的演员分享痛苦之情并为之落泪，到底体现的是一种值得赞美的同情心，还是一种对虚假的、危险的和女性化的情感的病态共鸣？像16世纪80年代的斯蒂芬·戈森（Stephen Gosson）和17世纪30年代的威廉·普林（William Prynne）这样的反戏剧辩论家们肯定认为答案是后者。

戈森的父亲是来自低地国家的木匠移民，母亲是肯特郡杂货店店主的女儿。他的父亲在坎特伯雷经营一家商店，戈森在店铺楼上的房间里长大，并在坎特伯雷大主教马修·帕克开办的大教堂学校里念书。帕克曾在16世纪50年代抨击天主教徒"女子气""哭天喊地"和"哭哭啼啼"。他让戈森获得了一笔赴牛津大学学习的

---

1 Steggle, *Laughing and Weeping*, p. 88.
2 Thomas Browne, *Religio Medici* (1642)，转引自Steggle, *Laughing and Weeping*, p. 89。

奖学金。[1] 16世纪70年代，戈森在牛津求学，但可能由于缺乏资金，他未能获得学位。不过戈森从事了许多职业，包括作家、家庭教师和教士，他似乎还为伊丽莎白女王的首席秘书弗朗西斯·沃尔辛厄姆做过一阵子间谍。这是对1584年戈森在罗马的英格兰学院注册这一令人费解的事件最为合理的解释。罗马的英格兰学院是耶稣会为天主教传教士开办的培训机构，但没有任何迹象显示国教徒戈森同情天主教。罗伯特·索斯维尔正是同一时间在英格兰学院生活和工作，所以在戈森向沃尔辛厄姆汇报的人员活动情报中，可能就包括这位撰写《抹大拉的玛利亚的葬礼之泪》的作者。戈森的反戏剧立场使他偏向新教光谱中更为严厉的一端，但他并没有成为一名清教徒。无论是否做过间谍，戈森后来在工作中从教会获得的丰厚收入表明他在当朝派的圈子里拥有广泛的人脉。[2]

戈森早年曾尝试写一部名为《菲亚洛的蜉蝣》的舞台剧，但以失败告终，在那之后他将精力转向反对戏剧表演。在这方面，他最有影响力的著作是出版于1582年的《驳斥戏剧的五个行动》。戈森是第一位指出《圣经》对于男扮女装的禁令适用于男童扮演女性角色的作家。在《申命记》规定的其他行事准则中——包括要求人们安装栏杆，防止有人从屋顶上摔落这种实用的提醒——相关经文写道："妇女不可穿戴男子所穿戴的，男子也不可穿妇女的衣服，因为这样

1　Matthew Parker, funeral sermon for Martin Bucer (1551), 转引自 Katharine Goodland, *Female Mourning in Medieval and Renaissance English Drama: From the Raising of Lazarus to King Lear* (Aldershot: Ashgate, 2005), pp. 102—3; 另见本书第二章。

2　Arthur F. Kinney, "Gosson, Stephen (bap. 1554, d. 1625)", Oxford *Dictionary of National Biography* (Oxford University Press, 2004; online edn, May 2007), doi:10.1093/ref:odnb/11120; 关于索斯维尔，见第二章。

的行为都是耶和华你神所憎恶的。"[1]这成了后世作家可参照的标准观点。戈森其他的反对理由还包括戏剧有激起强烈情感的危险,这些情感"天生根植于我们头脑的某个部分,野兽亦如此"。悲剧尤其有害,"目睹悲剧中的不幸和惨无人道的屠杀会使我们陷入无尽的悲伤,像女人那样恸哭和哀悼,于是我们沦为耽于忧郁和哀叹的人,两者都是坚忍刚毅的敌人"。因此,去剧院为虚构的悲剧哭泣,有可能激起动物般的情感,损害自己的性格,使自己陷入过度和有害的悲伤。[2]

威廉·普林是一位多产的辩论家,自17世纪20年代起,他出版了200多本小册子,从新教徒的立场探讨了诸多宗教和政治议题。但他最重要的反戏剧作品很难被称为小册子。1633年,普林出版了长达千页的檄文《戏剧:伶人的灾难,还是演员的悲剧》。这部毫无幽默感的汇纂言辞激烈,冗长拖沓,没完没了,在每一页的页脚和边缘空白处都充斥着无数由笔记、《圣经》引文和脚注扩充而成的拉丁短文。普林沮丧地指出,虽然耶稣会哭,但他从未笑过。他建议那些观看喜剧的罪人为自己的罪行哭泣,而不是为表演大笑:"哭是心灵的刺痛,笑是举止的堕落。"[3]

阅读《戏剧》就像在酒吧里听着无聊的歌。普林痴迷于性。有一次,塞缪尔·皮普斯(Samuel Pepys)在晚餐时发现自己不得不与普林同座,普林在席间从口袋里掏出一本书,这本书记述了三十名被逐出英国修道院的修女的风流韵事。[4]《戏剧》的主旨很简单:"所有

---

1 Deuteronomy 22: 5(詹姆士王钦定版)。
2 Stephen Gosson, *Plays Confuted in Five Actions* (1582),转引自Steggle, *Laughing and Weeping*, pp. 17, 85。
3 Prynne, *Histriomastix* (1633),转引自Steggle, *Laughing and Weeping*, p. 18。
4 Lamont, "Prynne".

流行和常见的舞台剧，无论是喜剧、悲剧、讽刺剧、模仿剧，还是它们的混合体（尤其是正在编写和上演的那些剧），都是罪恶和有害的娱乐活动，对基督徒而言它们是完全不合适和不合法的。"普林讨伐的是戏剧演员和观众——所谓"戏迷"（play-haunters）——的女子气和性放纵现象。他认为女演员是"臭名昭著、寡廉鲜耻和出卖肉体的妓女"；男童穿女装饰演女性的行为更加恶劣："它能激发各种贻害无穷的淫欲和好奇心，它是通奸、娼妓等放纵行为的预演，它甚至能引诱人们犯下最可鄙和变态的鸡奸罪行。"普林列举了所有因鸡奸而恶名远扬的国家和职业，并在脚注中一一列出了《圣经》中的依据，毫无意外它们涉及"枢机主教、天主教制度下的主教、修道院院长、神父和僧侣"。[1] 但是，只要符合他的目的，普林很乐意引用天主教会的法令来支持自己的观点，其中包括改革派枢机主教卡洛·博罗梅奥（Carlo Borromeo）在1565年颁布的耶稣受难剧禁令（因为这类戏剧开始混杂淫秽和渎神的表演）。博罗梅奥认为，耶稣受难的故事应该"通过学习和牧师们严肃庄重的讲道获得，因为牧师可以激发听众的虔诚和泪水（此乃讲道最有益的收获）"。由讲道激发的泪水是有益的，由戏剧激发的眼泪则是危险的激情世界和情感失禁的一部分。[2]

《戏剧》被认为是对文学的冒犯。更重要的是，对普林来说，它被解读成对王权的冒犯。[3] 查理一世和他信仰天主教的妻子亨利埃塔·玛利亚王后都是热情的戏迷和莎士比亚的爱好者。1633年，也

1　Prynne, *Histrio-mastix*, pp. 6, 212—15.
2　Prynne, ibid. 624, 作者将相关会议的年份误写成1560年，实则1565年。"Concilium Provinciale Mediolanense Primum" (1565), in Severinus Binius (ed.), *Concilia Generalia et Provincalia*, 4 vols (Coloniæ Agrippinæ: Ioannis Gymnici, 1618), vol. iv, part II, pp. 359—98 (p. 363).
3　Lamont, "Prynne".

就是普林发表《戏剧》的同一年，国王和王后在王宫里欣赏了《驯悍记》。剧中有一幕，是一个贵族企图让侍童哭泣来实现自己的骗局。贵族说道，如果这个男孩没有"女人的天赋"，无法"按照吩咐让眼泪如雨点般落下来"，那么就在手帕里放一块洋葱，"迫使眼睛湿润"。王后可能很熟悉这种伎俩，因为她自己也曾登台演戏。[1]

在这个背景下，普林声称所有女演员都是娼妇显然是错误的。他的书还在其他方面冒犯了王权，其中许多与普林的清教神学和他反对查理一世任命的大主教威廉·劳德有关。结果普林在1633年和1637年两次被判煽动罪。对他的刑罚包括割耳（第一次只是剪掉耳朵，第二次是残忍地砍掉耳朵）、割鼻、在脸颊上烙印字母"S. L."（"seditious libeller"的缩写）。[2] 戈森和普林的例子说明，随着剧作家和演员越来越受到王党和贵族的喜爱，对戏剧的道德和宗教影响进行评判成了严肃的政治问题。普林一直被关押在监狱里，直到1640年长期议会推翻了对他的判决。不到两年，清教徒得势：剧院关闭，内战爆发。

从1642年到查理二世复辟王权的1660年，政治身体（body politic）被撕裂，头颅落地，这一切在英格兰、苏格兰和爱尔兰三个王国上演，不啻为一场史诗级的悲剧。[3] 这个时期的仇恨、暴力和不信

1　William Shakespeare, *The Taming of the Shrew*, ed. Barbara Hodgdon (London: Arden Shakespeare, 2010), Induction 1.123—7, p. 148; Barbara Hodgdon, "Introduction", in *Taming of the Shrew*, pp. 1—131 (p. 16 for 1633 performance); Robert Cohen, "Tears (and Acting) in Shakespeare", *Journal of Dramatic Theory and Criticism* 10 (1995): 21—30 (p. 24); Goodland, *Female Mourning*, p. 112; Steggle, *Laughing and Weeping*, p. 54; Lamont, "Prynne".
2　Lamont, "Prynne".
3　Austin Woolrych, *Britain in Revolution, 1625—1660* (Oxford: Oxford University Press, 2002); Ian Gentles, *The English Revolution and the Wars in the Three Kingdoms, 1638—1652* (Harlow: Pearson, 2007).

任还表现在对女巫的审判上。恐惧的共同体有时会在女巫中找到替罪羊：一个与魔鬼勾结的女人（偶尔是男人）会用超自然力量伤害自己的敌人。真女巫的标志之一是不会流泪。在她们的共同体中，女巫有时被视为自然疗法的提供者，但也被怀疑拥有黑暗的力量，包括将自己变身成动物，带来疾病和死亡。在内战时期，巫术指控往往具有宗教和政治内涵。一些女巫被指控迷信天主教，另一些被指控煽动和不忠。《圣经》有言，"叛乱是巫术之罪"，在巫术和战争威胁教会和共和国的年代，这句话产生了新的回响。[1] 预言家安娜·特拉普内尔年轻时一直在找寻能使自己流泪的布道。如今她成了名人，她不仅陷入泪流满面和迷狂的幻象（其中一次持续了12天），还谴责克伦威尔是一名反基督教者。这让她受到了巫术罪和煽动罪的指控。[2]

在巫术审判中，哭或不哭事关生死。国王詹姆士出版于1597年的《巫术》和成书于中世纪的《女巫之锤》等猎巫手册就声称，女巫不会哭泣，甚至即便猎巫者以基督之名要求她哭泣，女巫也不会落泪。[3] 在眼泪的历史中，女巫是一个重要的类别——一种非人和不哭的典型。根据近代早期文献的记载，因无法哭泣或不愿哭泣

1　H. R. Trevor Roper, *The European Witch-Craze of the Sixteenth and Seventeenth Centuries* (Harmondsworth: Penguin Books, 1967); Malcolm Gaskill, *Witchfinders: A Seventeenth-Century English Tragedy* (London: John Murray, 2005).

2　Patricia Crawford, *Women and Religion in England*, 1550—1720 (London: Routledge, 1993), pp. 107—9; Ann Hughes, *Gender and the English Revolution* (London: Routledge, 2012), pp. 78—81; 关于特拉普内尔的早年经历，见本书第二章。

3　Alan C. Kors and Edward Peters (eds) *Witchcraft in Europe: A Documentary History* (Philadelphia: University of Pennsylvania Press, 1972), pp. 183—215; Richard E. Spear, *The "Divine" Guido: Religion, Sex, Money and Art in the World of Guido Reni* (New Haven and London: Yale University Press, 1999), ch. 3; Ulinka Rublack (trans. Pamela Selwyn), "Fluxes: The Early Modern Body and the Emotions", *History Workshop Journal* 53 (2002): 1—16.

而被视为性情恶劣的人或动物，还包括禁欲主义者、维京人、瑞士人、老虎、熊、狼和狼人。[1] 女巫是抹大拉的玛利亚的对立形象。抹大拉的玛利亚是一个迷人的罪人，她充满了女性魅力，情感充沛。她对耶稣的爱，她的怜悯和愧疚，无不洋溢着女性纯洁的柔情。相比之下，女巫年老色衰，阴险狡诈，形容枯槁；她们内心冷酷，眼睛干涸。[2]

1653年，在索尔兹伯里，在对年过八旬的老妪安·博登汉姆的审判中，有两位女性接受了审问：一名女仆声称她被博登汉姆施了巫术，她在听到对老妪的判决后流下了眼泪；另一人是博登汉姆自己，她被认定犯下各种邪恶的罪行，包括一度将自己临时变成狗、狮子、熊和狼。埃德蒙·鲍尔在审讯记录中形容博登汉姆是"一个沉迷于天主教和天主教幻想的女人"。但是她缺少天主教徒流泪的能力。鲍尔写道，博登汉姆"会发出一种类似哭声的噪声"，但若仔细观察，会发现"她从不落泪"。对鲍尔来说，这个案子的寓意在于，"那些和上帝作对的心肠冷酷的叛乱者，必将受到上帝冷酷无情的惩罚"。博登汉姆因信仰上的反叛受到了上帝的惩罚：干涸的双眼和冷酷的性情。干涸的双眼，又使她在尘世间招致绞刑的判决。鲍尔注意到，"这

1　关于熊、老虎和狼，见Alexandre de Pontaymeri, *A Woman's Worth, Defended Against All the Men in the* World (London: John Wolfe, 1599), p. 41; Edward Topsell, *The History of Four-Footed Beasts and Serpents* (London: E. Cotes, 1658), p. 578。关于女巫、狼和狼人，见Gary L. Ebersole, "The Function of Ritual Weeping Revisited: Affective Expression and Moral Discourse", *History of Religions* 39 (2002): 211—46 (pp. 222—4)。关于"冷漠、无情、镇定"和"从不哭泣、不被感动"的瑞士人，见*A Picturesque Description of Switzerland; Translated from the French of the Marquis de Langle* (London: David Fowler, 1791), p. 19。关于维京人对眼泪和哀悼的憎恶（哪怕是为逝去的亲人哭泣和哀悼），见"Turner's *History of the Anglo Saxons*, Vols 2 and 3", *Monthly Epitome and Catalogue of New Publications* 5 (1801): 158—65 (p. 162)。
2　关于抹大拉的玛利亚，见第二章。

个女巫不会流下一滴忏悔的眼泪，哪怕这可以让她免于一死"。[1] 但事实上，即便年迈的安·博登汉姆在法庭上像其他被指控为女巫的人那样设法挤出一些泪水，法庭也会声称这些不是体现悔悟的真实眼泪，而仅仅是一种可以随时取用的伪装。这便是女巫的悖论，是受其迫害的女性无法解决的难题。眼泪是虚假的展示，但干涸的双眼是无人性的标志。

眼泪汪汪让人看起来幼稚、女子气和"像个伶人"，但完全不哭更加恶劣。[2] 1644年，牛津的一位牧师在向两院议员布道时发问道："除了女巫和恶虎，有谁会目睹亲爱的祖国像救世主一样在血汗中倒下"，却不为它遭受的痛苦而落泪呢？[3] 不论在现实中，还是在印刷品中，那些经历过内战的人很容易热泪盈眶。理查德·克拉肖是一名国教诗人，后来皈依天主教。他在1646年发表了一篇关于抹大拉的玛利亚的诗《哭泣者》，其中有两行写抹大拉的玛利亚的眼睛的诗句，被维多利亚时代的作家爱德蒙·戈斯描述为可能是所有英国诗歌中最糟糕的句子："两个行走的泪盆；两个哭泣的行者；他们是移动和浓缩的海洋。"当时数以百计的宗教和政治小册子中有无数类似的句子，戈斯可能会找到更糟糕的例子。[4] 1646年，牧师约翰·费特利创作

1　Edmond Bower, *Doctor Lamb Revived, Or Witchcraft Condemn'd in Anne Bodenham* (London: R. Best and J. Place, 1653), pp. 1, 35, 42. 马尔科姆·加斯基尔对博登汉姆案进行了细致的考察，见Malcolm Gaskill, "Witchcraft, Politics, and Memory in Seventeenth-Century England", *Historical Journal* 50 (2007): 289—308。

2　在约翰·马斯顿的《安东尼奥的复仇》（1602年）中，潘杜尔弗不愿在哀悼时哭泣："这是一个愚蠢的行为，像个伶人一样。" Steggle, *Laughing and Weeping*, p. 49.

3　Nathaniel Bernard, *Esoptron Tes Antimachias, or A Looking-Glasse for Rebellion, Being a Sermon Preached upon Sunday* 16 June 1644 (Oxford: Leonard Lichfield, 1644), pp. 14—15.

4　Lorraine M. Roberts and John R. Roberts, "Crashavian Criticism: A Brief Interpretative History", in John R. Roberts (ed.), *New Perspectives on the Life and Art of Richard Crashaw* (Columbia: University of Missouri Press, 1990), pp. 1—29 (p. 13); Richard Rambuss, （转下页）

了那个时期和眼泪有关的篇幅最长的作品：一部超过700页，记录了独白、祈祷和奉献的巨著，它以哭泣、女性的苦难和内战为主题，将国家的苦难与以色列人在埃及的遭遇进行了比较。该书封面（见图5）表明，眼泪既是神赐之物，也是女性的天赋。关于眼泪的政治，费特利两面下注，将《泪之泉》同时献给了国王和议会。[1] 这个时期出版的其他以眼泪为标题的书，还包括一本名为《忠诚的眼泪：随着受难国王的鲜血流淌》的小册子，以及一份名为《墨丘利·赫拉克利特；或曰哭泣的哲学家为乱世哀叹》的周刊，它向读者保证"从湿润的眼睛、悲伤的心灵和困惑的头脑中提供真实的新闻"。[2]

　　国王查理一世曾在内战的几个紧要关头落泪，包括1641年他在议会的压力下，被迫同意处决自己的盟友、爱尔兰副总督斯特拉福德伯爵；1642年在多佛与被迫流亡的妻子亨利埃塔·玛利亚分别；1648年同意废除主教，并用更加激进的长老会制度取而代之。[3] 这个

（接上页）"Crashaw and the Metaphysical Shudder; Or, How to Do Things with Tears", in Susan McClary (ed.), *Structures of Feeling in Seventeenth-Century Cultural Expression* (Toronto: University of Toronto Press, 2013), pp. 253—71. 关于克拉肖的眼泪诗在这一时期的地位，见Richard Strier, "Herbert and Tears", *ELH* 46 (1979): 221—47; Lange, *Telling Tears*, pp. 222—44; Paul Parrish, "Moderate Sorrow and Immoderate Tears: Mourning in Crashaw", in Margo Swiss and David A. Kent (eds), *Speaking Grief in English Literary Culture: Shakespeare to Milton* (Pittsburgh: Duquesne University Press, 2002), pp. 217—41. 关于眼泪在这一时期法国文学中的地位，见Sheila Page Bayne, *Tears and Weeping: An Aspect of Emotional Climate Reflected in Seventeenth-Century French Literature* (Tübingen: Narr, 1981)。关于16和17世纪的眼泪文学，另见第二章对罗伯特·索斯维尔的讨论。

1　John Featley, *A Fountaine of Teares, Emptying It Selfe into Three Rivelets, viz. of 1. Compunction, 2. Compassion, 3 Devotion, or: Sobs of Nature Sanctified by Grace* (Amsterdam: John Crosse, 1646). 关于费特利的职业，见Stephen Wright, "Featley [Fairclough], John (1604/5—1667)", *Oxford Dictionary of National Biography* (Oxford University Press, 2004); online edn, Jan. 2008, doi:10.1093/ref:odnb/9243。

2　《忠诚的眼泪》于1649年匿名出版，据信是约翰·伯肯黑德爵士的作品。《墨丘利·赫拉克利特》是一份短命周刊，出版于1652年6月和7月，现藏于大英图书馆。

3　Gentles, *The English Revolution*, p. 460.

图5：约翰·费特利所著《泪之泉》（1646年）的封面。

时期最畅销的书中，有一本是1649年国王被处决几天后问世的《艾肯·巴斯利克》，书名意为"国王的肖像"。这本书声称记载了国王在生命最后几周里的冥想和祈祷。该书的封绘是一幅版画，描绘了国王含泪祈祷的样子（见图6）。画中的查理看上去像悲伤的基督，他看着自己的敌人，就像流着悲悯泪水的基督看着耶路撒冷。和基督一样，查理在《艾肯·巴斯利克》中告诉追随者不要为他哭泣，而要为他们自己流泪。含泪殉道的国王形象为王党提供了凝聚力。约翰·弥尔顿（John Milton）以共和国之名写了一本名为《破坏偶像》的书，他抱怨《艾肯·巴斯利克》的修辞"得到了那些变化无常、毫无理智和迷恋偶像的乌合之众毫无价值的认可"。16世纪天主教徒和新教徒的宗教冲突在这类交流中产生了巨大的回响。[1]

就在安·博登汉姆被判为女巫的同一年，奥利弗·克伦威尔在议会开幕式上热泪盈眶地发表了一篇冗长且饱含深情的神学和政治演讲。1653年12月，克伦威尔宣布自己为护国公。按照大卫王的传统，就更不用说国王查理了，克伦威尔是一个好哭的人。克伦威尔的家人、支持者和反对者的回忆无不证明，不论在公开场合还是在私底下，他都是个眼泪汪汪的人。在这一时期的欧洲历史上，男性在政治舞台上流泪是较为常见的，在紧要关头和观看戏剧时更是如此。但是克伦威尔将这一行为提高到了新的程度。对他的反对者来说，克伦威尔夸张的眼泪再次证明他不能被信任。平等派领袖理查德·奥弗顿担心克伦威尔试图为自己建立一种新的王权形式。他写道："你只

1　John Staines, "Compassion in the Public Sphere of Milton and King Charles", in Gail Kern Paster, Katherine Rowe, and Mary Floyd-Wilson (eds) *Reading the Early Modern Passions: Essays in the Cultural History of Emotion* (Philadelphia: University of Pennsylvania Press, 2004), pp. 89—110.

图6：《艾肯·巴斯利克》（1649年）的封面，威廉·马歇尔刻绘。

要和克伦威尔说话，他就会将手放在胸前，抬起目光，祈求上帝作证，甚至他在打你的第一根肋骨时也会号哭和忏悔。"[1] 1657年，一本煽动刺杀克伦威尔的小册子面世，书名为《刺杀不是谋杀》。作者讽刺地将克伦威尔称为"陛下"，列举了他和其他暴君的共同点，包括克伦威尔能够熟练地用"祈祷和哭泣"来伪装虔诚和表达宗教热情。克伦威尔"更多地利用欺骗而非武力"来实现自己的目的，通过"滔滔不绝的眼泪和咬唇鼓舌的咒骂"愚弄民众；他有着"海绵般吸水的眼睛和投机善变的良心"。[2]

　　当王党诗人、剧作家亚伯拉罕·考利还是剑桥大学的一名学生时，为了欢迎11岁的查理王子来访，他创作了一部名为《卫士》的喜剧并在1642年王子访问剑桥时上演。该剧嘲讽了清教徒的极端和虚伪。为了取悦年轻的王子，该剧使用了女人利用眼泪操纵男性这一熟悉的喜剧情节："除了自己的眼泪，她们无法控制任何东西，而我们这些意志薄弱的男人，总是被这些热泪迷惑和诱骗。"[3] 18年后，克伦威尔缔造的制度随着他的去世而瓦解，君主制度复辟，欣赏过考利戏剧的王子成了国王查理二世。剧院重开后，《卫士》重新在伦敦上演。与此同时，考利在一本政论小册子中回顾了奥利弗·克伦威尔的眼泪并将其视为戏剧表演的一部分。他写道，克伦威尔最初用"虚伪的祈祷、愚蠢的说教、毫无男子气概的眼泪和哀号"假扮虔诚和善良。

1　Don M. Wolfe (ed.), *Leveller Manifestoes of the Puritan Revolution* (London: Thomas Nelson, 1944), p. 370; Gentles, *The English Revolution*, pp. 459—61.

2　William Allen, *Killing, No Murder: With Some Additions, Briefly Discourst in Three Questions* (London: 1659), pp. 5—6; 对克伦威尔的眼泪及其宗教、政治、阶层和性别意义的进一步论述，见Capp, "Jesus Wept"。

3　Abraham Cowley, *The Guardian: A Comedie* (London: John Holden, 1650), Act 3, Scene, 3; 关于考利的生平，见Alexander Lindsay, "Cowley, Abraham (1618—1667)", *Oxford Dictionary of National Biography* (Oxford University Press, online edn, 2004), doi:10.1093/ref:odnb/6499.

　　　　　　　　　　　　　　　　　　第一部分　虔诚

然而人们最终发现克伦威尔的眼泪不过是一种舞台技巧:"他虔诚的行为最后变得荒唐可笑,就像一个演员穿上长袍就以为自己完美地饰演了一个女人,然而所有观众都看到了他的胡须。"[1]谴责一名清教徒是一个丧失男子气概、穿着异性服装和不值得被人相信的演员,这么讽刺的事情一定会让王党剧作家考利感到高兴。无论在国家这一舞台,还是在剧院,诉诸女性的"热泪"总会面临这类指控。

1　Abraham Cowley, *A Vision, Concerning His Late Pretended Highnesse, Cromwell, the Wicked* (London: Henry Herringman, 1661), pp. 52—3.

第二部分
狂　热

第五章
停下，加百列！

相比紧抿上唇最为流行的 20 世纪中期，英国历史上的每个时代都充满了眼泪和对眼泪的认可。[1] 我们已经见识了许许多多哭泣的案例，在这些中世纪和近代早期的案例中，眼泪是一种有效的虔信和政治表演。但当我们来到英国眼泪故事的第二阶段，我们即将见证这个国家最催人泪下的时刻。18 世纪 40 年代至 80 年代的半个世纪，目睹了前所未见的狂热激情和多愁善感。宗教改革和内战已是遥远的往事，人们对天主教、感性、戏剧表演和虚伪的恐惧已经消退。17 世纪一些知识分子所推崇的禁欲主义，以及早期新教的极端严厉正在失去它们的权威。从传教士和哲学家，到演员和画家，各个领域的公众人物都在拥抱一种新的情感文化。在这种文化中，一系列宗教思想和美德都能通过眼泪来传授和表达。[2]

我用"狂热"这一术语概括这整个时期，因为它比"情感"或"感

---

1 见第十四至十七章。

2 对 18 世纪感伤文化的经典研究，见 G. J. Barker-Benfield, *The Culture of Sensibility: Sex and Society in Eighteenth-Century Britain* (Chicago: University of Chicago Press, 1992). 对于这类问题的更多讨论，见本书第六至八章和"进一步阅读"部分。

性"这些绵软无力的词更能抓住其中的热忱和激情。当时的人们也使用这些词，但"狂热"常作贬义，人们用它警告放任激情的危险。[1] 历史学家业已证明，这一文化转向有着深刻的基督教根源，大西洋两岸的民间信仰复兴有诸多相似点，它们是更加文雅和更具文学色彩的感伤文化的标志，这些相似点包括提升道德水平和文学修养，以及赋予叹息、眼泪、颤抖和哭泣更加重要的地位。它们尤其引起女性的兴趣。循道宗领袖约翰·卫斯理（John Wesley）出版了多部感伤小说和诗歌，而乔治·怀特腓德（George Whitefield）的表演和那个时代最著名的一群演员的相似之处在当时广为人知。[2]

如果今天的你想体会身处18世纪乔治·怀特腓德布道时的人山人海之中是何感受，那么你最好去看场足球赛，而且最好是赛季的闭幕战，对阵的一方或双方处在升级或降级的边缘。肯定会有人落泪，因为这类

1　关于"狂热"一词的不同内涵，特别是它在18世纪的含义，见Susie I. Tucker, *Enthusiasm: A Study in Semantic Change* (Cambridge: Cambridge University Press, 1972); Jon Mee, *Dangerous Enthusiasm: William Blake and the Culture of Radicalism in the 1790s* (Oxford: Clarendon Press, 1994); Jon Mee, *Romanticism, Enthusiasm, and Regulation: Poetics and the Policing of Culture in the Romantic Period* (Oxford: Oxford University Press, 2003); Thomas Dixon, "Enthusiasm Delineated: Weeping as a Religious Activity in Eighteenth-Century Britain", *Litteraria Pragensia* 22 (2012): 59—81.

2　R. S. Crane, "Suggestions Toward a Genealogy of the 'Man of Feeling' ", *ELH* 1 (1934): 205—30; Donald Greene, "Latitudinarianism and Sensibility: The Genealogy of the 'Man of Feeling' Reconsidered", *Modern Philology* 75 (1977): 159—83; Frans De Bruyn, "Latitudinarianism and its Importance as a Precursor to Sensibility", *Journal of English and Germanic Philology* 80 (1981): 349—68; Barker-Benfield, *Culture of Sensibility*, pp. 65—77; Jeremy Gregory, "*Homo Religiosus*: Masculinity and Religion in the Long Eighteenth Century", in Tim Hitchcock and Michèle Cohen (eds), *English Masculinities* 1660—1800 (London: Longman, 1999), pp. 85—110; Paul Goring, *The Rhetoric of Sensibility in Eighteenth-Century Culture* (Cambridge: Cambridge University Press, 2005), pp. 70—90; William Van Reyk, "Christian Ideals of Manliness in the Eighteenth and Early Nineteenth Centuries", *Historical Journal* 52 (2009): 1053—73; Herman Roodenburg, "*Si vis me flere*…: On Preachers, Passions and Pathos in Eighteenth-Century Europe", in Jitse Dijkstra, Justin Kroesen, and Yme Kuiper (eds), *Myths, Martyrs and Modernity: Studies in the History of Religions in Honour of Jan N. Bremmer* (Leiden: Brill, 2010), pp. 609—28.

第二部分　狂　热

比赛的电视转播中，总会有男人、女人、儿童泪流满面的慢镜头。2013年4月，卡迪夫城队升入英超，50年来首次重返顶级联赛。该队著名前锋、出生在卡迪夫的国脚克雷格·贝拉米（Craig Bellamy）是个情绪化的人。在终场哨响时，他的泪水夺眶而出。赛后他告诉记者："晋级是我们应得的，这一点毫无疑问。"与此同时，在赛区的另一端，塞文河口的对岸，遭遇降级的布里斯托尔城队的球迷流下了绝望的泪水。[1]

在每个足球赛季的最后一个周末，这样的场景在英伦三岛反复上演，眼泪汪汪的球迷们仿佛面对的是足球世界的天堂或地狱、救赎或惩罚、挑选或天谴。成千上万的球迷（fans）——"狂热者"（fanatics）的现代缩写形式——在露天场合流下的眼泪，是早期群体露天宗教体验的现代版本。[2] 18世纪循道宗（Methodism）的领导人因其"狂热"而备受批评。在一些批评者的眼里，循道宗不过是某种形式的清教；对另一些人而言，它是另一种天主教。但不论是哪种情况，循道宗作为一种心灵宗教是毋庸置疑的。循道宗信徒首开露天布道的先河，成千上万的普通男女劳动者聚集在田野和山坡，他们一起聆听《圣经》故事、吟唱圣歌、潸然泪下。我们从他们身上看到的，正是当代民众在体育赛事和流行音乐会上涕泪交垂的原型。[3]

---

1 "Craig Bellamy Sheds Tears of Joy after Cardiff Clinch Promotion", BBC Sport, 17 Apr. 2013, ⟨http://www.bbc.co.uk/sport/0/football/22178092⟩.

2 对足球运动员、其他体育人物和观众的眼泪的探讨，见第十八和二十章。

3 David Hempton, *The Religion of the People: Methodism and Popular Religion* c. 1750—1900 (London: Routledge, 1996); Henry D. Rack, *Reasonable Enthusiast: John Wesley and the Rise of Methodism*, 3rd edn (London: Epworth Press, 2002); Phyllis Mack, *Heart Religion in the British Enlightenment: Gender and Emotion in Early Methodism* (Cambridge: Cambridge University Press, 2008); Emma Major, *Madam Britannia: Women, Church, and Nation 1712—1812* (Oxford: Oxford University Press, 2011), ch. 4; Misty G. Anderson, *Imagining Methodism in Eighteenth-Century Britain: Enthusiasm, Belief and the Borders of the Self* (Baltimore: Johns Hopkins University Press, 2012).

18世纪的信仰复兴之所以具有启发性，还有另外一个原因。根据思想史中一个模糊而粗浅的说法——也许人们只是似是而非、有意无意地接受它——17、18世纪见证了所谓"理性时代"或"启蒙"的诞生，在此期间，科学发现和世俗哲学将古老的迷信和宗教观念连根拔起。像我们这些聪明理性的人——该故事继续道——在整个欧洲被凭空（ex nihilo）创造出来，向那些易受蒙骗的农民、教士、占星师和猎巫者们摇手指。"启蒙"这一自我吹嘘的神话，是由那个时代一些献身科学和哲学的人所创造的。尽管它与一些实实在在的进步有关，比如早期科学团体的建立，它们致力于独立于宗教和政治的自然研究，但它显然无法对近代早期和任何其他时期做出全面的描述。皇家学会早期会员沃尔特·查尔顿将自己对科学、宗教和政治的兴趣结合起来。他在1674年写了一本颇有影响力的书《激情的自然史》，介绍了哭泣的最新生理学理论，并探讨了它与心脏、大脑和新发现的泪腺之间的关系。他在前作《自然之光驱散无神论的黑暗》中指出，对自然世界的理性和经验研究是对天启和《圣经》的补充，而后者是上帝知识的来源，这后来成了一个标准的神学观点。所谓"理性时代"，也是一个夸耀眼泪、激情、宗教复兴，以及坚持情感和信仰的时代，但根据漫画版思想史的说法，理性时代追求的那种情感和信仰早在17世纪60年代就被抛弃了。

　　即便像苏格兰哲学家大卫·休谟这样最清醒冷静的启蒙运动怀疑者，也相信理性远非至高无上，它是而且只能是激情的奴隶。[1] 休

1　David Hume, *A Treatise of Human Nature*, ed. L. Selby-Bigge and P. Nidditch (Oxford: Clarendon Press, 1978), p. 415; 该书首次出版于1739至1740年。另见Thomas Dixon, *From Passions to Emotions: The Creation of a Secular Psychological Category* (Cambridge: Cambridge University Press, 2003), pp. 104—9。

谟被认为是基督教怀疑论者，这是正确的，但他建构的感受、同情和激情哲学再次提醒人们，像"理性时代"或阴郁的苏格兰人这种想当然的观点其实是不正确的。休谟是将道德情操和人类情感置于社会哲学中心的那一代思想家中的一位，经济学家亚当·斯密也是其中之一。[1]

根据休谟死后流传的一则轶事，这位伟大的哲学家曾在爱丁堡聆听了复兴派循道宗牧师乔治·怀特腓德的一场布道。怀特腓德是一位广受赞誉的表演者。据说，当时最著名的演员大卫·加里克（David Garrick）曾，只要能像乔治·怀特腓德那样喊一声"噢"，他愿意付100英镑。[2] 那个时代伟大的牧师和伟大的哲学家在爱丁堡碰面的一段生动的插曲，标志着当时英国生活和思想的两股伟大力量的相遇。这是启蒙和狂热相遇的时刻。据说休谟对怀特腓德的热情不足以让他准时到达，所以他只听了布道的"后半部分"。但休谟在布道结束后感慨道："他是我见过最出色的布道者，为了听他讲道，走20英里路是值得的。"休谟称，在布道进行到高潮时，怀特腓德庄严地停顿了片刻，然后对会众说："天使正要从门口离开，上天堂去。在这众人之中，有个罪人从他所犯的错误中悔过自新，难道天使不应该将这个消息也带去吗？"就在这时，怀特腓德跺了跺脚，举目朝天。据休谟回忆，怀特腓德"热泪盈眶地"喊道："停下，加百列！停下，加百列！在您进入神圣的天堂之门以前，请停下来，将这个罪

1　Dixon, *Passions to Emotions*, ch. 3; Adam Phillips and Barbara Taylor, *On Kindness* (London: Hamish Hamilton, 2009); Michael L. Frazer, *The Enlightenment of Sympathy: Justice and the Moral Sentiments in the Eighteenth Century and Today* (Oxford: Oxford University Press, 2010).

2　Stuart Andrews, *Methodism and Society* (London: Longman, 1970), p. 41; Anderson, *Imagining Methodism*, pp. 136, 249n.; Barker-Benfield, *Culture of Sensibility*, pp. 267—71.

人皈依上帝的消息带回去!"牧师对救世主临死前怜爱罪人的描述让所有人潸然泪下,尽管我怀疑在那个场合至少有一双眼睛是干涸的。[1]

在英国有史以来伟大的哭泣者排行榜上,乔治·怀特腓德屈居第二,仅次于玛格丽·肯普。[2] 怀特腓德的布道,不仅让大西洋两岸成千上万的善男信女潸然泪下,也让他本人热泪盈眶。在约翰·科利特(John Collet)创作的一幅画中,怀特腓德拿着一块手帕在露天讲道(见图7)。同期的另一位观察家写道:"我几乎从没见过他在讲道时不哭,他或多或少会流一些眼泪,我完全相信他的泪水是真挚的,他经常因为动情而哽咽。"这位观察家接着说:"我难以忍受他如此肆无忌惮地哭泣和放纵自己的情绪,他有时候哭得太厉害了,激动得大声跺脚,以至于有那么几秒钟,你会怀疑他再也无法恢复过来。"[3] 怀特腓德经常评论听众的眼泪。在一场田野布道中,怀特腓德用极其伤感的语调重述了《圣经》中亚伯拉罕和以撒的故事。他告诉听众:"我看见你们的心被感动,我看见你们在流泪。"还有一次,他对一位会众说:"您的眼泪和专注乃是证据,证明了上帝与我们同在这一真理。"[4]

在传教事业之初,二十多岁的怀特腓德便开始为布里斯托尔附近的金斯伍德矿工露天讲道。"我的心早就挂念可怜的矿工了,"他在

1　John Gillies (ed.), *Memoirs of the Late Reverend George Whitefield* (London: T. Williams, 1812), appendix, p. xxxvi.

2　见第二章。

3　William Jay, *Memoirs of the Life and Character of the Late Rev. Cornelius Winter*, 2ⁿᵈ edn (London: Williams and Smith, 1809), pp. 27—8; 转引自 Boyd Stanley Schlenther, "Whitefield, George (1714—1770)", *Oxford Dictionary of National Biography* (Oxford University Press, 2004; online ed., May 2010), doi:10.1093/ref:odnb/29281。另见 Revd J. B. Wakeley, *Anecdotes of the Rev. George Whitefield* (London: Hodder and Stoughton, 1872), pp. 23—4。

4　George Whitefield, *The Works of the Reverend George Whitefield*, 6 vols (London: Edward and Charles Dilly, 1771—2), v. 47, 371.

图7：约翰·科利特在18世纪描绘的讲道中的乔治·怀特腓德。

日记里写道，"他们人数众多，就像没有牧人的羊群。"[1] 当时人估计，他吸引的民众多达两万。[2] 怀特腓德指出："他们被感动的第一个证据，是看到他们晶莹的泪沟，大量的眼泪从他们漆黑的脸颊流淌下来，那

1　*George Whitefield's Journals: A New Edition Containing Fuller Material than Any Hitherto Published* (London: The Banner of Truth Trust, 1960), 17 Feb. 1739, p. 216.

2　Sydney G. Dimond, *The Psychology of the Methodist Revival: An Empirical and Descriptive Study* (London: Oxford University Press, 1926), p. 108; Schlenther, "Whitefield".

面容仿佛他们刚从矿井里出来一样。"[1]对怀特腓德而言,讲道和哭泣劳神费力。曾是奴隶的奥劳达·恩奎亚诺观察到,怀特腓德在讲道时出的汗"和我被奴役时一样多"。还有人称,怀特腓德的布道经常持续两小时之久,布道结束后,他会呕吐不止,甚至咯血,直至他能再次开口说话。怀特腓德的皈依者有时被圣灵击倒,像尸体一样被人从田野上抬走。在1740年的北美,有5个人在听怀特腓德讲道时被挤压身亡。怀特腓德一生13次横渡大西洋,他还在英格兰、威尔士、苏格兰和爱尔兰进行了不计其数的讲道旅行。据估计,他一生讲道18 000次。所有(或几乎所有)的布道都饱含泪水。那是数不胜数的哭泣。[2]

乔治·怀特腓德的继父在格罗斯特郡经营一家名为"贝尔旅馆"的客栈,怀特腓德从小在客栈里长大。中小学时期,他喜欢演讲和表演,包括在戏剧表演时男扮女装。在牛津大学读书时,怀特腓德受到感召,结识了约翰·卫斯理和查尔斯·卫斯理,并在1733年加入了他们的"圣洁会"(Holy Club)。这成了循道宗运动的基础,该运动致力于推动国家宗教生活的复兴,反对教会神职人员日益凸显的好吃懒做、贪图享乐、堕落腐败问题。约翰·卫斯理最终成为国际循道宗运动的领袖。但在运动之初,怀特腓德也是一位同样重要的人物。18世纪30年代后期,正是怀特腓德率先将露天讲道作为一种用来感召那些默默无闻的贫苦劳动者的灵魂的精神武器。起初,卫斯理秉持固有观点,也认为这是一种不正当的,甚至非法的行为。但是这种行为在《圣经》中是有先例的,而且几个世纪前天主教和新教的神职

---

1 Gillies, *Memoirs*, pp. 41—2; Whitefield, *Journals*, pp. 216—27.
2 Jay, *Memoirs*, p. 26; Schlenther, "Whitefield".

人员都曾身体力行, 当卫斯理目睹怀特腓德的影响力后, 他自己也很快成为一名热情的露天福音传教士。[1]

怀特腓德和卫斯理直言不讳地批评国教会教士和等级制度, 但他们并未和教会正式决裂。然而到了18世纪末, 循道宗的教堂、圣餐礼、洗礼和葬礼明显不是对现有教会制度的复兴, 而是成了它的竞争对手。除了露天讲道以及对劳动人民心灵和情感的直接感召外, 循道宗的另一个显著特征是对赞美诗的运用, 其中就包括不少约翰·卫斯理的弟弟查尔斯·卫斯理的作品。从这个意义上看, 循道宗复兴是对传统新教的背离, 因为后者对音乐持怀疑态度, 认为它是一种过度依赖感官的虔信方式。[2] 最后, 循道宗的集会和出版物也是赚钱的手段, 这些钱要么用于兴建学校和孤儿院, 要么用于循道宗的传教事业。18世纪中期英国的循道宗运动以及北美的宗教复兴或"大觉醒", 都为后来的救世军 (The Salvation Army) 和20、21世纪的"广播电视福音主义" (Televangelism) 等一系列组织机构和制度模式的建立奠定了基础。伍迪·艾伦 (Woody Allen) 电影中的一个角色对此评论道: "如果耶稣降世, 看到以他之名的所行之事, 他定会呕吐不止。"[3]

1760年, 一幅题为"诡计多端的三巨头"的讽刺漫画将怀特腓德、感伤主义小说家劳伦斯·斯特恩 (Laurence Sterne) 和演员兼剧院经理塞缪尔·富特 (Samuel Foote) 描绘为一群贪财忘义的

1　Whitefield, *Journals*, 17 Feb. 1739, p. 216; Andrews, *Methodism and Society*, pp. 35—42; Rack, *Reasonable Enthusiast*; Schlenther, "Whitefield".
2　Barker-Benfield, *Culture of Sensibility*, pp. 73—4; Mack, *Heart Religion*, pp. 41—54.
3　这句台词是由麦克斯·冯·赛多 (Max von Sydow) 饰演的艺术家弗雷德里克所说, Woody Allen (dir.), *Hannah and her Sisters* (Orion Pictures, 1986)。

商贩。[1] 对这三人而言，眼泪都是商业交易的一部分，怀特腓德对于自己在这方面的努力毫不掩饰："循道宗信徒的虔诚和生意是携手同行的。"亨廷顿伯爵夫人的支持对怀特腓德日后在英国的事业至关重要。怀特腓德在给她的信中，称她可以为循道宗在上流社会开辟圈子，"在福音之网中收获一些富人是很有希望的"。"当我一想到夫人您屈尊资助如死狗一般的我时，"怀特腓德对这位富有的金主说道，"我的眼里满是泪水。"[2] 即使按照当时的标准，这只泪流满面的老狗的募资举措，在道德上也是令人生疑的。在北美，为黑人儿童建学校是种植园主和奴隶主资助建立的奴隶制机构。怀特腓德是奴隶制的热心捍卫者，因为该制度符合《圣经》的教义。在怀特腓德建立的各类学校中，精神规训的方法包括让儿童彻夜哭泣和祈祷，如果儿童对这种教育模式有抵触，就会遭到责打或捆绑。[3] 即便如此，在很多年里，怀特腓德的传道事业在经济上取得了巨大成功，尤其在北美，怀特腓德是当地家喻户晓的人物和18世纪40年代最畅销的作家。美国政治家、国父本杰明·富兰克林——怀特腓德在北美的主要出版商和印刷商——并不是唯一一个从这位泪眼汪汪的先知那里大发眼泪财的人。[4]

1　"The Scheming Triumvirate" (London: G. Gibbs and William Tringham, 1760), The British Museum, Registration No. 1868, 0808.4125; Major, Madam Britannia, p. 141; Anderson, Imaging Methodism, pp. 146—7.

2　George Whitefield to Lady Huntingdon, 27 May 1755, in John R. Tyson with Boyd S. Schlenther (eds), *In the Midst of Early Methodism: Lady Huntingdon and her Correspondence* (Lanham, Md: Scarecrow Press, 2006), p. 88; 转引自Schlenther, "Whitefield"。

3　Travis Glasson, *Mastering Christianity: Missionary Anglicanism and Slavery in the Atlantic World* (Oxford: Oxford University Press, 2012), ch. 4; Schlenther, "Whitefield".

4　J. A. Leo Lemay, *The Life of Benjamin Franklin*, ii: *Printer and Publisher, 1730—1747* (Philadelphia: University of Pennsylvania Press, 2006), ch. 17.

现存的那个时期循道宗平民牧师和其他皈依者的回忆录，都是用固定的格式写作而成，作者会回忆早年的罪恶、酗酒和淫乱，接着是戏剧性、痛苦和泪流满面的皈依（conversion），皈依被解释为心灵的改变、一次重生和上帝选民的标志。尽管这些记述依循常规的结构，但可以让我们管窥受卫斯理和怀特腓德感召的人们的生活。1745年，来自约克郡的25岁士兵桑普森·斯塔尼福思在奥地利王位继承战争期间驻守根特。一天夜里，他在一个危险的哨所站岗。据其回忆录描述，当他独自一人时，他跪倒在地，"决不站起来，而是不停地哭泣，与上帝搏斗，直到上帝宽恕他"。斯塔尼福思写道，他记不清自己在痛苦中煎熬了多久，但他仰望天空时，看见了耶稣在十字架上的异象，"就在那一刻，有一句话传进了我的心里，'你的罪被赦免了'。我的枷锁脱落了，我的心自由了。所有的愧疚都消失了，我的灵魂充满了难以言喻的安宁"。[1] 18世纪40年代，约翰·海姆也在英国陆军服役。他的精神状况在两种状态间来回波动，一种是对罪的绝望，伴随着痛苦和激烈的哭泣，另一种是美妙的解脱，眼泪依旧相伴，只不过变成了爱和狂喜。[2] 海姆的经历很典型。循道宗信仰是以罪与救赎之间简单和充满戏剧性的对比为基础的，这两者都会让人落泪。1753年5月，约翰·卫斯理来到约克，围绕经文"所以我们只管坦然无惧地来到施恩的宝座前，为要得怜恤，蒙恩惠，作随时的帮助"举行了一场布道。一位现场听众记载道："我从没见过会众如此感动。所

1 转引自 D. Bruce Hindmarsh, " 'My Chains Fell Off, My Heart Was Free': Early Methodist Conversion Narrative in England", *Church History* 68 (1999): 910—29 (p. 901)。
2 "The Life of Mr John Haime", in Thomas Jackson (ed.), *The Lives of Early Methodist Preachers, Chiefly Written by Themselves*, 3rd edn, 6 vols (London: Wesleyan Conference Office, 1865), i. 269—311.

有人都在流泪，一些人是喜极而泣，另一些人则是因为意识到了自己的罪。"[1]

循道宗吸引的信徒有男有女，但后者居多，其中有位名字起得非常贴切的爱尔兰妇女和她母亲——蒂尔（Teare）小姐和蒂尔太太，她们曾在阿斯隆的家中与怀特腓德共用早餐。[2] 另一位女皈依者是玛丽·萨克斯比，她1738年出生于伦敦，是一名丝织工的女儿。玛丽的母亲去世后，她由叔叔抚养长大。叔叔将她送进怀特腓德的追随者在伦敦摩尔菲尔德教堂创办的学校。年轻的玛丽离家出走，在流浪中度过余生，过着穷困潦倒的生活，她与吉卜赛人和劳工一起生活，有时被关进改造所和监狱，靠唱民谣、卖布料和服装挣钱糊口。她耳朵半聋，和一个不可靠的酒鬼丈夫生了十个孩子，其中六个在她去世之前就死掉了。[3]

我们可以通过萨克斯比死后出版的《一个流浪女的亲笔回忆录》来了解她。这本回忆录以循道宗信徒的皈依故事为中心。在循道宗牧师和一位邻居——后者向萨克斯比推荐了17世纪牧师约瑟夫·阿林（Joseph Alleine）写的一本书——的帮助下，沉湎于"猥琐的笑

1　"The Life of Mr Thomas Mitchell", in Jackson (ed.), *The Lives of Early Methodist Preachers*, i. 252.

2　关于眼泪以和怀特腓德对她们的访问，见C. H. Crookshank, *Memorable Women of Irish Methodism in the Last Century* (London: Wesleyan-Methodist Book-Room, 1882), pp. 6—13; 关于循道宗的女信徒，见Hempton, *Religion of the People*, ch. 10; Mack, *Heart Religion*, pp. 19—21, 26—8; Anderson, *Imagining Methodism*.

3　[Mary Saxby], *Memoirs of a Female Vagrant, Written by Herself* (Dunstable: J. W. Morris, 1806); Jane Rendall, "'A Short Account of my Unprofitable Life': Autobiographies of Working-Class Women in Britain *c*. 1775—1845", in Trev Lynn Broughton and Linda Anderson (eds), *Women's Lives/Women's Times: New Essays on Auto/Biography* (Albany: State University of New York Press, 1997), pp. 31—50; Philip Carter, "Saxby, Mary (1738—1801)", *Oxford Dictionary of National Biography* (Oxford University Press, online edn, 2004), doi:10.1093/ref:odnb/66786.

话、肮脏的恶语、渎神的诅咒"的萨克斯比，借助无功而得的恩典和救世主"滴血、垂死的爱"，克服了自己的种种恶习。萨克斯比发现，阿林的《给未皈依的罪人的警告》准确描述了自己的精神状况，"还没有读几行，我就已经泪流满面了"。她继续写道："上帝乐见这本书对我的灵魂产生奇效；曾有许多次，我将书摆在面前，涕泗交颐，内心痛苦地祈祷，全因害怕自己不思悔改。啊，我多么渴望皈依！有时候，一丝希望的光芒照射进来，其他时候则弥漫着阴郁和恐惧。"萨克斯比在阿林的书中一定读到了这样的建议："真正的忏悔者的眼泪，是能让神和人感到愉悦的美酒"；"如果你想获得保佑，就必须像雅各布那样奋力搏斗和流泪祈祷"。[1] 后句描述的形象，成了循道宗信徒理想的样子。当萨克斯比的皈依时刻到来时，她正在参加一场由循道宗牧师主持的祷告会："牧师接着开始祈祷；主乐意赐予他祈求之心，尽管有几个品行恶劣的人在场，但屋里的人无不热泪盈眶。"[2]

搏斗的形象说明，哭泣对于循道宗信徒而言不仅是一种经常性的公开行为，而且是一项运动。精神上的搏斗会引起肢体的紧绷、震颤和抽搐。约翰·海姆的回忆录记述了他的身体在罪恶世界和救赎世界的拉扯中搏斗的情景，他精神上的每一次痛楚和解脱，都表现为搏斗和哭泣。海姆写道，有一次他在教堂里祈求上帝的宽恕，"我在主的面前跪下，号啕大哭，直至气力耗尽，艰难地走出房间"。[3] 有人将肉

1　该书在阿林去世后的1671年才首次出版，并在18世纪多次再版，成为清教主义和福音信仰的经典之作。Joseph Alleine, *An Alarm to Unconverted Sinners* (London: Tho. Parkhurst, 1703), pp. 141, 153.

2　Saxby, *Memoirs*, pp. 27—8, 31—2, 35; 我非常感谢蒂姆·希区柯克（Tim Hitchcock）和斯图尔特·霍加斯（Stuart Hogarth）给予我查阅萨克斯比回忆录的电子抄本的机会，我查阅了这些抄本以及藏于大英图书馆的最早的出版版本。

3　"The Life of Mr John Haime", in Jackson (ed.), *The Lives of Early Methodist Preachers*, i. 275—8, 293—4.

体和精神上的搏斗结合得更加真实，这其中包括威尔士妇女玛格丽特·弗里奇·伊凡（Marged ferch Ifan），她是《牛津英国名人辞典》中唯一一个职业是"竖琴手和摔跤手"的人。伊凡是一位循道宗信徒，还是一名铁匠和造船工，而且被认为是当时最伟大的猎人。18世纪60年代，即使在她70岁时，伊凡依然被视为威尔士最厉害的摔跤手。[1]

循道宗吸引了矿工和织工，士兵和卖唱者，以及至少一名会摔跤的竖琴手。这些人中有不少来自曾经不从国教的社区。在17世纪，这些社区中诞生了它们自己的哭泣先知，比如安娜·特拉普内尔（Anna Trapnel）和她的伙伴、威尔士独立派牧师瓦瓦苏·鲍威尔（Vavasor Powell），以及约克郡的詹姆斯·纳尔顿（James Nalton）和威尔特郡的约瑟夫·阿林。正是阿林的书，后来使玛丽·萨克斯比皈依。纳尔顿和阿林都是王朝复辟后被逐出国教会的清教牧师。循道宗吸收了这些清教徒、异见者和独立派的宗教传统，在英格兰西南部、北部工业城镇以及威尔士获得了巨大发展，这些地方盛行的正是怀特腓德所推崇的加尔文派循道宗。[2]

丹尼尔·罗兰（Daniel Rowland）是威尔士循道宗运动的领

---

1 Thomas Pennant, *Tours in Wales*, ed. John Rhys, 3 vols (Caernarvon: H. Humphrey, 1883), ii. 320—1; Ceridwen Lloyd-Morgan, "Marged ferch Ifan (bap. 1696, d. 1793)", *Oxford Dictionary of National Biography* (Oxford University Press, online edn, 2004), doi:10.1093/ref:odnb/62908.

2 Hempton, *Religion of the People*, ch. 3; Nigel Yates, *Eighteenth-Century Britain: Religion and Politics* 1714—1815 (Harlow: pearson, 2008), pp. 88—95. 关于安娜·特拉普内尔的生平和之前的宗教背景，见第二和四章。17世纪的詹姆斯·纳尔顿和18世纪的乔治·怀特腓德都被称为"哭泣的先知"。William Lamont, "Richard Baxter, the Apocalypse and the Mad Major", in Charles Webster (ed.), *The Intellectual Revolution of the Seventeenth Century* (London: Routledge and Kegan Paul, 1974), pp. 399—426 (p. 410).

袖之一。一位研究循道宗运动的19世纪历史学家写道，罗兰雷霆万钧般的讲道"用狂热点燃了热情的威尔士人"。成千上万聚在一起听罗兰讲道的人，爆发出热烈的"呼喊"和哭号。罗兰是一个令人印象深刻的人，他"身材魁梧"，因其对罪人激烈的谴责而被称为"愤怒的牧师"。人群会被他感动到"号啕大哭，高呼'荣耀'（Glory）和'保佑'（Blessed）"。这些呼喊声"像具有传染性的热病一样在人群中蔓延"。当罗兰的一名皈依者被困在一座被洪水冲走的房子屋顶上，眼看自己就要溺亡的时候，他仍在赞美上帝，大声喊着"荣耀！荣耀！"。据说，罗兰在皈依循道宗之前是一个散漫和"不敬神的"按立教士。一个不敬神的例子是，罗兰会在礼拜日的讲道结束后离开布道坛，"和他教区的居民一起参加礼拜日的体育比赛"。体育比赛包括踢足球：对于神职人员来说，无论什么时候，踢足球都是一种不得体和轻浮的行为，在礼拜日踢足球更是如此。[1]

罗兰皈依之后，用愤怒的讲道敦促威尔士贫穷的劳动者弃绝罪恶、淫荡、酗酒和不道德的行为。有人强烈反对他，也有人热情支持他。有一次，他的反对者举行了一场针锋相对的集会，以吸引可能的皈依者远离他的布道。这场特殊的集会以踢足球和摔跤的形式呈现，这并不是循道宗和足球发生直接冲突的唯一记载。1820年，为了阻挠普雷斯顿和赫敦这两个乡村之间的年度足球赛，约克郡的一群循道宗信徒跑到附近的一座小山上布道、祈祷和吟唱赞美诗。[2] 很明显，足球赛和循道宗为18和19世纪的工人社群提供了礼拜日的活动选

---

1 Abel Stevens, *The History of the Religious Movement of the Eighteenth Century Called Methodism*, vols (London: Alexander Heylin, 1858–9), ii. 88–92.
2 Adrian Harvey, *Football: The First Hundred Years; The Untold Story* (Abingdon: Routledge, 2005), p. 5.

项，该事实强化了这样一个观点，这些活动具有类似的功能，通过共同参与和道德、宗教叙事相关的身体活动，可以建立起社会纽带。在循道宗和足球的较量中，足球取得了最后的胜利。在20世纪，循道宗信徒及其同类的集体吟唱和哭泣，已经从山坡上的祷告会转移到了体育场的足球赛。泪水并没有干涸，而是转移了阵地。在经历了18世纪感伤主义的兴衰、维多利亚时代悲怆文化的沉浮和紧抿上唇的起落之后，乔治·怀特腓德和丹尼尔·罗兰最终被保罗·加斯科因和克雷格·贝拉米取代。[1]

1　关于保罗·加斯科因和最近体育场上的眼泪，见第二十章。

第六章
四百镑哭一场

要说感伤的技艺，我一点也不逊色。我的泪腺不仅能随时随地对自己和他人生活中的事做出反应，还会对小说、电影、协奏曲、交响乐、歌剧、肥皂剧，以及——现在越来越让我尴尬的——电视达人秀、政治演讲、温布尔登和奥林匹克赛场上的成败做出反应。但我不曾为一幅画哭泣。在我看来，能做到这一点的，肯定是一位具有非凡审美能力的鉴赏大师。但我相信这些温柔的灵魂是存在的，这要感谢美国艺术史学家詹姆斯·埃尔金斯。为了写一本这个主题的书，他曾刊登广告征集对这种经历的描述。尽管列奥纳多·达·芬奇曾写道，一个画家可能会引人发笑，但绝不会让人流泪，然而埃尔金斯收到了400多封回信，它们全是对赏画时哭泣的描述。[1] 这些成了他的书的出发点，该书涵盖了从13世纪日本的瀑布画，荷兰的虔敬画，意大利的文艺复兴、法国的感伤主义和德国的浪漫主义画作，再到毕加索的《格尔尼卡》，以及美国画家马克·罗科斯（Mark Rothko）的抽

1　James Elkins, *Pictures and Tears: A History of People Who Have Cried in Front of Paintings* (London: Routledge, 2001), pp. x—xi, 97.

象表现主义作品的艺术史。埃尔金斯认为罗科斯的画是迄今为止最催泪的20世纪作品，罗科斯在1957年评论道："那些在我的作品前哭泣的人，有着和我在作画时相同的宗教体验。"[1]

在这些研究中，詹姆斯·埃尔金斯没有发现——或者至少没有提到——哪怕一个面对英国画家作品落泪的例子。这并不特别让人惊讶。后宗教改革时期的英国文化没有为感伤主义绘画提供适宜的创作环境。宗教造像、天主教感官主义，以及人们对眼泪作用的错误认识，这些在新教徒眼里非常令人生疑。但这种怀疑态度在一定程度上被18世纪中期横扫欧洲的情感风尚改变了。这一现象常被称为"感性崇拜"或"感伤热潮"（cult of sensibility），它是由那些积极进取、崇尚消费的城市居民塑造的，他们不依靠自己的家庭、宗教和政治关系，以此彰显自己是受过教育、举止文雅和有美德的人。至少从理论上看，这是一种基于人类共有情感的民主趋势。基督教和古典传统中动辄哭天抹泪的情感被提炼进新的容器：感伤小说、悲剧和歌剧，甚至一些绘画作品，也变成了用来盛装"感伤"这一暂时称得上是可贵品质的容器。[2]

18世纪最著名的催泪油画，是法国艺术家让-巴蒂斯特·格勒兹（Jean-Baptiste Greuze）的《为死鸟哭泣的少女》，这幅画在18世纪60年代深受那些动辄叹息、昏厥和哭泣的沙龙客们的喜爱。这幅画是感伤文化的经典作品，它描绘了一位年龄不明的年轻女子，手

---

1 James Elkins, *Pictures and Tears: A History of People Who Have Cried in Front of Paintings* (London: Routledge, 2001), p. 12.
2 从文化和政治维度对感性崇拜文化更加详细的探讨，见第七和八章。一项经典的研究来自G. J. Barker-Benfield, *The Culture of Sensibility: Sex and Society in Eighteenth-Century Britain* (Chicago: University of Chicago Press, 1992)。

托着头，悲伤地向下凝视着她死去的宠物金丝雀，金丝雀躺在那里，身旁环绕着鲜花和叶子。[1] 用当代的标准看，这种多愁善感令人反胃。即便埃尔金斯著书赞美和捍卫人们用眼泪回应艺术，但他也很难说出任何欣赏这位格勒兹女孩的话。这幅画让他感到恶心：它"矫揉造作、让人腻烦、过分伤感、古怪虚伪"，画中"狡黠的性暗示"就更不用提了。[2] 就我个人而言，我很难严肃认真地对待这幅画，因为它让我想起了蒙提·派森（Monty Python）的幽默短剧《死鹦鹉》。我几乎可以听到年轻的女孩愤怒地向宠物店老板抱怨："它是一只死了的金丝雀。"[3]

尽管这类感伤的作品多出自法国和意大利艺术家之手，但事实上，至少有一位18世纪的英国画家——他是那个时代最具造诣的视觉艺术家——开始以油彩和画布为媒介，引发观众哭泣的反应。很早以前戏台就会引发这种反应，在阅读感伤主义小说时潸然泪下也正变得司空见惯。这位艺术家创作的是一幅描绘女性流泪的非凡画作，然而它沦为了一场令人难堪争执的焦点，毁掉了画家的晚年。这幅画就是威廉·贺加斯（William Hogath）在1759年创作的《西格斯蒙德哀悼吉斯卡多之心》（图8）。

威廉·贺加斯不仅通过讽刺画和道德画记录他的时代，还创作

1　Kevin Chua, "Dead Birds, or the Miseducation of the Greuze Girl", in Alden Cavanaugh (ed.), *Performing the "Everyday": The Culture of Genre in the Eighteenth Century* (Newark: University of Delaware Press, 2007), pp. 75—91; Emma Barker, "Reading the Greuze Girl: The Daughter's Seduction", *Representations* 117 (2012): 86—119.

2　Elkins, *Pictures and Tears*, p. 109.

3　喜剧小品《死鹦鹉》讲述了心怀不满的果仁先生和宠物店老板之间的冲突，二人针锋相对地争辩果仁先生购买不久的鹦鹉是否是死的，并因此陷入令人捧腹的语言游戏。这个小品讽刺了英语中有太多用来描述死亡的委婉语。文中的 "This is an ex-canary"（这是一只死金丝雀），源于小品中的台词 "this is an ex-parrot"（这是一只死鹦鹉），"ex-parrot" 是死鹦鹉的委婉语。——译者注

图8：威廉·贺加斯，《西格斯蒙德哀悼吉斯卡多之心》（1759年）。

了著名的肖像画和宏伟的历史题材油画，这些画都取得了巨大成功。《金酒巷》等作品以描绘伦敦街道的脏乱而闻名；贺加斯创作的各种系列版画，包括《残忍的四个阶段》和《勤劳与懒惰》，通过对个人善恶之路的悲喜剧式的观察，对读者和观众进行道德说教。作为一名画家，贺加斯最久负盛名的作品或许是组画《时髦的婚姻》，它揭露了富人的婚姻不过是一桩金钱交易，婚姻双方的贪婪和放荡，自始至终破坏着婚姻的可靠性。[1]

1　Ronald Paulson, *Hogarth*, iii: *Art and Politics*, 1750—1764 (Cambridge: Lutterworth Press, 1993); David Bindman, "Hogarth, William (1697—1764)", *Oxford Dictionary of National Biography* (Oxford University Press, 2004; online edn, May 2009), doi:10.1093/ref:odnb/13464.

贺加斯讽刺的一些陋习，包括骄傲、虚荣、贪财和图名，他本人也无法弃绝。他之所以决定将注意力从引人发笑暂时转向制造眼泪，是因为在1758年的一场拍卖会上，彼时备受追捧的16世纪画家柯勒乔的作品《西格斯蒙德怀抱吉斯卡多之心》以400英镑出头的惊人价格成交。贺加斯对这幅画是否出自柯勒乔之手表示怀疑是正确的（事实上，1758年拍卖的"西格斯蒙德"的作者是弗朗西斯科·弗里尼），而且长期以来，贺加斯对那些"鉴赏家"充满怨恨，因为他们痴迷于柯勒乔（Correggio）或圭多·雷尼（Guido Reni）等"古代大师"的画作，却未能欣赏诸如威廉·贺加斯等当代画家作品的价值。不久后，"巨富"理查德·格罗夫纳（Richard Grosvenor）爵士找到贺加斯，委托他创作一幅画，并随口告诉这位艺术家他可以自由选择主题和定价。贺加斯认准了这是一个证明自己强于所有曾经画过"西格斯蒙德"的大师的机会，于是开始创作这幅最近被高价成交的画作的贺氏版本。最后的结果，是一幅精美非凡、引人注目的作品，以及一场公关灾难。[1]

　　在他那相当杂乱的自传手稿中，贺加斯写道："我的全部目的就是赚取观众的眼泪，我所描绘的人物，就是来做此事的演员。西格斯蒙德哀悼她爱人的心脏。"换言之，贺加斯将他的中心人物西格斯蒙德视为"演员"，她通过观众的眼睛"触动他们的心灵"，就像舞台上的演员通过听众的耳朵打动他们一样，二者的结果都是流泪。贺加斯写道，他曾目睹许多人在欣赏悲剧时不由自主地流下

1　Kevin Chua, "Dead Birds, or the Miseducation of the Greuze Girl", in Alden Cavanaugh (ed.), *Performing the "Everyday": The Culture of Genre in the Eighteenth Century* (Newark: University of Delaware Press, 2007), pp. 75—91; Emma Barker, "Reading the Greuze Girl: The Daughter's Seduction", *Representations* 117 (2012): 86—119.

了眼泪，但他从未见过哪个绘画作品能制造同样的效果，他认识的其他人也从未见过这样的场景。让绘画引发这种前所未有的审美反应，是贺加斯为自己设置的挑战。[1] 出版于1730年的一本美学理论著作声称，绘画作品制造眼泪的能力不如诗歌和戏剧。在谈到诗歌的超凡力量时，作者写道："我指的是我们每天目睹到感人的诗歌或悲剧所具有的催人泪下的力量；但当我们欣赏最杰出的画作时，是看不到或者至少很少能目睹这种力量的。"这位作者接着思考了一个问题：一件由50幅画组成的系列作品，每一幅画描绘一个悲剧故事的下一个画面，是否具有同样的催人泪下的能力？但他依然得出结论，这种组画永远不可能具有像"戏剧中某个感人场景"那样通过激发情感和想象就能让观众潸然泪下的能力。[2] 当时另一位颇有影响力的美学理论家凯姆斯勋爵在"催泪"能力排名中，将欣赏感动人心的历史绘画置于阅读散文之前，但排在观看悲剧表演之后。[3]

马克·罗斯科的画通过带给观众一种强烈但完全抽象的审美体验来实现催泪效果。与之不同的是，贺加斯试图通过能向观众讲述特定悲剧故事的视觉图像来制造眼泪。西格斯蒙德和吉斯卡多的故事可以追溯到14世纪薄伽丘的《十日谈》，英国人则是从约翰·德莱顿（John Dryden）在1700年出版的最后一部著作《古今寓言》中

1　Charles H. Hinnant, "Dryden and Hogarth's *Sigismunda*", *Eighteenth-Century Studies* 6 (1973): 462—74; Marcia Pointon, "A Woman Weeps: Hogarth's *Sigismunda* (1759) and the Aesthetics of Excess", in Penelope Gouk and Helen Hills (eds), *Representing Emotions: New Connections in the Histories of Art, Music and Medicine* (Aldershot: Ashgate, 2005), pp. 155—72.

2　Charles Lamotte, *An Essay Upon Poetry and Painting, With Relation to the Sacred and Profane History* (London: F. Fayram, 1730), pp. 30—1.

3　Lord Kames, *Elements of Criticism*, 3 vols (Edinburgh: A. Kincaid and J. Bell, 1762), i. 117.

第二部分　狂　热

了解到这个故事的。[1] 在这个故事中，国王唐克雷德阻挠她的女儿、年轻的寡妇西格斯蒙德再婚。尽管如此，西格斯蒙德还是爱上了国王的仆人吉斯卡多。国王发现了他们的恋情，但他对女儿怀有一种强烈的、显然几乎是乱伦的嫉妒之心。国王杀死了吉斯卡多，挖出了他的心脏，将其装入金制高脚杯并送到女儿西格斯蒙德面前。西格斯蒙德曾经斥责父亲像妇人一样哭泣，并立誓要像男人一样死去，不流一滴眼泪。然而，面对爱人的心脏，她哭了。接着，她将毒药倒在血淋淋的心脏上，喝下了杯中致命的混合物。她最后的眼泪是克制和高贵的。在德莱顿的版本中，西格斯蒙德的哭泣寂静无声，仿佛一场"素净的阵雨"："无声、庄重、悲伤，没有女人的喧闹，在痛苦中庄严地死去。"当西格斯蒙德握着打开的高脚杯，触碰被谋杀的爱人（或者说是丈夫，因为在德莱顿的版本中，二人已匆忙成婚）的心脏时，这种安静、清醒和哭泣的场面，正是贺加斯为理查德·格罗夫纳爵士创作的油画《西格斯蒙德哀悼吉斯卡多之心》试图捕捉的。[2]

毫无疑问，贺加斯为他的《西格斯蒙德哀悼吉斯卡多之心》投入了时间，付出了伤痛。据家中女仆回忆，贺加斯的妻子简因母亲离世而伤心痛哭，她是这幅画的模特。一些好友和评论家看了尚在创作中的画，其中一人说道："我从未见过比这更逼真的肉和血，这画布还是温的，我的意思是湿的。"[3] 肉体、血腥、温热、潮湿——这并不是理查

1　关于这个故事中的眼泪，见 Stephanie Trigg, "Weeping like a Beaten Child: Figurative Language and the Emotions in Chaucer and Malory", in Holly Crocker and Glenn Burger (eds), *Affect, Feeling, Emotion: The Medieval Turn* (forthcoming).

2　John Dryden, *Fables Ancient and Modern; Translatedin to Verse from Homer, Ovid, Boccace, & Chaucer* (London: Jacob Tonson, 1700), p. 148; Ireland, *Supplement to Hogarth Illustrated*, pp. 189—208; Hinnant, "Dryden and Hogarth's *Sigismunda*".

3　John Nichols, *Biographical Anecdotes of William Hogarth*, 2 nd edn, enlarged and corrected (London: J. Nichols, 1782), pp. 62—5; Paulson, *Hogarth*, pp. 226—8.

德·格罗夫纳爵士所期待的。他想象自己委托的是一出略带道德说教、有关言行举止的喜剧，然而收到的却是一部血腥的、滴着体液、耸人听闻的悲剧。格罗纳夫并不喜欢它，拒绝向贺加斯支付他要求的400英镑。格罗纳夫说道："我真的觉得，这幅画的表现力异乎寻常、无与伦比，若它一直出现在人的眼前，肯定会不断使人产生忧郁的想法，即便拉上幔帐将它遮住，也丝毫不会使这种想法减少。"提起幔帐，说明这幅画与危险的以宗教和性为题材的绘画一样，不适于在文雅的场合公开展示。作为回应，贺加斯在一位更具文学造诣的朋友的帮助下，写了几行相当刻薄的诗。他在诗中讲述了自己画作的遭际，斥责一些艺术鉴赏家迷恋拉斐尔、鲁本斯和圭多·雷尼，并告诉他们评价艺术时不应该将其与古代大师作比较，而是要看它与大自然和人类情感的关系："这些是高超的临摹技艺罢了。心灵要被刺穿，要用想象填满。"心被刺穿的意象与中世纪悔恨之泪的观念遥相呼应。接下来，针对格罗纳夫说这幅画让他的脑子里充满了忧郁的想法，贺加斯继续道：

> 这些都是画家最真实的尝试，
> 这些被理查德爵爷亲口证实。
> 再说，她是如此打动人心，
> 以至于骑士不敢将她直视？
> 谁会购买如此昂贵的泪水，
> 出四百英镑只为求滴眼泪。[1]

1　Nichols, *Biographical Anecdotes*, p. 68.

　　　　　　　　　第二部分　狂　热

不仅贺加斯的金主不喜欢这幅画，评论家也不喜欢它，公众同样不买账。1761年，当这幅画在伦敦艺术家协会的展览上展出时，害怕被人批评的贺加斯派人暗中旁听并记录观众的评价。几天后，贺加斯虚荣心受挫，愤怒不已，将这幅画从展览上撤了下来。[1]

贺加斯在自传里写道，他的《西格斯蒙德哀悼吉斯卡多之心》已经成功达到了目的——"我不止一次看到一位女士在凝视画面时，怜悯的泪水顺着脸颊流下来"——但根据相关文献记载，比怜悯之泪更常见的是讥讽的窃笑。[2] 这幅画在1761年撤展后，对它充满敌意的评论很快纷至沓来。这些批评出自霍拉斯·沃尔波尔（哥特小说家、艺术评论家、前首相罗伯特·沃尔波尔之子）、约翰·威尔克斯（一位崭露头角的政治家，他反对年轻的乔治三世国王的首相布特伯爵所推行的政策）和查尔斯·丘吉尔（一位讽刺作家、威尔克斯的好友）。贺加斯发现，不论在审美上，还是在政治上，自己都站在了这群出身不凡之人的对立面。

在写给乔治·蒙塔古的信中，沃尔波尔将西格斯蒙德描述为"一个抹达林式的妓女，她把主人给她的饰品扯下来，扔在他头上"。不久后，沃尔波尔在《英国绘画逸闻》上发表了一条类似的评论，但将"抹达林式的妓女"改成了"抹达林式的荡妇"，并补充说道，这个女人"粗俗的表情"（她哭红的双眼、怒目圆睁地凝视着，在沃尔波尔看来，这种凝视混合着女性的抗命、愤怒和醉酒的神情）所激起的厌恶感因为她的手指而变得更加强烈了。她的手指被爱人心脏上的鲜血

1　Nichols, *Biographical Anecdotes*, pp. 60—8; Ireland, *Supplement to Hogarth Illustrated*, p. 202; Paulson, *Hogarth*, pp. 226—33, 324; Pointon, "A Woman Weeps".
2　Ireland, *Supplement to Hogarth Illustrated*, p. 196; Hinnant, "Dryden and Hogarth's *Sigismunda*", p. 471.

染红，她面前的这颗心脏就像一颗供她晚餐时享用的羊心"。[1] 沃尔波尔将贺加斯的作品与德莱顿和富里尼创作的西格斯蒙德进行了对比，他抱怨前者"没有传递出冷静的悲伤，毫无尊严地压抑伤痛，缺少情不自禁的眼泪，缺少对注定要面对的命运的沉思，未能因绝望而使温暖的爱情变得神圣"；简而言之，这幅作品没能体现出原本显而易见的感伤美德。西格斯蒙德流的是一种错误的眼泪：浮夸、蓄意、不服，而非安静无声和情不自禁。当这幅画还在贺加斯的画室里并且温热潮湿的时候，沃尔波尔就亲口对他说了这些话，这使最终的作品少了一些沃尔波尔所抱怨的特征。西格斯蒙德的手指不再染血，她也不再准备扯下项链扔回给她的父亲（或者沃尔波尔笔下的"主人"）。[2]

沃尔波尔的中心观点是，贺加斯最初想描绘的是一个善良、叛逆的女儿的冷静的悲伤，但他呈现给世人的却是一个酩酊大醉、呜咽抽泣的被抛弃的妓女。一句"抹达林式的妓女"，概括了格罗夫纳说要将此画挂在幔帐后面时的心情；这是一幅让人联想到性放纵，或者天主教信仰，或者二者兼有的画。我们已经看到，"抹达林"一词既是天主教传统中虔诚悔罪的哭泣者——抹大拉的玛利亚的缩写，也成了醉酒者不体面的眼泪的缩写。[3]

约翰·威尔克斯曾是贺加斯的好友，如今不仅因为政治原因反对他，还利用这幅画实现自己的政治目的。威尔克斯在他的政论期刊《北不列颠人》中写道，西格斯蒙德的形象甚至不是人类，如果说她像地球上的什么东西，那一定是贺加斯"自己的妻子，她正陷入激情的痛

1　Nichols, *Biographical Anecdotes*, pp. 61—2; Pointon, "A Woman Weeps", p. 165.
2　Hinnant, "Dryden and Hogarth's *Sigismunda*", p. 460; Pointon, "A Woman Weeps".
3　见第二章。

苦，至于是什么激情，没有鉴赏家能猜得出来"。[1] 查尔斯·丘吉尔曾对德莱顿的故事版本赞赏有加，认为它甚至可以唤起斯多葛主义者的悲伤和铁石心肠者的怜悯，但他对贺加斯的演绎如此评价：

> 啊，可是多么不一样啊！如此堕落！变化如此之大！
> 她与大自然和她自己竟是如此格格不入！
> 表现她的情感和唤起我们同情的能力，
> 丢失得一干二净，
> 西格斯蒙德现在深情地站着，
> 她是涂布者手中无助的牺牲品。[2]

在一幅版画中——它是贺加斯和丘吉尔长期恩怨的产物——贺加斯被描绘成豺狼和狮子的杂交物，他面前是一幅画，画被帘子遮住，帘子上写着："挂在这里的帘子，是为了不让粗俗的人看见这幅珍贵画作的美，这幅画描绘了一个妓女对着牛的心脏哭泣，画的作者是威尔姆·霍格-埃斯（Willm. Hog-Ass）。"[3]

正如贺加斯的第一位传记作家所言，一旦贺加斯的批评者们发现"他对西格斯蒙德怀有父母般的偏爱"，他们就能"伤到这位艺术家的软肋"，并且"会毫不留情地攻击她"。[4] 贺加斯在自传中写道，彼时他身患

1　*The North Briton*, No. 17, 21 May 1762, p. 155; Paulson, *Hogarth*, p. 228.
2　Charles Churchill, *An Epistle to William Hogarth* (London: Printed for the Author, 1763), pp. 23—4.
3　*The Bruiser Triumphant* (London: *c*. 1763), The British Museum, registration no. 1868, 0808.4342, 〈http://www.britishmuseum.org〉. 通过参考原始版画，贺加斯实际上被描绘成驴和狮子的杂交物，贺加斯面前的画也并未被帘子遮住。威尔姆·霍格-埃斯是贺加斯姓名的谐音，也是侮辱性的双关语——译者注。
4　Ireland, *Supplement to Hogarth Illustrated*, p. 205.

一种"慢性的热病",这些攻讦在他身体最糟糕的时候到来,它们不可避免地会伤害"一个敏感的心灵"。事实上,这些攻讦一直持续到1764年贺加斯逝世,也就是他将这幅画从艺术家协会的展览上撤下来的三年后。[1] 这件事毁掉了贺加斯生命的最后几年,给了贺加斯——如果没有其他人的话——一个可以为之哭泣的悲剧。

那么,贺加斯的画到底有什么问题?为什么格勒兹笔下的女子被认为优雅、高贵,而贺加斯的西格斯蒙德却被人用"抹达林"和"恶心"来形容?通常来说,当我们试图理解人们对艺术、文学、哲学或科学作品的反应时,大部分答案并不在作品本身,而在于作者的人格和政治立场。在这个案例中,贺加斯作为一名艺术家早已过了事业的黄金期,他一生中累积下来了诸多职业上和私人间的仇恨,还有新近结下的一些政治仇恨。他的反对者看到了一个羞辱贺加斯的机会,并且抓住了它。至于为什么贺加斯的画给他的对手提供了现成的弹药,原因则有很多。最感人至深的艺术作品,很少是为了故意让观众落泪而被创作出来的。哭泣和快乐一样,最容易通过间接的方式实现。作为艺术的消费者,我们倾向于对那些只是为了催泪的作品(不论是小说、歌曲、电影,还是电视广告)报以敌视和怀疑。[2] 贺加斯的方法太过直接和缺乏想象力。他希望证明,一幅画也能打动人心并催人泪下,就像他曾看见女人们在观看悲剧时潜然落泪一样;所以他创作了一幅以一个女人为中心的画,女人触摸着一颗心脏,眼泪汪汪,这正是一部悲剧的高潮时刻。

---

1 Ireland, *Supplement to Hogarth Illustrated*, pp. 209—19; Hogarth, *Autobiographical Notes*, in *The Analysis of Beauty*, p. 221.
2 关于对近来电视真人秀和其他文化产品的怀疑的案例,见第二章。

然而最终还是归结到性上。对贺加斯的《西格斯蒙德》的反应, 是英国人对性和公开表达情感的观念史的一部分。德莱顿笔下的西格斯蒙德缄默、庄重、冷静、克制和坚忍。没有人能想象贺加斯的西格斯蒙德具备这些特征, 正如我们所看到的, 贺加斯的失败让评论家们想起了外国人和天主教的感官主义。这些批评声可以总结为"请不要有性, 我们是英国人"。格勒兹对性的影射是间接和隐晦的, 可以想见, 这是法国人的风格。在贺加斯的画中, 身体的激情太过明显了, 尽管在现代观众看来它可能相当克制。这种毫不避讳的性凝视与碰触到她情人几乎跳动的、血淋淋的心脏的手指结合在了一起, 而那根手指至少在第一个版本中被鲜血染成了红色。当我最初开始阅读艺术史学家关于这一时期感伤绘画的论著时, 我认为他们都过于关注性。但我现在发现, 这些绘画本身以及对它们的批评, 为这种思考方式提供了充分的理由。[1]

　　沃尔波尔在谈到《西格斯蒙德哀悼吉斯卡多之心》时说:"贺加斯的演绎比他曾经嘲讽 (ridicule) 的对象更加荒唐 (ridiculous)。"[2] 就在贺加斯创作和修改这幅画的同时, 他还创作了讽刺循道宗的版画。该画有两个版本, 第一版名为《对狂热的描绘》(见图 9)。[3] 它描绘了狂热的牧师和他不道德的、虚伪的、精神亢奋的会众, 包括在讲坛上

1　例如, 玛西娅·波因顿在评论贺加斯的《西格斯蒙德哀悼吉斯卡多之心》时写道:"珍珠以液体和蛇形的方式从首饰盒里漏出来, 以一种修辞的方式将眼泪和精液这些在激烈情绪下释放的珍贵体液实例化"; Pointon, "A Woman Weeps", p. 155; 关于狄德罗对格勒兹作品的性解释, 见 Emma Barker, "Reading the Greuze Girl"。

2　Ireland, *Supplement to Hogarth Illustrated*, p. 206; Pointon, "A Woman Weeps", p. 166.

3　Ireland, *Supplement to Hogarth Illustrated*, pp. 226—42; Bernd Krysmanski, "We see a Ghost: Hogarth's Satire on Methodists and Connoisseurs", *Art Bulletin* 80 (1998): 292—310; Emma Major, *Madam Britannia: Women, Church, and Nation*, 1712—1812 (Oxford: Oxford University Press, 2011), pp. 137—9; Misty G. Anderson, *Imagining Methodism in Eighteenth-Century Britain: Enthusiasm, Belief and the Borders of the Self* (Baltimore: Johns Hopkins University Press, 2012), pp. 150—70.

图9: 威廉·贺加斯,《对狂热的描绘》局部 (未出版,约1760至1762年)。

哭泣的乔治·怀特腓德。在这一版本中，最靠近怀特腓德的听众中有一个戴着手铐悔罪的窃贼，他的眼泪被基督装进瓶子里，这让人想起了《诗篇》作者对上帝说的话："我几次流离，你都记数。求你把我的眼泪装在你的皮袋里：这一切不都记在你的册子上吗？"[1]基督放了一个屁，暗喻循道宗将圣灵看作"天堂的风"。就在一名女子将面前一尊形似阴茎的巨大木圣像碰倒的一瞬间，旁边的一名贵族将手悄悄伸进了她的连衣裙。[2]

贺加斯的《对狂热的描绘》试图将所谓虔诚的热泪与轻信、迷信、罗马天主教、身体失禁和性联系起来。这幅画形象地展现了埃克塞特主教乔治·拉文顿在其论著《对循道宗信徒和天主教徒的狂热的比较》中所传达的信息。他在这本书中指出，过度的宗教和世俗情感往往是紧密相连的，一些"最热忱、最狂热地想要获得上帝恩典的人"，他们在邻居面前表现出的热情"并不是很虔诚"。[3]贺加斯这幅画的一角有一个气压计，它立在一个兴奋的"循道宗信徒的大脑"上（艺术史学家在这个大脑中看到了男性和女性的生殖器），用"爱""欲望""狂喜""痉挛"和"疯癫"等术语来表示会众的宗教情感。[4]贺加斯仿佛在说，这里的人像疯了一样地哭泣，仿佛在遭受一种动辄哭哭啼啼的性欲亢进症的折磨。

剧作家塞缪尔·富特笔下的"斜眼博士"，是对贺加斯版画最著

1　Psalm 56: 8 (King James Version). Krysmanski, "We See a Ghost" (p. 300), 作者猜测这个形象表现的是瑞士艺术家和上釉工匠西奥多·加德尔，此人残忍地谋杀了他的女地主，于1761年被处决。

2　Anderson, *Imagining Methodism*, p. 167.

3　Lavington, *Supplement to Hogarth Illustrated*, p. 231; 另见 John Scott, *A Fine Picture of Enthusiasm, Chiefly Drawn by Dr John Scott, wherein the Danger of the Passions Leading in Religion is Strongly Described* (London: J. Noon, 1744), pp. 3—4.

4　Anderson, *Imagining Methodism*, p. 153.

名的戏仿。富特将对神的热情和对艺术的热情进行比较, 他和贺加斯一样, 将前者形容为一种"宗教狂热"(religious phrensy)。这种宗教狂热使人将"热烈的想象所发出的指示和混乱的头脑所产生的水汽"误认为是神的启示。另一方面, 对艺术的热情则是某种完全不同的东西, 它融入了"天才的努力、想象的光芒、美丽的火焰", 将艺术家带进"普罗米修斯之火"的创作状态, 通过弥尔顿的文学、拉斐尔的绘画、"贺加斯滑稽幽默的铅笔"表达出来。[1] 贺加斯和富特都会认为, 怀特腓德狂热的泪水和西格斯蒙德眼中燃烧的动人火焰所表现和引发的泪水是截然不同的。然而从对他的画作的反响来看, 要维持这种差别并非易事。作为高贵情感的象征而被呈现给世人的东西, 反而被理解为一种狂热激情的表达。对她的诋毁者而言,《西格斯蒙德》代表了一种错误的热情。

威廉·贺加斯在他的遗嘱中要求妻子不得以低于500英镑的价格出售这幅他心爱的画。结果这幅画始终无人问津。最后, 出版商约翰·博伊德尔以极其便宜的价格买下它, 并将其陈列在伦敦的莎士比亚画廊里。这是贺加斯试图在油画框中捕捉舞台悲剧力量的合适地点。[2] 到了19世纪, 这幅画时来运转, 最终以贺加斯曾经希望的价格出售。1807年7月,《晨邮报》报道称:"上个礼拜六, 西格斯蒙德著名的画像在克里斯蒂拍卖行以400几尼的价格成交; 这表明, 我们伟大的贺加斯在这幅作品上展现的卓越造诣如今得到了公正的评价,

---

1 *Memoirs of Samuel Foote Esq., With a Collection of his Genuine Bon-Mots, Anecdotes, Opinions, etc., and Three of his Dramatic Pieces*, ed. William Cooke, 2 vols (New York: Peter A. Mesier, 1806), ii. 229; 另见 Anderson, *Imagining Methodism*, pp. 130—151。

2 Ireland, *Supplement to Hogarth Illustrated*, pp. 196—7.

摆脱了曾经竭力贬低它的嫉妒和恶意。"[1] 1870年,这幅画在伦敦的皇家学会"古代大师展"上亮相,展览的内容还包括欧洲大陆和英国艺术家的作品。贺加斯的《西格斯蒙德哀悼吉斯卡多之心》和鲁本斯、伦勃朗、达·芬奇及提香的大作,让-巴蒂斯特·格勒兹的室内画,以及约书亚·雷诺兹爵士为18世纪后期最让戏剧观众潸然泪下的萨拉·西登斯夫人创作的肖像画挂在一起。《蓓尔美尔报》评论员称,在英国画家中,只有贺加斯对意大利大师的技艺和作品的模仿臻于完美,而他曾强烈谴责这些大师对艺术家品位的影响。贺加斯的这幅画曾经也许是一个"令人厌恶的主题","使人戏剧性地过度紧张"。但这位评论员认为,作为一幅画,它直接、有力、简单,"技艺高超"到连雷诺兹或盖恩斯伯勒都难以望其项背。[2]

9年后,这幅画被赠给国家,不久后就被陈列在国家美术馆里。1879年6月2日星期一,估计有16 000多名参观者来到美术馆,这幅新展出的贺加斯的作品,成为关注的焦点。[3] 几年后,艺术评论家莱昂内尔·约翰逊(Lionel Johnson)写道,他最近在国家美术馆的经历"会让可怜的贺加斯欣喜若狂"。约翰逊看见两位"外表沧桑、衣衫褴褛"的男士在这幅画前驻足。一人对另一人说:"看了所有展品,我想说这个是最好的。瞧那女人的眼睛!"[4]

1　"Fashionable World", *Morning Post* (London), 3 July 1807, p. 3.

2　"Exhibition of Old Masters at The Royal Academy", *Pall Mall Gazette*, 4 Feb. 1870, p. 6; 一条类似的简短的积极评价, 见 "Hogarth at the National Gallery", *The Standard* (London), 25 Dec. 1880, p. 2。

3　"The National Gallery", *The Standard* (London), 3 June 1879, p. 2.

4　Lionel Johnson, "Eighteenth Century Vignettes", *The Academy*, 10 Dec. 1892, pp. 531—3 (p. 532).

第七章
有情人

　　1771年，爱丁堡律师、作家亨利·麦肯齐（Henry Mackenzie）出版小说《有情人》，此时正值感伤主义文学浪潮的高峰，多愁善感的主人公哈雷面对乞丐、妓女、孤儿和疯子，都曾流下哀怜的眼泪。[1]不论在感伤题材的作品中，还是放眼整个英国文学，这本小说是最著名的浸透着泪水的作品。18世纪40年代至80年代，这类感伤小说风靡一时。塞缪尔·理查逊、劳伦斯·斯特恩、萨拉·菲尔丁（Sarah Fielding）、范妮·伯尼（Fanny Burney）等人为日益繁荣的文学市场贡献作品，彼时越来越多的男男女女获得了财富并接受了教育，热衷于通过阅读这些便携的故事消遣娱乐和陶冶情操。这是除宗教、戏剧和诗歌以外，人们第一次通过大量阅读散文体小说，找寻哭泣的机会。感伤的故事——有时通过虚构的书信或者据说是重见天日的手稿残篇的形式讲述出来——可以在独处时，或者半私密的家庭成员和

1　Henry Mackenzie, *The Man of Feeling*, ed. with an introduction by Maureen Harkin (Peterborough, Ontario: Broadview Press, 2005); originally published anonymously in London in 1771.

亲友之间阅读并为之哭泣。这是一种新型的阅读和哭泣,并成为18世纪文化的一个显著特征。[1] 它只是道德哭泣(moral weeping)世界的一部分,这个世界里不仅有罪犯,还有他们的法官、牧师和刽子手,既有哲学家、传道者和慈善家,又有妓女、诈骗犯、拦路劫匪和小偷。

诗人罗伯特·彭斯(Robert Burns)是《有情人》最热心的读者之一,正如我们要看到的,他曾被莎士比亚、《圣经》和麦肯齐感动得热泪盈眶,他还在一个重要的场合,为一幅画动容落泪。格勒兹描绘了为死鸟哭泣的女孩,贺加斯创作了为被害的心上人哀悼的妇女,其他的艺术家则尝试用阵亡士兵的形象制造眼泪,哀悼这些士兵的通常是妻子和儿女,有时还会有一条狗。[2] 在1787年爱丁堡的一场聚会上,正是这样一幅画让罗伯特·彭斯潸然泪下。这次邂逅发生在刚退休的道德哲学家亚当·弗格森(Adam Ferguson)教授的家中,沃尔特·斯科特爵士后来回忆了这次邂逅,那时斯科特还是一名少年。[3]

1　Janet Todd, *Sensibility: An Introduction* (London: Methuen, 1986); John Mullan, *Sentiment and Sociability: The Language of Feeling in the Eighteenth Century* (Oxford: Clarendon Press, 1988); Anne Vincent-Buffault, *The History of Tears: Sensibility and Sentimentality in France* (Basingstoke: Macmillan, 1991); G. J. Barker-Benfield, *The Culture of Sensibility: Sex and Society in Eighteenth-Century Britain* (Chicago: University of Chicago Press, 1992); Markman Ellis, *The Politics of Sensibility: Race, Gender and Commerce in the Sentimental Novel* (Cambridge: Cambridge University Press, 1996); Paul Goring, *The Rhetoric of Sensibility in Eighteenth-Century Culture* (Cambridge: Cambridge University Press, 2005); Jonathan Lamb, *The Evolution of Sympathy in the Long Eighteenth Century* (London: Pickering and Chatto, 2009).

2　Emma Barker, "Reading the Greuze Girl: The Daughter's Seduction", *Representations* 117 (2012): 86—119; Philip Shaw, *Suffering and Sentiment in Romantic Military Art* (Farnham: Ashgate, 2013).

3　肖认为这次邂逅发生在1786年和1787年之交的冬季,那时亚当·弗格森可能在1787年搬入欣斯府(Sciennes House)。Shaw, *Suffering and Sentiment*, pp. 43—4; James Ballantine (ed.), *Chronicle of the Hundredth Birthday of Robert Burns* (Edinburgh: A. Fullarton, 1859), p. 427; Fania Oz-Salzberger, "Ferguson, Adam (1723—1816)", *Oxford Dictionary of National Biography* (Oxford University Press, 2004; online edn, Oct. 2009), doi:10.1093/ref:odnb/9315; Clark McGinn, "The Tears of Robert Burns", Electric Scotland, ⟨http://www.electricscotland.com/familytree/frank/burns_lives96.htm⟩.

彼时彭斯年近而立，"天授农夫"（heaven-taught ploughman）和大学教授的交流，显然让彭斯有些局促不安。[1] 斯科特写道，彭斯的注意力被亨利·邦伯里（Henry Bunbury）的画作《苦难》所吸引，这幅画"描绘了一名死去的士兵倒在雪地里，他的狗悲伤地蹲在一旁，另一旁是怀抱孩子的寡妇"。画面下方是牧师诗人约翰·兰霍恩（John Langhorne）对寡妇的几行描述：

> 垂头凝视着孩子,她的眼眸在泪水中融化,
> 大滴的泪珠和孩子吮吸的乳汁混合在一起,
> 预示着他未来的苦难,
> 不幸的孩子在泪水中受洗。[2]

这首诗和邦伯里的画——"或者更确切地说是它们带来的思考"——让彭斯"深受感动"。不论唤起的究竟是什么情感, 它们的效果在彭斯的脸上清楚可见:"他确实哭了。"[3] 几年后, 一幅以邦伯里的画为基础, 但更具艺术造诣的作品问世了, 其灵感也来自兰霍恩的诗句, 且具有相同的催泪效果, 这就是德比画家约瑟夫·怀特（Joseph Wright）创作的油画《阵亡的士兵》。1789年, 这幅画在皇家学会展

1　1786年12月, 亨利·麦肯齐在《闲人》(*The Lounger*) 杂志上发表了一篇没有署名的评论, 他给彭斯起了一个绰号:"天授农夫"。Donald A. Low (ed.), *Robert Burns; The Critical Heritage* (London: Routledge and Kegan Paul, 1974), pp. 70—1. 另见Robert Crawford, "Robert Fergusson's Robert Burns", in Robert Crawford (ed.), *Robert Burns and Cultural Authority* (Edinburgh: Edinburgh University Press, 1996), pp. 1—22 (p.2)。
2　转引自Shaw, *Suffering and Sentiment*, pp. 43—4。
3　*The Works of Robert Burns; With Dr Currie's Memoir of the Poet, and an Essay on his Genius and Character by Professor Wilson*, 2 vols (Glasgow: Blackie and Son, 1853—4), i. clvii; Shaw, Suffering and Sentiment, pp. 43—4.

出。[1] 怀特的好友威廉·哈利（William Hayley）写道："我回到镇上以后，我和所有我曾交流过的绘画爱好者们一致认为，他今年的作品是皇家展览上最棒的。他描绘的阵亡士兵简直让我落泪；他笔下的月光让我沉醉。"[2]

彭斯"确实哭了"，哈利"简直落泪"。即使在感伤和狂热的时代，被感动到落泪也是件引人注目的事情——尤其是被一幅画所感动，并且流泪者是男性时。那种认为眼泪具有某种女性特质的观点从未被完全抹去。据我所知，这个时代没有出现年轻男子面对死鸟或逝去的恋人哭泣的绘画作品（不过詹姆斯·巴里［James Barry］在1774年的确创作了一幅李尔王面对科迪莉亚的尸体恸哭的画）。[3] 但如今的人们在理论和实践上都付出了前所未有的巨大努力，试图制造并赞美"男子汉的眼泪"——这是吉尔伯特·韦斯特在1739年的一首诗中创造的短语，它为后来发生的事情奠定了基础。[4] 亨利·麦肯齐笔下的有情人哈利，成为制造这种眼泪的原型，这种眼泪被视为

1　Joseph Wright of Derby, *The Dead Soldier* (1789); Shaw, *Suffering and Sentiment*, ch. 2, and p. 100. 另见Bernard Nicholson, *Joseph Wright of Derby: Painter of Light*, 2 vols (London: Routledge and Kegan Paul, 1968)。

2　Letter from Hayley to his wife, 5 May 1789; *Memoirs of the Life and Writings of William Hayley, Esq.*, ed. John Johnson, 2 vols (London: Henry Colburn, 1823), i. 387; Shaw, Suffering and Sentiment, p. 79.

3　巴里的这幅画有两个版本，分别作于1774年和1786—1787年。Sebastian Mitchell, *Visions of Britain, 1730—1830: Anglo-Scottish Writing and Representation* (Basingstoke: Palgrave Macmillan, 2013), pp. 146—7.

4　Gilbert West, *A Canto of the Fairy Queen, Written by Spenser* (London: G. Hawkins, 1739), stanza 53, p. 11. 关于对近代早期性别和男子汉眼泪的宏观探讨，见Julie Ellison, *Cato's Tears and the Making of Anglo-American Emotion* (Chicago: University of Chicago Press, 1999); Philip Carter, "Tears and the Man", in Sarah Knott and Barbara Taylor (eds), *Women, Gender and Enlightenment* (Basingstoke: Palgrave Macmillan, 2005), pp. 156—173; Jennifer C. Vaught, *Masculinity and Emotion in Early Modern English Literature* (Aldershot: Ashgate, 2008); Bernard Capp, "'Jesus Wept' but Did the Englishman? Masculinity and Emotion in Early Modern England", *Past and Present* 224 (2014): 75—108。

美德、温柔和人道的象征。

哈利是个有钱人，但不懂得人情世故。一份被发现时就已残缺不全的手稿，讲述了哈利遇到的形形色色的人，其中一些人善良但不幸，其他一些人则是彻头彻尾的罪犯。他们之中有赌徒"老千"、有愤世嫉俗的哲学家、有改过自新的妓女和她的父亲、有老兵和他那沦为孤儿的孙子。只要有能力，哈利就会对这些人施以援手，赠予他们金钱和财产，还会流下他标志性的眼泪。他探访了伦敦疯人院，在那里遇到了一位出身优越的年轻女子。她的心上人被她父亲赶走后离开了人世，如今她的父亲让她嫁给一个老男人。前者带来的悲伤和对后者的厌恶把这个年轻的女子逼疯了。听了她的故事后，哈利"流下了一些眼泪"。女人的回答再现了以前的体液理论："我也想哭泣，但我的大脑干涸了；它在燃烧，它在燃烧，它在燃烧！"这个悲伤的女人，戴着心上人生前送给她的戒指，不顾一切地向哈利伸出手；"他紧握女人的手，他的眼泪将她的手浸湿。"哈利对女人的悲惨遭遇感到惊讶和同情，他塞给疯人院看守几枚金币，让他"善待那个不幸的人"。[1]故事以惯常的方式结尾："他失声痛哭，然后离开了他们。"在接下来的一章中，哈利与老兵的孙子们一起在他们父母的墓前哀悼，这一章以更加夸张的感伤笔调结尾："女孩又哭了起来；哈利亲吻掉了她流下的泪珠，每亲吻一次，他自己就会哭一次。"[2]

当代读者，包括那些致力于解读过去文学作品的学者，都会发现哈利让人难以适从。[3]最常见的反应介于尴尬和轻微厌恶之间。但

---

1   *Man of Feeling*, ch. 20, pp. 70—1.

2   Ibid., ch. 35, p. 115.

3   John Mullan (*Sentiment and Sociability*, p. 123).

在18世纪70年代，《有情人》是最畅销的书之一，它在英国和美国再版几十次。[1] 有评论家称，"如果不为其中的某些情节落泪，内心便是麻木的"。[2] 这本书还感动了首相的家人和一些佃农。布特伯爵的女儿路易莎·斯图尔特小姐回忆道，《有情人》刚被带回家，"我的母亲和妹妹就为之落泪，对它爱不释手！"年仅14岁的斯图尔特"不太理解什么是情感"，"暗暗担心自己眼泪流得不够，无法获得人们的认可"。[3]《有情人》问世时，罗伯特·彭斯年仅12岁，但他已经开始接受文学和情感方面的教育。三年前的一个晚上，彭斯和家人在他们的农舍接待了来访的约翰·默多克。默多克是小罗伯特的导师，他为一家人朗读了《泰特斯·安特洛尼克斯》——这是他带来的礼物——以及一本英语语法书。这部悲剧让全家人潸然泪下，罗伯特对拉维妮娅遭受的残害尤感痛心，以至于他说如果默多克不把这本书带走，他就把它烧掉。这位导师回应道："很高兴在一个年轻小伙子身上看到如此丰富的情感。"[4]

15年后，秘密社团塔博尔顿的巴彻勒俱乐部（Tarbolton Bachelors' Club）在一家酒吧楼上聚会，气氛热烈。彭斯一边豪饮，一边对情感进行哲学思考。这时的彭斯是《有情人》的热心读者，他随时随地将这本书带在身上，直至书页散落。[5] 彭斯写信给默多克——这位导师曾用《泰特斯·安特洛尼克斯》让彭斯泪流满面——

1　Harkin, "Introduction", *Man of Feeling*, p. 10.

2　"The Man of Feeling", *Monthly Review* 44 (May 1771): 418.

3　Louisa Stuart to Walter Scott, 4 Sept. 1826; *The Private Letter-Books of Sir Walter Scott*, ed. Wilfred Partington (London: Hodder and Stoughton, 1930), p. 273.

4　Robert Crawford, "Burns, Robert (1759—1796)", *Oxford Dictionary of National Biography* (Oxford University Press, 2004; online edn, May 2011), doi:10.1093/ref:odnb/4093.

5　Ibid.

称自己现在最喜爱的作家全是"感伤的类型"，包括亨利·麦肯齐、劳伦斯·斯特恩和诗人威廉·申斯通（William Shenstone），并称《有情人》是"除《圣经》之外我最珍贵的书"。彭斯接着说，这些感伤作品对他而言是"绝佳的榜样，我努力学习它们，培养自己的言谈举止"。[1] 男子汉的眼泪既体现了对周遭世界的敏感，又象征了一种对世界的痛苦抽离。回想一下，当哈利的疯人院之行即将结束时，他突然哭了出来，"然后离开了他们"。

在法国，德尼·狄德罗在献给塞缪尔·理查逊小说的颂词中写道："来吧，伙伴们，向他学习如何与此生的罪恶和解。来吧，让我们一起为他小说中不幸的人哭泣，我们要说：'如果命运击倒了我们，至少正直善良的人们会为我们落泪。'"[2] 彭斯和狄德罗希望从感伤文学中汲取经验并运用到他们自己的生活中，这说明男子汉的眼泪并不局限于小说。这一时期的书信、回忆录、法律记录、报纸、布道和小册子都见证了男子汉眼泪的显著增长。多亏了大卫·休谟的一篇论文，就连斯多葛学派的智者也变成了哭哭啼啼的感伤主义者。《有情人》这样的小说是改变行为规范的镜子和引擎。慈善家、政客、律师、法官、牧师和刑场观众的眼泪，甚至刽子手的某次动容，都是一种新情感经济的货币。眼泪和金钱、权力一样，在同一条旧河道里流淌。

在理论上，男子汉的眼泪体现的是一种对人类的博爱，正如我们将在第八章看到的，它具有激进的平等主义潜台词。但在现实中，或至少在英国的现实中，它倾向于强化现有的家长制社会秩序：富人在

1　Letter to John Murdoch, 15 Jan. 1783; *The Letters of Robert Burns*, ed. J. de Lancey Ferguson, 2nd edn, ed. G. Ross Roy, 2 vols (Oxford: Clarendon Press, 1985), i. 17.
2　Denis Diderot, "Éloge de Richardson" (1762), 转引自 Colin Jones, *The Smile Revolution in Eighteenth-Century Paris* (Oxford: Oxford University Press, 2014), p. 64。

慈善捐赠时一边流泪，一边期待受捐者感激涕零的回应。[1] 这些湿漉漉的交易意在展示社会秩序是如何通过情感纽带维持的。像哈利这样善感又软弱的人只能无奈地哭泣，很难成为革命的号召者。在《有情人》中，暴力行为，或者更确切地说除了施舍之外的任何行为都被摒弃了，取而代之的是温柔的泪滴。尽管罗伯特·彭斯有时与18世纪90年代的政治激进派为伍，但他自己的社会哲学至少可以部分从他对这类文学作品热泪盈眶的评价中看出来。1790年，彭斯被麦肯齐主编的期刊《闲人》上的一篇故事感动得流下了"真挚的眼泪"，这个故事将一位仆人对他专横霸道的主人如忠狗一般的情感浪漫化了。[2] 几年前，彭斯使母亲的女仆伊丽莎白·佩顿怀孕（她后来生下一女），但拒绝娶她。[3] 彭斯受到当地教会长老的审判并被处以罚金。彭斯在他的诗《私通者》中对此描述道："带着悔恨的表情和恩典的标志，我支付了屁股的租金（Buttock-hire）。"彭斯后来可能为他的性放纵而落泪，尤其是当他在《闲人》上读到"我们家仆的忠诚服务应当得到欣赏和尊重"时。[4]

在《有情人》中，哈利偶遇一位悔改的私通者，她的境况与伊丽莎白·佩顿有几分相似。这位私通者被浪荡子勾引而沦为妓女。哈利从她的眼泪中看到了美德，他赏她金钱，帮她与父亲和解，自己则习惯性地流下了源源不断的眼泪。悔改的妓女和抹大拉的玛利亚

1　比如《有情人》中老爱德华感激涕零的例子，*Man of Feeling*, ch. 34, pp. 104—12。

2　*The Lounger*, No. 61, 1 Apr. 1786, pp. 232—40. 彭斯写道，这个故事"使我流下的真挚的眼泪，比我很久以来读过的任何东西所激发的泪水都要多"。letter to Mrs Dunlop, 10 Apr. 1790; *The Letters of Robert Burns, Chronologically Arranged from Dr Currie's Collection*, 2 vols (London: John Sharpe, 1819), i. 164.

3　Crawford, "Burns".

4　"The Fornicator. A New Song", in *Burns: Poems and Songs*, ed. James Kinsley (London: Oxford University Press, 1969), pp. 79—80, lines 17—18; The Lounger, No, 61, p. 232.

的形象是她的道德和宗教原型，这些形象继续在小说之外的领域为人们提供落泪的机会。1758年，专门接纳悔过妓女的莫德林医院（Magdalen Hospital）在伦敦开业。它的一位资助者、商人和慈善家乔纳斯·汉韦（Jonas Hanway）撰写了一本小册子，从经济和道德角度论证了该机构的价值。汉韦认为，这个医院也可以是一座工厂，生产出口到波斯和土耳其的地毯，这些女性在经过改造并嫁人之后，就可以成为下一代工人、士兵和水手的母亲。这些经济利益是通过捐赠和眼泪的交换来实现的。汉韦问他的读者："一个人的心没有坚硬到克服人性的冲动，那么他在面对真诚悔罪的泪水时，能够忍住自己怜悯和宽恕的眼泪吗？"[1] 1762年，在一场关于慈善机构的布道中，获得救济的女孤排成一排，站在会众面前。约翰·兰霍恩——邦伯里画作下方那几行曾让彭斯热泪盈眶的诗的作者——直截了当地对孩子们说："是的，你们这些可怜的悲伤的女儿！你们生而无望，唯有他人的仁慈和你们的苦难能为自己辩护——你们不幸的境遇，能在每一颗柔软的心灵中激起怜悯，能在每一个温柔的眼眸里荡起泪水，能让每一只慷慨的手为你们解囊。"眼泪可以打开钱包，难怪兰霍恩请他的会众"尽情享受最愉悦的激情——怜悯带来的温柔的喜悦！"[2] 18世纪的演员、乞丐和江湖骗子班普菲尔德·摩尔·卡鲁（Bampfylde Moore Carew）也在回忆录里写道，当乞丐或施舍者的眼泪滔滔不绝地流淌（最好二者皆如此），金钱一定会源源不断地

1　[Jonas Hanway], *Thoughts on the Plan for a Magdalen-House for Repentant Prostitutes* (London: James Waugh, 1758), p. 30; 转引自Ellis, *Politics of Sensibility*, p. 173。

2　John Langhorne, *Sermons Preached Before the Honourable Society of Lincoln's Inn*, 3rd edn, 2 vols (London: T. Becket, 1773), pp. 219—20; Shaw, *Suffering and Sentiment*, pp. 59—60.

到来。[1]

光彩耀眼的上流社会牧师威廉·多德（William Dodd）也深谙此道。多德被称为"马卡洛尼式的牧师"（macaroni parson）——"马卡洛尼"是指从欧洲壮游归来，痴迷于欧陆所有最新风尚的人。多德是莫德林医院的牧师，他会在主日祷告时安排几十名相貌姣好且悔改的女子当众吟唱和抽泣。据霍拉斯·沃尔波尔观察，多德的讲道"是彻头彻尾的法国风格，表现力强且感人至深"。在为莫德林医院主席和院长的布道中，多德要听众看看他们面前这些可爱的人，想象她们过去的罪恶生活，目睹这些女人"流下忏悔和自责的眼泪"，然后体会自己内心的快乐。多德的表演实现了预期的目标——眼泪和金钱。[2]

那些目光天真的孤女或妓女所带来的情感触动，远不及在泰伯恩刑场观看公开绞刑时所目睹的悲伤和眼泪震撼。《有情人》评论道，在观察"更加强烈的激情的影响"时，我们都变成了哲学家，"也许在泰伯恩刑场的观众中，能找到最名副其实的那一个"。[3]塞缪尔·约翰逊的好友、传记作者、苏格兰律师兼作家詹姆斯·博斯韦尔（James Boswell）有观看公开处决的特殊习惯，有时他还会探访即将被处决

---

1 *The Life and Adventures of Bampfylde-Moore Carew, The Noted Devonshire Stroller and Dog-Stealer as Related by Himself* (Exon: Joseph Drew, 1745); Tim Hitchcock, "Tricksters, Lords and Servants: Begging, Friendship and Masculinity in Eighteenth-Century England", in Laura Gowing, Michael Hunter, and Miri Rubin (eds), *Love, Friendship and Faith in Europe, 1300—1800* (Basingstoke: Palgrave Macmillan, 2005), pp. 177—96.
2 Ellis, *Politics of Sensibility*, p. 176; Ann Jessie van Sant, *Eighteenth-Century Sensibility and the Novel: The Senses in Social Context* (Cambridge: Cambridge University Press, 2004), pp. 32—5; Philip Rawlings, "Dodd, William (1729—1777)", *Oxford Dictionary of National Biography* (Oxford University Press, 2004; online edn, Jan. 2008), doi:10.1093/ref:odnb/7744.
3 *Man of Feeling*, ch. 40, p. 121.

的死因。对博斯韦尔来说，这的确是一个体验和观察强烈感情的机会，尤其是他自己的恐惧和怜悯之情。[1]

《新门监狱牧师记录》也许是唯一能与循道宗信徒回忆录和感伤小说中滔滔不绝的眼泪相比拟的出版物了。这一颇受欢迎的出版物用道德说教的方式介绍了在泰伯恩刑场处决的罪犯的生平，它们的作者是17世纪70年代至18世纪60年代新门监狱的历任牧师（又称"普通牧师"）。[2] 很久以来，法庭和绞刑架为罪犯、律师、法官、陪审团和观众提供了流泪的机会。特别戏剧性的一幕发生在1745年詹姆士二世党人起义失败之后，就连刽子手在斩首参与叛乱的基尔马诺克伯爵之前也泣不成声，请求伯爵的原谅，而伯爵绅士般和基督徒的举止"让成千上万的观众为之落泪"。[3] 五年后，还是这个名叫约翰·斯库罗斯的刽子手，处决了一个名人——詹姆斯·麦克莱恩（James MacLaine）。麦克莱恩是一个潇洒时髦的公路劫匪，据牧师记录，他在审讯期间数度哭泣，引得旁听席上的女士纷纷落泪。麦克莱恩很有"礼貌"地抢劫了包括霍拉斯·沃尔波尔在内的许多人。贺加斯在1751年创作道德劝诫系列版画《残忍的四个阶段》，最后一幅画的

1　V. A. C. Gattrell, *The Hanging Tree: Execution and the English People 1770—1868* (Oxford: Oxford University Press, 1996), pp. 284—92.

2　所有现存的《新门监狱牧师记录》可在线查阅，见Clive Emsley, Tim Hitchcock, and Robert Shoemaker, "The Proceedings: Ordinary of Newgate's Accounts", *Old Bailey Proceedings Online*, http://www.oldbaileyonline.org, version 7.0。

3　*The General Advertiser*, 19 Aug. 1746. 另见James Foster, *An Account of the Behaviour of the Late Earl of Kilmarnock, After his Sentence, and on the Day of his Execution* (London: J. Noon, 1746), p. 35; James Montagu, *The Old Bailey Chronicle, Containing a Circumstantial Account of the Lives, Trials, and Confessions of the Most Notorious Offenders*, 4 vols (London: S. Smith, 1788), iii. 5—6; Horace Bleackley, *The Hangmen of England: How They Hanged and Whom They Hanged* (London: Taylor and Francis, 1929), pp. 82—3。

墙上有一具骷髅形象，它的原型正是麦克莱恩。[1]

总的来说，新门监狱故事中的泪水可分为三类：第一类是罪犯畏惧死亡的眼泪；第二类是死刑犯真诚悔罪时流下的眼泪，这类眼泪是内心悔改的标志，常伴随着最后的认罪伏法；第三类是人们目睹罪犯伏法时流下的怜悯泪水。只有第一类哭泣受到了一定程度的反对，所有这些泪水都可以放在关于罪、忏悔和寄望上帝宽恕的基督教框架中进行解释。在17世纪，牧师更倾向于向罪犯强调，在正确的新教精神下，如果没有内心的皈依，眼泪和叹息不足以成为真诚悔改的标志。[2] 这类警告在18世纪变得不再那么频繁，人们总是期望看到死刑犯在伏法前最后几个小时里的汪汪泪眼，以至于有些罪犯如果发现自己在最后时刻无泪可流，他们会向牧师寻求慰藉。1721年，一个名叫威廉·皮戈特的公路劫匪就因无法证明自己悔罪而焦虑，他告诉牧师，尽管他真心悔改，"却很难哭出来，也不记得自己流过泪；但有一次例外，那是他和他年幼的儿子在监狱诀别的时候"。[3]

但在大多数情况下，泪水如期而至。1760年4月28日，来自英格兰东北部的23岁家佣罗伯特·蒂林因抢劫他的主人而被判处绞刑。行刑前几日，一些循道宗信徒探访了蒂林，其中一人后来以蒂林"不同寻常地皈依"循道宗为题进行了布道并将其出版。他称蒂林"精神饱满，心情愉悦；在冥思《约翰福音》时，心碎大哭"。[4] 在处决蒂林的记

1　Andrea McKenzie, "Maclaine, James (1724—1750)", *Oxford Dictionary of National Biography* (Oxford University Press, 2004); online edn, May 2006, doi:10.1093/ref:odnb/17637.

2　*Ordinary of Newgate's Account*, 10 June 1685；另见13 June 1690。

3　*Ordinary of Newgate's Account*, 8 Feb. 1721.

4　John Stevens, *Christ Made Sin for his People, and They Made the Righteousness of God in Him: Explained in a Sermon Occasioned by the Remarkable Conversion and Repentance of Robert Tilling* (London: George Keith, 1760), pp. 30—1.

录的末尾，监狱牧师还略带不满地提到，就在蒂林被绞死前，他成了一名真正的循道宗信徒，"在众人的聆听下，他大声祈祷了约二十分钟"。他像先知呼吁人们悔改一样对听众说："我亲爱的兄弟们，为了你们，我泪流成河，就像我们的主为耶路撒冷哭泣一样。"[1] 几年后，26岁的乔纳森·丹尼森和年仅15岁的男孩约翰·斯威夫特被送上绞刑架，二人都因偷盗被处以绞刑。小斯威夫特的父亲心急如焚，"泪流满面，绞扭双手"，他的儿子"以泪还泪"。监狱牧师回忆道："看到这一幕，众人都被感动了，许多人转过身呜咽擦泪，他们无法冷漠地面对此情此景。"这个十几岁的男孩尝试发表演讲，告诫人们"吸取他的教训"，严守戒律，服从父母，"但他一时语塞，眼泪夺眶而出"。[2] 这一幕放在感伤小说中绝不会显得突兀。透过感伤的泪眼，泰伯恩刑场上的一切历历在目。

泰伯恩刑场上最耸人听闻和伤感的一幕发生在1777年，两个被处决的罪犯分别是一个名叫约瑟夫·哈里斯的年轻人和一名牧师，前者劫持了伊斯林顿的一辆马车，从一位绅士那里抢走了两畿尼和几先令，后者伪造了一张据称是切斯特菲尔德伯爵开具的金额超过4 000英镑的汇票。哈里斯和他伤心欲绝的父亲泪水交缠，痛苦万分，一如1763年的斯威夫特父子。这个牧师不是别人，正是那个马卡洛尼式的威廉·多德博士，他奢靡放荡的生活最终让他尝到苦果。在他生命最后的日子里，多德请求循道宗领袖约翰·卫斯理能来见见他。新门监狱牧师记载了许多祈祷和哭泣。行刑日的早晨，多德的镇定自若很是引人注目，新门监狱和泰伯恩刑场上的围观民众无不为他的困境和宗教劝诫潸然泪下。许多人目睹了多德伏法，不少人都哭了，也许有数

1　*Ordinary of Newgate's Account*, 28 Apr. 1760; Ezekiel 33: 11 (King James Version).
2　*Ordinary of Newgate's Account*, 15 June 1763.

　　　　　　　　　　　　　　　第二部分　狂　热

千之众，但很难说清哪些人的脸上是泪珠，哪些人的脸上是雨滴，因为在多德和哈里斯被绞死之前下了一场倾盆大雨。据说，多德曾希望莫德林医院里改过自新的妓女们能到场为他吟唱第23篇赞美诗。[1]

一些人认为，《有情人》这类感伤小说以及善感文化中的泪水，表达了一种新的、世俗的社会哲学。这种哲学是由大卫·休谟、亚当·斯密等苏格兰启蒙运动中的伟人开创的，他们非常强调同情和道德情感的作用。一项关于18世纪感伤文化的研究认为，感伤文化之所以产生，是因为"大众需要一套超越基督教教条的新观念来解释人性和社会秩序"。[2]1787年，当罗伯特·彭斯的泪滴落在亚当·弗格森家客厅的地毯上时，他事实上是在这样一群人面前哭泣，这群人中有休谟和斯密的伙伴以及他们思想的继承人。但我们应该记得，彭斯曾说《有情人》是"除《圣经》之外"他最珍贵的书，也是另一个互不相关但催人泪下的故事和语言的宝库。

有关哭泣、亲吻、相拥的肢体动作词汇——这是麦肯齐作品的一大特色——全部能在《圣经》中找到来源，包括雅各和以扫的和解，尤其是《创世记》中约瑟和兄弟们的和解。詹姆斯·博斯韦尔读到这一句时热泪盈眶："他和弟弟便雅悯抱头痛哭。约瑟又和其他兄弟亲吻，抱着他们痛哭。"[3]《新约》中当然也有类似的情节，包括彼得和

1　John Vilette, *A Genuine Account of the Behaviour and Dying Words of Willam Dodd LLD*.
2　Todd, *Sensibility*, p. 3; 但作者对感性文化与17世纪宗教哲学的渊源也做了简要解释（pp. 21—3）。
3　Genesis 45: 14 (King James Version). 1763年2月20日，博斯韦尔在日记里写道："这个上午我阅读了约瑟和他兄弟们的故事，我的心融化了，我泪如泉涌。《圣经》简单而优美地讲述了这个故事。很奇怪我不常读《圣经》。如今我经常读。" Frederick A. Pottle (ed.), *Boswell's London Journal, 1762—1763* (London: Futura, 1982), p. 211; Reading Experience Database (record ID 24094), ⟨http://www.open.ac.uk/arts/reading/UK⟩. 将博斯韦尔视为有情人的研究，见 van Sant, *Eighteenth-Century Sensibility*, pp. 54—9; Philip Carter, *Men and the Emergence of Polite Society: Britain 1660—1800* (Harlow: Longman, 2000), especially pp. 183—97。

抹大拉的玛利亚的眼泪，这些在《有情人》中都是被影射的对象。《有情人》整本书可以用圣保罗的一句训诫来概括："去和哭泣的人一起哭泣吧。"麦肯齐和彭斯提供的是忧郁、恪守《圣经》和悲伤的热情。他们还提供了一种信念，那就是唯有上帝的力量，而非政治或经济力量，才能擦干所有的眼泪。[1]

　　男子汉流泪的最高典范是耶稣，18世纪时对耶稣眼泪的赞美日益频繁，成为反对禁欲主义，以及鼓吹人道与性善论的一部分。[2] 耶稣对着拉撒路的坟墓落泪，曾经对新教牧师而言是个尴尬的主题。约翰·多恩在17世纪的国教牧师中肯定是个异类，因为他曾以经文"耶稣哭泣"（《约翰福音》11: 35）布道。[3] 那种认为耶稣会被人类的激情左右，甚至更糟的是，认为耶稣可能会像天主教徒一样面对尸体号啕大哭的想法是不受待见的。但情况在18世纪发生了变化。从1701年理查德·斯蒂尔（Richard Steele）的《基督教英雄》到18世纪八九十年代的教士、校长和著述丰厚的论说文作家维塞西莫斯·诺克斯（Vicesimus Knox），人们都认为耶稣为拉撒路和耶路

1　Romans 12: 15, Revelation 7: 17, 关于麦肯齐作品的《圣经》隐喻及其基督教背景, 见R. S. Crane, "Suggestions Toward a Genealogy of the 'Man of Feeling'", *ELH* 1 (1934): 205—30; Donald Greene, "Latitudinarianism and Sensibility: The Genealogy of the 'Man of Feeling' Reconsidered", *Modern Philology* 75 (1977): 159—83; Frans De Bruyn, "Latitudinarianism and its Importance as a Precursor to Sensibility", *Journal of English and Germanic Philology* 80 (1981): 349—68; Barker-Benfield, *Culture of Sensibility*, pp. 65—77; Jeremy Gregory, "*Homo Religiosus*: Masculinity and Religion in the Long Eighteenth Century", in Tim Hitchcock and Michèle Cohen (eds), *English Masculinities 1660—1800* (London: Longman, 1999), p. 85—110; Goring, *Rhetoric of Sensibility*, 70—90; William Van Reyk, "Christian Ideals of Manliness in the Eighteenth and Early Nineteenth Centuries", *Historical Journal* 52 (2009): 1053—73; Thomas Dixon, "Enthusiasm Delineated: Weeping as a Religious Activity in Eighteenth-Century Britain", *Litteraria Pragensia* 22 (2012): 59—81。

2　Dixon, "Enthusiasm Delineated".

3　Marjory E. Lange, *Telling Tears in the English Renaissance* (Leiden: Brill, 1996), p. 173.

撒冷哭泣是温柔和有同情心的标志，应当被视为一种神圣的榜样，供那些效仿基督的人学习。这就是亨利·麦肯齐的观点。他曾写过一个故事，将一位好哭但不以自己情感为耻的牧师与一个以大卫·休谟为原型且冷漠麻木的哲学家进行了对比。[1] 众所周知，耶稣之所以哭泣，不仅是出于对朋友拉撒路的家人的怜悯，也是出于对人类的堕落和因此遭受死亡统治的哀怜。[2] 结论正如维塞西莫斯·诺克斯所言，上帝有意让泪腺发挥作用："耶稣自己曾经哭泣，所以这咸泉永远是神圣的。"[3] 1762年，威廉·梅森（William Mason）甚至以此为主题向刚登基不久的乔治三世布道。梅森宣称，基督之泪乃圣泉，它并非源于个人的悲伤，而是"慷慨的、社交的和同情的眼泪"。[4] 他的主旨很明确：拿撒勒人耶稣是最早的"有情人"。

1　Henry Mackenzie, "The Effects of Religion on Minds of Sensibility: The Story of La Roche", first published in *The Mirror*, 19 June 1779; included in appendix C of Mackenzie, *Man of Feeling*, ed. Harkin, pp. 179—90.

2　Philip Doddridge, *Meditations on the Tears of Jesus over the Grave of Lazarus: A Funeral Sermon Preached at St Alban's, 16 December 1750, on Occasion of the Much Lamented Death of the Reverend Samuel Clark D.D.* (London: James Waugh, 1751).

3　Vicesimus Knox, *Christian Philosophy, or An Attempt to Display the Evidence and Excellence of Revealed Religion*, 2 vols (London: C. Dilly, 1795), ii. 363.

4　"John xi.35. 'Jesus Wept'. On Christian Compassion. Preached before his Present Majesty at St James's Chapel, 26 September 1762", in *The Works of William Mason*, 4 vols (London: T. Cadell and W. Davies, 1811), iv. 55—67 (p. 57).

第八章
法国大革命

对英国而言，眼泪是某种域外的东西。在这一观念的形成过程中，英国历史上有三个时刻相较其他时刻发挥了更为重要的作用。第一个是宗教改革，它带给我们一种观念：宗教生活中的抽泣，尤其是在葬礼上哭，是耽于感官、自我放纵、亵渎神明和天主教的行为。[1] 我们将在后面的章节看到，第三个也就是最后一个因素是英国在19世纪缔造全球帝国的过程，在这一过程中，宗教、军事和科学的力量结合在一起，将泪不轻弹的英国人和在他们统治下的原始落后的臣民区别开来。[2] 这三个时刻中的第二个发生在宗教改革和帝国建立之间，该事件标志着"狂热"时代开始落幕：法国大革命。法国大革命的暴力及其造成的悲剧，使英国最著名的法国大革命评论家们流下了伤感和怜悯的泪水。在这之中，激进的女权主义者、革命的同情者玛丽·沃斯通克拉夫特在1792年的巴黎目睹因叛国罪而被押送受审的路易十六时流下的眼泪是最耐人寻味的。但在我们要去理解他们之前，需要先对

1　见第二章。
2　见第十三和十四章。

这部历史、政治和文化大戏中的一些要素做一番解释。

　　法国大革命是英国历史上的重要事件。它导致了英法之间长达25年的战争，最终以1815年威灵顿在滑铁卢之战中击败拿破仑而结束。这一时期的军事斗争——针对的是一个先有革命抱负后有帝国主义野心的国家，这个国家建立在古老的天主教信仰和可怕的理性崇拜之上，它们与感伤文化和充满暴力的政治激情紧密相连——为点燃新的反法情感提供了充分的燃料并产生了持久的影响。英法两国在理念上的差异，可以用托马斯·罗兰德森（Thomas Rowlandson）的漫画《1792年之对比：哪一个最好？》大致归纳出来，漫画将英国与信仰、道德、法制、勤劳和幸福联系起来，法国大革命则与无神论、无政府主义、平等、疯癫、懒惰和苦难相关。注意，危险的"平等"观念在这一对比中属于疯狂和悲惨的法国一方。[1]

　　就英国政治而言，对法国大革命的理想和结果是报以同情还是反感，在18世纪90年代成为信仰的检验标准。随着法国的事态急转直下，支持人权和民主新理念的激进派开始承受越来越大的压力。[2]1789年7月巴士底狱陷落，关押在此的政治犯被释放，随后新政府颁布《人权宣言》，这些都预示着一个启蒙的宪政时代的到来。但人们很快发现，这场革命释放的不只是一堆崇高的理念。伴随这些理念而

1　Thomas Rowlandson, "The Contrast 1792. British Liberty. French liberty. Which is best?" (London: H. Humphrey, 1792); British Museum, registration no.J.4.50.

2　关于法国革命对英国政治辩论的影响，见Marilyn Butler (ed.), *Burke, Paine, Godwin, and the Revolution Controversy* (Cambridge: Cambridge University Press, 1984); H. T. Dickinson (ed.), *Britain and the French Revolution, 1789—1815* (Basingstoke: Macmillan, 1989); Gregory Claeys, "The French Revolution Debate and British Political Thought", *History of Political Thought* 11 (1990): 59—80; Mark Philp (ed.), *The French Revolution and British Popular Politics* (Cambridge: Cambridge University Press, 1991); Gareth Stedman Jones, *An End to Poverty? A Historical Debate* (London: Profile, 2004)。

来的，是针对贵族旧制度下财产和个人的血腥暴力。随着贵族和教士被绞死在巴黎的灯柱上，政府变得日益专制独裁。断头台以越来越名正言顺和高效的方式处决了成千上万、各种各样的反对革命的人。1793年至1794年，由罗伯斯庇尔领导的血腥的"恐怖统治"，浇灭了绝大多数英国激进分子心中残存的同情革命的余烬。断头台的受害者不仅包括国王路易十六和王后玛丽·安托瓦内特，最终也包括罗伯斯庇尔本人。[1]

在这样一个感伤的时代，谁不会为这波澜壮阔的场面落泪？政治辩论双方中都有许多人潸然泪下，但问题是，感伤的文化和风格正在迅速过时，它在许多方面甚至被指责为法国大革命的祸端。[2] 这一时期，在感伤主义的反对者中出现了一种观点：为他人的苦难落泪不仅可能显得幼稚和女子气，而且是一种域外的东西。正如一位评论者所言，哭泣是从法国进口的危险的时尚。[3] 但是感伤主义文学又是如何与罗伯斯庇尔的血腥统治联系在一起的呢？沉迷于伤春悲秋的小说和多愁善感的绘画如何导致了对贵族的大屠杀，以及对教会和国家一切传统的破坏呢？

在当时和以后的时间里，这种联系是建立在共有的智识基础之上的。感伤文化和法国大革命被形容为孪生兄弟和让-雅克·卢梭

1　对法国革命成因和过程的简要介绍，见William Doyle, *The French Revolution: A Very Short Introduction* (Oxford: Oxford University Press, 2001)。

2　G. J. Barker-Benfield, *The Culture of Sensibility: Sex and Society in Eighteenth-Century Britain* (Chicago: University of Chicago Press, 1992), ch. 7; Markman Ellis, *The Politics of Sensibility: Race, Gender and Commerce in the Sentimental Novel* (Cambridge: Cambridge University Press, 1996), ch. 6.

3　Daniel O'Quinn, "Fox's Tears: The Staging of Liquid Politics", in Alexander Dick and Angela Esterhammer (eds), *Spheres of Action: Speech and Performance in Romantic Culture* (Toronto: University of Toronto Press, 2009), pp. 194—221 (p. 210).

的孽种（bastard offspring）。这个激进的日内瓦哲学家的名字成为感伤、浪漫和自然权利世界观的代名词。[1] 这种"新道德观"声称提供了与断头台和细布手帕类似的形式与结构，将对他人痛苦的同情提升到一切美德之上，这些美德包括服从、理性、反思和克制。这套哲学宣称同情是所有世间男女与生俱来的、内在的美德。罗伯斯庇尔在恐怖统治最黑暗的时期发表了一次演讲，宣扬了上述观点。他将美德称为一种"自然激情"，一种可以用"情感和纯洁心灵"证明的东西。美德"是温柔、无法抗拒和主宰一切的激情，是痛苦、愉悦和宽厚的心灵，是对暴行强烈的恐惧，是对受压迫者发自肺腑的怜悯"，它还延伸到对祖国的爱和"对人类崇高而神圣的爱"。"此时此刻，你感觉它在你的灵魂中熊熊燃烧，"罗伯斯庇尔对国民公会说道，"我在我的身体里感觉到它了。"[2]

罗伯斯庇尔后来成为法国大革命中的头号反派，他对新的情感哲学的支持，使整个运动遭到了玷污。批评家们有一个争论了几十年的观点，如今他们可以将法国作为该观点的实际例证：情感和同情的哲学，虽娓娓动听，但它本身无助于建立一个平衡和公正的政治制度。这是一套主观的、能够激发强烈情感的危险哲学。有谁能准确无误地指出哪些情感是值得信赖的？当罗伯斯庇尔感到美德在他的灵魂中燃烧，其他人却不这么认为。几十年后，托马斯·卡莱尔（Thomas Carlyle）指出，这种革命情感不仅难以捉摸，而且是一种

1　Anne Vincent-Buffault, *The History of Tears: Sensibility and Sentimentality in France* (Basingstoke: Macmillan, 1991); Nicholas Paige, "Rousseau's Readers Revisited: The Aesthetics of *La Nouvelle Héloïse*", *Eighteenth-Century Studies* 42 (2008): 131—54; Colin Jones, *The Smile Revolution in Eighteenth-Century Paris* (Oxford: Oxford University Press, 2014), ch. 2.

2　转引自 Irving Babbitt, *Rousseau and Romanticism*, with a new introduction by Claes G. Ryn (New Brunswick, NJ: Transaction, 1991), p. 136。

更加危险的东西。"它是藏在人们心中的癫狂。它在这个人的心中是狂怒，在那个人心中是恐惧，它存在于所有人的心里。"[1] 从这个角度看，感伤文化连同它那些令人同情的乞丐、悔改的妓女和奄奄一息的动物，对善良的年轻女士和有情人而言，似乎不再是一种无害的道德教育了。相反，这是一条通往不受约束的激情所导致的道德失序和政治混乱的道路。曾经流淌在感伤文学中的泪河，如今成了从法国大革命中流出的血河。维多利亚时期再版的亨利·麦肯齐的《有情人》戏谑地列出了包含47处哭泣情节的"眼泪索引（哽咽等不算在内）"，供读者们在阅读时发笑而非落泪。导言将这部小说描述为"错误情感"的预言，这种情感来自卢梭，是法国大革命的导火索。《有情人》是一本彻头彻尾的法国式的书，被后世英国读者抛弃和嘲笑。值得一提的是，1886年版的出版商在书的末页刊登了一条棉手帕广告，以防万一有读者落泪。[2]

在它的批评者看来，感伤主义的荒唐之处集中体现在将情感毫无节制地倾注在那些明显不合适或不值得的人身上，比如穷人、酒鬼、疯子、罪犯、民主革命者、哲学家和动物（dumb brutes）。年轻女子为生病或死去的动物——尤其是宠物狗或观赏鸟——垂泪的形象曾经代表情感的极致升华，如今成了道德错乱的象征。斯特恩的《感伤之旅》中为一只死猴哀悼的著名情节，如今变得臭名昭著。[3]

1　Thomas Carlyle, *The French Revolution: A History* (1837), ch. 3.6.I, in *The Works of Thomas Carlyle*, ed. Henry Duff Traill, 30 vols (London: Chapman and Hall, 1896—9), iv. 248.

2　Henry Mackenzie, *The Man of Feeling*, ed. Henry Morley (London: Cassell and Co., 1886), pp. iv—v.

3　Laurence Sterne, *A Sentimental Journey Through France and Italy, by Mr Yorick*, 2 vols (London: T. Becket and P. A. De Hondt, 1768), i. 123—8. 19世纪30年代，墨尔本勋爵向维多利亚女王解释18世纪的感伤文化时曾提到这一情节，见第十一章。

20世纪的一位批评家将这一情节与更广泛的文化和思想潮流联系起来，做了一番相当直白和令人难忘的评论："新古典主义者和卢梭主义者之间的差异，确实在某种程度上体现在他们各自对驴的态度上。"[1]这个时期对动物表达同情的代表是我们已经看过的一件法国作品：格勒兹笔下为死鸟恸哭的女孩。这幅画淋漓尽致地体现了感性崇拜及其道德的所有组成部分：对女性气质和多愁善感的理想化；对人类与自然世界亲密关系的探索；对某种更深刻、更黑暗、更有激情的事物的暗示。[2]

在英国，参与关于法国大革命辩论的中心人物是哲学家和政治家埃德蒙·伯克。18世纪70年代，伯克在政治上同情进步主义和自由主义，支持美利坚人民反抗英国统治的独立战争。他的盟友包括辉格党反对派领袖查尔斯·詹姆斯·福克斯（Charles James Fox），然而伯克与福克斯却因他们对法国大革命截然不同的立场而分道扬镳。在英国，参与关于法国大革命的辩论的各方都曾流泪：伯克在撰写他著名的论著时如此；福克斯在下议院的议员席上如此；1792年身在巴黎的沃斯通克拉夫特亦如此。虽然参与辩论的人都曾受到感伤主义的耳濡目染，但所有人都能看出潮流已经转向反对这种情感的外露。于是他们发现，他们都在抨击对方为错误的人和错误的事情用错误的方式流下错误的眼泪。这一时期最有影响力的政治人物都试图否认他们不算光彩的感伤一面，但通常都以失败告终。

伯克的《对法国大革命的反思》出版于1790年，当时距离革命走向极端——包括处决国王和王后——尚待时日，但伯克还是谴责了

1　Babbitt, *Rousseau and Romanticism*, p. 144.

2　见第十七章。

革命的暴民统治倾向，并警告更糟糕的事情即将发生。接下来几年的事态发展，为伯克的观点增加了先见之明和权威之感，但这些声明在刚发表时显得过于悲观。伯克表达了对法国王室及其贵族等级制度和传统的过度同情。在一个著名的段落中，伯克回忆了他在18世纪70年代遇见玛丽·安托瓦内特的经历，那时她还不是王后："在这个宝球（orb）上——她似乎从来没有触摸过这个宝球——她确实不曾如此光彩夺目。"玛丽·安托瓦内特曾经"如启明星般闪耀，充满生气、光辉和快乐"。伯克将王室这美好的一面与1789年10月一群全副武装、粗俗丑陋的巴黎暴徒将王后和国王从凡尔赛宫拖回巴黎住所的一幕进行了对比。"啊！好一场革命！"伯克呼喊道，"我该有一颗什么样的心，才能不动感情地去沉思那升起与坠落！"伯克写道，他曾相信这个属于高尚正直之人的国度会立即保卫它的王后。"但是骑士时代一去不复返，"他哀叹道，取而代之的是一个充满理性的经济学家和算计者的时代，"我们再也、再也看不到那种对等级和女性的慷慨的忠诚、那种自豪的屈服、那种高贵的顺从、那种忠心耿耿的臣服"，这些才是真正的自由、真正的"男子汉的情感"和"荣誉的贞洁"。[1]

批评家和讽刺作家猛烈抨击伯克为玛丽·安托瓦内特而作的颂文和他对骑士精神的感怀。这不过是些"废话"（stuff），一种做作的、多愁善感的"纨绔习气"（foppery）。伯克在一封私信中回应道，那些段落是真诚的，将王后曾经的光彩和她如今遭受的羞辱相对比，确实让他写作时流下了真实的眼泪，以至于"打湿了我的稿纸"。[2]

1　*Reflections on the Revolution in France* (1790), in Edmund Burke, *Revolutionary Writings*, ed. Iain Hampsher-Monk (Cambridge: Cambridge University Press, 2014), pp. 77—8.

2　*The Correspondence of Edmund Burke*, vi: *July 1789-December 1791*, ed. Alfred Cobban and Robert A. Smith (Cambridge: Cambridge University Press, 1967), pp. 86—7, 91.

伯克稿纸上的泪滴还未干透，激进派就做出了回应。玛丽·沃斯通克拉夫特抨击伯克为王后哭泣，却对病人、穷人和奴隶的困境置之不理："这些不幸需要的不仅仅是眼泪——我停下来回想自己，压抑我对你那华丽的辞藻和幼稚的感伤的鄙视。"[1]最具革命煽动性的作家托马斯·潘恩（Thomas Paine）也用类似的措辞指责伯克在人们脑海中虚构戏剧场景，"利用软弱的同情心，制造出一种哭泣的效果"。他为王权哭泣，却忘记了绝对王权的受害者，"他怜惜漂亮的羽毛，却忘记了垂死的鸟儿"。[2]伯克哭泣的方式和对象都是错误的，因为他为被废黜的统治者而非被压迫的人民流泪。激进派一致认为，为王权流泪体现了一种违背人性的、堕落的感伤之情。这种眼泪是腐朽的欧洲贵族们才该流下的，但伯克为他们的失势哀悼，艾萨克·克鲁克香克在1790年创作的漫画中讽刺了这些贵族阴柔、变态、虚伪的亲吻和哭泣，他嘲讽路易十六对贵族们虚假做作的新仁爱（new-found love），其中一人宣称，"我要用眼泪淹死国王"。[3]

伯克对法国大革命及其英国支持者的敌视，还引发了下议院有史以来最为戏剧性的一幕。1791年5月6日深夜，在一场沉闷的有关英属魁北克政府管理的辩论中，埃德蒙·伯克借机对法国政府明显有违原则的做法发表了评论，并且嘲讽了一些英国人，其中包括他的同僚——曾将这场革命奉为人类智慧丰碑的查尔斯·詹姆斯·福克

---

1 Mary Wollstonecraft, *A Vindication of the Rights of Men, and A Vindication of the Rights of Woman*, ed. Sylvana Tomaselli (Cambridge: Cambridge University Press, 1995), p. 62; original publication 1790.

2 Thomas Paine, *The Rights of Man, Part I*, in *Political Writings*, ed. Bruce Kuklick (Cambridge: Cambridge University Press, 2000), pp. 70—1, 72; original publication 1791.

3 Isaac Cruikshank, *A New French Bussing Match* (London: S. W. Fores, 16 July 1790); British Museum, registration no. 186, 0808.6223.

斯。被自己的好友和导师斥责，福克斯心烦意乱。第二天的报纸称，福克斯在伯克面前"突然泪流满面"，用"极其痛苦的语调"艰难地表示自己很难轻易放弃一段持续了25年的友谊。[1] 许多对该事件的报道都对福克斯的表现表示赞赏，认为他的眼泪是善良和重情重义的标志。但这个哭泣的辉格党人让讽刺作家们如获至宝。画家威廉·登特笔下的福克斯哭得像一个失去了父亲的婴儿。[2] 艾萨克·克鲁克香克笔下的福克斯滔滔不绝地流泪，以至于需要一个男孩——他自己也泪如雨下——一边提着水桶，一边将漫出来的泪水擦干。此时福克斯哭诉道，"唉，总有一天，我这可怜的心会破碎。25年的友谊，却如此对我。噢——噢——埃德蒙——！！！"（见图10）。[3] 还有一些报纸刊登了一篇题为"如何哭泣！"的讽刺短文，据称这是一位年轻的议员在寻求建议：如何在最合适的时机，用最合适的方法，利用在议会哭泣的伎俩，实现通过法案之目的。作者写道："爵爷，我的眼里噙着泪水，我相信这种哭泣的时尚是从法国人那里传来的，他们在革命中已经证明自己是舞台效果的大师。"[4]

那么，这也是一种错误的哭泣吗？伯克为腐朽贵族落泪被认为是违背人性的，而福克斯的眼泪则被描述为孩子气和做作的——不过是一种法国的时尚。尽管这场辩论的各方都曾流泪，但福克斯和革命的同情者们显然更加好哭，他们最终与那种哭哭啼啼的、法国式的

1　"Parliamentary Intelligence", *Lloyd's Evening Post*, 6—9 May 1791, no. 5282, p. 436. 关于其他报道和回应，见O'Quinn, "Fox's Tears"。

2　William Dent, *Charley Boy Crying for the Loss of his Political Father* (London: W. Dent, 12 May 1791); British Museum, registration no. 1990, 1109.89.

3　Isaac Cruikshank, *The Wrangling Friends, or Opposition in Disorder* (London: S. W. Fores, 1791); British Museum, registration no. 1868, 0808.6049.

4　"How to Cry!", *St James's Chronicle or the British Evening Post*, 10—12 May 1791, p. 4; O'Quinn, "Fox's Tears", p. 210.

图10: 艾萨克·克鲁克香克，《吵架的朋友，或曰混乱中的对抗》（1791年）。

感伤主义的全部谬错联系在了一起。资深英国议会改革家约翰·卡特赖特少校写道，当看到"数以百万的同胞因法国大革命而瞬间从残酷的奴役中获得解放"，"我的心欣喜地跳动，我的眼里闪烁着对革命者无限感激的热泪"。[1] 到1798年，感伤主义和革命之间的联系已经十分紧密。为了纪念这一年纳尔逊在尼罗河之战中击败拿破仑，克鲁克香克创作了一幅漫画，画中的福克斯是一条鳄鱼，戴着象征革命的帽章，为法国人哭泣。[2] 同年，为了给《反雅各宾派》杂志上的一首名

1　Major John Cartwright, *A Letter to the Duke of Newcastle, with some Remarks Touching the French Revolution* (London: J. S. Jordan, 1792), pp. 81—2.
2　Isaac Cruikshank, *The Gallant Nellson [sic] Bringing Home Two Uncommon Fierce French Crocodiles from the Nile* (London: S. W. Fores, 7 Oct. 1798); British Museum, registration no. 1867, 0511.64.

为《新道德》的诗配图，詹姆斯·吉尔雷创作了一幅内容庞杂、充满寓意的漫画。这首诗嘲讽了由卢梭教导出来的"自然之子"，首先为"被压碎的甲虫"哀哭，接着为身陷囹圄的罪犯落泪，最后才为家庭、朋友、国王和国家哭泣。在这幅漫画中，吉尔雷将象征革命、相貌丑陋的缪斯三女神中的一人取名"感伤"（Sensibility），她一如往常，正为一只死鸟哭泣。[1]

　　尽管大量证据表明男人依然频频在公开和私下场合落泪，而且这些行为经常得到认可，但是哭泣通常被视为一种女性的、外国人的行为。流泪是阴柔和女子气的体现，这是几个世纪以来的标准观点，随着男性的感伤受到质疑，这一观点再次流行起来。女性是感伤小说的主要读者。在绘画作品中，多愁善感的形象也往往是女性。[2] 将女性描绘成柔弱心软、哭哭啼啼、为死鸟流泪，但对政治一窍不通的感伤主义者，正成为对她们进行文化和政治排斥的最有力的手段之一。长久以来，人们声称女人可以通过随时随地制造眼泪来操纵男人。然而小说家范妮·伯尼在1779年目睹她的好友索菲·斯特里特菲尔德随心所欲地控制泪闸时所表达的震惊之情，说明这种能力远非普遍。伯尼观察到，斯特里特菲尔德的面部并没有扭曲或"沾泪"，而是保持着"光滑和优雅"，当泪水顺着她的脸颊滚落，"她始终在微笑"。在场的另一位女士认为，斯特里特菲尔德"婆娑的泪眼和迷人的表情"，

1　G. Canning, J. H. Frere, G. Ellis, etal., *Poetry of the Anti-Jacobin* (London: J. Wright, 1799), p. 225; James Gillray, *New Morality; or The promis'd Installment of the High-Priest of the Theophilanthropes, with the Homage of Leviathan and his Suite* (London: John Wright for the Anti-Jacobin Review, 1 Aug. 1798). 另见Ellis, *Politics of Sensibility*, pp. 192—7; Emma Barker, "Reading the Greuze Girl: The Daughter's Seduction", *Representations* 117 (2012): 86—119。
2　Barker-Benfield, *Culture of Sensibility*, especially chs 1 and 4; Ellis, Politics of Sensibility, chs 1 and 6; Goring, *Rhetoric of Sensibility*, ch. 1.

连同她的美貌和"柔弱"，能够"让她取得任何男人的欢心，只要她认为这个男人值得她展开攻势"。[1]

正是在这样的背景下，玛丽·沃斯通克拉夫特在18世纪90年代拿起笔，她在1790年撰写《人权辩护》，作为对伯克的回应，从此开启了她的政论家生涯。第二年她出版了自己最著名的作品，即女权主义奠基作之一的《女权辩护》。在玛丽·沃斯通克拉夫特短暂的写作生涯中，她与感伤和感性有着复杂的联系。她早期出版的作品包括一些感伤题材的小说，尽管这有些不同寻常。1789年，她用男性笔名"演讲老师克雷齐克先生"出版了一部教育性的文学作品摘编《女性读者：或曰各类散文和诗篇，选自最好的作家，经过合理的编排，用以提升年轻女性的素质》。这部旨在提高读者素质的作品收录了亨利·麦肯齐等作家的感伤故事，从行为书上摘录的诗句，以及所有催人泪下的《圣经》故事——包括约瑟和兄弟们和解（包含许多亲吻和哭泣），耶稣在拉撒路的墓前流泪，《使徒行传》中圣保罗与友人挥泪告别。这是一本名副其实的关于宗教和道德哭泣的手册。似乎年轻女性获得提升的主要途径是锻炼她们的泪腺，以及像罗伯特·彭斯那样，重视"仅次于《圣经》"的感伤文学。[2]

但是这个为生计而作的教育读本并没有表达出玛丽·沃斯通克拉夫特在她影响深远的政论作品中所发出的真实声音。这是一个与

---

1 *The Diary and Letters of Madame D'Arblay* [Fanny Burney], ed. by her niece [Charlotte Barrett], 7 vols (London: Henry Colburn, 1842—6), i. 218—22; Barker-Benfield, *Culture of Sensibility*, p. 346; Scott Paul Gordon, *The Power of the Passive Self in English Literature*, 1640—1770 (Cambridge: Cambridge University Press, 2002), p. 212.

2 Mr Cresswick [Mary Wollstonecraft], *The Female Reader* (London: J. Johnson, 1789)；另见 Vivien Jones, "Mary Wollstonecraft and the Literature of Advice and Instruction", in Claudia L. Johnson (ed.), *The Cambridge Companion to Mary Wollstonecraft* (Cambridge: Cambridge University Press, 2002), pp. 119—40。关于彭斯，见第七章。

斥责伯克的眼泪和"幼稚的感伤",毫不留情地谴责女性同胞甘愿沦为男人手中多愁善感、卖弄风情、华而不实的玩物的沃斯通克拉夫特截然不同的人。她一定是憎恶索菲·斯特里特菲尔德在聚会上的把戏的。沃斯通克拉夫特对女性的劝诫是为了让她们更具男子气概;让她们提高理性能力;并让她们和她们的女儿培养理性的美德和强大的克制力,而不是软弱和感伤。[1] 沃斯通克拉夫特和所有情感哲学的批评者一样,愤怒地谴责那些精致的女士:她们"为笼中挨饿的鸟儿落泪","将狗抱上闺榻,用无限的柔情照料它们",但对自己的孩子不闻不问,对自己的仆人粗暴相待。[2] 沃斯通克拉夫特在1789年之后的作品,反映出她意识到激进派必须与备受质疑的感伤文化保持距离。与此同时,塞缪尔·泰勒·柯尔律治以泪眼汪汪的女性读者为例,抨击了"感伤主义阴柔怯懦的自私性":"她一边啜饮用人血增香的饮料,一边为沃瑟和克莱门蒂娜那优雅的悲伤哭泣。"[3] 作为一名道德理性主义的拥护者和男女政治平权的捍卫者,玛丽·沃斯通克拉夫特——这位33岁便功成名就的作家和单身女性——只身来到巴黎,亲眼见证革命的进程。[4]

1　Mary Wollstonecraft, *A Vindication of the Rights of Woman* (1792), chs 2 and 3, in *A Vindication of the Rights of Men, and A Vindication of the Rights of Woman*, ed. Sylvana Tomaselli (Cambridge: Cambridge University Press, 1995), pp. 87—125. 对沃斯通克拉夫特的哲学、宗教和政治思想的一个权威和广泛的研究,见Barbara Taylor, *Mary Wollstonecraft and the Feminist Imagination* (Cambridge: Cambridge University Press, 2003)。

2　Wollstonecraft, *Vindication*, ch. 12, p. 269.

3　柯尔律治在1796年谈论奴隶贸易和制糖时写下了这句话。转引自quoted in Janet Todd, *Sensibility: An Introduction* (London: Methuen, 1986), p. 141; 另见Ellis, *Politics of Sensibility*, ch. 3。

4　关于沃斯通克拉夫特的生平和事业,见Janet Todd, *Mary Wollstonecraft: A Revolutionary Life* (London: Weidenfeld and Nicolson, 2000); Taylor, *Feminist Imagination*; Barbara Taylor, "Wollstonecraft, Mary (1759—1797)", *Oxford Dictionary of National Biography* (Oxford University Press, 2004; online edn, Sept. 2014), doi:10.1093/ref:odnb/10893。

沃斯通克拉夫特在这一时期的书信中,记录了她初到法国后印象最为深刻的一次经历。这天是1792年12月26日。沃斯通克拉夫特瞥见了坐在马车里、被押送接受叛国罪审判的路易十六,这场审判导致路易十六在次年初被处决。她在给好友兼出版人约瑟夫·约翰逊的信中描述了自己的见闻:

> 大概在今天上午九点,国王从我的窗前经过,安静地穿过空荡荡的街道(除了不时传来的几阵击鼓声,使这寂静变得更加可怕),围在马车周围的是国民自卫军,他们看上去名副其实。居民涌向他们的窗户,但窗户全都关着,听不到任何声音,我也没有看见任何侮辱性的举动。自从我来到法国,我第一次肃然起敬于人民的威严和他们得体的举止,他们的行为和我的情感是如此一致。

那可怕的寂静,那死气沉沉的鼓声,仿佛心跳即将停止,巴黎市民无声地涌向前,但在一瞬间,他们在自家窗口安静地停了下来:沃斯通克拉夫特写道,这和她的情感是一致的,她按捺住自己的情感,一如威严庄重的巴黎民众。但克制是暂时的:

> 我几乎无法告诉你为什么,当我看见路易坐在一辆驶向死亡的马车里,他的样子比我想象中的更加高贵庄严,一些联想让我的眼泪不知不觉地流了出来。那是一辆让他赢得无数胜利的马车。想象瞬间使路易十六出现在我的眼前,在取得了一场最令他骄傲的胜利后,路易带着无限的风光进入首都,目睹的却是

辉煌的阳光被苦难的阴云笼罩。[1]

那个晚上，她脑子里都是圆瞪的眼睛和血淋淋的双手，夜不能寐。难怪玛丽·沃斯通克拉夫特会感到困惑。这位激进而理性的女人，曾经责骂伯克"幼稚"，嘲讽精致女士虚伪，如今却为另一只垂死的鸟儿——象征法国君主制的路易十六——哀哭。玛丽·沃斯通克拉夫特始终是一位思考者，她试图解释自己脸上的泪水。这些眼泪不仅因情而生，它们还是"思想"的产物；它们不是感伤的体现，它们是"不知不觉"流下的。即便如此，那天早上吸引玛丽·沃斯通克拉夫特并以一种她无法解释的方式致其落泪的历史事件，正是两年前埃德蒙·伯克赞颂法国王室昔日辉煌时令他怆然涕下、泪湿稿纸的同一个故事。

参与法国大革命辩论的各方都抨击他们政治对手的眼泪是错的：做作、虚伪、荒谬。尽管如此，他们都在哭泣。对后代来说，哭泣已声名狼藉：这是一种女子气的、外国人的行为，一方面让人想起死鸟的感伤画面，另一方面让人想起法国人殒命的血腥场景。许多仍然想哭的人，会像玛丽·沃斯通克拉夫特一样，将这种行为重新解释为一连串思想而非情感的结果。正如同为激进派的威廉·布莱克在下个世纪初的一首诗中所写的那样："一滴眼泪乃智慧之物。"[2]

我们可以从海伦·玛利亚·威廉姆斯的经历中，探寻感伤主义

1　Mary Wollstonecraft to Joseph Johnson, Paris, 26 Dec. 1792, in *The Collected Letters of Mary Wollstonecraft*, ed. Janet Todd (London: Allen Lane, 2003), pp. 216—17. 另见Tom Furniss, 'Mary Wollstonecraft's French Revolution', in Claudia L. Johnson (ed.), *The Cambridge Companion to Mary Wollstonecraft* (Cambridge: Cambridge University Press, 2002), pp. 59—81。

2　见第十章。

历经革命走向克制的变化过程。威廉姆斯为"一个悲伤的故事"哭泣，激发华兹华斯在1787年创作了一首十四行诗。[1] 三年后，威廉姆斯在《1790年夏的法国信札》中描绘了联盟节的"壮观景象"，这使她为光荣的法国大革命热泪盈眶。威廉姆斯记述道，成群结队的妇女将自己的婴儿抱在怀里，她们"泪流满面，发誓在孩子很小的时候就培养他们对新宪法原则坚定不移的信念"。此情此景使威廉姆斯无法让自己置身事外："我承认我的心与她们产生了热烈的共鸣；我热泪盈眶，我永远也忘不掉那天的感觉。"[2] 在第一次经历革命热情的两年后，威廉姆斯在《法国信札》第二卷中不再着迷于法国人普遍的人道情感。如今她意识到，两国人的行为举止有一个重要的差异：

> 你会看见法国人目睹悲剧时以泪洗面。一个英国人对慷慨或温柔的情感更加敏感，但他认为哭泣是没有男子气概的，即便激动得快要窒息，他也不屑被激情征服，而是想方设法战胜自己的情感，竭力使自己的表情显得平静冷漠。

威廉姆斯总结道："在英格兰，我们似乎对任何类型的热情都怀有一种莫名的恐惧。"[3] "国民性格"的概念直到19和20世纪才到达全盛，但有一些类似这种的迹象表明，在18世纪人们对不同国家的情感风

1　William Wordsworth, "Sonnet on seeing Miss Helen Maria Williams Weep at a Tale of Distress", *European Magazine* 40 (1787): 202.

2　Helen Maria Williams, *Letters Written in France*, ed. Neil Fraistat and Susan S. Lanser (Peterborough, Ontario: Broadview Press, 2001), pp. 67, 69.

3　Helen Maria Williams, *Letters from France: Containing a Great Variety of Original Information Concerning the Most Important Events that have Occurred in that Country*, 2 vols (Dublin: J. Chambers, 1794), i. 181.

格,尤其是英国人缺少情感表达的看法正在形成。比如,1759年苏格兰哲学和经济学家亚当·斯密将"充满热情和生气的"法国人和意大利人,与冷漠镇定的英国人作对比。他称,"和一群情感迟钝的人接受教育"的英国人,不太可能沉迷于"情绪化的行为",比如在公开场合哭泣。斯密写这番话的时候,英国的海岸已能感受到这股感伤之风,他本人也对这一潮流表示赞赏。斯密更喜欢直率、真诚的欧洲人,他们能表达自己的自然情感,而不是像他所描述的那些尔虞我诈、粗俗原始的"野蛮民族","将每一种激情都掩盖和隐藏起来"。[1] 斯密应该不会认可威廉姆斯笔下的英国剧院观众的冷漠。

所以在情感表达方面,尽管海伦·玛利亚·威廉姆斯不是第一个将英国人的沉闷内敛与欧陆人的夸张过度进行对比的人,但她在1792年的观察仍可谓是一个里程碑。这是我发现的最早将抑制泪水和主动掩盖情感——而非更为普遍的冷静沉闷的特质——作为英国国民性格的说法。它出现在法国大革命刚刚结束和感伤文化受到强烈抵制的时刻,与情绪不受约束的法国人形成了鲜明对比,这绝非巧合。它还涉及对悲剧的适当反应,这也不是巧合。英国人逐渐吸取了教训:不受控制的哀怜之泪可能导致疯狂,就像眼泪带给泰特斯·安

---

1 Adam Smith, *The Theory of Moral Sentiments* (Edinburgh: A. Kincaidand J. Bell, 1759), part V, section II, pp. 404—5. 18世纪90年代的一部小说中也有类似的对比,小说认为,按照传统观念,法国人喜怒无常、浪漫,英国人坚忍冷静,然而最近两个民族的性格发生了互换。见Charlotte Smith, *The Banished Man: A Novel*, 4 vols (London: T. Cadell, Jun. and W. Davies, 1794), ii. 81。在更早的几个世纪里,英国人被认为直言不讳、沉默寡言、矜持有度和缺乏友善,但是到18世纪90年代,特别是19世纪后期,英国人才越来越强调对情绪主动有力的压抑。另见See also Paul Langford, *Englishness Identified: Manners and Character 1650—1850* (Oxford: Oxford University Press, 2000); Peter Mandler, *The English National Character: The History of an Idea from Edmund Burke to Tony Blair* (New Haven: Yale University Press, 2006); Victoria E. Thompson, "An Alarming Lack of Feeling: Urban Travel, Emotions, and British National Character in Post-Revolutionary Paris", *Urban History Review* 42 (2014): 8—17; 以及本书第三和十四章。

特洛尼克斯的那样, 也可能导致恐怖的腥风血雨, 就像眼泪带给法国人的那样。

就这样, 法国的政治革命使英国人的行为方式发生了明显的转变——尽管这个转变不像革命那样令人感到陌生。1789 年之前的五十年无疑是英国人在宗教、艺术、道德、政治领域挥洒泪水的高峰。在 18 世纪, 哭泣的意义远不止是后来一些人所谓的"情感的表达"。它是一种道德和宗教行为, 一种可以培养、教育、训练、学习和表演的行为。流泪可能意味着一个人的灵魂猛然从一种状态转向另一种状态; 它可以是对世间罪恶和死亡统治的一种悲叹, 也可以是对他人痛苦表达同情和怜悯的象征。在所有这些情况下, 18 世纪的眼泪都显露出某种热情; 他们可能是经历情感、内心热忱甚至狂热的征兆。在 18 世纪的大部分时间里, 英国人从哭泣中最常看见的, 是值得赞美的温情和人性, 而不是对一场泪雨可能意味着不受控制的激情洪流即将倾泻而下的焦虑。正如我们所看到的, 这一情况在 18 世纪的最后十年发生了变化, 因为英国的政论家们试图与流泪、感伤和革命的法国时尚保持距离。即便如此, 此时距"紧抿上唇"心态的形成尚有近一个世纪的时间。在这段时间里, 人们饱经乔治亚和维多利亚时代的悲怆。现在还不是扔掉细布手绢的时候。

第三部分

悲　怆

第九章
乔治三世的理智

　　尽管乔治三世没有像路易十六那样真的丢掉自己的脑袋，但失去理智也足以引发一场宪政危机。莎士比亚曾言，一个疯国王会威胁到任何国家的稳定。但在经历了数周的精神错乱之后，这位英国国王在1789年出人意料地突然恢复了理智。这一转变的标志是他流下了慈父般的眼泪，在向议会的报告中，这被视为国王重新拥有心灵的证据。这个有关泪水和理智的事件，发生在乔治三世漫长统治（1760—1820）的中期，它揭示了人们对心灵与身体、理性与情感不断变化的观念。在当时的医学文献中，人类思维和动物思维的关系被重新审视。我们当今的"情感"（emotions）一词，就是在这个背景下出现的——它是一种用来表示心理状态的新术语，医生和哲学家对它以及像"激情"（passions）、"感情"（affections）和"柔情"（sentiments）这些已有的情感类别进行了讨论。简言之，科学和医学获得了一种新的权威，它不仅可以掌控国王的身体，还能给普通人的心灵重新命名。这个英国哭泣史上的过渡时期——感伤主义的统治结束之后和紧抿上唇的时代来临之前——是一个悲怆的时代，这个时代里有浪漫主义诗人、真诚的知识分子、慈爱的父母和催人泪下的仪式。悲怆时代是人们重新思考眼泪的时代。随着爱尔兰成为联合王国的一部分，以及来自德意志的王室继续把持王位，国民性的观念在这个时代扮演了日益重要的角色。

国家首脑的心灵和身体具有象征性和敏感性。直到今天，英国王室成员的医学报告要么是保密的，要么只是小心翼翼、极其有限地公开。20世纪八九十年代，当威尔士王妃戴安娜在公众面前频频显现出精神崩溃的迹象时，这成为全国性的新闻，或者至少是全国性小报的八卦。[1] 这种事情若发生在200年前法国大革命的前夜，意义会更为重大。君主是国家的化身和身体政治中的头，他被期望通过上帝赋予人类心灵的两种最高权力——理性和意志——来治理国家。国王的行为必须是理性的和主动的。想象有一个疯国王——一个无法控制自己的官能、理智和行为的国王——是反常和危险的想法。莎士比亚曾在《李尔王》中想象过这一情形。1788年11月，它在国王乔治身上变成了令人担忧的现实。

在基尤的王宫里，国王精神错乱、胡言乱语。王后夏洛特对王室医生感到绝望，于是派人请来了令人敬畏的弗朗西斯·威尔斯（Francis Wills）医生。威尔斯是林肯郡的一家疯人院的负责人，据说"在治疗精神疾病方面有独特的技巧和经验"。在精神病医生和国王的初遇中，国王看起来至少还能和对方开几句玩笑。国王看

1　关于小报对戴安娜在她与查尔斯王子婚前和婚后哭泣的报道，见 Liz Gill and Danny McGrory, "My Hopes by Lady Di", *Daily Express*, 27 July 1981, pp. 1, 3; James Whitaker, "Riddle of Di's Tears: She Breaks Down in Top Restaurant", *Daily Mirror*, 9 Apr. 1988, p. 3; Robert Jobson, "Diana Quits Royal Stage", *Daily Express*, 4 Dec. 1993, pp. 1—2; 关于戴安娜去世后民众的哭泣，见第十章。

见威尔斯医生穿着教士的服装，于是问他是否供职于教会。威尔斯回答曾经是，但现在"致力于行医"。乔治国王焦虑地说："你放弃了我一直欣赏的职业，拥抱的却是我最讨厌的工作。"并不仅仅是这句贬低之词使威尔斯医生断定国王意识错乱且需要持续的监护。大约在同一时间，威尔士亲王在写给兄弟的信中称他们的父王饱受"彻底丧失了理智"，如今成了"一个彻头彻尾的疯子"。[1] 威尔斯和他同为医生的儿子以及随行助手的到来，在基尤王宫中，特别是在其他王室医生中，引发了持续数周的嫉妒和冲突，催生出许多针锋相对的诊断结果和治疗方案。威尔斯坚持自己对谁能接近国王拥有绝对的权威，他依靠物理束缚法——有时用约束椅，有时用紧束衣——并将其与一种通过凝视来命令国王服从的准催眠术结合起来。这个令人震惊的事件被医学史家全部记录在案，并在艾伦·本内特1992年的戏剧《乔治三世的疯癫》和基于该剧改编的电影中得到了精彩的演绎。[2]

在1月份，一段时期的摄政似乎成为一种必要，因为包括埃德蒙·伯克、查尔斯·詹姆斯·福克斯和威廉·皮特在内的政治家们都在争论，一个无法控制自己激情的人是否适合治理国家。[3] 一个议会特别委员会在6天时间里约谈了弗朗西斯·威尔斯和其他医生，以

1　Ida Macalpine and Richard Hunter, *George III and the Mad-Business* (London: Allen Lane, 1969), pp. 52—5; 原始文献还包括小说家范妮·伯尼（时任夏洛特皇后的侍女）、达布莱夫人（D'Arblay），以及御前侍从罗伯特·富尔克·格雷维尔（Robert Fulke Greville）的日记。

2　Macalpine and Hunter, *George III*, especially chs 3 and 4; Roy Porter, *A Social History of Madness: Stories of the Insane* (London: Phoenix, 1996), ch. 3; Alan Bennett, *The Madness of George III* (London: Faber, 1992); Nicholas Hynter (dir.), *The Madness of King George* (Samuel Goldwyn and Channel Four Films, 1994).

3　关于18世纪和20世纪末的情感政治，见Julie Ellison, *Cato's Tears and the Making of Anglo-American Emotion* (Chicago: University of Chicago Press, 1999)。

确定国王陛下恢复到足以重新执掌政府大权的可能性。在议会的要求下，交谈内容被全文发布，同时被刊登在各种商业书刊和日报上。[1] 例如1789年1月16日的《泰晤士报》几乎整期刊载"对国王医师的问询"的摘录，并对威尔斯医生的说法给予了特别关注。在威尔斯的医学报告中，激情、情感和情绪这些术语引人注目。他为拒绝其他人面见国王而辩护，给出的理由是医生或家庭成员的突然出现可能会"激起不安的情绪"，从而"妨碍患者的治疗"。威尔斯举了许多例子，用来证明国王近来恢复了阅读和对阅读内容做出理性评论的能力（但他受到了委员会的指责，因为他似乎不小心让国王拿到了一本并不合适他的《李尔王》）。[2] 参与讨论的各方一致同意，国王的康复程度应当通过更多的迹象来证明，这些迹象包括"理解力提升"，以及国王陛下因矛盾和恼怒而导致的"频繁的情绪爆发"变得越来越少且持续时间越来越短。

在回答另一个问题时，威尔斯谈到了允许陛下见到妻儿所带给他的巨大裨益。即便是对女儿们的短暂一瞥，也会令他"心软落泪"；国王"表现出了我所见过的最强烈的父爱"。委员会询问医生，"观察到在遇见亲友时才会自然流露的情感"，能否为判断治愈的可能性提供任何依据。威尔斯的回答是肯定的：在这种情况下，表现出"喜爱而非厌恶"是一个很好的征兆。[3] 在威尔斯医生看来，国王的眼泪不是麻烦的激情或内心悲伤的体现，而是回归理性的标志。后来，国王迅速恢复了健康，摄政计划暂时被阻止，这让威尔士亲王和查尔斯·詹

---

1   Macalpine and Hunter, *George III*, pp. 75—6.
2   关于维多利亚女王对威廉·麦克雷迪1893年饰演的《李尔王》的反应，见第十一章。
3   "The Examination of the King's Physicians", *The Times*, 16 Jan. 1789, especially pp. 3—4.

姆斯·福克斯懊丧不已。[1]

这份史无前例的特别委员会会议报告, 为我们理解时人对哭泣的主流看法, 提供了一些有趣的见解。首先, 委员会明显认为, 仅仅看一眼朋友或亲人, 尤其是自己的孩子, 眼泪就会流出来是正常的反应。这是一种普遍的看法; 当退役军官詹姆斯·哈德菲尔德 (James Hadfield) 于1800年5月15日在德鲁里巷剧院向国王开枪行刺而被控叛国罪时, 这种看法再次流行起来。在审判中, 哈德菲尔德的律师托马斯·厄斯金 (Thomas Erskine) 以精神错乱为由进行了成功的辩护。厄斯金恰好是那个时代最知名的辩护律师, 他饱含泪水和戏剧性的辩护风格最令人印象深刻。[2] 据了解, 18世纪90年代, 为国王而战的哈德菲尔德在与法国人的战斗中头部受重伤, 从那以后他的精神一直处于错乱状态。这是一个具有里程碑意义的案件, 因为哈德菲尔德只是部分地精神错乱。他的幻觉——他若被执行死刑, 将导致基督的第二次降临——有时表现为古怪的行为, 但有时又无法被人察觉。为了证明这一点, 厄斯金告诉法庭, 哈德菲尔德是一个8个月大的婴儿的父亲, 如果婴儿被带进法庭, 哈德菲尔德会"立刻泪流满面, 表现出父亲的慈爱"。换言之, 在那个时刻, 他会做出任何理智的父母都会做出的反应。但另一方面, 就在行刺国王的前几天, 哈德菲尔德试图将婴儿的脑袋往墙上撞, 并相信这是自己受到召唤实施神圣计划的一部分。这当然是精神错乱的疯狂行为, 但是在

1　关于查尔斯·詹姆斯·福克斯和埃德蒙·伯克的眼泪, 见第八章。

2　18世纪90年代, 托马斯·厄斯金曾为同情法国革命并被控煽动罪的激进派人士辩护, 包括托马斯·潘恩和托马斯·哈迪。1807年, 厄斯金开始担任首席法官。David Lemmings, "Erskine, Thomas, First Baron Erskine (1750—1823)", *Oxford Dictionary of National Biography* (Oxford University Press, 2004; online edn, Jan. 2008), doi:10.1093/ref:odnb/8873.

目睹自己的孩子时流泪却是精神正常的特征。[1]

在1789年对威尔斯医生的问询报告中提到"情绪"（emotions）同样发人深省。直到19世纪，医生、哲学家和心理学家才将"情绪"作为一种心理范畴加以分析。这一点很重要，因为我们用来理解自己的感受以及表达自己感受的语言（包括使用"感受"和"表达"这样的术语）都编织在我们的经验结构之中。将一个人的眼泪——像19世纪以来一些人所做的那样——理解为"情感失禁"或"情感表达"，与将其理解成感伤的象征、父母慈爱的标志、圣灵的果实或"第三类混合型液体排泄物"是截然不同的。[2] 在18世纪，"情绪"一词的用法介于最早的英语单词"emotion"（身体的失调或骚动）和今日心理学意义上的"emotion"（情感/情绪）之间。[3] 一些医学作家用该词指代激情或情感的身体现象，比如国王的眼泪，这一点在特别委员会的报告中也可寻见。[4] 英国内科医生托马斯·科根著有一系列关于激情的医学、哲学和神学著作。他认为"激情"一词适用于骄傲、贪婪等

1　"Trial of James Hadfield", *Morning Chronicle* (London), 27 June 1800, p. 1; 关于哈德菲尔德的案件在精神病学史和刑法史上的意义，见Richard Moran, "The Origin of Insanity as a Special Verdict: The Trial for Treason of James Hadfield (1800)", Law and Society Review 19 (1985): 487—519; Joel Peter Eigen, *Witnessing Insanity: Madness and Mad-doctors in the English Court* (New Haven: Yale University Press, 1995), ch. 2; Arlie Loughnan, *Manifest Madness: Mental Incapacity in the Criminal Law* (Oxford: Oxford University Press, 2012), ch. 5。

2　关于"体液排泄物"，见第三章。关于"情感失禁"和"情感表达"，见第十三章。

3　Thomas Dixon, *From Passions to Emotions: The Creation of a Secular Psychological Category* (Cambridge: Cambridge University Press, 2003); Thomas Dixon, "Revolting Passions", *Modern Theology* 27 (2011): 298—312; Thomas Dixon, "'Emotion': The History of a Keyword in Crisis", *Emotion Review* 4 (2012): 338—44.

4　我对这一时期"激情"和"情感"的医学内涵做了深入了探讨，见Thomas Dixon, "Patients and Passions: Languages of Medicine and Emotion, 1790—1850", in Fay Bound Alberti (ed.), *Medicine, Emotion, and Disease*, 1750—1950 (Basingstoke: Palgrave, 2006), pp. 22—52; 从医学维度看18世纪的感伤主义，见John Mullan, *Sentiment and Sociability* (Oxford: Clarendon Press, 1990), ch. 5。

具有邪恶倾向的心理，与之相对的是社会性的、友好的、父母般的"情感"，"情绪"则是"由特定激情产生的身体上可感知的变化和可见的效果"，比如皱眉、叹息或流泪。[1]并非每个人都会认同这些定义，事实上就连科根自己也不会。但它们是一个有用的指示物，体现了人们如何重新理解和区分有关感受的语言，以及如何为"情绪"找到一个位置。

托马斯·科根医生的独特之处还体现在另一个方面。他指出，流泪通常是健康的表现，它可以缓解精神上的痛苦或身体上的疾病。我们已经看到，近代早期医学和哲学文献将眼泪解释为身体和大脑中的体液与水汽受到眼睛挤压的产物。[2]除了将眼泪视为一种分泌物，还有一种广为流传的哲学观点认为，眼泪是一种符号——它是包括皱眉、叹息、微笑、喘息、抽泣在内的通用语言的一部分——通过这个符号，男人和女人可以理解彼此的想法。正如一位哲学家所言，这些迹象是"通向我们同胞心灵的无数孔洞（openings），使他们的情感可以被看到"。[3]眼泪是从盛满体液和布满孔洞的身体中挤出来的液体排泄物的概念已被取代。如今，人体被理解成一种设计合理且由许多运转良好的零部件组成的机械装置，眼泪是在泪腺神经的作用下产生的。尽管人体的模型不断发生着变化，但将眼泪解释为一种语言符号，或有时解释为一种医学征兆，则一直持续到了19世纪。

---

1 科根凭借一篇研究激情的论文获得了莱顿大学医学博士学位，他围绕这一主题写了三本书，它们在19世纪上半叶被广泛引用: Thomas Cogan, *An Ethical Treatise on the Passions* (Bath: Hazard and Binns, 1807); *A Philosophical Treatise on the Passions* (Bath: S. Hazard, 1802); *Theological Disquisitions; or an Enquiry into those Principles of Religion, which are Most Influential in Directing and Regulating the Passions and Affections of the Mind* (Bath: Hazard and Binns, 1812); 引用的材料来自Cogan, *A Philosophical Treatise*, pp. 7—8。
2 见第三章。
3 Thomas Reid, *Essays on the Active Powers of Man* (Edinburgh: Bell, 1788), p. 191.

查尔斯·贝尔爵士（Charles Bell）是一名内科医生、解剖学家和艺术家，他的情感表达理论在这一时期最具影响力。贝尔的《解剖与表达的哲学》在1806年至1844年间连续三次再版，是达尔文从19世纪30年代后期开始对该课题进行研究和理论建构的主要参考文献。[1] 贝尔1774年出生于爱丁堡，彼时亨利·麦肯齐和他的《有情人》如日中天。贝尔在爱丁堡的一所大学受教于道德哲学教授杜格尔·斯图尔特（Dugald Stewart）等人，当罗伯特·彭斯在亚当·弗格森的家里为一幅画落泪时，斯图尔特也在场。[2] 贝尔接受过医生培训，他1809年在英格兰救治过在与西班牙和法国的战争中负伤的士兵，1815年在布鲁塞尔救治过在滑铁卢战役后负伤的伤兵。贝尔不仅对神经系统贡献了开创性的发现，还是一位颇具造诣的艺术家，他为自己有关解剖和情感表达的书绘制了许多引人注目的伤兵画像和插图。[3]

贝尔医生和他的同行一样，不得不过一种双重的生活：私下里他是一个感情充沛的人，但在工作中是一个果决冷漠的坚忍之人。就像贝尔在滑铁卢战场上救治伤兵时所经历的，在医生的手臂因过度劳累而失去力气，衣服因沾染鲜血而变得僵硬以前，这种果决冷漠在医

<hr>

1 Ludmilla Jordanova, "The Art and Science of Seeing in Medicine: Physiognomy 1780—1820", in William Bynum and Roy Porter (eds), *Medicine and the Five Senses* (Cambridge: Cambridge University Press, 1993), pp. 123—33; John Cule, "The Enigma of Facial Expression: Medical Interest in Metoposcopy", *Journal of the History of Medicine and Allied Sciences* 48 (1993): 302—19; Lucy Hartley, *Physiognomy and the Meaning of Expression* (Cambridge: Cambridge University Press, 2001), ch. 2. 关于贝尔和达尔文的关系，见Dixon, *From Passions to Emotions*, ch. 5; 以及本书第十三章。

2 见第七章。

3 L. S. Jacyna, "Bell, Sir Charles (1774—1842)", *Oxford Dictionary of National Biography* (Oxford University Press, 2004; online edn, Jan. 2008), doi:10.1093/ref:odnb/1999; Philip Shaw, *Suffering and Sentiment in Romantic Military Art* (Farnham: Ashgate, 2013), pp. 184—207.

疗活动中是尤为必要的，其中就包括为伤势严重的士兵进行截肢手术（当然是在没有麻醉的情况下），因为每个士兵都乞求自己能被下一个接诊。几年前，当贝尔救治返回英国的伤兵时，他被这种场面震撼得"痛苦地诅咒和哀叹"，"流下了怜悯的泪水"。但如今，他学会了如何使自己的情绪不受伤兵的影响——只有这样"你才能下得了手"。贝尔让自己保持镇定，哪怕痛苦的尖叫和咒骂在他耳边回响。[1] 医生和士兵一样，能在极端的压力下以及在面对战争的血腥和残杀时保持冷静，饮泣吞声。这最终成为一种广受赞誉的能力乃至国民特征。

然而在私底下，以及在与工作无关的文化生活中，贝尔认同眼泪在生活和艺术中的价值。在他的关于情感表达的专著中，贝尔将哭泣和大笑视作"对激情最极端的表达"，但指出这是"由人类特有的、野兽不具备的情感引发的"。[2] 在描述了泪腺和横膈膜如何通过共同作用制造眼泪和哭泣后，贝尔转向了美学问题。他认为哭泣是一种"情绪的表达"，只要表现出"高雅的品位"而非"令人不适的夸张"，它甚至能被引入最高级的艺术形式中。没有理由表明他将贺加斯的《西格斯蒙德哀悼吉斯卡多之心》归入后者，但他的一些读者可能这么认为。[3] 在贝尔看来，17世纪意大利画师圭尔奇诺的《亚伯拉罕驱逐夏甲和以实玛利》对眼泪——或者说一切情感表达——进行了最为精彩的描绘。贝尔曾在米兰欣赏过这幅画，它展现了《创世记》中亚伯拉罕将情妇和儿子送入荒野的时刻。贝尔注意到夏甲的双眼

1　Shaw, *Suffering and Sentiment*, pp. 190, 194.

2　Charles Bell, *The Anatomy and Philosophy of Expression as Connected with the Fine Arts*, 3rd edn (London, John Murray, 1884), pp. 148—9.

3　Ibid., 150; 关于贺加斯的这幅画，见第六章。

"红肿"，但这无损于她的美貌，这说明观众甚至可以通过画家对她的肩膀、嘴唇、前额和眼皮的描绘，感受到她的痛苦。[1] 这些身体符号的确是直通灵魂的孔洞。

贝尔认为哭泣和大笑是人类独有的特征，这一点尤为重要，因为这正是他与达尔文存在分歧的地方。古代和中世纪文献断言某些动物会哭泣。这不仅包括鳄鱼那臭名昭著的虚假伪善的眼泪，还包括马、象、鹿流下的真诚的眼泪。当主人去世时，马会哀哭，这种说法由来已久。乔治·查普曼（George Chapman）和亚历山大·蒲柏分别在17和18世纪出版了荷马的《伊利亚特》的通俗英语译本，其中不仅有哭泣的英雄，还有为帕特洛克罗斯之死而落泪的阿喀琉斯的战马。普林尼和亚里士多德也曾证实马具有表达情感的能力。流泪的马还曾出现在中世纪的动物寓言和13世纪托马斯·阿奎那的老师艾尔伯图斯·麦格鲁斯（Albertus Magnus）的《动物》中。直到18世纪，它们也出现在旅行见闻和哲学论著中（我们已经看到了圣弗朗西斯的驴的眼泪）。[2] 哭泣的鹿一直以来也深受人们的喜爱——

1　Bell, *Expression*, p. 150n.

2　Timothy Webb, "Tears: An Introduction", *Litteraria Pragensia: Studies in Literature and Culture* 22 (2012): 1—25 (pp. 14—15); Timothy Webb, "Tears: An Anthology", *Litteraria Pragensia: Studies in Literature and Culture* 22 (2012): 26—45 (pp. 28, 33—5); Henry Power, "Homeric Tears and Eighteenth-Century Weepers", *Litteraria Pragensia: Studies in Literature and Culture* 22 (2012): 46—58 (p. 48); *The Iliad of Homer*, trans. Alexander Pope, 6 vols (London: W. Bowyer, 1715—20), v. 1362; Robert Steele (ed.), *Medieval Lore: An Epitome of the Science, Geography, Animal and Plant Folklore and Myth of the Middle Age* (London: Elliot Stock, 1893), p. 125; Albert the Great, *Man and the Beasts (De Animalibus, Books 22—26)*, ed. and trans. James J. Scanlan (New York: Medieval and Renaissance Texts, 1987); Monsieur de Blainville, *Travels through Holland, Germany, Switzerland and Italy*, 3 vols (London: J. Johnson and B. Davenport, 1767), i. 257—8; Thomas Dixon, "Emotional Animals No. 1: A Weeping Horse in Augsburg, 1705", History of Emotions Blog, 2 June 2011, https://emotionsblog.history.qmul.ac.uk/2011/06/emotional-animals-no-1-2. 关于圣弗朗西斯和他的驴，见第一章。

在莎翁的《皆大欢喜》中就有一只这样的鹿——它有时成为反狩猎辩论的一部分。[1] 在同一传统中，据说其他动物因为凶恶好斗的本性而不会流泪，狼、虎、狮、熊尤其如此。[2]

然而从文艺复兴开始，哲学和医学作家越来越排斥这一类传统，他们倾向于教导人们，眼泪、笑声以及它们表达的更高级的情感是人类独有的。早在1579年，法国人洛朗·茹贝尔（Laurent Joubert）就认为，尽管一些动物会流泪，但它们不足以理解如何正确地哭泣。[3] 勒内·笛卡尔甚至进一步称，所有动物不过是一种自动装置，根本没有任何情感。[4] 17世纪的英国外科医生、神经解剖学先驱托马斯·威利斯写道："与野兽相比，人更适合拥有各种情感，更适合体会快乐和悲伤；既然人是一种社会性的动物，他就应该传递那些社会性的东西，他天生就拥有哭和笑的能力。"[5] 威廉·贺加斯的好友詹姆斯·帕森斯医生在18世纪40年代出版的面相学论著中也表达了相同的观点，乔治二世和乔治三世的御医彼得·肖亦不例外。18世纪50年代，肖在一篇论文中赞美"道德的哭泣"，称其"独属于人类"。在接下来的十年，苏格兰医生和道德家约翰·格雷戈里（John Gregory）

1　William Shakespeare, *As You Like It*, ed. Juliet Dusinberre (London: Arden Shakespeare, 2006), 2.1.36—43, p. 193; Peter Ackroyd, *Albion: The Origins of the English Imagination* (London: Vintage, 2004), p. 6; Todd A. Borlik, *Ecocriticism and Early Modern English Literature: Green Pastures* (New York: Routledge, 2011), pp. 180—5.

2　Alexandre de Pontaymeri, *A Woman's Worth, Defended Against All the Men in the* World (London: John Wolfe, 1599), p. 41.

3　Laurent Joubert, *Traité du ris* (1759); Marjory E. Lange, *Telling Tears in the English Renaissance* (Leiden: Brill, 1996), pp. 27, 31; Matthew Steggle, *Laughing and Weeping in Early Modern Theatres* (Aldershot: Ashgate, 2007), p. 16.

4　Peter Harrison, "Descartes on Animals", *Philosophical Quarterly* 42 (1992): 219—27.

5　Thomas Willis, *Two Discourses Concerning the Soul of Brutes*, trans. S. Pordage (London: Thomas Dring, 1683), p. 81.

使用的术语与贝尔后来使用的术语非常相似。贝尔将笑和哭称为"灵魂中特定情感的表达,它们是其他动物不具备的",这些情感包括理智的、道德的和宗教的欢愉。[1]

　　贝尔的观点一直是当时医学和科学的正统,直至1872年达尔文为了支持进化论而尝试重新发现动物的情感。[2] 19世纪初,人们能够清楚地认识到按上帝形象创造的、比动物高级、拥有理性和意志力量的人类与受激情和感官驱使的"野蛮之物"之间的区别。但更重要的是,在这个阶段人们对眼泪——后来完全被归为"情绪"——的理解是建立在它的智识和道德基础之上的,同时人们将眼泪视为激情和感情的表达。动物虽有泪腺,却不能哭泣,因为真正的哭泣不是出自野蛮的激情,而是源于动物不具备的高尚思想和道德情操。这种观点——布莱克所谓"一滴泪乃理智之物"的另一版本——正是普利茅斯外科医生詹姆斯·扬(James Yonge)研究的起点。在17世纪60年代的一次远洋航行中,扬在大西洋的萨尔岛见到了巨大的海龟。他在日记里写道,当一只海龟被水手抓住时,它"哭泣和叹息,眼泪顺着脸颊流下来,仿佛它是一个理性的动物"。[3] 这让我们想起了乔治国

1　James Parsons, *Human Physiognomy Explain'd* (London: C. Davis, 1747), pp. 78—82; Peter Shaw, *Man: A Paper for Ennobling the Species*, no. 43, 22 Oct. 1755; *Catalogue of a Collection of Early Newspapers and Essayists, Formed by the Late John Thomas Hope and Presented to the Bodleian Library by the Late Rev. Frederick William Hope* (Oxford: Clarendon Press, 1865), p. 83; on Shaw's career, see Jan Golinski, "Shaw, Peter (1694—1763)", *Oxford Dictionary of National Biography* (Oxford University Press, online edn, 2004), doi:10.1093/ref:odnb/25264; John Gregory, *A Comparative View of the State and Faculties of Man with Those of the Animal World*, 3rd edn (London: J. Dodsley, 1766), p. 11.

2　见第十三章。

3　*The Journal of James Yonge (1647—1721), Plymouth Surgeon*, ed. F. N. L. Poynter (London: Longmans, Green & Co., 1963), p. 86; 感谢乔安妮·麦克尤恩(Joanne McEwan)和已故的菲利普·马登(Philippa Maddern)教授让我关注这一材料。

王和行刺未遂的詹姆斯·哈德菲尔德。合适的眼泪说明流泪的是一个理性的动物,对乔治和哈德菲尔德而言也是如此。

乔治三世统治的最后二十年是英国眼泪史的转折时期。虽然哭泣在许多情况下依然是健康和理性的,但狂热时代已经过去。反法战争仍在继续,如今变成了反对拿破仑帝国的战争,它凝聚起反法情绪,并且正如我们所看到的,它提供了一个重要的背景,使人们对任何和法式感伤沾边的东西都报以厌恶之情。这种对眼泪的矛盾态度——健康,但有点外国的味道——可以很好地用这个事实概括:自1819年起的整个19世纪,英国报刊中关于眼泪的医学指南引用得最多的是一位法国医生撰写的论文:《呻吟和哭泣对神经系统的益处》。类似地,《英国母亲杂志》在1849年告诉读者,伟大的法国医生阿尔芒·特鲁索(Armand Trousseau)信奉一句格言:会哭的患儿更容易康复。[1]

这一时期关于哀哭的医学建议始终没有变化。人们相信,丧亲之痛可能会导致一段时间的震惊和无泪,但很重要的是,眼泪应该很快就出现,因为它能缓解丧亲者的悲痛,避免他们精神错乱或死亡。一个典型的例子,来自1805年艾玛·汉密尔顿(Emma Hamilton)得知她心爱的海军上将纳尔逊的死讯时的反应。我们从她的叙述中

---

1 "The Value of Tears in the Progress of the Diseases of Children", *British Mothers' Magazine* (1 Sept. 1849): 206. 这篇被广泛引用的法国论文从未署名,亦无标题,论文最初的题目最有可能是 *Considérations générales sur les larmes et les pleurs*, presented to the Paris medical faculty by one P. H. Prévencher in May 1818; Thomas Dixon, "Never Repress your Tears", *Wellcome History* (Spring 2012): 9—10. 关于这一时期法国人对眼泪的其他论述,见Anne Vincent-Buffault, *The History of Tears: Sensibility and Sentimentality in France* (Basingstoke: Macmillan, 1991); Marco Menin, "'Who Will Write the History of Tears?' History of Ideas and History of Emotions from Eighteenth-Century France to the Present", *History of European Ideas* 40 (2014): 516—32。

得知，艾玛还没等海军部派来的水手说话，就凭直觉从水手死灰般的面孔和泪汪汪的双眼中知道了结果。她尖叫了一声，然而在接下来的"十个小时里，（她）既说不出话，也流不出泪"。最终，她泪如泉涌。一位访客说，哭泣"似乎让她好受了些"。后来，当她向客人讲述纳尔逊的美德和英雄事迹时，她都会以泪洗面，而她的床头还放着纳尔逊满是弹孔和血迹的外套。正因如此，詹姆斯·吉尔雷在描绘纳尔逊之死时，选择用号啕大哭的艾玛·汉密尔顿为原型来创作不列颠尼亚的形象（见图11）。[1]

　　纳尔逊之死是这一时期英国遭遇的两起悲剧之一，它使全国都陷入悲痛，其影响足以与1997年威尔士王妃戴安娜之死相提并论。[2] 1805年，纳尔逊在特拉法尔加海战中击败法国和西班牙的联合舰队，但他在即将取得战役胜利之时阵亡。纳尔逊和他的海军将士都是情感丰富的人。他在战斗前夜写信给艾玛·汉密尔顿，讲述了他在介绍作战方案时周围人的反应："有些人流下了眼泪。大家一致同意作战方案。"[3] 我们从一些原始材料得知，所有将士，不论官阶高低，都为他们英雄领袖的牺牲而落泪，尽管一些人觉得这眼泪有些女子气。一位水手给家人写信："自从他阵亡后，我们船上所有见过他的人，都像软弱的蟾蜍一样，除了哭肿双眼，什么都不做。上帝保佑！那些曾像

1　Hugh Tours, *The Life and Letters of Emma Hamilton* (London: Victor Gollancz, 1963), pp. 219—21; Tom Pocock, "Hamilton, Emma, Lady Hamilton (bap. 1765, d. 1815)", *Oxford Dictionary of National Biography* (Oxford University Press, 2004; online edn, Oct. 2007), doi:10.1093/ref:odnb/12063. James Gillray, *The Death of Admiral Lord Nelson in the Moment of Victory* (London: H. Humphrey, 1805); National Maritime Museum, Greenwich, Object ID PAF3866, 〈http://collections.rmg.co.uk〉.

2　关于悼念戴安娜，见第二十章。

3　Terry Coleman, *The Nelson Touch: The Life and Legend of Horatio Nelson* (Oxford: Oxford University Press, 2002), pp. 317, 351.

图 11：詹姆斯·吉尔雷，《海军将领纳尔逊勋爵阵亡于胜利之时》（1805 年）。

恶魔一样战斗的士兵，现在像小姑娘一样坐在那里啼哭。"1817年，备受爱戴的21岁威尔士王妃夏洛特死于难产。两起悲剧让成千上万的民众潸然泪下，滔滔不绝的泪河从报刊上无数的颂歌和诗句中流淌而出，这些诗歌的标题包括《纳尔逊勋爵的哀歌》《不列颠尼亚的眼泪》和《阿尔比昂的泪水》。

然而在纳尔逊葬礼上，我们看到了一些迹象，它们显示出日后世界公认的属于英帝国的气派和克制基调。送葬队伍延绵一英里长，包括160辆为哀悼者准备的马车，军人在白厅到圣保罗大教堂的沿途整齐列队。[1] 据报道，曾在纳尔逊的"皇家胜利"号战舰上服役的水手，"眼里闪烁着男子汉的泪光，不情愿地让泪水从饱经风霜的脸颊上滑落下来"。[2] 1997年，对戴安娜王妃葬礼的评论理所当然地认为，英国权贵天生具有在仪式上保持庄重的能力，但他们对民众的悲伤惊讶不已。贝斯伯勒夫人对纳尔逊葬礼的描述揭示了相反的观点。"总的来说，我不认为盛大的仪式和游行乃英国民族之擅长，因此它们大多失败了，"她写道，"但在这件事上，我必须说我从未见过如此壮观和感人的场面。"最让贝斯伯勒动容的是目睹"乌压压的民众"，他们平时吵吵闹闹，但在听到葬礼乐曲声、炮声和"沉闷的鼓声"后，在一种"普遍的崇敬之情的驱使下"脱帽致哀，他们泪流满面，但安静克制。[3]

与此同时，读者大众很快就厌倦了催泪文学。1801年，伦敦

1　Timothy Jenks, "Contesting the Hero: The Funeral of Admiral Lord Nelson", *Journal of British Studies* 39 (2000): 422—53; Tom Pocock (ed.), *Trafalgar: An Eyewitness History* (London: Penguin, 2005, pp. 206—8.

2　"Addenda to the Biographical Memoir of the Late Right Honourable Horatio Lord Viscount Nelson", *Naval Chronicle* 15 (1806): 37—52 (p. 52).

3　Pocock, *Trafalgar*, pp. 207—8.

《晨邮报》为新出版的《哭泣的历史,从夏娃的诞生到现在》刊登广告。这是一部十卷本的汇编,包含诸如"洪水前的眼泪""呜咽的起源""计算悲剧中泪水的深度"以及"洋葱在葬礼上的用途"之类的主题。整部书的插图包括"从泪光泛起到号啕大哭的全部阶段"的版画,以及"声名显赫的哭者"和"著名的啜泣者"的肖像画。当我第一次看到这则广告,想到自己竟能获得如此非同寻常的书时,我那历史学家的心脏激动得怦怦直跳。当然,整部书就是一出恶作剧,它是文学品位正在发生变化的一个标志。丛书最后一卷的内容是这样的:

> 关于小说的写作;关于将眼泪分类;咸泪、苦泪、甜泪、苦中带甜的泪、咸中带甜的泪、半甜的泪、半苦的泪,以及其他从新哲学家的论著中制造和提炼出的其他类型的泪;关于情感的洪流、感伤的瀑布和温情的悬河。[1]

这个时代的另一个标志出现在1815年,作家和政治哲学家威廉·古德温(William Godwin)出版了一本名为《弗利特伍德:新有情人》的小说。古德温是玛丽·沃斯通克拉夫特的丈夫,沃斯通克拉夫特在1797年死于难产。这部小说温和地讽刺了18世纪泛滥的感伤文化以及它在解决社会不公方面的失败。弗利特伍德自己就是一个以自我为中心且愤世嫉俗的人,他无法控制自己的情感。小说的另

---

1 Anon., "Weeping", *The Spirit of the Public Journals for 1801: Being an Impartial Selection of the Most Exquisite Essays and Jeux d'Esprits, Principally Prose, that Appear in the Newspapers and Other Publications, Volume 5* (London: James Ridgway, 1802), pp. 136—8. 一些刊登该书广告的报纸包括 *Jackson's Oxford Journal*, 18 July 1801; *The Morning Post and Gazetteer*, 21 July 1801。

一个人物是一位伯爵夫人，她能随心所欲地落泪（有点像索菲·斯特里特菲尔德），以此表达痛苦和快乐。但她的智力"范围狭窄"，她肤浅的精神生活就像浮在湖面上的水生昆虫。[1]

　　乔治三世于1820年去世，在他生命的最后十年，乔治再次精神错乱且病情日益加重，威尔士亲王开始摄政。18世纪60年代时向年轻的国王宣扬的那种催人泪下的感伤之气已经不再流行。的确，那个时代的极端情感看起来过时且荒唐。19世纪20年代，路易莎·斯图尔特夫人向一群好友朗读亨利·麦肯齐的《有情人》。半个世纪前，这本书第一次让她和家人们潸然泪下，然而她曾认为最心酸哀婉的段落——那些或许能制造出"半甜半苦的眼泪"的段落——如今非但没有让好友动容，反而让路易莎惊叹："噢，天哪！他们笑了。"[2]

1　William Godwin, *Fleetwood*, ed. Gary Handwerk and A. A. Markley (Peterbor-ough, Ontario: Broadview Press, 2001), ch. 7, p. 111；该书于1805年首次出版。关于索菲·斯特里特菲尔德，见本书第八章。

2　Letter to Walter Scott dated 4 Sept. 1826; *The Private Letter-Books of Sir Walter Scott*, ed. Wilfred Partington (London: Hodder and Stoughton, 1930), pp. 272—3；莫林·哈金在她对亨利·麦肯齐的介绍中也谈到了这一问题，见 *The Man of Feeling* (Peterborough, Onatrio: Broadview Press, 2005), pp. 19—20; Ildiko Csengei, "'I Will Not Weep': Reading through the Tears of Henry Mackenzie's *Man of Feeling*", *Modern Language Review* 103 (2008); 952—68 (p. 952)。

第十章
奇怪的国家福佑

1837年6月20日清晨6点，18岁的亚历山德里娜·维多利亚穿着晨袍，被带出卧室。坎特伯雷大主教和内务大臣告诉她，她的叔叔——也就是国王——去世了，于是她现在成了大不列颠和爱尔兰联合王国的女王、基督教的保护者维多利亚。第二天，年轻的女王站在圣詹姆斯宫的一扇窗户前，向民众宣布登基。她一出现，人群"欢呼雀跃，拍手叫好，女士们挥舞着自己的手帕，先生们将他们的帽子举向空中"。维多利亚"被她新的处境"和过去两天发生的事情征服，"眼泪夺眶而出，尽管女王陛下明显试图克制她的情感，但泪水仍像急流一样顺着她那苍白的脸颊流了下来，直到女王陛下离开窗户"。[1]维多利亚时代就这样在泪水的洗礼中诞生了。

眼泪因我们个人和集体生活中遭遇的危机而产生——那些令人动容的时刻，将我们从一种生活状态带入另一种生活状态，它们是与变化、损失、恐惧、希望和快乐潜在的、压倒一切的结合体。因此，人们

---

1 "Royal Procession from Kensington to St James's", *The Standard* (London), 22 June 1837, p. 3.

在成人礼、毕业典礼或婚礼上哭泣，不仅是对一场体现了所抱持的理想的仪式的回应，也是对生活状态发生重大变化的回应。这就是维多利亚登基时的眼泪，它是在一个浪漫主义、理性主义和悲怆的新时代里流下的眼泪。浪漫主义者对过时的感伤之泪嗤之以鼻，但他们仍能从正确的哭泣中看到一些奇妙——即便也有些奇怪——的东西。这包括当一种崭新的世界观突然出现时，人们在体验智识重生的狂喜时产生的眼泪。这个时代最重要的女性知识分子之一，来自东盎格利亚的一个信奉上帝一位论的家庭，她在将一部法国无神论哲学著作翻译成英语的过程中流下了眼泪。还有一个人，他是一位严厉的苏格兰人的长子，他从小只接受事实和推理教育，但在阅读一位18世纪法国小说家的回忆录时，他热泪盈眶，终于发现了自己的情感和一种全新的哲学。不论是公开转向新的重要角色，还是私底下从基督徒转变为科学人文主义者，抑或从上帝一位论者转变为天主教徒，人们都可以产生理想主义和皈依的眼泪。

维多利亚在圣詹姆士宫的阳台上的落泪，得到了广泛和正面的报道。虔诚和贤明君主的理想形象与"年轻女王以泪洗面"的画面相结合，正如《泰晤士报》所言，"格外美丽动人"。[1] 日后成为那个时代最著名的女诗人的伊丽莎白·巴雷特（Elizabeth Barrett）创作了两首诗。巴雷特（1846年嫁给罗伯特以后改名巴雷特·布朗宁）对维多利亚在枢密院的讲话印象深刻。维多利亚说，若不是因为坚信和期望"召唤我从事这项工作的神圣天意能够赐予我完成任务的力量"，她感觉自己将会被新职责的重担压得喘不过气来。巴雷特在她

---

1 "Court Circular", *The Times*, 22 June 1837, p. 3.

的诗《年轻的女王》中写道:

> 是啊! 向上帝求告吧,你这少女
>
> 承载着崇高的精神,
>
> 为了幸福的岁月,把这些快乐的日子抛在脑后吧!
>
> 一个民族仰望你
>
> 坚定地与你同行;
>
> 让你那明亮清澈的双眸容下盈满的泪水。

巴雷特向朋友写道:"我觉得年轻的女王很有趣——那些眼泪美丽动人, 它们不仅在女王向公众宣布登基时落下, 还在死寂的午夜流淌(我们听说她在第一次主持枢密院会议前哭了一整夜, 但她还是庄重镇定地接见了她的大臣们)。"这封信还提到了拜伦勋爵关于权力使人心肠冷酷的诗句。"但我们年轻的女王,"巴雷特认为,"仍然有着一颗非常温柔的心! 愿它永远怀有温暖的自然情感!"巴雷特对这位温柔善良的国王的倾慕之情使自己左右为难:"怎么能将忠君和共和主义相提并论?"[1]然而, 她在公开发表的诗句中只表达了忠诚。在第二首诗《维多利亚之泪》中,巴雷特感叹道:"上帝保佑你,哭泣的女王! 你会受到爱戴! 勿拿暴君的权杖,因为你流下的是纯真的眼泪!"眼泪是爱与自由之治的预兆:"哪国的君王哭泣, 神奇的福佑就会降临在这个国度——是的! 哭泣吧,带上它的王冠!"[2]

---

1 Philip Kelley and Ronald Hudson (eds), *The Brownings' Correspondence*, iii: *January 1832-December 1837* (Winfield: Wedgestone Press, 1985), pp. 261—3.

2 "The Young Queen" and "Victoria's Tears", in *The Poetical Works of Elizabeth Barrett Browning* (London: Henry Frowde, 1994), pp. 315—16; 初版为 Elizabeth B. Barrett,（转下页）

巴雷特诗的灵感兼具浪漫主义和宗教色彩。浪漫主义是19世纪早期欧洲最主要的文化运动,人们通常认为,它赋予"情感"以特殊的地位,但我觉得这种说法让浪漫主义听起来太过煽情。事实上,过分强调共有的感受——这是18世纪感伤主义的标志——正是浪漫主义者们反对的倾向之一。[1] 浪漫主义更强调个人主义,而非感伤主义。感伤主义的精神在18世纪60年代塑造了格勒兹笔下为死鸟哀哭的女孩,而半个世纪后最为典型的浪漫主义绘画更加粗犷有力:卡斯巴·大卫·弗里德里希的《雾海上的旅人》描绘了一位年轻男子拿着手杖站在一块坚硬的岩石上,凝望着笼罩在云雾之中的山林风景。真正的浪漫主义者绝不会为死鸟、乞丐或妓女的境遇垂头哭泣,而是孑然一身,仰望天空,英雄般地面对大自然的崇高力量,沉思它那原始和超越一切的威力。[2] 当海伦·玛利亚·威廉姆斯为一个悲伤的故事而哭泣,1787年华兹华斯为她创作了一首十四行诗。1802年,华兹华斯的妹妹多萝西大声朗读弥尔顿的著作,这使兄妹俩热泪盈眶。1804年,华兹华斯创作了一首诗,后来出版时被命名为《永生的信息》。在这首诗中,浪漫的自我怀着忧郁和崇敬之心,思考自然和永生,并在结尾处感谢人类心灵中永不消逝的温柔、快乐和恐惧:

（接上页）*The Seraphim, and Other Poems* (London: Saunders and Otley, 1838), pp. 323—31. 关于巴雷特诗中的眼泪,见 Dorothy Mermin, *Elizabeth Barrett Browning: The Origins of a New Poetry* (Chicago: University of Chicago Press, 1989), pp. 68—9; Claire Knowles, *Sensibility and Female Poetic Tradition*, 1780—1860: *The Legacy of Charlotte Smith* (Farnham: Ashgate, 2009), pp. 143—5。

1 关于浪漫主义者对18世纪狂热、感伤和情感的反思与改造,见 Jon Mee, *Romanticism, Enthusiasm, and Regulation: Poetics and the Policing of Culture in the Romantic Period* (Oxford: Oxford University Press, 2003); Andrew M. Stauffer, *Anger, Revolution, and Romanticism* (Cambridge: Cambridge University Press, 2005); Joel Shaflak and Richard C. Sha (eds), *Romanticism and the Emotions* (Cambridge: Cambridge University Press, 2014)。

2 Caspar David Friedrich, *Wanderer above the Sea of Fog* (1818), Kunsthalle, Hamburg.

"对于我，最平淡的野花也能给予启发／最深沉的思绪，眼泪却无法将它表达。"[1]

这并不是说要成为一个浪漫主义者，你就必须饮泣吞声，而是说你的眼泪应该是崇高的，而不是感伤的。我们已经看到，柯尔律治和玛丽·沃斯通克拉夫特一样，对那些为悲伤故事涕零如雨的女士们的眼泪嗤之以鼻，因为她们对世间真实的恐怖、苦难和不公，尤其是奴隶制无动于衷。[2] 拜伦早期的诗包含了大量《有情人》的传统精神。他甚至在1806年，也就是他18岁那年作诗《眼泪》，赞美眼泪是柔情、悲伤、乡愁和怜悯的象征。[3] 这种诗会让后来成熟期的拜伦感到尴尬，作为英国浪漫主义的伟大领袖，拜伦对眼泪的态度要暧昧得多。

1819年夏天，在博洛尼亚，31岁的拜伦在观看维托里奥·阿尔菲耶里（Vittorio Alfieri）的悲剧《米拉》时泪如雨下。我们已经看到，在剧院里哭泣乃是稀松平常之事，至少人们会认为，对一个浪漫主义诗人而言，情况就是如此。但在写给朋友的信中，拜伦讲述这一经历的方式，表明他对自己的眼泪感到尴尬。他称这是自己一生中第二次被虚构的故事感动落泪（第一次是在伦敦为演员埃德蒙·基恩的表演落泪）。他认为自己在审美过程中经历的情感战栗一点也不像"女人的歇斯底里"，而更像是"为无法控制地流泪而痛苦"和某种"哽咽的颤抖"。拜伦是一个饱含泪水的旅人，而不是一个哭哭啼

---

1 1802年2月2日，多萝西·华兹华斯在她的日记中写道："喝茶后，我大声朗读《失乐园》第11卷。我们被感动得热泪盈眶。" *Home at Grasmere: Extracts from the Journal of Dorothy Wordsworth and from the Poems of William Wordsworth* (London: Penguin, 1986), p. 137. 对华兹华斯《永生的信息》（首次出版于1807年）的研究，见 Marjorie Levinson, *Wordsworth's Great Period Poems* (Cambridge: Cambridge University Press, 1986), ch. 3. 关于海伦·玛利亚·威廉姆斯，见第八章。
2 见第八章。
3 "The Tear" (1806), *The Poetical Works of Lord Byron, Complete in One Volume* (London: John Murray, 1847), pp. 399—400.

啼的女孩。他接着说道，在同包厢看戏的一位女士"也以相同的原因离开了"，但这可以用她和他都病了这一事实来解释。一个有情人，包括年轻时的拜伦，会陶醉在这些眼泪之中，将它们视为同情和善良的标志，而浪漫主义者却不会：它们要么是与女性"歇斯底里"截然不同的、某种深刻和痛苦的东西，要么就是疾病的副作用。与拜伦同包厢的那位意大利女士的记录也被保存了下来，这让拜伦声称自己只被这样感动过一次的说法受到了怀疑。据这位意大利朋友说，这已经不是她第一次目睹拜伦在意大利的剧院里抽泣到颤抖了。[1]

1822年，另一位伟大的浪漫主义诗人珀西·雪莱乘坐"唐璜号"客船在意大利北部海岸覆舟溺亡，以一种无比浪漫的方式离开了这个世界，这也使他24岁的妻子玛丽成了一名充满浪漫主义色彩的寡妇。三个月后，玛丽·雪莱在热那亚开始写日记。她将其称为"悲伤日记"，日记展现了雪莱如何像她的母亲玛丽·沃斯通克拉夫特一样，在理性和情感需求的冲突中挣扎。[2]在令人悲伤的第一篇日记中，玛丽写道，"我现在没有朋友了"，在过去的8年里，有个男人一直指引我，"他的才华远在我之上，这些才能唤醒并引导了我的思想"，"纠正了我的错误判断"。但是现在，"啊，多么寂寞啊！"——独自一人的玛丽只与大自然和自己的日记交谈："星星注视着我的眼泪，风儿饮下我的叹息——但我的心是密封的宝藏，不能向他人吐露。白纸啊——你能让我相信你吗？"玛丽为自己坎坷的命运和爱情而哭泣，她担心自己被"拖回同样的境地，依靠自己的智慧独自寻找生活的食

1　Lord Byron to Mr. Murray, 12 Aug. 1819, *The Life, Letters and Journals of Lord Byron* (London: John Murray, 1866), p. 404.
2　关于玛丽·沃斯通克拉夫特，见第八章。

第三部分　悲　怆

粮"。后面的一篇日记将眼泪和叹息与思想的智慧力量作对比, 表明玛丽经历着相同的挣扎。她问自己, 究竟是什么力量"使我的心上下游荡, 使我的血液冷却, 使我热泪盈眶"? 她渴望自己"变得更加强大和优秀","拥有崇高的思想, 独立且坚强", 但是她的眼泪表明,"'女性的软弱' 这句话说的正是我柔软无力、摇摆不定的心"——"我心如芦苇一般随风摇摆"。[1]

浪漫主义者对眼泪的疑虑, 也体现在伊丽莎白·巴雷特后期的诗作中, 反映了在她深爱的哥哥去世后, 她对哭泣的另一种态度。1844年, 巴雷特发表了两首题为"眼泪"和"悲伤"的十四行诗, 两首诗表达的观点不仅与浪漫主义一致, 而且与前文讨论的古代和近代早期对悲伤的解释一致, 即眼泪是适度悲伤的标志, 然而最沉痛的悲伤是无泪的。正如巴雷特诗云, 那些因苦难而哭泣的人应该庆幸——"那是轻柔的忧伤!"——而"绝望的悲伤是冷漠", 它表现为死一般的沉寂。对婴儿和婚礼上的女人, 眼泪或许是合适的。但诗人在思索"巍峨山峦"的崇高时, 就像弗里德里希的《雾海上的旅人》那样, 仰望超凡的苍穹, 却忘记了"脸颊上的泪水", 他思考着太阳和星辰, 却不流一滴眼泪。对巴雷特来说, 宗教和浪漫主义再次结合在一起。正是深沉的思考和感受、大自然的壮丽, 以及对上帝的渴望, 擦干了诗人的泪。[2]

1　Entries for 2 Oct. 1822 and 15 Dec. 1823, *The Journals of Mary Shelley 1814—1844*, ed. Paula R. Feldman and Diana Scott-Kilvert (Baltimore: Johns Hopkins University Press, 1995), pp. 429, 469; 另见 Mary Shelley's "Journal of Sorrow", Shelley's Ghost: Reshaping the Image of a Literary Family, Bodleian Libraries and New York Public Library, 2010。⟨http://shelleysghost. bodleian.ox.ac. uk/journal-of-sorrow⟩.

2　"Tears" (1844) and "Grief" (1844), in *Poetical Works*, p. 330; original publication, Elizabeth Barrett, *Poems*, 2 vols (London: Edward Moxon, 1844), pp. 128—9. 关于巴雷特对感伤文化的批判, 见 Knowles, *Sensibility and Female Poetic Tradition*, ch. 5。

哭泣是软弱和女子气的表现，这一观念在西方文化史上始终是探讨眼泪的基础。正是在这一背景下，男人女人动辄哭哭啼啼的潮流起伏变幻。英国浪漫主义者以自己独特的方式复兴了眼泪象征女子气的观念。拜伦试图将自己的眼泪描绘成崇高的痛苦，而非女人的歇斯底里。玛丽·雪莱视自己的汪汪泪眼为"女性的软弱"，并将它与理智思想的坚定区别开来。伊丽莎白·巴雷特为18岁少女的泪水而感动，但她和华兹华斯一样，认为眼泪无法表达最深沉的想法。1844年，也就是巴雷特发表关于悲伤和眼泪的十四行诗的同一年，艺术家詹姆斯·斯梅瑟姆受华兹华斯《永生的信息》的启发，创作了一幅题为"思绪太深，无以泪表"的自画像，从视觉上概括了这类浪漫主义的特征：紧张、忧郁、孤独、无泪和男性。[1]

　　但是，还有另一种理解哭泣与思考之关系的方法，这种方法在这一时期也有拥护者，并且可以追溯至浪漫主义作家。我已经提到，威廉·布莱克1803年前后创作的《灰僧侣》将眼泪描述为"智慧之物"。这一观念始终是指导本书构思和写作的重要思想之一。[2] 对布莱克而言，这句话有非常特殊的内涵，这是他所有想象的一部分。布莱克的想象一部分是神秘主义的、一部分是哲学的、一部分是浪漫主义的，在这之中，心灵是最真实的，那些通常被认为是身体或感官的东西，包括叹息和眼泪，只是心灵和精神现实的另一个方面。在布莱克看来，"智慧"一词暗指这种哲学，其内涵与我们今日所知的略有不同。这种对比与其说是理性和感性的对比，不如说是精神和身体的对

1　James Smetham, *Thoughts Too Deep for Tears* (1844), Ashmolean Museum, Oxford; WA1947.314,〈http://www.ashmolean.org〉.
2　见引言。

比。因此，将眼泪描述为"智慧"并不是将之与激情或感觉相比较，而是与身体的感觉和身体的力量相比较。在《灰僧侣》中，布莱克通过将刀剑之下残忍但徒劳的暴政和心灵的力量进行对比，事实上表达了一种与伊丽莎白·巴雷特的《维多利亚之泪》非常相似的观点："隐士的祈祷和寡妇的眼泪/唯有它们才能让世界摆脱恐惧。"布莱克在诗中接着写道：

> 因为一滴眼泪乃智慧之物，
> 一声叹息是天使之王的矛，
> 殉道者痛苦的呻吟，
> 是全能上帝用弓射出的箭。

还有一次，布莱克把自己的眼泪形容为"镪水"（aqua fortis），即一种用于制作版画的酸液。这些眼泪不论是智慧的，还是有腐蚀性的，都与感伤之泪截然不同。[1]

对我们来说，眼泪是"智慧之物"的观点听起来有违直觉，对许多19世纪的读者来说也是如此，但这句格言表达了哭泣的重要之处，

1　"The Grey Monk" (*c.* 1803), in *The Complete Prose and Poetry of William Blake*, newly revised edn, ed. David V. Erdman, with commentary by Harold Bloom (Berkeley and Los Angeles: University of California Press, 2008), pp. 489—90; John Beer, "Influence and Independence in Blake", in Michael Phillips (ed.), *Interpreting Blake* (Cambridge: Cambridge University Press, 1978), pp. 196—261 (especially pp. 220—2); Robert N. Essick, "Blake, William (1757—1827)", *Oxford Dictionary of National Biography* (Oxford University Press, 2004; online edn, Oct. 2005), doi:10.1093/ref:odnb/2585; Steven Goldsmith, "William Blake and the Future of Enthusiasm", *Nineteenth-Century Literature* 63 (2009): 439—60; Paul Miner, "Blake's Enemies of Art", *Notes and Queries* 58 (2011): 537—40. 关于布莱克和他作品的文化与政治背景，见 Jon Mee, *Dangerous Enthusiasm: William Blake and the Culture of Radicalism in the 1790s* (Oxford: Clarendon Press, 1994)。

即它是一种认知活动。近代早期以来，许多哲学家和作家认识到了这一点，其中包括那些声称只有人类才会哭泣，因为其他动物缺乏足够理性思维的人。这种观点源于古代斯多葛学派对激情的认识，它认为眼泪与我们体验的激情和情感一样，都是理智的。也就是说，眼泪不仅是知觉或感受，还是对世界进行再现的产物。斯多葛学派主张一切激情都是某种判断。愤怒是因为判断自己受到了不公正待遇，恐惧是因为判断自己身处险境，诸如此类。当我们发现自己的身体经历情感的战栗，我们就陷入了对世界的理性判断。从这个意义上说，眼泪之所以是智慧之物，是因为它以一种认知的方式再现这个具有诸多特性的世界的产物。[1] 我在前文引述了1775年御医彼得·肖关于道德哭泣的论文。他认为，当头脑中"充斥黑暗和混乱的想法"或"画面"时，人就会哭泣。肖将那些由"内心的真情实感"和"想法"产生的眼泪，与仅仅是身体上的哭泣区分开来。[2]

眼泪不仅是社会角色发生变化的产物，还会因意识形态或世界观的变化而产生，维多利亚时代知识分子的眼泪就是生动的例子。哈丽雅特·马蒂诺（Harriet Martineau）出生于诺里奇的一个信奉上帝一位论的富裕家庭，这个家庭的不同之处在于为女儿们，就像为

1　关于哲学上这种认知的、新斯多葛主义的情感观，见Jerome Neu, *A Tear is an Intellectual Thing: The Meaning of Emotions* (Oxford: Oxford University Press, 2000); Martha C. Nussbaum, *Upheavals of Thought: The Intelligence of Emotions* (Cambridge: Cambridge University Press, 2001); Robert C. Solomon, *Not Passion's Slave: Emotions and Choice* (Oxford: Oxford University Press, 2003)。

2　Peter Shaw, *Man: A Paper for Ennobling the Species*, no. 43, 22 Oct. 1755, pp.1—2; 认定彼得·肖是作者的原因，见*Catalogue of a Collection of Early Newspapers and Essayists, Formed by the Late John Thomas Hope and Presented to the Bodleian Library by the Late Rev. Frederick William Hope* (Oxford: Clarendon Press, 1865), p. 83; 关于彼得·肖的生平，见Jan Golinski, "Shaw, Peter (1694—1763)", *Oxford Dictionary of National Biography* (Oxford University Press, online edn, 2004), doi:10.1093/ref:odnb/25264.

儿子们一样，提供了全面的学术教育。马蒂诺成名于19世纪30年代初，她写了一些通俗的说教故事，旨在阐释现代工业化社会所基于的政治经济学原则。[1]这些并不是——远远不是——激进的作品，因为年幼的维多利亚公主也是其诸多热心读者之一，公主最喜欢的故事是《加维洛赫的艾拉》，故事的主人公是一个坚强和骄傲的女孩，她在父亲临终前努力抑制自己的眼泪，掩盖内心深处真实想法。[2]当维多利亚宣布登基时，马蒂诺的母亲和姑姑就在圣詹姆士宫外，泪水"很快顺着她的脸颊流了下来"。[3]马蒂诺本人是一个激进的共和主义者与自由思想家，并逐渐成为一名人尽皆知的无神论者。1838年，马蒂诺参加了维多利亚的加冕典礼，她在楼上走廊边看书边吃三明治，并从高处俯视聚集在楼下的达官贵人，他们个个披金戴银，珠光宝气，偶尔流下几滴泪。马蒂诺批评这充满原始迷信的宗教仪式将上帝和女王"野蛮"且"亵渎"地混为一谈。[4]

　　哈丽雅特·马蒂诺最引人注目的一次哭泣发生在她后来的生活中，它因一本书而起，这本书对她思想的转变起到了至关重要的作用，使这个成长于信奉上帝一位论家庭、从小热忱多疑、从7岁时就担心全能的神性和人类自由意志能否相容的孩子，最后成为维多利亚

1　Susan Hoecker-Drysdale, *Harriet Martineau, First Woman Sociologist* (New York: Berg, 1992); Elaine Freedgood, "Banishing Panic: Harriet Martineau and the Popularization of Political Economy", *Victorian Studies* 39 (1995): 33—53; Caroline Roberts. *The Woman and the Hour: Harriet Martineau and Victorian Ideologies* (Buffalo, NY: University of Toronto Press, 2002).

2　Harriet Martineau, *Ella of Garveloch: A Tale* (London: Charles Fox, 1832); Harriet Martineau, *Autobiography, With Memorials by Maria Weston*, 3 vols (London: Smith, Elder, 1877), ii. 118—19.

3　Martineau, *Autobiography*, ii. 119.

4　Ibid., 124—8; 关于马蒂诺对女王及其随从在欣赏戏剧《李尔王》时的举动的观察，见第十一章。

时代最有名的无神论者。[1] 该书是法国无神论作家、社会学之父奥古斯特·孔德的《实证哲学课程》。这部多卷本的科学和哲学史论著，追溯了它们从原始信仰，历经神学和哲学，到现代实证科学兴起的过程。这是一部晦涩、迂腐、啰唆和塞满了行话术语的书，但他闪烁着激情并得出了革命性的结论。[2] 正是在将孔德的《实证哲学课程》翻译并浓缩成两卷英文版的过程中，哈丽雅特·马蒂诺发现自己流下了智慧之泪。马蒂诺被书中展现的海量知识和雄伟的自然世界感动得欣喜若狂。她回忆道："译本中有许多段落是我流着泪写的。"[3] 一位理由充分的历史学家冷冷地评论道："这感伤的盛景只有那些仔细研读孔德的人欣赏得来。"[4]

这一时期的智慧之泪和浪漫之泪一样，都受到了各种警告和细致的解读。童年时期的马蒂诺和她笔下的"加维洛赫的艾拉"不同，尽管马蒂诺不断努力，但她从未成功抑制自己的泪水。马蒂诺回忆道，在童年的大部分时间里，她每天都会哭泣并为之自责。[5] 成年后，她的眼泪少了许多，但她依然会埋怨自己哭泣。达勒姆勋爵和妻子过世不久，他们的女儿们在 1838 年拜访马蒂诺，后者回忆道："我的

1　关于她童年的疑惑，见 Martineau, *Autobiography*, i. 39—44; 关于她日后成为无神论者，见 Roberts, *The Woman and the Hour*, ch. 7。

2　关于孔德的哲学思想对维多利亚时期英国文化和宗教的影响，见 Thomas Dixon, *The Invention of Altruism: Making Moral Meanings in Victorian Britain* (Oxford: Oxford University Press for the British Academy, 2008), ch. 2; 关于该书对马蒂诺的重要性，见 Susan Hoecker Drysdale, "Harriet Martineau and the Positivism of Auguste Comte", in Michael R. Hill and Susan Hoecker-Drysdale (eds) *Harriet Martineau: Theoretical and Methodological Perspectives* (New York: Routledge, 2001), pp. 169—89。

3　Martineau, *Autobiography*, ii. 389—91.

4　John W. Burrow, *Evolution and Society: A Study in Victorian Social Theory* (Cambridge: Cambridge University Press, 1966), p. 107n.

5　Martineau, *Autobiography*, i. 42—3.

行为（在我看来）是无法被原谅的。在那些有更多理由和权利去悲伤的人面前，我没有办法抑制自己的眼泪。"对这种明显应受责备的行为，马蒂诺给出的唯一解释和意大利剧院里拜伦勋爵的解释如出一辙——那时她病得不轻。[1] 对感伤主义的弃绝在这个例子中表现得再清楚不过。为失去父母的孤儿流下同情和悲伤的泪水，是麦肯齐的《有情人》中众多眼泪的一种，也是彼时牧师、道德家和慈善募捐者们经常赞美的眼泪。[2] 但对马蒂诺而言，这种眼泪只能用生病来解释。

马蒂诺允许自己流下可敬的、成年人的眼泪的种类非常有限，包括由宏伟的科学和无神论世界观所激发的眼泪，马蒂诺正是在孔德等人的影响下，皈依了这种世界观。马蒂诺回忆道，这些眼泪乃是智慧的"狂喜"，是对"我的作者（指孔德——译者注）被压抑的热情，他的哲学敏思，他那真挚的态度，以及他对自己广博的见解和深刻的同情之心的无法掩饰的享受"的回应，它们共同"使他的学生的心灵始终闪烁着令人愉悦的光芒"。[3] 孔德甚至在自己的书中断言这种智慧之泪是存在和有价值的。他指出，心灵的理性力量和情感力量截然不同但密切相关。或许正是在翻译这段关于理性能力的文字时，马蒂诺的泪水落到了她的腿上："受理性驱使的行为所激发的真情实感比其他情感更少见、更纯粹、更崇高，即使没有它们生动，也能催人泪下；在阿基米德、笛卡尔、开普勒、牛顿这些为自己民族争光的最为杰出的思想家身上，就有许许多多因发现真理而狂喜的例子可以证

1　Martineau, *Autobiography*, ii. 132.

2　见第七章。

3　Martineau, *Autobiography*, ii. 390—1.

明这一点。"[1] 马蒂诺通过她的狂喜之泪表明自己与知识巨匠们感同身受。因此，就像眼泪是 18 世纪循道宗信徒皈依的标志，眼泪是马蒂诺皈依无神论的标志。她的眼泪和感伤主义者的眼泪一样，都是同情人类的标志。但是她的说词很好地揭示了价值观和信仰的转变，她的眼泪正是通过这些转变产生和诠释的。热情依旧在，但它是"克制的"；感伤也是真实的，但它是"哲学的"；同情既不是肤浅的，也不是虔诚的，而是"深刻的"和"人性的"。

以约翰·斯图尔特·密尔为例，他那热泪盈眶的思想转变，是从父亲詹姆斯（曾信奉加尔文宗，后来成为一名功利主义者）的那种严厉、理性的信条，转向一种能够将情感和理智更加紧密地结合在一起的哲学。密尔的童年教育是在家进行的，父亲是他的老师。密尔学习的内容繁多且庞杂，包括语言、历史和科学，但没有宗教和艺术。7 岁时，他开始阅读希腊文原版的《柏拉图对话录》。12 岁时，他撰写了一部古罗马政治史，篇幅有一本书那么长。密尔的自传出版于 1873 年，其中有对他父亲生动的描绘，他的父亲似乎具有狄更斯笔下的葛擂硬先生的大部分性格：

> 他对各种激情和一切吹捧激情的言论或文字都表现出极大的蔑视。他认为这是一种愚蠢的表现。对他而言，"紧张"是可鄙和不满的代名词，与古人相比，现代人过于强调情感是一种道德失范。

1　Auguste Comte, *The Positive Philosophy of Auguste Comte, Freely Translated and Condensed by Harriet Martineau*, 2 vols (London: John Chapman 1853), i. 469.

尽管他父亲是苏格兰人，但密尔发现他"像绝大多数英格兰人一样羞于表露情感"，也正是因为缺少情感的表达，他成了一个没有情感的人。[1] 密尔在他20岁出头时经历了心理危机和严重的抑郁问题，他后来将这归咎于父亲的教育方式。密尔认为，他理性分析能力的过度发展，消磨了他的情感。密尔的人生转折点来自阅读威廉·华兹华斯的诗歌，以及聆听德国作曲家卡尔·马里亚·冯·韦伯（Carl Maria von Weber）的音乐，尤其是来自他阅读法国感伤主义剧作家和小说家让-富朗索瓦·马蒙泰尔（Jean-François Marmontel）的《回忆录》的时刻。[2]

密尔想起了马蒙泰尔在《回忆录》中讲述父亲去世的场面：马蒙泰尔描绘了家庭的艰难处境，回忆起自己顶替亡父家庭地位的坚定决心，尽管那时他还是一个小男孩。"我触景生情，热泪盈眶。"密尔写道。这是他的转变时刻。我们可以猜想，马蒙泰尔父亲的死，对密尔来说也象征那个冷漠无情的自己的死亡，但他葛擂硬式的父亲依然健在。从那以后，年轻的密尔不再认为"我心中的一切情感已死"，而是感到"我似乎仍然拥有一些品质，它们能培养我一切可贵的性格和追求幸福的能力"。[3] "培养情感，"密尔继续道，"已成为我的伦理和哲学信条的一个基本观点。"这时的他，试图向英国同胞灌输某种他认

1　John Stuart Mill, *Autobiography* (London: Longmans, Green, Reader, and Dyer), pp. 49—52; 关于密尔父亲和查尔斯·狄更斯《艰难时世》（1854年）中的葛擂硬先生的比较，见K. J. Fielding, "Mill and Gradgrind", *Nineteenth-Century Fiction* 11 (1956): 148—51; Thomas Dixon, "Educating the Emotions from Gradgrind to Goleman", *Research Papers in Education* 27 (2012): 481—95. 关于眼泪对于密尔的价值和重要性，见Helen Small, "'Letting Oneself Go': John Stuart Mill and Helmuth Plessner on Tears", *Litteraria Pragensia: Studies in Literature and Culture* 22 (2012): 112—27.

2　Mill, *Autobiography*, pp. 140—52.

3　Ibid. 141, 143—4.

为在欧洲大陆已被广泛接受的思想："经常性的情感体验"能催生出"普遍的知性文化"（general culture of the understanding）。密尔认为，对世间万物的感性认识，与"对世间万物的物理法则、智力法则及其联系的最为准确的理解和最为完美的实践认识"是完全一致的。比如，"云在落日照耀下呈现出的美，并不妨碍我认识云是水汽，它符合水汽在悬浮状态下的全部法则"。[1] 詹姆斯·密尔一定会被吓得够呛；强烈的美感毫不重要。

拜伦在早期诗作《眼泪》中指出，在引发哭泣的众多原因中，除了友谊和爱情，还有"真理的闪现"。[2] 不论是阅读孔德的哈丽雅特·马蒂诺，还是阅读马蒙泰尔的约翰·斯图尔特·密尔，他们经历的顿悟时刻，与18岁时在公众面前突然意识到女王新身份的维多利亚一样，都向我们证明，即使感伤主义已经退潮，邂逅新知识和新世界依然能让英国人的眼里盈满智慧和浪漫的泪水。然而即便眼泪受到赞颂，它们也有一些异质和奇怪之处。对马蒂诺和密尔来说，最让自己泪目的是法国而非英国的作家。密尔认为，一般来说欧洲人比英国人更懂情感表达。对伊丽莎白·巴雷特而言，君主之泪乃是福佑，但它是一种"奇怪的国家福佑"。阿尔弗雷德·丁尼生（Alfred Tennyson）也对眼泪感到陌生：眼泪是哀怜岁月流逝的"悲伤而奇怪的"象征，正如他在《公主》的几行名句中描述的那样："眼泪，毫无意义的眼泪，我不知道它们意味着什么。"[3] 到1892年丁尼生去世的时候，这句话几乎成为英国人的格言，成为

1　Mill, *Autobiography*, pp. 59, 152.

2　Byron, *Poetical Works*, p. 399.

3　"Tears, Idle Tears", from *The Princess*, Alfred Tennyson, *The Poems*, ed. Christopher Ricks, 2nd ed., 3 vols (Harlow: Longman, 1987), ii. 232—3.

全体国民日益压抑情感的一个声明。但当丁尼生的作品在19世纪40年代首次出版时，它是一部符合当时思想潮流的诗意反思，他的哲思写在一个仍有足够空间容纳柔情和悲怆的文化。接下来，我们关于眼泪的故事，将转向一位维多利亚时代早期公认的悲怆大师。

第十一章
小耐儿无笑颜

当查尔斯·狄更斯在1870年去世时,《雷诺兹报》称赞他是"悲怆大师"和"手执人类心弦"的作家。当他讲述《老古玩店》中白璧无瑕的女主人公耐儿·特伦特之死时,讣闻写道,"全世界都在哀悼",包括伟大的爱尔兰民族主义领袖丹尼尔·奥康奈尔(Daniel O'Connell)。奥康奈尔和朋友乘火车时,正在阅读故事的最后一部分,当读到耐儿之死时,"奥康奈尔泪眼婆娑——他抽泣着,那是内心高尚者才会有的哭泣"。他大喊两声:"他不应该杀了她!"然后将书扔出车窗。[1] 这个故事就像大批美国读者聚集在纽约码头焦急地等待着来自英国的故事结局并大声询问乘客"小耐儿死了吗?"一样,有些夸张之嫌。[2] 关于奥康奈尔这段往事的另一个版本是,他对耐儿的惨死并没有表现出巨大的悲伤,而是抱怨狄更斯造诣不足,不仅没能让女孩的努力换来圆满的结局,反而让她一死了之,以回避写作上的

1　"Charles Dickens in Westminster Abbey", *Reynolds Newspaper*, 19 June 1870, p. 1.
2　Madeline House and Graham Storey, "Preface", *The Pilgrim Edition of the Letters of Charles Dickens*, ii: 1840—1841 (Oxford: Oxford University Press, 1969), especially pp. ix—xii.

困难。照这个版本的说法，奥康奈尔厌恶地将书扔掉，发誓再也不读狄更斯。约翰·罗斯金（John Ruskin）后来也以不屑的口吻评论道，耐儿是"为了市场而死的，就像屠夫杀死羊羔一样"。[1]

耐儿·特伦特的圣徒形象和70年前出版的亨利·麦肯齐的《有情人》的主人公哈利的圣徒形象有许多相似之处。[2]耐儿和哈利不谙世故、温柔、怜悯、善良，他们在一个腐败堕落的世界里终其一生，最后在悲凉的虔诚中死去。从《老古玩店》不同版本的序言中可以清楚看出，狄更斯很乐意读者将他看作麦肯齐、斯特恩斯和菲尔丁的接班人。[3] 19世纪20年代，路易莎·斯图尔特夫人和她的好友可能会嘲笑《有情人》中夸张的哭泣，但查尔斯·狄更斯的作品在随后几十年获得的前所未有的成功，说明感伤小说在维多利亚时代仍拥有巨大的市场。在英国各地，不论是文学、艺术和政治机构的人员，还是那些在大众期刊或廉价小书上阅读狄更斯作品的读者，无不含笑带泪，而且一点也不感到害臊。回顾狄更斯式悲怆得以产生的社会现实、宗教观念、政治叙事和文学实践，我们可以将小耐儿放回属于她的地方：维多利亚时代感伤主义的临终床。[4]

1　Philip Collins (ed.), *Charles Dickens: The Critical Heritage* (London: Routledge and Kegan Paul, 1971), p. 100.

2　见第七章。

3　Charles Dickens, *The Old Curiosity Shop*, ed. with an introduction by Elizabeth M. Brennan (Oxford: Oxford University Press, 1999), pp. 1—6. 另见 Fred Kaplan, *Sacred Tears: Sentimentality in Victorian Literature* (Princeton: Princeton University Press, 1987); Marie Banfield, "From Sentiment to Sentimentality: A Nineteenth-Century Lexicographical Search", *19: Interdisciplinary Studies in the Long Nineteenth Century* 4 (2007), 〈http://19.bbk.ac.uk/index.php/19/article/viewFile/459/319〉; Valerie Purton, *Dickens and the Sentimental Tradition: Fielding, Richardson, Sterne, Goldsmith, Sheridan, Lamb* (London: Anthem Press, 2012).

4　Philip Collins, *From Manly Tear to Stiff Upper Lip: The Victorians and Pathos* (Wellington, New Zealand: Victoria University Press, n.d. [1975]); Kaplan, *Sacred Tears*; Gesa Stedman, *Stemming the Torrent: Expression and Control in the Victorian Discourses on Emotion,* （转下页）

在狄更斯的质疑者中, 最有名的是奥斯卡·王尔德。据说, 他称一个人只有铁石心肠, 才能在读到小耐儿之死时不笑。[1] 这句俏皮话经常挂在一部分自以为是和不苟言笑的维多利亚人嘴边, 用来反对那些哭哭啼啼和过度情绪化的人。后来, 王尔德被判"严重猥亵罪", 他在狱中写了一封长信, 指责曾经的情人阿尔弗雷德·"博西"·道格拉斯 (Alfred "Bosie" Douglas) 是个"感伤主义者", 并将这个词定义为"渴望享受情绪的快感, 却不愿为此付出代价"的人。[2] 王尔德是之前反对 18 世纪文学和政治哲学的作家的追随者。1821 年, 托马斯·胡德在对斯特恩的《感伤之旅》的戏仿中写道, 尽管有些"感伤主义者"准备随时为"他们遇见的第一只死狗或瘸腿鸡"恸哭叹息, 但他不是这样的读者, 他厌恶"垂泪族 (weeping-willow set), 因为他们为自己的哈巴狗和金丝雀流尽眼泪, 面对那些真正不幸和苦难的孩子们时却无泪可流"。[3] 托马斯·卡莱尔在维多利亚女王登基那年出版的法国大革命史论著加深了这样一种观点: 革命者的

(接上页) *1830—1872* (Aldershot: Ashgate, 2002); Richard Walsh, "Why We Wept for Little Nell: Character and Emotional Involvement", *Narrative* 5 (1997): 306—21; Nicola Bown, "Introduction: Crying Over Little Nell" and Sally Ledger, "'Don't be so melodramatic!' Dickens and the Affective Mode", both in *19: Interdisciplinary Studies in the Long Nineteenth Century* 4 (2007), "Rethinking Victorian Sentimentality", ⟨http://www.19.bbk. ac.uk/index.php/19/issue/view/67⟩; Carolyn Burdett, "Introduction" to *New Agenda: Sentimentalities, Journal of Victorian Culture* 16(2011): 187—94.

1 这句名言来自王尔德的朋友艾达·莱弗森的记录。彼时王尔德因"严重猥亵"受到首次审判 (未被定罪), 在那之后直至1895年他被重审和定罪之前, 王尔德与艾达和她的丈夫住在一起。Ada Leverson, *Letters to the Sphinx from Oscar Wilde, with Reminiscences of the Author* (London: Duckworth, 1930), p. 42; 另见Richard Ellmann, *Oscar Wilde* (London: Hamish Hamilton, 1987), p. 441.

2 *The Complete Works of Oscar Wilde*, ii: *De Profundis*, "Epistola: In Carcere et Vinculis", ed. Ian Small (Oxford: Oxford University Press, 2005), p. 140.

3 Thomas Hood, "A Sentimental Journey from Islington to Waterloo Bridge", first published in the *London Magazine* in 1821, in Alan B. Howes (ed.), *Laurence Sterne: The Critical Heritage* (London: Routledge and Kegan Paul, 1974), pp. 367—8 (p.368).

意识形态是从"怀疑主义、感官主义和感伤主义的腐烂垃圾中产生的"。卡莱尔写道,"感伤主义的玫瑰色雾气"完全无法掩盖患病的法国政体从下面散发的恶臭。他反问道:"难道感伤主义不是道貌岸然(Cant)的孪生姐妹吗?"[1]

然而卡莱尔曾为狄更斯的小说潸然泪下,托马斯·胡德是狄更斯最狂热的崇拜者之一,我们也很难将奥斯卡·王尔德归为情感匮乏的作家。[2]王尔德在1888年出版的《快乐王子及其他故事》是维多利亚时代最为感伤和催泪的作品。与狄更斯及其前辈的故事一样,王尔德的故事将死亡、童真、社会不公和宗教意向糅合在一起——这无疑是有意为之——从而产生了一种催泪的效果。我这么说,依据的是自己的经验,尤其是大声朗读这些故事的经验,因为我发现这样做时眼泪会止不住地流下来。以《快乐王子》为例,它讲述了一只忠诚的燕子和一座自我牺牲的皇家雕像之间的友谊。因为奥斯卡·王尔德,我甚至发现自己陷入了为死鸟垂泪的尴尬境地。在这样的时刻,很难相信王尔德是一位反感伤主义者。[3]

无论是在炉边的家庭聚会上,还是在午餐、茶会等其他社交场

1　Thomas Carlyle, *The French Revolution: A History* (1837), chs1.2.III, 1.2.VII, and 2.2.I, in *The Works of Thomas Carlyle*, ed. Henry Duff Traill, 30 vols (London: Chapman and Hall, 1896—9), ii. 36, 55, iv. 119.

2　关于卡莱尔,见John Drew, "Reviewing Dickens in the Victorian Periodical Press", in Sally Ledger and Holly Furneaux (eds), *Charles Dickens in Context* (Cambridge: Cambridge University Press, 2011), pp. 35—43 (p. 36); Ledger, "Dickens and the Affective Mode". 1840年,托马斯·胡德曾为《亨福利老爷的座钟》(《老古玩店》最初的标题)写过一篇满是赞誉的评论。在1848年和后来版本的序言中,狄更斯提到了这篇评论,描述了当得知作者是胡德时自己的欣喜之情; Collins, *Critical Heritage*, pp. 94—8; Dickens, *The Old Curiosity Shop*, p. 6。

3　我自己朗读《快乐王子》的经历,见"Margaret Are You Grieving? A Cultural History of Weeping", BBC Radio 3, 27 Jan. 2013, ⟨http://www.bbc.co.uk/programmes/b01pz96d⟩。关于18世纪为死鸟哭泣的倾向,见第八章。

合，人们通常会大声朗读维多利亚时代的小说。一天晚上，当哈丽雅特·马蒂诺的好友安妮·马什在晚餐后大声朗读《海军上将的女儿》时，马蒂诺被感动得热泪盈眶。她被故事中不忠贞的女主人公遭受的不幸和付出的牺牲深深触动，于是帮忙安排了该书的出版。马什凭借她的道德小说获得了巨大的成功，她遵循说教和感伤小说的惯例，赞美女性自我牺牲的精神。1874年她去世后，《雅典娜》杂志评价道："没有哪位作家比她更催人泪下。在那个时代，没有哪本书比《畸形人》更让人泪如泉涌，也没有哪本书比《海军上将的女儿》中令人心碎的故事更能让人流下静穆的眼泪。"[1]

1855年，苏格兰作家玛格丽特·奥列芬特（Margaret Oliphant）也评论道，不应独自阅读小说，而应当大声读给他人听："可怜的小耐儿！谁能用冷静的声音或者不带一滴泪地读完她身世故事的最后一章？"[2] 我们从他们本人的回忆中得知，王尔德曾为两个年幼的儿子大声朗读，当给他们讲《自私的巨人》时，王尔德泪眼汪汪地向儿子解释道，"真正美好的东西总能让他热泪盈眶"。[3] 尽管他的故事有着令人窒息的情感氛围，但王尔德眼泪的来源是美而不是悲怆，这一点与他的美学人格是一致的。在这个故事中，小男孩的婆娑泪眼让他看不清正向他走来的巨人，最后他像基督一样在爱和痛苦中死去。《快乐王子》和《自私的巨人》与狄更斯笔下的儿童死亡场面相似，结局都具有宗教色彩。在《快乐王子》的结尾，上帝让天

---

1 P. D. Edwards, "Marsh, Anne (bap. 1791, d. 1874)", *Oxford Dictionary of National Biography* (Oxford University Press, 2004, online edn) doi:10.1093/ref:odnb/18117; "Obituary of Mrs Marsh", *The Athenaeum*, 17 Oct. 1874, pp. 512—13.
2 Margaret Oliphant, writing about *Hard Times* in *Blackwoods Magazine* in 1855; Collins, *Critical Heritage*, p. 331.
3 Vyvyan Holland, *Son of Oscar Wilde* (London: Rupert Hart-Davis, 1954), pp. 53—4.

使将城里最珍贵的两件东西带给他，于是天使带去了雕像破碎的铅心和死鸟。"你的选择是正确的，"上帝说，"因为在我天堂的花园里，这只小鸟能永远歌唱，在我的黄金之城中，快乐的王子会将赞美献给我。"[1]

　　简言之，我们不应把王尔德对小耐儿的随口评论太当真。他那番言论发表于1895年，比《老古玩店》首次出版晚了半个多世纪。《老古玩店》是由一位催泪的作家创作而成，故事涉及贫穷、天使、夭折的孩童和死鸟。正如我们看到的，在整个19世纪，一个人既可以是感伤主义的反对者，也可以是狄更斯式悲怆文学的崇拜者，更不用说是创作者了。维多利亚时代的人，能将他们认为空洞的、意识形态上有害的、与声名狼藉的革命情感相关的感伤主义和源自虔诚与社会良心的真实悲怆区分开来。即便狄更斯字里行间中那些触动人心的力量被夸大到神乎其神的程度，毫无疑问的是，在维多利亚当朝的头三十年里，狄更斯的故事——特别是南希·塞克斯、保罗·董贝、小耐儿和西德尼·卡登之死——制造了悲痛的情感和滔滔不绝的眼泪。这些死亡的时刻不仅让狄更斯数以百万的读者流下了怜悯、伤痛和钦佩的泪水，也让狄更斯名利双收，并且引来了无数的竞争和效仿。小耐儿不仅因狄更斯式的死亡而不朽，还因其他人创作的绘画、雕塑、诗歌、戏剧和歌曲被世人铭记。[2]

1　"The Happy Prince", in Oscar Wilde, *Complete Shorter Fiction*, ed. Isobel Murray (Oxford: Oxford University Press, 2008), p. 103.

2　1841年，对皇家艺术学院雕塑展的一篇评论文章称赞 E. G. 帕普沃思创作的《可怜的小耐儿》表现出了"极度温柔和悲伤的美"，并将其与几年前在皇家艺术学院"令年轻母亲们潸然泪下"的弗朗西斯·钱特雷创作的《沉睡的孩子》进行了比较。"Royal Academy", *The Athenaeum*, 22 May 1841, pp. 406—7. 威廉·霍尔曼·亨特（后成为前拉斐尔兄弟会的核心成员）最早展出的画作之一是《小耐儿和她的祖父》（1845年），现藏于谢菲尔德博物馆；Richard D. Altick, *Paintings from Books: Art and Literature in Britain 1760—1900* (Columbus: Ohio State University Press, 1985), p. 466。对1849年（转下页）

与那些私下或公开阅读他故事的读者一样，狄更斯自己在写作那些死亡场面时也会不禁泪目。[1] 小保罗·董贝的故事尤其受读者喜爱，许多人认为这是他最成功的悲怆小说。[2] 保罗·董贝是一个聪明早熟的孩子，他善于思考，但身体虚弱，与别的孩子格格不入——他经常被其他人称为"老气的"男孩。董贝的疾病日渐恶化，他陷入幻觉，仿佛看见眼前的河流快速流向大海，也将他带向死亡。当他心爱的姐姐站在窗边，保罗描述他们过世的母亲沐浴在圣光中的面容，阳光从窗外的小溪反射进来，在墙上映照出金色的涟漪："那古老，那古老的风习——死亡！噢，一切看到了那称为永生的更为古老的风习的人们，感谢上帝吧！当湍急的河水载着我们奔向大海，儿童们的天使呀，请不要用漠不关心的眼光俯视着我们吧！"[3]

这类文字更容易让现代读者反胃而非流泪是有几个原因的。它们似乎过于夸张和做作。我们面对的不仅是一个病得奄奄一息的孩子，还是一个在褪褓中就失去母亲的无辜的男孩，他在短暂一生中受

（接上页）音乐会的评论称，伊丽莎·里昂莎小姐"以最深沉的悲怆之情，演唱了一首名为《小耐儿》的民谣，赢得了满场的返场呼声"；"Music", *The Critic*, 15 Jan. 1849, p. 41. 同样在1849年——也就是小耐儿的形象问世十年后——《雅典娜》抱怨时下流行的小说通过让"许多可爱的孩子像小耐儿那样死去"来制造"过时的悲情"；"Our Library Table", *The Athenaeum*, 10 Mar. 1849, p. 251.

1　Bown, "Crying Over Little Nell" and Ledger, "Dickens and the Affective Mode"; 两篇文章都分析了狄更斯的催泪能力。Kaplan, *Sacred Tears*, p. 71, 转引自简·弗里斯对狄更斯主持的一场公开读书会的记录。她看到"大厅里的每个人都在流泪"，但她没有被感动。Collins, *Manly Tear*, pp. 5—7；作者提到，萨克雷、艾略特、丁尼生、克拉夫以及狄更斯都曾在朗读自己的作品时落泪。

2　1869年，《观察家》将保罗·董贝之死中体现的"真正的悲怆"与小耐儿之死中"多愁善感的感伤主义"进行了对比；"Mr Dickens's Moral Services to Literature", *The Spectator*, 17 Apr. 1869, pp. 10—11. 狄更斯最成功的公开表演是他当众朗读保罗·董贝之死的一幕，见 Philip Collins (ed.), *Charles Dickens: The Public Readings* (Oxford: Clarendon Press, 1975); Charles Dickens, *The Story of Little Dombey and Other Performance Fictions* (Peterborough, Ontario: Broadview Press, 2013)。

3　Charles Dickens, *Dombey and Son*, ed. with an introduction and notes by Dennis Walder (Oxford: Oxford University Press, 2001), ch. 16, pp. 240—1.

尽痛苦, 即将和姐姐永别, 面对死亡表现出坚忍的英雄主义态度。但即使像我这种理论上情愿被这种文字打动的人, 这些死亡场面在遇到需要陈述宗教教义时也会带来一个额外的问题。撇开上帝、天使和来世是否存在这类问题不谈, 单从文学和情感角度看, 主张永生似乎破坏了预期的效果。如果死去的孩子获得了永恒的幸福, 与过世的母亲在天堂重聚, 那还有什么好哭的呢? 狄更斯试图同时制造创痛和慰藉, 但也许正是这种混杂的情感产生了催泪的效果。在欣赏古典悲剧时, 观众的眼泪来自恐惧和怜悯。对于维多利亚时代的感伤小说而言, 催泪的方法就是将悲伤与希望混合在一起。在全世界为小耐儿哀悼数年以后, 伊丽莎白·巴雷特观察道:"绝望的悲伤是没有激情的。"[1]

那么为什么死去的都是儿童? 抛开文学类型和情感反应这类问题不谈, 在狄更斯生活的年代, 婴儿死亡率之高, 是我们这些现代西方人难以想象的。几乎每个人在一生中都会失去一个男婴或女婴、一个尚在襁褓中的姐妹或兄弟。对大多数人来说, 这是一种要遭遇不只一次的失去。即使在现代医学诞生和公共卫生获得极大改善之后, 婴儿死亡率依然居高不下。19 世纪末人口死亡数的四分之一是婴儿。[2] 相较之下, 2012 年英格兰和威尔士 1 岁以下婴儿的死亡数是前者的五十分之一, 仅占全部登记死亡人数的 0.5%。[3] 对当代英国父母而言, 幼儿夭折是罕见和恐怖的遭遇 (正如我们要看到的, 21 世纪

1　Elizabeth Barrett Browning, "Grief" (1844), in *The Poetical Works of Elizabeth Barrett Browning* (London: Henry Frowde, 1904), p. 330.

2　Pat Jalland, *Death in the Victorian Family* (Oxford: Oxford University Press, 1996), p. 5.

3　"Mortality Statistics: Deaths Registered in England and Wales (SeriesDR), 2012", Office for National Statistics, 22 Oct. 2013, 〈http://www.ons.gov.uk〉.

连续两位英国首相都遭此厄运)。[1] 但对维多利亚时期的父母而言,这不过是一场可怕的考验。

所有社会阶层的家庭都会遭受婴幼儿夭折的悲剧,霍乱和猩红热这些能在拥挤逼仄的城市贫民窟中迅速传播的传染病是主因。对于劳动阶层,无论是农场工人还是工厂工人,大量婴儿死亡不过是统计数字。[2] 这些孩子的坟墓通常没有任何标记,他们最后的时光无人描述,他们父母的情感经历也没有留下记录。在较富裕和受教育程度较高的家庭,这种丧亲经历会以私人日记、家庭成员共同参与的虔诚的临终纪念、悲伤的父母(包括小说家、科学家、哲学家、政治家和教会人士)寄出或收到的信件等形式保存下来。[3] 最为详尽的一份记录来自阿奇博尔德·泰特(Archibald Tait)牧师和他的妻子凯瑟琳。泰特和詹姆斯·密尔一样,从小接受苏格兰长老会的教育,因此两人都被灌输了一种观念,即对任何带有情感放纵意味的事物充满了不信任。[4] 泰特的事业成就卓然,他曾担任拉格比学校校长,1850年被任命为卡莱尔学院院长,之后擢升伦敦主教,最后在1869年成为坎特伯雷大主教。[5]

1　当反对党领袖大卫·卡梅伦的儿子伊万于2009年2月去世时,首相戈登·布朗(他自己也在2002年失去了襁褓中的女儿)对下议院说:"每个孩子都是宝贵和不可替代的,孩子的死亡是任何父母都不应承受的痛。" "Country's Prayers with Camerons", BBC News, 25 Feb. 2009, ⟨http://news.bbc.co.uk/1/hi/uk_politics/7910125.stm⟩. 另见第十九章。

2　贾兰德的《维多利亚家庭中的死亡》(Jalland, *Death in the Victorian Family*)关注的是受过良好教育的中上阶层家庭,其他学者则试图还原工人阶级的死亡经历和他们对悲伤的表达,朱莉-玛丽·斯特兰奇便是代表: Julie-Marie Strange, *Death, Grief and Poverty in Britain, 1870—1914* (Cambridge: Cambridge University Press, 2005)。

3　Jalland, *Death in the Victorian Family*; Laurence Lerner, *Angels and Absences: Child Deaths in the Nineteenth Century* (Nashville and London: Vanderbilt University Press, 1997); 关于查尔斯·达尔文为爱女安妮之死哀伤,见第十三章。

4　关于约翰·斯图尔特·密尔的父亲詹姆斯·密尔的生平,以及父子二人对情感的态度,见第十章。

5　Peter T. Marsh, "Tait, Archibald Campbell (1811—1882)", *Oxford Dictionary of National Biography* (Oxford University Press, 2004; online edn, Jan. 2008), doi:10.1093/ref:odnb/26917.

1856年的头几个月，猩红热在卡莱尔蔓延。凯瑟琳·泰特刚刚产下一个女婴，于是泰特一家有了七个孩子，其中六个女孩、一个男孩，他们年龄都不超过10岁。这是一个忙乱、有活力和吵闹的家庭。3月6日，女儿查蒂被确诊猩红热，第二天夭折。她的父母立即采取措施，防止疾病传染给其他孩子：水蛭被放在年幼的身体上，墙壁用石灰进行了清洗、兄弟姐妹被送到邻居家、女孩们的长发被剪断烧掉，每人只留下一绺交给她们的母亲保存。这一切于事无补。凯瑟琳·泰特曾经喜欢抚摸女儿们的头发，现在她将剪发行为视为一种象征，表明自己选择听天由命。3月6日，阿奇博尔德·泰特和凯瑟琳·泰特是七个健康孩子的父母。到4月8日，他们的孩子只有两人幸存。五个年龄在1岁到10岁的女儿——查蒂、苏珊、弗朗西丝、卡蒂和梅——在复活节前后相继夭折，只有刚出生的女婴和她的哥哥幸存。那时，全国都在为基督战胜死神而庆祝。她们的父母将思绪写进日记，反思自己经受的磨难，这些磨难损害了他们的健康，考验了他们的信仰。如今，家里变得安静了不少。[1]

在现代读者看来，泰特夫妇对丧子之痛的描述不仅充满悲伤，而且令人莫名感动，也许这不仅仅因为他们满怀对上帝的期望。这就是现实生活中的狄更斯情节。泰特的孩子在痛苦中死去，医生们几乎束手无策。这些女孩并不像保罗·董贝那样安详地离去，也不像小耐儿那样静悄悄地从人们的视线中消失（见图12），她们浑身发热、疼痛抽搐、四肢僵硬，在极度的痛苦中丧失了知觉。然而对于一个虔诚

1　Jalland, *Death in the Victorian Family*, pp. 127—30; Lerner, *Angels and Absences,* pp. 14—17; Catherine and Craufurd Tait, *A Memoir,* ed. William Benham (London: Macmillian & Co., 1879).

gone. Sorrow was dead indeed in her, but peace and perfect happiness were born; imaged in her tranquil beauty and profound repose.

And still her former self lay there, unaltered in this change. Yes. The old fireside had smiled upon that same sweet face; it had passed like a dream through haunts of misery and care; at the door of the poor schoolmaster on the summer evening, before the furnace fire upon the cold wet night, at the still bedside of the dying boy, there had been the same mild lovely look. So shall we know the angels in their majesty, after death.

The old man held one languid arm in his, and had the small hand tight folded to his breast, for warmth. It was the hand she had stretched out to him with her last smile—the hand that had led him on through all their wanderings. Ever and anon he pressed it to his lips; then hugged it to his breast again, murmuring that it was warmer now; and as he said it he looked, in agony, to those who stood around, as if imploring them to help her.

She was dead, and past all help, or need of it. The ancient rooms she had seemed to fill with life, even while her own was waning fast—the garden she had tended—the eyes she had gladdened—the noiseless haunts of many a thoughtful hour—the paths she had trodden as it were but yesterday—could know her no more.

"It is not," said the schoolmaster, as he bent down to kiss her on the

图12：小耐儿"安然离世"，《老古玩店》(1841年)插画，乔治·卡特莫尔创作。

的、受过良好教育的家庭来说，他们习惯了每晚一起大声朗读《圣经》和最喜爱的赞美诗，以及莎士比亚、卡莱尔和狄更斯的作品——他们经历的生离死别与这些作品有着相同的叙事。[1] 对于大一点的女孩来说，她们明白发生了什么，能用喜欢的宗教诗歌解释自己与兄弟姐妹的命运并期待在天堂永聚。对于父母来说，最难的事情莫过于让自己忘掉丧子之痛并坚信上帝已将他们深爱的孩子的灵魂团聚在一起。当二女儿梅询问妹妹卡蒂的下落时，她还不知道妹妹已经病亡，凯瑟琳直接告诉梅："主耶稣基督已经把你亲爱的卡蒂带去天堂见查蒂和弗朗西丝了。你愿意去找她们吗？"梅沉默了，她的母亲写道："但她似乎心满意足——她没有再多问。"不久后，梅离开了人世，追随姐妹去了。[2]

　　凯瑟琳·泰特的记述包括一些狄更斯式的时刻，她将悲伤和希望结合在一起，表达出了虔诚和顺从。泰特夫妇最难以承受大女儿卡蒂的死。父亲对卡蒂说："噢，我的卡蒂，我们非常爱你，你是我们的珍宝啊。"女孩听了，看向天堂，将手指向天空。凯瑟琳记录道，就在卡蒂看到天堂时，一束神圣的光照在女孩的脸上，她向"等待将她送到那个地方的天使"伸出了双手。当凯瑟琳对阿奇博尔德·泰特说卡蒂想被带回家，去那天国时，阿奇博尔德"泪如泉涌"。卡蒂努力抬起手，擦拭父亲的脸颊。[3]

　　真实的丧亲之痛和理想化的文学表达是前后游移的，彼此赋予对方新的结构和内涵。狄更斯在写作小耐儿之死时，重温了1837年

1　Tait and Tait, *Memoir*, p. 443n.

2　Ibid., 383.

3　Ibid., 358.

自己在妻子的妹妹、17岁的玛丽去世悲痛的心情，小耐儿正是部分以玛丽为原型创作的。[1] 相应的，读者也可以在狄更斯理想化的儿童死亡故事中重温和抚平自己的丧亲之痛，并从中有所收获。许多人写信给狄更斯，讲述他们如何为小耐儿或保罗·董贝潸然泪下，以及如何从这种经历中感受道德和情感上的裨益。演员查尔斯·麦克雷迪（Charles Macready）就是其中之一，他在给狄更斯的信中提到了耐儿之死："在这幅摄人心魄的画中，你用力量、真理、美丽和深刻的道德，为你所作的一切加冕。"这位演员的小女儿琼在两个月前夭折。[2] 几十年后，在东伦敦的赤贫环境中长大的乔治·阿贡（George Acorn）回忆起小时候和父母一起阅读《大卫·科波菲尔》的情景："我们都很喜爱这本书，最后当我们读到'小艾米丽'时，我们都为可怜的老果提的不幸而哭泣。眼泪将同样深陷困苦的我们团结了起来。"[3]

查尔斯·麦克雷迪以其情感充沛的戏剧表演而闻名，其中包括他对李尔王的演绎。狄更斯对耐儿·特伦特的祖父虚弱、轻信形象的刻画，也受到了麦克雷迪的影响。[4] 1839年2月的某个晚上，维多利亚女王和哈丽雅特·马蒂诺都欣赏了麦克雷迪主演的《李尔王》。维多

1　Michael Slater, *Dickens and Women* (London: Dent, 1983), pp. 95—6; Brennan, "Introduction", in Dickens, *The Old Curiosity Shop*, pp. xxiv—xxv.

2　Macready to Dickens, 25 Jan. 1841, *The Pilgrim Edition of the Letters of Charles Dickens*, ii: *1840—1841* (Oxford: Oxford University Press, 1969), p. 193; 转引自Bown, "Crying Over Little Nell" and Lerner, *Angels and Absences*, p. 176. 关于1844年麦克雷迪和其他人在私下阅读狄更斯的《圣诞颂歌》时呜咽擦泪的记述，见Ledger, "Dickens and the Affective Mode"。

3　"George Acorn", Reading Experience Database (record ID 2368), ⟨http://www.open.ac.uk/arts/reading/UK⟩; Jonathan Rose, *The Intellectual Life of the British Working Classes* (New Haven: Yale University Press, 2001), p. 111.

4　Paul Schlicke, "A 'discipline of feeling': Macready's *Lear* and *The Old Curiosity Shop*", *Dickensian* 76 (1980): 78—90; Philip Hobsbaum, *A Reader's Guide to Charles Dickens* (Syracuse, NY: Syracuse University Press, 1998), pp. 56—8.

第三部分　悲怆

图13：托马斯·罗兰德森，《悲剧观众》（1789年）。

利亚来晚了，她在开场时毫无顾忌地交谈和大笑。维多利亚在日记里写道，麦克雷迪的表演"过于激烈和热情"。相比之下，哈丽雅特·马蒂诺注意到，陪同女王的阿尔贝马尔伯爵"沉浸在戏中，忘记了周围的一切"，他在座位上不断向前探着身子，涕泗交颐，"直到他的软手帕再也盛不进她的眼泪"。[1] 伯爵生于感伤主义盛行的1772年，他哭哭啼啼的举动是上一代人的风格，那一代人对悲剧的反应曾在1789年被托马斯·罗兰德森嘲讽（见图13）。[2]

---

1 "Monday 18 th February 1839", Lord Esher's Typescript of Queen Victoria's Journal, p. 47, ⟨http://www.queenvictoriasjournals.org⟩; Harriet Martineau, *Autobiography, With Memorials by Maria Weston*, 3 vols (London: Smith, Elder, 1877), ii. 119—20.

2 Thomas Rowlandson, "TragedySpectators" (London: S. W. Fores, 1789); Victoria and Albert Museum, Museum no. S.57—2008, ⟨http://collections.vam.ac.uk⟩.

我们已经看到，尽管理性主义者、浪漫主义者、新教徒和自由思想家们对感伤主义口诛笔伐，但在维多利亚统治初期，有情人的时代并未完全过去。在嫁给阿尔伯特之前，维多利亚与她第一任首相墨尔本勋爵的关系，是她在直系亲属之外最重要的关系。[1] 事实上，维多利亚和墨尔本彼此之间似乎有那么点情投意合。眼泪是他俩政治和个人联盟的显著特征，墨尔本勋爵几乎承包了所有的泪水。在女王的日记中，心爱的"M勋爵"总是泪眼汪汪，几乎任何事情都能让他泪流满面，包括维多利亚对亲属和外人最微不足道的仁慈、关心和感谢。[2] 墨尔本还为自己写的一份讲稿数次落泪。第一次落泪发生在1837年11月维多利亚首次在议会开幕式上用它发表演讲时。第二次落泪是几天前墨尔本向维多利亚朗读草稿时，尤其是当他"读到结尾部分，这部分提到了我的年轻以及我对臣民忠诚的依赖——真是一个善良、优秀的好男人"。维多利亚在日记中提到墨尔本勋爵的眼泪时，也常常迸发出相似的爱慕之情。"他是多么谦逊啊，"1838年2月维多利亚赞美道，"说真的，我必须在此重申，我是**多么钦佩他**，在**各个**方面，在言行举止上，他对我**非常非常**好，他关心每一件小事，每一件事。**我的确真的**非常喜欢他。当他谈到任何可能影响到我或者

1　Peter Mandler, "Lamb, William, Second Viscount Melbourne (1779—1848)", *Oxford Dictionary of National Biography* (Oxford University Press, 2004; online edn, Jan. 2008), doi:10.1093/ref:odnb/15920; Karen Chase and Michael Levenson, "'I never saw a man so frightened': The Young Queen and the Parliamentary Bedchamber", in Margaret Homans and Adrienne Munich (eds), *Remaking Queen Victoria* (Cambridge: Cambridge University Press, 1997), pp. 200—18.
2　通过在《维多利亚女王日记》(网络版)中搜索"眼泪"(tears)一词，时间限定在女王即位之初的年份(1837年至1839年)，可以找到几十处墨尔本勋爵落泪的案例。*Queen Victoria's Journal*, ⟨http://www.queenvictoriasjournals.org⟩.

国家或者其他人的事情，他眼里就噙满了泪水。"[1]

维多利亚女王始终是一副阴沉、冷漠的形象——这种人物漫画是站不住脚的。她热情似火、情感丰富，年轻时尤其如此。但她并不是一个感伤主义者。她的情感风格明显不同于她的第一任首相，也有别于她统治前半期那些伟大的小说家。自从她作为女王第一次在圣詹姆士宫的阳台上含泪亮相后，她无论在公共场合还是在私底下都很少哭泣。在1840年2月女王婚礼的那一天——一个对维多利亚来说充满了前所未有的柔情、爱慕和幸福的日夜——一些报纸报道说她在婚礼上哭了，她在日记中愤怒地纠正了这个说法："我全程没有流一滴眼泪。"[2]

在与墨尔本勋爵的交谈中，维多利亚谈到了不同民族的情感和感伤倾向。首相声称，多愁善感"是失败者的标志"，考虑到墨尔本自己凡事哭哭啼啼的性格，这番话着实让人惊讶。维多利亚推测，他母亲那不幸的多愁善感的个性，是她德国性格的体现。墨尔本礼貌地指出，这种倾向在英国也有引人注目的先例，他举了"斯特恩和麦肯齐的例子，称他们'对驴进行反思'，等等"。[3] 还有一次，墨尔本分享了他对爱尔兰民族的看法，称他们是"一群可怜人"，他们虚伪狡诈，"情感冲动"，容易流泪，并称自己认识的一些最坏的人也有这种冲动情感。"这一切千真万确"，维多利亚郑重地断言。这体现出她完全能够谴责自己母亲那种德国人特有的多愁善感，以及整个爱尔兰民族

---

1 "Thursday 16th November 1837", p. 19; "Friday 19th January 1838", p. 28, *Queen Victoria's Journal*.

2 "Monday 10th February 1840", p. 345, *Queen Victoria's Journal*.

3 "Monday 18th March 1838", p. 149, *Queen Victoria's Journal*. 此处提到驴是在影射劳伦斯·斯特恩的《感伤旅行》中有关死驴的一幕。见第八章。

的虚伪、冲动和好哭，与此同时，她又能毫无保留地赞美墨尔本的眼泪——"因为我知道它们来自他那颗善良的心"[1]。

墨尔本的观点反映了英国人对爱尔兰人常见的成见。爱尔兰人软弱、酗酒、原始、迷信、易激动的刻板印象，是几个世纪以来宗教和政治上的冲突、压迫和反抗的产物。[2] 1801年，爱尔兰在政治上并入联合王国。19世纪40年代，爱尔兰大饥荒爆发，芬尼亚运动、共和主义及地方自治运动迅速发展。在这个时期里，针对英国地主和政治家的仇恨与暴力在爱尔兰与日俱增，那些反爱尔兰的陈词滥调则在英格兰有了新的内涵。我们将要看到，现代科学对种族的认识，为断言爱尔兰民族有道德缺陷提供了生物学基础。[3] 但双方仍有一些人希望通过改革和协商实现未来的和平。19世纪30年代，丹尼尔·奥康奈尔就是其中之一。他特别希望维多利亚的即位象征着一个通过增进同情和改良主义来解决爱尔兰问题的时代的到来。[4] 当年轻的女王含着热泪在圣詹姆士宫阳台上宣布登基时，下方的人们挥舞着帽子和手帕欢呼致意。有报纸称："奥康奈尔先生挥舞着帽子，热情地欢呼，吸引了很多人的注意。"[5]

奥康奈尔和他的家人有幸目睹了女王。但是，这次与上流社会的亲密接触并没有给这位"解放者"带来他期望的实质性进展。[6] 在1841年的议会选举中，托利党重掌大权，而奥康奈尔的爱尔兰废除协

1　"Sunday 19th August 1838", p. 37; "Monday 18th March 1839", p. 153, *Queen Victoria's Journal*.

2　关于宗教改革时期英国人在爱尔兰等地的反天主教主义，以及他们对过度哀悼的描述，见第二章。

3　见第十三章。

4　James H. Murphy, *Abject Loyalty: Nationalism and Monarchy in Ireland during the Reign of Queen Victoria* (Crosses Green: Cork University Press, 2001), p. 20.

5　"Royal Procession from Kensington to St James's", *The Standard* (London), 22 June 1837, p. 3.

6　Murphy, *Abject Loyalty*, ch. 2.

会仅获得有限的席位。《观察家》抱怨奥康奈尔的竞选手段：他在马车上，对成千上万的人露天演讲，"点燃了容易激动的爱尔兰人的热情"。有一次，奥康奈尔在演讲中控诉地主的罪恶，这些地主强迫佃农按照他们的指示投票。他的演讲被两位带着孩子的妇女打断了，"她们以泪洗面"，哭诉自己的丈夫因为拒绝投票给托利党而被地主监禁。她们其中的一个孩子，一个八九岁的小姑娘，正为父亲伤心地哭泣时，被送到奥康奈尔的身边。奥康奈尔亲切地吻了她，呼喊道："啊，残忍的恶魔，他们将人类心灵最亲密的纽带撕裂——这是我无法忍受的！"然后他泪如泉涌。一名观察者补充道："在场者无不以泪洗面。我从未见过比这更感人的场面。"[1]一直以来，儿童是悲怆场景的理想焦点，在这种情况下，小耐儿的情感与政治不公联系了起来。这个小女孩是《传道书》中一段文字的完美的视觉化身："我又转念，见日光之下所行的一切欺压。看哪，受欺压的流泪，且无人安慰。欺压他们的有势力，也无人安慰他们。"[2]奥康奈尔将自己塑造成了解放者和慰藉者。

查尔斯·狄更斯怀有他那个时代一些典型的反爱尔兰偏见，包括爱尔兰人易激动，以及他们变化无常的情绪更多源于幽默而非理智或悲怆。但他19世纪50和60年代在爱尔兰的读书之旅让他有理由重新思考。他惊讶地发现，都柏林的烈酒商店比英国同类城市更少。他还在都柏林、贝尔法斯特、利默里克和科克的宏伟建筑及有益身心的住宅中发现了许多值得钦佩的地方。对爱尔兰的民众和出版商而言，狄更斯既是最受欢迎的英格兰作家，又是传授"善良、仁慈和

---

1 "Ireland", *The Spectator*, 10 July 1841, pp. 9—10, ⟨http://archive.spectator.co.uk⟩.
2 Ecclesiastes 4:1.

爱这些神圣原则"的导师。他那座无虚席的读书会上满是笑声和泪水。在贝尔法斯特,《圣诞颂歌》被形容为"悲怆中的悲怆"。在都柏林,读者被"瘸子小提姆所表现出的深切悲怆"感动得热泪盈眶。小保罗·董贝之死也让爱尔兰的男女老少泪流满面;为董贝哭泣"随处可见"。狄更斯曾在英格兰目睹过无数类似的反应,然而就连他也从没见过男人们"如此不加掩饰地哭泣",就像他们在贝尔法斯特读书会上朗读董贝故事时那样。[1]

狄更斯式悲怆的特点,是将巨大的悲痛与宗教的希望结合起来。他的故事通过对贫穷、苦难和无辜者死亡的虚构描绘所激起的情感反应来传递道德教诲。简而言之,狄更斯发展了属于他自己的维多利亚式感伤主义文学。耐儿·特伦特和保罗·董贝的世界,为一个分裂的国家提供了一种共享的情感空间,男男女女在此倾注泪水,并且确信这些眼泪是发自肺腑的同情之心,而非虚伪矫饰的多愁善感。正如我们将在第十二章看到的,狄更斯式感伤时代的余晖一直延续到19世纪70年代,在那之中甚至有囚犯、警察和刑事审判法官令人同情的境遇。但当那颗感伤的斜阳落下之后,某种更加幽暗和冷酷的东西随之而来。

---

1 Litvack, "Dickens, Ireland and the Irish", pp. 43—6.

第十二章
好哭的法官

如果要你说出最为情绪化的职业，你也许会想到艺术家、音乐家、演员，当然可能还有作家。律师不大可能排在你这份列表的前头。然而正是维多利亚时期一位好哭的法官，最早激起了我对英国哭泣史这一主题的好奇。现在我们转向这位法官。事实上，他延续了法律界著名的感伤主义传统，这一传统至少可以追溯至18世纪。例如，最早的"有情人"是由亨利·麦肯齐创造的，麦肯齐既是一名苏格兰财政律师，又是一名作家。[1] 1802年，年轻有为的律师弗朗西斯·杰弗里（Francis Jeffrey）成为著名文学和政治期刊《爱丁堡评论》的创始编辑。19世纪40年代，在经历了作为改革派政治家、法官，以及短暂担任苏格兰大法官的职业生涯后，70多岁的杰弗里仍然活跃于文坛。18世纪90年代，杰弗里和亨利·麦肯齐同属一个圈子；半个世纪后，杰弗里与查尔斯·狄更斯的友谊则体现了他从感伤到悲怆

1　见第七章。

的人生历程。[1] 1847年，杰弗里在给狄更斯的信中谈到了保罗·董贝之死：“昨夜今晨，我都在为之哭泣；我感觉我的心灵被这些眼泪洗净了，感谢你让我落泪。”读完这个故事的续篇，杰弗里再次写道：“我无法告诉你，你上期的故事多么令我着迷，它让我温柔地啜泣，愉快地流泪。”杰弗里既欣赏狄更斯作品中的“欢乐与悲怆”，又欣赏蕴含其中的“更高级和更深刻的激情”，这与他年轻时那些小说家所推崇的更加柔软、温和的情感形成了鲜明对比。[2]

在狄更斯时代，律师和政客的眼泪逐渐从公众视线中消失，只局限在他们的私人生活中。时至今日，尽管在狄更斯去世后到来的紧抿上唇的时代早已一去不复返，但在公共场合落泪仍然少见到足以登上新闻头条。[3] 比如在2009年，英国议会开支丑闻以悲喜剧的形式曝光了知名政客愚蠢的贪婪。他们挪用公款，为自己和亲友，甚至他们的鸭子购买高端电视和洗碗机，聘请保姆、园丁和私人助理，翻修私宅和添置奢侈家具。[4] 在随后的诉讼中，几位政客在法庭上呜咽擦泪——这是民众乐见的场面。这些眼泪是可悲的（pathetic），至少

1　Michael Fry, "Jeffrey, Francis, Lord Jeffrey (1773—1850)", *Oxford Dictionary of National Biography* (Oxford University Press, 2004; online edn, Sept. 2013), doi:10.1093/ref:odnb/14698.

2　Letters from Francis Jeffrey to Charles Dickens, 31 Jan. 1847 and 5 July 1847, 转引自 Henry Cockburn, *Life of Lord Jeffrey: With a Selection from his Correspondence*, 2nd edn, 2 vols (Edinburgh: Adam and Charles Black, 1852), ii. 406, 425—6; Philip Collins (ed.), *Charles Dickens: The Critical Heritage* (London: Routledge, 2001), pp. 217, 222; 另见 Sally Ledger, "'Don't be so melodramatic!' Dickens and the Affective Mode", *19: Interdisciplinary Studies in the Long Nineteenth Century* 4 (2007), ⟨http://19.bbk.ac.uk/index.php/19/article/viewFile/456/316⟩.

3　关于作为一种感怀对象的"紧抿上唇"时代及其漫长的余音，见第二十章。

4　关于该丑闻及其影响，见 Alexandra Kelso, "Parliament on its Knees: MPs' Expenses and the Crisis of Transparency at Westminster", *Political Quarterly* 80 (2009): 329—38; Charles Pattie and Ron Johnston, "The Electoral Impact of the UK 2009 MPs' Expenses Scandal", *Political Studies* 60 (2012): 730—50。彼得·维格斯爵士挪用 1645 英镑建造鸭舍成为最具象征性的事件；Martin Beckford, "MPs' Expenses: 'Duck House' MP Sir Peter Viggers Keeps up Spending on Garden", *Daily Telegraph*, 10 Dec. 2009, ⟨http://www.telegraph.co.uk⟩。

从该词的某个意义上说是如此。当沃里克的泰勒勋爵（Lord Taylor of Warwick）在审判中回忆自己的出身以及他牙买加裔的父亲曾经历的贫穷时，不禁潸然泪下。在看完一段关于他自己和他为年轻人做慈善工作的视频后，泰勒又哭了起来，他摘下眼镜，擦去眼泪。这段视频作为呈堂证供，被用来证明他具有高尚的品格。[1] 那些比较仁慈的人可能会同情泰勒，同情他一时糊涂提交伪造的旅行报销单，泰勒称他以为这是薪水的一种合法的替代形式。但我觉得，当目睹那些自怨自艾的政客接过别人递来的纸巾，呜咽着走出法庭，因欺诈罪而锒铛入狱时，更多人会报以王尔德式的大笑，而非狄更斯式的泪水。

长久以来，刑事法庭为人们公开表达内心情感——包括落泪——提供了舞台。个人的不幸和集体的创伤，轻微的罪行和耸人听闻的谋杀，悔过的囚犯和情绪激动的辩护律师：所有这些使英国法庭中充满了紧张激烈的情绪。现场的报社记者记录每一次叹息和哭泣。观众的反应最为重要，不论在伦敦西区，还是在我们的家庭生活中，抑或在老贝利法庭，情况皆如此。法庭上的眼泪如果想要获得同情而不是嘲笑，想要最终换来缓刑而非监禁甚至极刑，那么它的道德底色和哭泣方式必须是完美的。我们已经看到，哭泣与否在巫术审判中至关重要，它也是罪犯和观众在公共刑场上的仪式化行为的一部分。在英国，最后一次公开处决发生在1868年。[2]

虽然巫术审判和公开绞刑如今已成为奇闻往事，但我们对法庭

1　Karen McVeigh, "Former Tory Peer in Courtroom Outburst During Expenses Trial", *The Guardian*, 20 Jan. 2011, ⟨http://www.theguardian.com⟩; 关于艾略特·莫利的哭泣，见 Chris Greenwood, "Tears of Ex-MP Jailed for Lying over ￡31,000 Expenses", *Daily Mail*, 21 May 2011, ⟨http://www.dailymail.co.uk⟩。
2　关于巫术审判和公开处决，见第四和第七章。

上被告人、受害人和双方悲痛欲绝的家属的眼泪足够熟悉。巧妙的哭泣可以强化辩护的效果，这并不是什么新观点。19世纪的一幅法国漫画描绘了一位律师指示他的委托人试着挤出几滴泪，哪怕至少从一只眼睛里挤出来也行。[1] 在同一时期的英国，乔治·克鲁克香克在一幅感伤主义画作中描绘了一个被定罪的窃贼的妹妹在法庭上哭泣的情景，她也许希望自己的眼泪能软化法官的心，从而减轻对其兄弟的处罚（见图14）。[2] 当然，人们担心法官和陪审团会被悔罪的眼泪所左右，就像法国漫画中的那样，眼泪可能是挤出来的。2008年，凯伦·马修斯（Karen Matthews）对亲生女儿离奇拙劣的绑架，就是近年来一个令人印象深刻的例子。显然，马修斯受到了前一年媒体对3岁儿童玛德琳·麦肯失踪案连篇累牍的报道的启发。据其同伙供述，她给女儿下药并将其藏匿在床下，同时在电视上声泪俱下地呼吁人们提供信息，企图发起全国性募捐并骗取巨额善款。行径败露后，马修斯被送上法庭，尽管案件的细节发生了变化，但她故伎重演。她在作证时呜咽擦泪，否认参与作案，企图将罪行归咎于同伙。利兹国王法庭的法官和陪审团不为所动，认定马修斯绑架罪、非法监禁罪和妨碍司法公正罪成立。随后马修斯被判处8年监禁。她的眼泪起到了反效果。[3]

在19世纪，由于死刑适用于所有重罪，用眼泪做赌注的风险甚至

1 Honoré Daumier, *Gens de Justice* series; "Lawyer Advises Defendant to Shed a Few Tears", Cartoon Stock, uploaded 10 Oct. 2008, ID csl 4172, ⟨http://www.cartoonstock.com⟩.

2 George Cruikshank, *The Drunkard's Children*, coloured etching (1848), Wellcome Library, London, ref. 19824, ⟨http://wellcomeimages.org⟩.

3 "Court Sees Mother's TV Appeal", BBC News, 12 Nov. 2008, ⟨http://news.bbc.co.uk/1/hi/uk/7725251.stm⟩; "Shannon Matthews Trial: Karen Matthews in Tears Giving Evidence", *Daily Telegraph*, 27 Nov. 2008, ⟨http://www.telegraph.co.uk⟩.

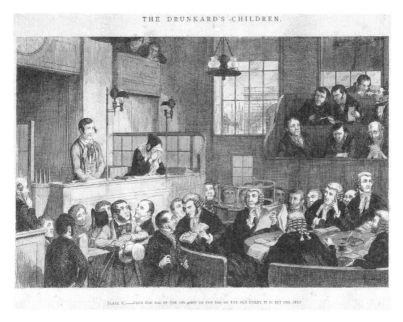

图 14: 乔治·克鲁克香克,《酒鬼的孩子》图五（1848 年）。

更高。法庭记者仔细观察被告人的一举一动，寻找有罪或无罪的线索。往往是眼泪太少而非太多会引起怀疑。如果罪犯在接受生死裁决时依然冷静、麻木、无泪，他们会被认为残忍冷漠；若流下悔恨的泪水，则可能使自己成为同情的对象。如果罪名成立并被处以极刑，被告人有时会保持镇定，不露任何情感，也可能在被告席或被押送离场时崩溃大哭。通过对不同情感的公认的功能加以利用，报纸新闻能够重构法庭戏剧：铁石心肠的凶手；无辜的受害者；悔过的罪犯。这是方便读者理解的简单配方。[1]

1　更全面的研究和更多的案例，见 Thomas Dixon, "The Tears of Mr Justice Willes", *Journal of Victorian Culture* 17 (2012): 1—23。

在那些面不改色心不跳的罪犯中，最引人注目的是19世纪60年代两个臭名昭著的杀人凶手，弗朗茨·穆勒（Franz Müller）和爱德华·普理查德（Edward Pritchard）医生。对这两起案件的报道，都遵循了著名的《女士报》在一篇观察中提出的观点："镇定自若往往伴随着巨大的罪恶。"[1]穆勒是一名德国裁缝，被控在北伦敦的铁道上谋杀了一名男性。《泰晤士报》称，即便被判死刑，穆勒仍旧表现出"令人吃惊的沉着和泰然"。《泰晤士报》将此解释为"一种可以证明他能做出最极端行为的镇定自若"。[2]1865年，爱德华·普里查德医生在格拉斯哥受审，罪名是蓄意毒杀妻子和母亲。报道称，他的举止有些冰冷："（他是）法庭上最镇定和冷漠的人"，他"面不改色"，"目光冷静，眼睛总是半闭着，呈现深褐色或深黄色"，就像"玻璃后面眼镜蛇或响尾蛇的眼睛"。即使他流泪，换来的也是嘲讽而非同情："当他被感动时，他几乎总会落泪，就像一位深情款款的丈夫——他要么是在哭，要么是在用手帕灵巧地做一些很可能被认为是在哭的动作。"当他被定罪并被判处死刑后，普理查德"在被告席上用手帕掩面一两分钟，然后走下隐藏在被告席前的活板门"。[3]一旦报纸得出某人有罪的观点——就像穆勒或普理查德这样——他们就无法脱罪。压抑情感被认为是罪犯心肠冷酷的表现，表达情感则被视为自私的伪装。

在刑事审判中，被告人和证人在盘问的压力下或在聆听判决时

1　1852年4月，列维·哈伍德和塞缪尔·琼斯因谋杀一名牧师而在马贩巷监狱前被绞死。在牧师和监狱长的影响下，"泰然冷漠"的哈伍德最终忏悔、流泪并和狱友和解: The Lady's Newspaper, 19 Apr. 1851, p. 217。

2　"The Murder on the North London Railway", The Times, 31 Oct. 1864, p. 7. 报道指出，当他离开被告席时，死刑犯的信念最终崩塌，号啕大哭起来。但那为时已晚，他的眼泪不再起任何作用。

3　William Roughead, "Dr Pritchard", in James H. Hodge (ed.), Famous Trials 4 (London: Penguin, 1954), pp. 143—75 (pp. 166—7); "Reflections on the Pritchard Trial", Reynolds's Newspaper, 16 July 1865, p. 6.

的紧张状态下落泪并不令人惊讶。如今让我们陌生的场景是法官也跟着涕泗交颐。在早期的司法实践中，这是一个更为常见但总能吸引眼球的特征。爱尔兰的一位报纸记者在1850年写道，一位仁慈的法官在宣布杀人犯"死有余辜，不得好死"时，常会"流下真挚悲伤的眼泪"。[1] 18世纪50年代到19世纪50年代，法官流泪在司法诉讼中屡见不鲜。事实上，正是对詹姆斯·肖·威尔斯（James Shaw Willes）爵士这位哭哭啼啼的特别法官的发现，最早引起了我对整个哭泣历史的兴趣。1814年，詹姆斯·肖·威尔斯出生于科克，他的父亲是一名内科医生。威尔斯求学于都柏林，1837年搬入伦敦，1855年成为一名法官。威尔斯以其惊人的智慧，以及他在刑事审判中仁慈和好哭的性格而为人所知。他的外表和举止有时成为谈资，比如他戴着白色羊皮手套记录证词。他是一个有文学情怀的人，据说他还被称为"最绅士的男子"和"不爱运动的人"。在他人生的不同阶段，威尔斯受到心脏病、痛风和失眠的困扰。1872年，他在沃特福德的家中去世。[2]

我们对法官——特别是维多利亚时期的法官——的刻板印象是镇静内敛，不论案情多么离奇或悲伤。[3]亚伯拉罕·所罗门（Abraham Solomon）创作于1857年的绘画《等候判决》生动描绘了我心目中人们对维多利亚时代法官的标准看法（见图15）。这幅画由三个层次构成：前景是等候判决、哀伤恸哭的罪犯家属；几级台阶之上，是法庭外头戴假发的律师；在他们上方的最远处，可以瞥见

---

1 *Freeman's Journal and Daily Commercial Advertiser*, 12 Apr. 1850, p. 3.
2 关于威尔斯的生平和事业，见R. F. V. Heuston, "James Shaw Willes", *Northern Ireland Legal Quarterly*, 16 (1965): 193—214。另见A. W. B. Simpson, "Willes, Sir James Shaw (1814—1872)", *Oxford Dictionary of National Biography* (Oxford University Press, online edn, 2004), doi:10.1093/ref:odnb/29442; Dixon, "The Tears of Mr Justice Willes", p. 2。
3 Dixon, "The Tears of Mr Justice Willes".

图15：亚伯拉罕·所罗门，《等候判决》（1857年）。

身着华丽长袍、正襟危坐的法官。目光延伸的方向，是一条上升的轨迹：更好的教育背景、更多的财富、更华丽的服饰、更大的权力和更加克制的举止。工人阶级的父亲双手抱头，母亲泪眼汪汪，妻子眉头紧皱、双眼青肿。法官距离太远，以至于无法看清他的表情，但他和律师们都摆出一副正直和沉着的姿态，这与囚犯一家的凌乱崩溃形成了鲜明对比。所罗门的画描绘了劳动人民的痛苦和眼泪，以及他们悲伤绝望的表情，这与法律制度冷酷无情的运作方式形成了巨大反差。[1]

1　Abraham Solomon, *Waiting for the Verdict* (1857), oil on canvas, Tate Collection, ⟨http://www.tate.org.uk⟩. 另见*Solomon: A Family of Painters* (London: Inner London Education Authority, 1985)。

然而，当我发现了这位好哭的威尔斯法官后，我的认识发生了变化。进一步的研究表明，威尔斯在历史上并非个例。他延续了一种用泪水进行审判的庄严传统。即便是"绞刑法官"乔弗里斯——他因在1685年"血腥巡回法庭"上的所作所为而声名狼藉——也是好哭之人，尤其是在面对其他法官的"大胆冒犯"时，他会流下"生气和懊恼的"眼泪。[1] 18和19世纪最出名的一些律师，包括几位大法官，要么因声泪俱下和夸张做作的辩护，要么因在席上呜咽擦泪而为人们所熟知。1820年，在上议院对新王后卡罗琳涉嫌通奸的听审中，前任大法官厄斯金勋爵被未来大法官布鲁厄姆勋爵为王后的辩词感动得哭着冲出议会厅。[2] 在1820年任大法官的埃尔登勋爵是否也在那一刻落泪，我们不得而知，但他哭哭啼啼的性格不仅广为人知，而且也出现在那个时代的讽刺作品中，包括珀西·雪莱的檄诗《暴政的假面游行》。该诗创作于1819年，是对政府暴力镇压曼彻斯特改革集会的回应，雪莱将埃尔登比作流着鳄鱼泪的"骗子"：

> 接着骗子来了，
> 他穿着貂皮长袍，
> 就像埃尔登一样；
> 他善于哭泣，
> 巨大的泪滴，

1　*The Works of Lord Macaulay, Complete*, edited by his sister, Lady Trevelyan, 8 vols (London: Longmans, Green, and Co., 1866), i. 548.

2　Michael Lobban, "Brougham, Henry Peter, First Baron Brougham and Vaux (1778—1868)", *Oxford Dictionary of National Biography* (Oxford University Press, 2004; online edn, Jan. 2008), doi:10.1093/ref:odnb/3581.

落下时变成了磨石。

在他脚边来回玩耍的小童，

觉得每一滴眼泪都是宝石，

宝石却将他们的脑袋击碎。[1]

雪莱对埃尔登的严厉回应说明，即便是法官的眼泪，也免不了被斥虚伪。1855年，《潘趣》杂志报道了一起三名银行家被判欺诈的案件。在审判快要结束时，主审法官和检察官都感动得流下了眼泪。《潘趣》在这个案件上"看不到任何呜咽感伤的必要"，因为"老贝利法庭审理的案件，十有八九远比这些无耻银行家的所作所为更值得人们落泪和怜悯"。《潘趣》指出，"如果没有不幸地被指责像妇人一样尽职尽责，检察官和法官会高兴地说他们'像男人一样履行了义务'"。当时在场的法官之一正是詹姆斯·肖·威尔斯爵士。[2]

　　1859年，威尔斯审理了一起杀婴案。一个10月大的男婴因被喂食鸦片酊、奶、糖混合物而死于痛苦剧烈的抽搐。婴儿的母亲承认下毒，并这样解释自己的行为：她认为自己犯下了一些严重的罪并很快会被绞死，她"觉得孩子应被送到上帝那里，上帝能保佑她的孩子"。据报道，在审判过程中，尤其是当她描述婴儿死亡的细节时，"博学的法官悲痛无比，以至于他有一次把脸埋在笔记本里抹泪，似乎完全无法处理证据"。[3]维多利亚时代的法官躲在笔记本后抹泪的场面在当时肯定被认为值得报道，但它并没有像后世那样引起负面评论。

1　Timothy Webb, "Tears: An Anthology", *Litteraria Pragensia: Studies in Literature and Culture* 22 (2012): 26—45 (p. 39).

2　"A Touching Scene at the Old Bailey", *Punch*, 10 Nov. 1855, p. 185.

3　"Northern Circuit. Liverpool, March 26", *The Times*, 28 Mar. 1859, p. 11.

在威尔斯审理的一些耸人听闻的死刑案件中，特别在是那些罪犯年龄尚小、引人怜悯的案件中，几乎所有人都会落泪，整个法庭充满了情感的动荡。在宣判和庭审结束时，囚犯、法官和法庭里的民众会被一种强大但无形的同情之心团结在一起，从那寂静无声和呜咽擦泪中体现出来。这样的一幕，出现在1865年对康斯坦斯·肯特的审判中。这场审判标志着5年前威尔特郡罗德村三岁男童死亡案宣告结案。尸检证实男童死于一次残忍的袭击，他的胸部有刺伤，喉咙被严重割伤，以至于几乎被斩首。此案因凯特·萨默斯凯尔的《惠彻先生》而出名。[1] 男孩同父异母的姐姐康斯坦斯·肯特受审，审讯过程紧张而激烈，但非常简短，只持续了不到十分钟。据报道，尽管康斯坦斯·肯特戴着黑面纱，但她的举动表明她"一直在哭"。当威尔斯法官问她是否认罪时，"抖动的面纱表明她十分焦虑不安"。最后她给出了肯定的回答，接下来就是等待威尔斯宣判了。

威尔斯法官在"极度的静穆之中"戴上黑帽并宣布判决，他评论了女孩的残忍以及促使她痛下杀手的"嫉妒和愤怒情绪"。威尔斯告诉罪犯，这些激情"积郁在你的胸中，直到最后你被邪恶的力量占据和驱使"。报道称，就在说这句话时——当他提到魔鬼时——威尔斯"向前弯下腰，哭了几秒钟"。暂时恢复平静后，威尔斯接着说，康斯坦斯·肯特能否以年轻为由获得宽大处理，须由女王本人决定。据报道，"这时博学的法官再次落泪，几乎没人能听清他庄严的判决"。看到威尔斯落泪，肯特"不再强装镇定，而是放声大哭"。在审判中哭泣的不只有法官和罪犯。根据后来的描述，康斯坦斯·肯特的律师在辩

1　Kate Summerscale, *The Suspicions of Mr Whicher, or The Murder at Road Hill House* (London: Bloomsbury, 2009), especially pp. 248—54.

护时"泣不成声"。报纸也证实"陪审团潜然泪下","大多数观众泪眼汪汪"。一则报道更称:"陪审团和法庭里的每一个人都明显在哭。"[1]

为什么每个人都会哭？历史学家想要回答这个问题就更困难了，因为没人有理由相信威尔斯法官含泪宣布的绞刑判决会被执行。罪犯自愿认罪，加上她的年轻和女性身份，几乎可以确定她会逃过死刑，几天后事实也的确如此。[2] 既然不是因为这个年轻女子即将被处死，那么为什么每个人都会落泪？他们是被恐怖的罪行所震撼，还是被戏剧性的悔罪情感所触动？在这种情况下，就像玛丽·沃斯通克拉夫特为路易十六流泪，以及维多利亚女王在登基时哭泣一样，或许现象的核心是这一幕本身所具有的仪式性力量。[3] 在这种情况下，法庭上上演的剧本将罪恶、正义和死亡的叙事戏剧化了。正是这种仪式化的表演，就像任何心理上可识别的情感反应一样，才是眼泪产生的原因。一些重大公共场合需要眼泪，于是眼泪就产生了。它们是公共仪式必要的组成部分，而非仅仅是个人情感的表达。

詹姆斯·肖·威尔斯不是19世纪唯一好哭的法官，但他是最后几个好哭的法官之一，而且他的哭泣之举显得过时和夸张。他的眼泪再次证实了19世纪的观点：爱尔兰人特别容易激动和流泪，他们

1　"News of the Day", *Birmingham Daily Post*, 22 July 1865, p. 2; "The Road Murder", *Bristol Mercury*, 22 July 1865, p. 8; "The Trial of Constance Kent", *Caledonian Mercury*, 22 July 1865, p. 3; Charles Kingston, *The Judges and the Judged* (London: John Lane, 1926), p. 256; *Wiltshire and Somerset Journal*, quoted in June Sturrock, "Murder, Gender, and Popular Fiction by Women in the 1860s: Braddon, Oliphant, Yonge", in Andrew Maunder and Grace Moore (eds), *Victorian Crime, Madness and Sensation* (Aldershot: Ashgate, 2004), pp. 73—88 (p. 78).
2　"Latest News", *Dundee Courier and Argus*, Saturday, 22 July 1865, p. 3; "News of the Day", *Birmingham Daily Post*, 27 July 1865, pp. 4, 8; "Summary of This Morning's News", *Pall Mall Gazette*, 27 July 1865, p. 5; "Miss Constance Kent", *The Standard* (London), 27 July 1865, p. 3.
3　见第八和十章。

在这个国家遥远的凯尔特人土地上哭天抢地。[1] 威尔斯戴着白色羊皮手套、热爱诗歌、举止优雅、富有同情心、情感丰富、饱含泪水，他无疑是一位有情人。但到了19世纪60和70年代，即便有新的维多利亚风格作为伪装，有情人的时代也终将过去。以帝国的新标准看，威尔斯的举止看起来"几近女性"。[2] 1873年，《大西洋月刊》上的一篇文章惊讶地称，杰弗里勋爵曾为小耐儿和保罗·董贝泣下沾襟，"如今王国内还有哪位贵族会为他们的命运落泪？"这篇文章的作者还怀疑，狄更斯朗诵自己作品的著名读书会若发生在今天，是否还能如此轻而易举地让"文学同好们"潜然泪下。[3] 剧院里，泪潮也在转向。1882年的一篇报纸文章指出，如今只有没教养的人会在剧院哭泣。虽然"我们的前辈喜欢催泪的戏剧"，但这种"哭哭啼啼的戏剧"吸引不了时髦的现代观众："想让正厅后排的观众流泪并不难，但让隔间和包厢里的观众动容就不那么容易了。"[4] 对好哭法官态度的变化与对催泪小说和戏剧态度的变化是一致的。报道1865年康斯坦斯·肯特案的记者评论称，"即便面对像现在这样的案件，他也很少——如果有的话——见一名法官如此深受感动"。[5] 在他生命的最后岁月里，詹姆斯·肖·威尔斯已经跟不上时代了，他变得越来越孤单和不快。他的婚姻沉闷无趣，膝下无儿无女，健康状况日益恶化。尽管威尔斯和一

---

1 见第十一和十三章。

2 "Sir James Shaw Willes", *The Times*, 4 Oct. 1872, p. 8.

3 *Atlantic Monthly*, Feb. 1873, p. 238, 转引自 Philip Collins, *From Manly Tear to Stiff Upper Lip: The Victorians and Pathos* (Wellington, New Zealand: Victoria University Press, n.d. [1975]), p. 14; 另见 Carolyn Burdett, "Introduction" to *New Agenda: Sentimentalities, Journal of Victorian Culture* 16 (2011): 187—94.

4 "Weeping Plays", *The Era*, 8 Apr. 1882, p. 14. William Archer's *Masks or Faces? A Study in the Psychology of Acting* (London: Longmans, Green and Co., 1888).

5 "The Road Murder", *Bristol Mercury*, 22 July 1865, p. 8.

群佣人住在赫特福德郡一座名叫"奥特斯普"的阴暗的哥特大宅里，他却过着情感上无依无靠的生活。在那里，他和爱犬散步，阅读德国文学，在清澈的湖边垂钓，乌鸦在头顶聒噪盘旋。[1]

1872年夏，威尔斯在北部巡回区辛苦工作，最后在利物浦巡回法院审理了57起刑案，其中包括几桩耸人听闻的案件。他回到奥特斯普，筋疲力尽，夜不能寐，"眼睛里透出一种奇怪的光泽"。他的仆人问他是否听到了坏消息，因为他看起来"如此沮丧和痛苦，比我这辈子任何时候见到您都要糟糕"，仆人说道。法官什么也没有说，只是含着泪匆匆走开了。第二天早上七点左右，仆人听见一声巨响和一声尖叫从卧室传来。他赶到现场，发现詹姆斯·肖·威尔斯爵士躺在沙发上，奄奄一息，眼睛半睁，膝边放着一把左轮手枪。那年他58岁。验尸官称威尔斯法官射中了自己的心脏。尸检结论为，"受到抑制的痛风"转移到他的大脑并使他发疯。[2]

这位好哭法官的悲伤故事再次引出了这些问题：在什么情况下哭泣是精神疾病的征兆？什么时候是理智的反映？什么时候是男子气概的标志？什么时候是娘娘腔的表现？什么时候代表怜悯？什么时候象征脆弱？不同的时代有不同的答案。在后面的章节中我们将看到，在查尔斯·达尔文做出重大贡献之后，现代科学和医学是如何处理这些问题的。但幸运的是，答案有时能从喜剧和悲剧中找到。

1888年12月，《滑稽人物》周报刊登了一篇讽刺文，此文诞生于"紧抿上唇"时代伊始，它强化了这样一种观点，即法庭是演绎不同风

1　Heuston, "James Shaw Willes"; Dixon, "The Tears of Mr Justice Willes", pp. 19—20.
2　许多报纸报道了他自杀的细节，包括*The Standard* (London), 4 Oct. 1872, p. 3; *Glasgow Herald*, 4 Oct. 1872, p. 5; *Western Daily Press*, 5 Oct. 1872, p. 2。

格情感的舞台。这篇文章题为"情绪化的罗伯特：时代的戏剧"，它的灵感来自当月伯明翰治安法官审理的一起案件：一位名叫福尔摩斯（不是前一年首次出现在报纸上的夏洛克·福尔摩斯）的警官被传唤出庭作证，检举一名被控纵火的同事。在第三次被传唤出庭作证时——作证他曾偶然听到被告承认犯罪——福尔摩斯说他很抱歉揭发朋友，随后"崩溃大哭"。[1]

在某些时代，这种男子汉的感伤和忠诚可能会受到赞美，但这绝无可能发生在19世纪80年的英国。彼时帝国沙文主义正在兴起，上唇日益紧绷，男子气概正面临唯美主义者和颓废主义者的威胁。《情绪化的罗伯特：时代的戏剧》写道："残暴严厉的警察已经过时，如今感性的警察似乎要来了。"这部非常短小和愚蠢的"戏剧"发生在鲍街（Bow Street）而非伯明翰，并未遵循真实的萨金特·福尔摩斯案。相反，剧中的警察涕泗交颐，因情绪激动而晕倒，而这一切都是对一桩有关乞丐不幸遭遇的琐案的反应。尽管警察情绪激动地抗议，乞丐还是被判入狱七日，警察"歇斯底里地尖叫，将证人从证人席上踢了出去"。

该剧以查尔斯·沃伦爵士的评论结束，他的评论是这种病态情感的完美解药。沃伦是一位探险家、帝国英雄、陆军少将。他满足了人们对真正军人风采（以及军人的八字须）的全部期待。直到上个月，他一直担任伦敦警察厅局长。[2]这位帝国男子气概的化身对"感性警察"的回应为之后的英国眼泪史设置了完美的场景："好吧，如果有

1　"Serious Charge of Arson Against a Policeman", *Birmingham Daily Post*, 18 Dec. 1888, p. 7; "A Divided Duty", *York Herald*, 19 Dec. 1888; p. 5.

2　Keith Surridge, "Warren, Sir Charles (1840—1927)", *Oxford Dictionary of National Biography* (Oxford University Press, 2004; online edn, May 2006), doi:10.1093/ref:odnb/36753.

人差不多在12个月前就预料到这种事情, 我就会在特拉法尔加广场上严阵以待。但如果不由我主事, 人们还能期待什么! "剧本结尾是简短的舞台指导: "厌恶的场面, 快速闭幕。"[1] 悲怆的时代结束了。公开处决和狄更斯式的死亡场景已成为历史。1872年, 就在最后一位好哭法官詹姆斯·肖·威尔斯爵士去世后不久, 彼时最重要的科学权威查尔斯·达尔文也对哭泣发表了自己的看法。

---

1 "Robert Emotional. A Play of the Period", *Funny Folks*, 29 Dec. 1888, p. 418.

第四部分
克 制

第十三章
老妇人和其他动物

维多利亚时代为我们的集体想象留下了双重遗产——悲怆与克制，感伤与压抑。这两个维多利亚时代的遗产对应着她两种截然不同的女性形象，这个时代正是以这位女性的名字命名的：1837 年，18 岁的维多利亚在泪水中登基，成为大不列颠和爱尔兰的女王；拜本杰明·迪斯雷利（Benjamin Disraeli）之功，威严冷峻的寡妇维多利亚在 1876 年成为印度女皇。在年轻女王生活的时代，感伤主义没有让位于情感克制，而是转向了浪漫主义、悲怆和狄更斯式的情感。四十年后，她成为女皇，这不仅是英国历史的转折点，也是情感风格的转折点，英国在压迫外国人民的同时也在贬抑外国人民的情感。正是在走向军国主义、帝国和战争的过程中，英国人特有的"紧抿上唇"诞生了。维多利亚时代感伤和克制的二元矛盾还体现在当时最有影响力的科学家的生活和著述中。查尔斯·达尔文有两副面孔——一个是私人书信和回忆录中宠溺好哭的慈父、良友和动物爱好者；一个是无泪的、目不转睛的、用科学的慧眼注视情感表达的理性观察家。[1] 透过达尔文的情感论著以及时人对它们的评价，我们找到了维多利亚时代"紧抿上唇"意识形态形成的有力科学依据。[2] 1872 年，达尔文出版著作《人和动物情感的表达》，他凭借至高无上的科学权威提出了一个观点：基于对世界各地男性、女性、儿童和动物情感的比较研究，他发现与儿童、女性、"野蛮人"和精神错乱者不同，"英国人很少哭泣"。[3]

自从达尔文在剑桥大学读书和捕捉甲虫以来，他一直是专注的观察者和富有想象力的理论家。达尔文无时无刻地观察、思考和感受。他将生活的方方面面当作收集更多证据证明自己理论的机会，包括他关于情感表达的理论。即便在火车厢里，当其他人在阅读感伤小说时，达尔文也会陷入观察，用科学的目光凝视同行乘客的面孔。据《人和动物情感的表达》记载，有一次达尔文漫不经心地观察坐在他对面的老妇人。他注意到老妇人表情平和，但当他注视对方时，她的嘴角在口角压肌（嘴角下颌牵肌）的作用下微微下瘪。就在达尔文认为这种明显的表情毫无意义时，老妇人的眼里"顿时盈满泪水，几乎要溢出来，并且她的整张脸都垮了下来"。达尔文认为，这些眼泪无疑揭示了一些东西，也就是说，"有一些痛苦的回忆，也许是失去已久的孩子，正在她的脑海中经过"。[4]

甚至在 1839 年圣诞节后的第三天，当艾玛·达尔文生下第一个

1　关于达尔文的生平和成就，见 Adrian Desmond and James Moore, *Darwin* (London: Penguin, 1992); Janet Browne, *Darwin: A Biography*, 2 vols (London: Jonathan Cape, 1995, 2002)。

2　关于作为习语和观念的"紧抿上唇"，见第十四章。

3　Charles Darwin, *The Expression of the Emotions in Man and Animals* (London: John Murray, 1872), p. 155. 这句话的原文以及查尔斯·达尔文的所有论著都可在"达尔文在线"找到：John van Wyhe (ed.), ⟨http://darwin-online.org.uk⟩。

4　Darwin, *Expression*, pp. 195—7.

孩子威廉时, 她的丈夫首先想到这是一个绝佳的研究机会。正如几十年后他在自传中回忆道:"我从第一天清晨就开始记录他的各种表情, 因为我确信, 即便在早期阶段, 最复杂和最精细的表情必定都有一个渐进和自然的起源。"达尔文注意到一件事, 尽管新生婴儿发出了"哭声或更确切地说是尖叫", 但在最初几周里他并没有流泪。直到婴儿长到四个多月 (准确地说是139天, 就像达尔文记录的那样), 尖叫才伴随有眼泪。[1] 后来, 达尔文请其他父母观察自己的婴儿, 并被告知婴儿在哭闹时首次流泪 (而不仅仅是眼里噙着泪水) 发生在第42至110天之间。他将这一观察以及开创性的照片图解 (类似图16) 收录进《人与动物情感的表达》。达尔文由此得出结论, 想要激活泪腺, 就像其他遗传行为和味觉一样, 在其功能完善以前"需要一些练习"。"像哭泣这样的习惯更是如此, "达尔文评论道, "它是人类从人属 (genus *Homo*) 和不会哭泣的类人猿的共同祖先中分化出来的过程中获得的。"[2] 换言之, 哭泣是一种习得的人类习惯, 可以练习和培养。这一观点早已体现在绘画和文学作品中, 它们之所以被创作出来, 是为了教导人们如何哭泣以及何时哭泣。正如中世纪晚期诗歌《哭泣的艺术》有云:"所以学着我去哭吧。"[3]

当我开始研究眼泪和哭泣的历史时, 达尔文对该主题的论述是我最先阅读的作品之一。当时, 我和妻子正在期待着我们的第一个孩子的降临。我想, 如果能复制达尔文的试验, 写一本婴儿日记, 记录我

---

1   Charles Darwin, The Autobiography of Charles Darwin, ed. Nora Barlow (London: Collins, 1958), pp. 131—2; Charles Darwin, "A Biographical Sketch of an Infant", *Mind* 2 (1877): 285—94 (p. 292); 二者都收录于达尔文在线, edited by John van Wyhe, ⟨http://darwin-online.org.uk⟩。
2   Darwin, *Expression*, pp. 153—4.
3   见第一章。

图16：婴儿哭泣的照片，选自查尔斯·达尔文的《人和动物情感的表达》。

儿子表情和行为逐渐发展的过程该会多么有趣。当我成为父亲后，我很快就放弃了这个想法。我现在想象不到达尔文怎么会有时间和精力为婴儿做如此详细的心理学记录，而不是像我一样始终处于身心俱疲的状态中。我的结论是，达尔文虽然毫无疑问是一位慈爱的父亲，但在照顾孩子方面可能不如我积极，因为在他位于肯特郡的乡间大宅中，有许多佣人为他效劳。尽管我没能复制达尔文的科学研究，但我在研究情感表达的过程中成了一名父亲，我很乐意将初为人父的经历作为研究和体验泪水及哭泣的机会。和达尔文一样，我注意到我的孩子在很小的时候是不会流泪的。几个月后（抱歉，我不知道具体是多少天），当他们的尖叫伴随着泪珠从脸颊上滑落时，我有了一种新的非常强烈的情绪反应。我还观察到，在我儿子出生后的几个月里，他流泪的原因通常是饥饿或消化不良，后来是身体的疼痛，从他两岁开始，我才发现他会因为情绪上的不安和痛苦而哭泣，这通常是由于与父母或照料人分开而造成的。和达尔文研究中提到的小女孩一样，我儿子在受到惩罚被放在"淘气鬼楼梯"（naughty step）上时会流下大量的眼泪。在维多利亚时期的那个女孩的案例中，对她的惩罚是将她的椅子转过来背对餐桌。[1]

我还注意到，我儿子自己对眼泪最早的认识与查尔斯·达尔文的理论有一些相似之处：他们都倾向于首先从"行为主义"角度看待哭泣，即把哭泣看作一种行为本身，而不是内在情感的外在表现。当我儿子三岁时，我问他为什么有时会哭鼻子，他只是说："我不知道。"令人失望的是，他没法像维多利亚时代的天才那样理所当然地引用丁尼生的名言——"眼泪，毫无意义的眼泪，我不知道它们意味着什么，爸爸。"[2] 但当我问他一个稍微不同的问题："你什么时候会哭？"他回答道："当我在幼儿园时。"换言之，他与父母分开时会哭。当被要求再举出其他例子时，他想不出来，也压根没有提及任何情感。如此看来，眼泪是一种状态，而不是一种情感。大概还是在他三岁那年，有一次我冲儿子发脾气，他先是吃惊，然后哭了起来，抱怨道："可是

1　Darwin, *Expression*, p. 154.

2　"Tears, Idle Tears", from *The Princess*, Alfred Tennyson, *The Poems*, ed. Christopher Ricks, 2nd edn, 3 vols (Harlow: Longman, 1987), ii. 232—3.

爸爸，你现在把我弄哭了。"这次，他同样没有抱怨我让他感到难过或恐惧，只是简单地说我让他哭了。他讲述自己后来哭鼻子的经历时，依然倾向于将哭泣说成一种单纯的行为，只有在我和妻子的鼓励下，他才会将哭泣和情感联系起来。就像我儿子和查尔斯·达尔文一样，美国心理学家威廉·詹姆斯在1884年一篇题为"什么是情感"的著名论文中也倾向于行为路径，将身体反应置于内心情感之上。威廉·詹姆斯指出，一种纯粹的脱离肉体的情感是"虚无缥缈的"。他问道：以悲伤为例，"如果它无关眼泪、无关抽泣、无关内心的窒息、无关胸骨上的痛楚，它会是什么？"重要的是，詹姆斯声称先有身体反应，然后才是情感上的解释。按照常理人们会说，"我们失去了财富，我们难过恸哭"，但根据詹姆斯的理论，事实上我们只有在落泪之后才会感到悲伤。[1]

　　19世纪末20世纪初见证了现代心理学的诞生。一些人认为，这门学科是对古代哲学中精神体验的本质的研究的延续。但大多数人和达尔文与詹姆斯一样，重点关注事物的身体和行为方面。因此，当涉及哭泣时，争论点不在于流泪时的主观意义或感受，而在于它们的生理和进化的历史。一个疑问是，眼泪、痛苦和同情之间的联系为何以及如何会在第一时间建立起来？为什么痛苦、悲伤或其他强烈的情绪会使眼睛流出液体？为什么不是从耳朵里流出耳垢或者从鼻子里流出黏液？为什么我们不能仅仅通过痛苦的喊叫将自己的苦楚传递给他人？这是哭泣科学的核心谜题，尽管人们进行了许多尝试——达尔文属于其中最早的一批——但问题始终没有得到解决。

1　William James, "Whatisan Emotion?", *Mind* 9 (1984): 188—205 (pp. 189—90); 关于詹姆斯的理论及其在心理学史上的意义，见 Thomas Dixon, *From Passions to Emotions: The Creation of a Secular Psychological Category* (Cambridge: Cambridge University Press, 2003), ch. 7, and "'Emotion': The History of a Keyword in Crisis", *Emotion Review* 4 (2012): 338—44。

达尔文尝试解释眼泪和哭泣的文献，不仅在科学史上具有重要意义，而且仍然是当代研究哭泣的心理学家们感兴趣的内容（尽管他们几乎都认为达尔文错了）。[1] 从英国文化史和情感史的角度看，他的著述——包括已出版的科学论文和私人信件——具有更深层的价值。它们既为"紧抿上唇"提供了意识形态层面的证据，又能证明这位写下无与伦比的科学巨著的作者曾经历过男子汉情感和理性克制间的紧张关系，他的著作首次将人类的精神生活，包括他自己的精神生活，置于一个系统的进化论框架中。19世纪70年代初，在公众花了十年时间理解进化论的大致思想后，达尔文又出版了两本论著，将他的理论专门应用于人类。毫无疑问，人类是猿猴近亲（更不用说是蘑菇的远亲了）的这一事实真正让达尔文的读者感到了不安。在1871年出版的《人类的起源》和次年出版的《人与动物情感的表达》中，达尔文详细论证了人类最可贵的特征——包括道德良知，怜悯他人，以及表达快乐、怜悯、爱和悲伤等情感的能力——都是其他动物所具有的，并且可以通过进化和遗传来解释。

达尔文哭泣理论的有趣之处不仅在于它说了什么，还在于它有什么没说。达尔文显然对哭泣的交际能力不感兴趣。眼泪是自然语言的符号或标志，此观点一直是之前理论的核心，其中包括19世纪早期苏格兰医生和神经学家查尔斯·贝尔的理论。[2] 达尔文反对贝尔的观点，后者认为哭和笑等表情是人类独有，它们通过上帝赋予人类的

1　关于达尔文的哭泣理论和维多利亚时期的科学与文化，见 Paul White, "Darwin Wept: Science and the Sentimental Subject", *Journal of Victorian Culture* 16 (2011): 195—213; Thomas Dixon, "The Tears of Mr. Justice Willes", *Journal of Victorian Culture* 17 (2012): 1—23。
2　关于查尔斯·贝尔对眼泪、科学和医学史的贡献，见第九章；关于他和达尔文理论的关系，见 Dixon, *From Passions to Emotions*, ch. 5; White, "Darwin Wept"。

特殊的肌肉来实现。达尔文意在通过展示人类与其他动物有多少心理和生理上的共同点来支持他的进化论。要做到这一点，就必须推翻贝尔对表情生理学的神学解释。抨击查尔斯·贝尔的表情理论，希望发现更多人类和动物的相同点，也就解释了为什么达尔文选择背离17世纪以来的正统科学观点：动物不会哭。[1]

达尔文在为《人与动物情感的表达》积累材料的过程中，通过与帝国各地的博物学家、教士和殖民地官员的信件往来和问卷调查，以及在伦敦动物学会花园（1847年向公众开放）的亲身观察，收集了来自世界各地的证物、轶事和证词。在动物学会花园，达尔文在动物身上进行了各种各样的试验，包括给一只猴子吸鼻烟使其打喷嚏和让一只大象发出吼叫，从中观察这些动物是否会闭眼和分泌眼泪。两名动物管理员告诉达尔文，他们曾目睹一只来自婆罗洲的猕猴在"悲伤"和"非常怜悯"的时候大哭，泪水顺着它的脸颊流下来。达尔文还引用其他权威人士的说法来支持猴子有时会因悲伤、挫折、恐惧而流泪的观点，这些权威人士包括伟大的普鲁士博物学家和探险家亚历山大·冯·洪堡（Alexander von Humboldt）。但让达尔文失望的是，他从未在动物园亲眼见到流泪的猴子。饲养员还告诉这位好奇的客人，他们曾看见一只年迈的印度母象和孩子分离时流下了悲伤的眼泪。达尔文还援引了爱尔兰政治家詹姆斯·E. 坦南特爵士（Sir James E. Tennent）关于锡兰的著作。坦南特曾在锡兰担任殖民地秘书，他在书中描述了一群被捕获和捆绑的大象，"一动不动地躺在地上，没有任何痛苦的迹象，

1　至少有些人不同意这种正统观点，例如兽医威廉·尤亚特（William Youatt）在19世纪30年代指出，鹿、马和狗也会哭泣，他将这些动物的哭泣方式与人类"发自内心情感"的眼泪进行了比较，见"Mr Youatt's Veterinary Lectures Delivered at the University of London", *The Veterinarian 7* (1834): 461—75 (p. 474)。

泪水充满了它们的眼睛, 不断地流出来"。坦南特还提到, 有一头被制服和捆绑的雄象, "它的悲伤是最感人的, 它在使劲挣扎后精疲力竭, 它躺在地上, 发出窒息的叫声, 眼泪顺着它的脸颊流下来"。[1]

查尔斯·达尔文对这些动物落泪的感伤故事深信不疑, 这让头脑冷静的当代科学家感到尴尬, 因为他们大多数人都确信, 只有人类才会感动落泪。就连达尔文本人似乎也对这些故事难以适从。他认为伦敦动物园的婆罗洲猕猴哭泣"有些蹊跷", 因为其他同类猴子无法被诱导做出同样的行为。在参考了伟大的亚历山大·冯·洪堡引用的例证后, 达尔文评论道: "但是我不想对洪堡观点的准确性提出任何怀疑。"人们不禁怀疑, 达尔文是在用一种非常英式的方法对洪堡声明的准确性提出重大怀疑。[2] 尽管如此, 这些猴子和大象哭泣的案例有助于打破人类和动物情感泾渭分明的界限, 因此被达尔文收录在他的书中。

为了解释眼泪和情感之间神秘联系的起源, 达尔文通过一系列推断, 将眼睛紧闭和各种行为与精神状态建立起联系。他认为, 在我们进化的过程中, 婴儿因饥饿、痛苦和为了吸引注意而大声尖叫。在这样做的时候, 他们会紧闭双眼, 以保护眼睛不受伤害, 闭眼会充分挤压泪腺, 使眼泪流出来。接着通过后续的关联过程, 任何一种痛苦都可以和眼泪建立联系。值得注意的是——顺便提一句——这种解释没有诉诸自然选择 (达尔文认为, 在悲伤时流泪并没有进化上的

---

1 Darwin, *Expression*, pp. 135—7, 163, 167—8. 在达尔文的众多读者中, 有一位在读了《人与动物情感的表达》中关于大象哭泣的描述后, 写信给达尔文并补充了更多的证据。戈登·卡明 (Gordon Cumming) 描述了一头非洲象被击中后流下了大滴的眼泪: Gordon Cumming, *The Lion Hunter of South Africa* (London: John Murray, 1856), p. 227. William Gregory Walker to Charles Darwin, 21 Aug. 1873, Darwin Correspondence Project, 〈http://www.darwinproject.ac.uk/entry-9020〉; 我非常感谢剑桥达尔文书信课题组的保罗·怀特 (Paul White) 博士, 是他让我接触到这封信以及达尔文其他关于眼泪和哭泣的信件, 其中一些尚无法在互联网获取。

2 Darwin, *Expression*, pp. 135—7.

优势），而是将流泪视为一种习惯或习得之物的遗传（达尔文经常采用这种机制，但后来被新达尔文主义者抛弃）。哭泣的习惯被遗传之后，它与婴儿疼痛的原始联系最终消失了，正如达尔文准确观察到的那样，现在眼泪可以在"最不相干的情感的驱使下，甚至在没有情感的情况下"产生。[1] 达尔文式的眼泪是一种无意识的、复杂遗传习惯的残存，它们曾对我们的祖先有用——当他们在婴儿时期尖叫时，但如今蜕变成偶然的、无目的的行为——它们真可谓"百无一用的眼泪"。[2]

在揭示了哭泣何以成为我们进化过程中的副产品后，达尔文回到了现代世界的眼泪。在这个缔造帝国和民族主义兴起的时期，种族刻板印象被用来解释欧洲人的统治行为并使之合法化，这种刻板印象又获得了科学的支持。强烈反对奴隶制的达尔文在这类问题上表现得最为开明，但即便是他也理所当然地认为，在不同的人种之中，存在一种种族等级制度。[3] 达尔文指出，"野蛮人会因微不足道的原因哭泣"，他举了一位新西兰酋长的例子，称他"哭得像个孩子一样，只

---

1 Darwin, *Expression*, p. 163.

2 关于达尔文在《人与动物情感的表达》中对情感性质及其重要性的阐释，见Dixon, *Passions to Emotions*, pp. 159—79; White, "Darwin Wept"; Paul White, "Darwin's Emotions: The Scientific Self and the Sentiment of Objectivity", *Isis* 100 (2009): 811—26; Gregory Radick, "Darwin's Puzzling *Expression*", *Comptes rendus biologies* 333 (2010): 181—7; Tiffany Watt-Smith, *On Flinching: Theatricality and Scientific Looking from Darwin to Shell Shock* (Oxford: Oxford University Press, 2014), ch. 1。

3 关于维多利亚时代种族观背景下的达尔文科学，见Charles Darwin, *The Descent of Man, and Selection in Relation to Sex*, ed. James Moore and Adrian Desmond (London: Penguin, 2004), "Introduction"; Adrian Desmond and James Moore, *Darwin's Sacred Cause: Race, Slavery and the Quest for Human Origins* (London: Allen Lane, 2009); Robert Kenny, "From the Curse of Ham to the Curse of Nature: The Influence of Natural Selection on the Debate on Human Unity Before the Publication of *The Descent of Man*", *British Journal for the History of Science* 40 (2007): 367—88; Douglas Lorimer, "Science and the Secularisation of Victorian Images of Race", in Bernard Lightman (ed.), *Victorian Science in Context* (Chicago: University of Chicago Press, 1997), pp. 212—35。

第四部分 克 制

因为水手们用面粉把他最喜爱的斗篷弄脏了"。达尔文还补充了一段自己的经历:"我在火地岛看到一个当地人,他刚失去了一个兄弟,他时而歇斯底里地大哭,时而因高兴的事情而开怀大笑。"在这位年轻的欧洲旅行者看来,这种情感的不稳定性只是火地岛居民令人震惊的野蛮行为中的一个例子。[1]

种族问题在美国有特殊的意义。在美国,奴隶制在内战结束后的1865年被废除。托马斯·温特沃斯·希金森是一神论牧师和废奴主义者,曾在联邦军队中指挥一个黑人团。1872年,希金森在肯特拜访了达尔文夫妇,回到罗德岛的纽波特后,他饶有兴趣地阅读了《人与动物情感的表达》。希金森写信给达尔文,为英国人对"有色人种的友好情谊"表达了欣慰,并附上了一些关于情感表达的笔记。其中一条评论回应了达尔文提出的"野蛮人会因微不足道的原因哭泣"的观点。希金森证实"美国化的黑人"就是如此:"我经常注意到我的黑人士兵很容易因为愤怒、羞愧或失望而流泪。"他特别提到了一位从战场归来的士兵,这个士兵表现良好,却因"他的战友偷了一枝甘蔗"而哭泣。[2] 即便像达尔文和希金森这样的废奴主义者,也有一种毋庸置疑的种族优越感,在他们对"野蛮人"和"黑人"所谓孩子气般情感反应的居高临下的描述中,这种优越感体现得淋漓尽致。

种族比较也可以在不同的"欧洲文明国家"——用达尔文的话说——之间进行。在这个时期,人们对盎格鲁人、凯尔特人、撒克逊人

1　Darwin, *Expression*, pp. 154—5.

2　Thomas W. Higginson to Charles Darwin, 30 Mar. 1873, Darwin Correspondence Project, ⟨http://www.darwinproject.ac.uk/entry-8830⟩.

等民族的情感特征展开了激烈的辩论。[1] 一位医学家断言，"兴奋型忧郁"（excited melancholia）在"凯尔特民族"和女性中更为常见，最典型的例证是"爱尔兰女性的哀号和哭泣，以及伴随着肢体动作的悲伤"。[2] 达尔文专门评论了英国人和大陆邻居之间的差异："除了在极度悲伤的压力下，英国人很少哭泣；但在欧洲大陆的一些地区，男人们更容易随时随地流泪。"[3] 达尔文著作的一位书评人提到，在"野蛮民族"中看到的那种公开表达强烈悲伤之情的行为"在爱尔兰并未完全消失"，其言下之意是在英格兰不存在这种情况。[4] 16 世纪的新教改革家曾谴责极端的天主教哀悼仪式，但三个世纪后，英格兰观察家依旧在信奉天主教的爱尔兰目睹和谴责这一现象。[5]

总的来看，达尔文认为公开的哭泣在那些被认为意志力薄弱和缺乏理性的人之中更为常见，其中包括妇女、儿童、所谓的"低等种族"和那些"很少或从不克制自己情绪"的精神失常者。[6] 从这个意义上说，在维多利亚时代的精神病院中观察到的精神病患者和外国海岸上遇见的"野蛮人"别无二致。这两类人都以过度流泪而为人所知。即使在 15 世纪，就有一些人认为玛格丽·肯普滔滔不绝的眼泪是疯癫而非虔信的标志。[7] 在达尔文的时代，玛格丽几乎肯定会被关进精神

1　Mandell Creighton, *The English National Character* (London: Henry Frowde, 1896), reviewed in *The Spectator*, 20 June 1896, pp. 8—9, ⟨http://http://archive.spectator.co.uk⟩. 另见 Peter Mandler, *The English National Character: The History of an Idea from Edmund Burke to Tony Blair* (New Haven: Yale University Press, 2006), chs 3 and 4。

2　Thomas S. Clouston, *Clinical Lectures on Mental Diseases* (London: J. and A. Churchill, 1883), pp. 90—1.

3　Darwin, *Expression*, p. 155.

4　"Darwin on the Expression of the Emotions", *The Graphic*, 16 Nov. 1872, pp. 462—3.

5　见第二章。

6　Darwin, *Expression*, p. 155.

7　见第一章。

病院。达尔文援引约克郡西赖丁精神病院院长詹姆斯·克莱顿-布朗（James Crichton-Browne）医生的话，后者曾告诉他，"没有什么比在最无关紧要或无缘无故的情况下流泪更能体现抑郁症的特征，即便在男性中情况也是如此"，而那些与真实的悲伤不相符的号啕大哭也是抑郁症的表现。[1] 克莱顿-布朗的一些病人和玛格丽·肯普类似，他们有时会连续哭泣几个小时甚至一整天，另一些病人则会沉默地坐着，前后摇晃身体，如果有人对他们说话，他们会大哭起来。

一本应用广泛的《心理医学手册》指出，眼泪的健康流动可能是缓解和恢复的标志，但它又补充说，在其他情况下哭泣显示了"神经中枢的深层疾病"。该手册继续写道，这两种眼泪"就像清除了一些障碍物后引发的山洪，或者水管破裂后引起的水流"。维多利亚时代的医生试图将山洪和破裂的水管区分开来。[2] 为了做到这一点，在19世纪最后几十年里，一些医学作家开始将那些无法抑制自己情感的人称为"情感失禁"。[3] 在随后的一个世纪里，这句话成了反对公开表达情感的人的标准用语。1998年，保守派报纸专栏作家理查德·利特尔约翰（Richard Littlejohn）反对为纪念戴安娜王妃去世一周年举行两分钟默哀的提议，他曾将一年前的公众哀悼形容为"危险的群体歇斯底里"和"令人厌恶的情感失禁的狂欢"。2012年，安

1　Darwin, *Expression*, pp. 155—6; 关于达尔文与詹姆斯·克莱顿-布朗的合作，见Alison M. Pearn, "' This excellent observer ...' : The Correspondence between Charles Darwin and James Crichton-Browne, 1869—75", *History of Psychiatry* 21 (2010): 160—75。

2　John Charles Bucknill and Daniel Hack Tuke, *A Manual of Psychological Medicine*, 4th edn (London: J. and A. Churchill, 1879), p. 140; 关于维多利亚时期医学、心理学和眼泪的更多论述，见 Dixon, "The Tears of Mr Justice Willes"。

3　该短语最早出现在一位精神病理学医生的书中: Henry Maudsley, *Natural Causes and Supernatural Seemings* (London: Kegan Paul, Trench and Co., 1886), pp. 300—1; 莫兹利描述了一神论作家詹姆斯·马蒂诺博士（哈里特·马蒂诺的兄弟）与神结合过程中的欣喜若狂的状态，称其眼泪像"情感失禁的河流"。

迪·穆雷（Andy Murray）在温布尔登网球赛上向他的球迷含泪致谢，《观察家》专栏作家托比·杨（Toby Young）称自己对穆雷的"情感失禁"感到失望。[1] 维多利亚时代医生的理论和观点在这一类声明中延续，这类声明是达尔文及其同时代人所持观点的现代版本，即存在一种衡量和抑制眼泪的等级，它涵盖了从最下等的野蛮人和疯子那动物般的眼泪，到女性、儿童和欧洲男性的眼泪，再到最上等的那些身居欧洲的英国绅士的眼泪。维多利亚时代的科学家们建构了一套符合帝国权力和理性时代的有关哭泣的比较人类学。达尔文关于情感表达的论著的出版，不仅标志着对哭泣的科学研究迈进了一个新阶段，也从更广的意义上表明英国文化进入了一个新阶段。眼泪，尤其是男性的眼泪，离公众视线越来越远。

达尔文一生中最悲伤的事莫过于1851年他10岁女儿安妮的离世。科学史家认为这是达尔文学术生涯的转折点——他痛苦地体验了大自然的无情。这也是他情感历史的转折点。达尔文在1872年写道："除了在极度悲伤的压力下，英国人很少哭泣。"毫无疑问，安妮的死引发了这种悲伤。达尔文和妻子艾玛都哭得非常伤心，但后来他和家人很少再提起安妮。这种情感撕心裂肺，却是私人的。[2] 阿

---

1 Richard Littlejohn quoted in James Thomas, *Diana's Mourning: A People's History* (Cardiff: University of Wales Press, 2002), p. 17; Toby Young, "When Did Tears Become Compulsory?", *The Spectator*, 14 July 2012, p. 60. 对20世纪90年代后新出现的哭哭啼啼的感伤主义的回应，见第二十章。

2 Desmond and Moore, *Darwin*, pp. 375—87; Randal Keynes, *Annie's Box: Charles Darwin, his Daughter and Human Evolution* (London: Fourth Estate, 2001); White, "Darwin Wept", pp. 196—9; "Death of Anne Elizabeth Darwin", Darwin Correspondence Project, ⟨http://www.darwinproject.ac.uk/death-of-anne-darwin⟩. 达尔文的好友约瑟夫·胡克（Joseph Hooker）也因痛失爱女而悲伤。达尔文对胡克的同情，见 Jim Endersby, "Sympathetic Science: Charles Darwin, Joseph Hooker, and the Passions of Victorian Naturalists", *Victorian Studies* 51 (2009): 299—320 (pp. 306—9)。

德里安·戴斯蒙德（Adrian Desmond）和詹姆斯·摩尔（James Moore）在他们饱含深情的达尔文传记中, 提到了艾玛·达尔文在婚后几个月写给丈夫的信。艾玛在信中表达了她的恐惧, 她害怕查尔斯对宗教的怀疑, 会使他俩无法在来世相聚。几十年后, 达尔文在撰写自传时重读了这封信, 他回忆了和艾玛分别时的心情以及痛失安妮时的悲伤。达尔文读完艾玛的旧信后在底部写道:"当我死后, 你要知道, 我曾无数次亲吻这封信并为它哭泣。"[1]

当达尔文坐在火车厢观察一位泪眼汪汪的老妇人并揣度她表情的含义时, 他进行的是一项稍具科学性, 但也高度主观性的典型的维多利亚时代读心术。他立刻想到的是老妇人脑海中掠过的对久已失去的孩子的痛苦追忆。[2] 但是, 对死去孩子的追忆, 到底是老妇人的闪念、达尔文的揣测, 还是维多利亚时代人的集体想法? 小耐儿们和保罗·董贝们, 所有这些夭折儿童的形象依然是家庭伤痛和文学悲情的中心。[3] 达尔文在《情感的表达》中承认:"我曾亲身体会并从其他成年人身上观察到, 当你难以抑制泪水时, 比如在阅读悲惨故事时, 你几乎无法阻止各种肌肉最轻微的抽搐和颤抖, 这些肌肉在幼儿尖叫时会发生剧烈的反应。"[4] 查尔斯·达尔文——这位伟大的维多利亚时代的苏格拉底——在阅读感伤小说时强忍泪水以及他那圣人般的脸庞剧烈颤动的样子, 完美地概括了维多利亚时代晚期人们无时无刻用文明和克制来对抗动物性情感的努力。

1　Desmond and Moore, *Darwin*, p. 651.

2　Darwin, *Expression*, pp. 195—7.

3　见第十一章。

4　Darwin, *Expression*, p. 153.

第十四章

"如果"紧抿上唇

1895年5月26日，奥斯卡·王尔德"严重猥亵罪"罪名成立，被判处两年监禁和苦役。当王尔德离开被告席时，他的眼里噙满了泪水。[1] 同年晚些时候，在从伦敦转监雷丁的途中，王尔德穿着囚服、戴着镣铐，在克拉珀姆（Clapham）枢纽火车站的月台上站了一会儿。人们开始认出这位名誉扫地的作家，纷纷嘲笑他。王尔德在狱中长信里写道："在11月的阴雨中，我站了半小时，周围是一群嘲笑我的乌合之众。"这封信的一部分后来以"自深深处"为题出版。"在那件事之后的一年里，我每天都在同一时间和地点哭泣。"[2] 这是王尔德为自己设计的含泪的纪念仪式。19世纪90年代，在西格蒙德·弗洛伊德的研究案例中，一位病人也做了相似的事。[3] "一个人在狱中不哭的一

---

1 "Wilde and Taylor: Close of the Re-Trial", *Portsmouth Evening News*, 27 May 1895, p. 2, and *Hampshire Telegraph*, 1 June 1895, p. 2.
2 *The Complete Works of Oscar Wilde*, ii: *De Profundis*, "Epistola: In Carcere et Vinculis", ed. Ian Small (Oxford: Oxford University Press, 2005), pp. 127—8.
3 Josef Breuer and Sigmund Freud, *Studies on Hysteria: The Standard Edition of the Complete Psychological Works of Sigmund Freud*, ii: 1893—1895, trans. James Strachey and Anna Freud (London: The Hogarth Press and the Institute of Psycho-Analysis, 1955), pp. 162—3.

天，"王尔德写道，"是他内心坚硬而非快乐的一天。"[1]身陷囹圄和痛苦的王尔德继续从基督教中汲取有关哭泣的思想。在《雷丁监狱之歌》中，"被处以绞刑的人"（一名因杀害情人而被处以极刑的囚犯）的眼泪具有一种基督救赎的力量：

> 因为只有血才能将血擦去，
>
> 只有眼泪才能治愈：
>
> 该隐的深红色印记，
>
> 成了基督雪白的封印。

其他狱友用泪水表达自己的怜悯的悲叹：

> 我们流的泪就像熔化的铅，
>
> 为了我们还没流的血。[2]

爱尔兰裔、柔弱、颓废，还有一丝罗马天主教的气质：奥斯卡·王尔德和他的眼泪属于19世纪末男子气概和情感类型的一个极端。[3]他的宗

1　Wilde, *De Profundis*, p. 128.

2　该诗首次出版于1898年，作者用自己牢房的编号将该诗命名为"C.3.3"。1899年后，该诗封面上开始署名王尔德。Oscar Wilde, "The Ballad of Reading Gaol", *The Complete Works of Oscar Wilde*, i: *Poems and Poems in Prose*, ed. Bobby Fong and Karl Beckson (Oxford: Oxford University Press, 2000), pp. 195—216 (pp. 203, 216, lines 269—70, 633—6).

3　孩提时代的王尔德在爱尔兰圣公会受洗，并在母亲的要求下秘密接受了罗马天主教会的洗礼。19世纪70年代，王尔德在牛津大学读书期间曾认真考虑皈依罗马天主教，他一生都对基督形象、天主教礼拜仪式和神学保持着真诚的兴趣。1900年巴黎，在朋友罗比·罗斯的请求下，王尔德在临终前接受了天主教会最后的圣礼。关于王尔德的宗教生活和思想，见Stephen Arata, "Oscar Wilde and Jesus Christ", in Joseph Bristow (ed.), *Wilde Writings: Contextual Conditions* (Toronto: University of Toronto Press, 2003), pp. 254—72; Jarlath Killeen, *The Faiths of Oscar Wilde: Catholicism,*（转下页）

教和文学感伤与新帝国男性的坚忍和尚武精神形成了鲜明对比。

1895年12月底，苏格兰殖民官员利安德·斯塔尔·詹姆森（Leander Starr Jameson）率军从英国的开普殖民地进入德兰士瓦（Transvaal），企图煽动英国定居者起事反抗布尔统治者，但以失败告终。詹姆森因领导这次突袭的方式而受到责难并被短暂监禁，但他仍然成了一名帝国英雄和英国人努力、坚忍、勇敢的模范。他为鲁德亚德·吉卜林（Rudyard Kipling）的一首诗提供了灵感。这首诗发表于1910年，它仅以《如果——》为题，但比其他任何作品更好地提炼出英国人紧抿上唇的精神。1995年，在詹姆森突袭过去整整一个世纪后，即作为一种民族特征的紧抿上唇消失几十年后，由英国广播公司发起的一项民意调查显示，吉卜林的《如果——》是最受英国人最喜爱的诗。[1]

吉卜林在他死后出版的自传中写道，这首诗"源自詹姆森的品质，包含了成就卓越所需的最显而易见的建议"[2]。该诗以父亲给儿子提建议的形式写成，包含一长串条件句，诗的开头是：

（接上页）*Folklore and Ireland* (Basingstoke: Palgrave Macmillan, 2005); Patrick R. O'Malley, "Religion", in Frederick S. Roden (ed.), *Palgrave Advances in Oscar Wilde Studies* (Basingstoke: Palgrave Macmillan, 2004), pp. 167—88。

1　Catherine Robson, *Heart Beats: Everyday Life and the Memorized Poem* (Princeton: Princeton University Press, 2012), pp. 230—4. Liz Bury, "Robert Frost's Snowy Walk Tops Radio 4 Count of Nation's Favourite Poems", *The Guardian*, 26 Sept. 2013, 〈http://www.theguardian.com〉. 吉卜林是玛格丽特·撒切尔最喜欢的诗人，她对吉卜林作品的喜爱可以追溯到童年时期。撒切尔对吉卜林的诗和好莱坞电影如数家珍，这让她超越了相对封闭的、卫理公会的成长环境。Margaret Thatcher, *The Path to Power* (London: HarperCollins, 1995), p. 17. 据说，《如果——》是撒切尔最喜欢的诗。1990年她卸任首相职务时，唐宁街的工作人员赠送给她吉卜林的首版诗集。Jonathan Aitken, *Margaret Thatcher: Power and Personality* (London: Bloomsbury, 2013), pp. 214, 647—8. 另见第十九章。

2　Rudyard Kipling, *Something of Myself: For my Friends Known and Unknown* (London: Macmillan and Co., 1937), p. 191.

如果所有人都失去理智,咒骂你,

你仍能保持头脑清醒;

如果所有人都怀疑你,

你仍能自信不改,并宽恕他们的猜忌

父亲给出了进一步考验忍耐力和自控力的方法:

如果你是个追梦人——不要被梦主宰;

如果你是个爱思考的人——不要以思想者自居;

如果你遇到骄傲和挫折,

把两者当作骗子看待

最后的对句在1923年被刻在了温布尔登中心球场运动员入口的上方,至今依然在那里。[1] 在《如果——》中,儿子被要求对外界事物保持超然独立的态度,对他人亦应如此:

如果他人的爱憎左右不了你的正气;

如果你与任何人为伍都能卓然独立

多重条件句将读者的胃口吊到了最后。这个卓越非凡、坚如磐石的人,既然冷若冰霜到如此地步,他又能获得什么回报呢?从某种程度上说,他能证明自己的男子气概,成为大英帝国的继承者:

1　Bruce Tarran, *George Hillyard: The Man Who Moved Wimbledon* (Kibworth Beauchamp: Matador, 2013), p. 104.

你就可以拥有世界,这个世界的一切全都归你,

更重要的是,我的孩子,你是个顶天立地的人。[1]

吉卜林不仅是詹姆森的好友和崇拜者, 还是1899年至1902年布尔战争中其他重要人物的好友和崇拜者, 其中包括塞西尔·罗兹(Cecil Rhodes)和阿尔弗雷德·米尔纳(Alfred Milner)爵士。英国在这场战争中的胜利, 为1910年大英帝国南非联邦的成立奠定了基础。《如果——》正是在这一年出版。[2] 吉卜林的独子约翰那年13岁。四年后, 当帝国大业因第一次世界大战的爆发而受到威胁时, 约翰·吉卜林终于有机会证明自己的勇气。即将迎来30岁生日的奥斯卡·王尔德之子西里尔是一名军人, 他也要走上战场。生于爱尔兰的王尔德和生于印度的吉卜林, 以及他们儿子的眼泪、想法和经历, 能帮助我们理解从19世纪70年代到第一次世界大战这个帝国主义和爱国主义高涨的时期,"紧抿上唇"的心态是如何被创造、被抵制和被检验的。[3]

1　Rudyard Kipling, "If—", in *Rewards and Fairies* (London: Macmillan and Co., 1910), pp. 175—6.

2　Kipling, *Something of Myself*, ch. 6, "South Africa"; Thomas Pinney, "Kipling, (Joseph) Rudyard (1865—1936)", *Oxford Dictionary of National Biography* (Oxford University Press, 2004; online edn, Jan. 2011), doi:10.1903/ref:odnb/34334.

3　关于维多利亚和爱德华时期包括父子关系在内的典型男子气概, 见John Tosh, *A Man's Place: Masculinity and the Middle-Class Home in Victorian England* (New Haven: Yale University Press, 1999), ch. 4; Claudia Nelson, *Invisible Men: Fatherhood in Victorian Periodicals, 1850—1910* (Athens, Ga: University of Georgia Press, 1995); Angus McLaren, *The Trials of Masculinity: Policing Sexual Boundaries, 1870—1930* (Chicago: University of Chicago Press, 1997); Martin Francis, "The Domestication of the Male? Recent Research on Nineteenth- and Twentieth-Century British Masculinity", *Historical Journal* 45 (2002): 637—52; Stephen Heathorn, "How Stiff were their Upper Lips? Research on Late-Victorian and Edwardian Masculinity", *History Compass* 2 (2004), doi:10.1111/j.1478-0542.2004.00093.x.

"紧抿上唇"这句话起源于美国。1871年，即《一年四季》杂志的创刊编辑查尔斯·狄更斯去世的第二年，该刊发表了一篇介绍"美国流行短语"的文章，如此解释"保持上唇紧抿"："对目标保持坚定，坚持自己的勇气。"[1]这并非该短语唯一的含义，它还表示拥有高度的自尊心、独立性和自力更生的能力。即使在19世纪末，英国读者也不确定这句话的内涵。它常常出现在引号中，有时仍被视为美式语言。[2]但是从布尔战争时期开始，特别是在有关国际关系和战争的讨论中，这句话变得越来越常见，它的内涵逐渐落到一个核心品质上，即在面临考验和困境时表现出勇敢并能隐藏自己真实情感的能力。[3]19世纪70年代开始，在更广的文化范围内，英国经历着从感伤主义向禁欲主义和情感克制的转向，与此同时，帝国主义和沙文主义正在崛起。[4]"紧抿上唇"的价值理念正是在这一背景下流行起来的。

　　甚至在"紧抿上唇"作为一种理念出现以前，英国教育机构就一

1　"Popular American Phrases", *All the Year Round*, 18 Feb. 1871, p. 273.
2　1849年，在美国出版的一本面相学和颅相学手册用该短语表示"自尊心"：J. W. Redfield, *Outline of a New System of Physiognomy* (New York: J. S. Redfield, 1849), p. 75. 19世纪60年代后，与美国有关的其他用法，见"Small But Interesting", *Fun*, 17 Dec. 1864, p. 75; "Erema; or, My Father's Sin", *Cornhill Magazine* 34 (Nov. 1876), p. 534; T. Baron Russell, "The American Language", *Gentleman's Magazine* 275(Nov. 1893), pp. 529—33 (p. 532)。
3　在外交事务和军事中，用"紧抿上唇"表示一种孤立主义和遗世独立态度的例子，见Alfred Simmons, "The Ideas of the New Voters", *Fortnightly Review 37* (Feb. 1885), p. 153; "Dramatis Personae: Sir Claude MacDonald", *Outlook*, 21 May 1898, pp. 488—9; "A Week of Empire", *Outlook*, 16 Dec. 1899, p. 640; "Notes of the Week", *Saturday Review of Politics, Literature, Science and Art*, 23 Aug. 1902, pp. 221—4 (p. 222); J. W. Fortescue, "Some Blunders and a Scapegoat", *Nineteenth Century and After 52* (Sept. 1902), p. 532。
4　关于维多利亚时期感伤主义的兴衰，见第十一至十三章，另见Carolyn Burdett, "Introduction" to *New Agenda: Sentimentalities*, *Journal of Victorian Culture* 16 (2011): 187—94; Nicola Bown, "Introduction: Crying over Little Nell", in "Rethinking Victorian Sentimentality", *19: Interdisciplinary Studies in the Long Nineteenth Century* 4 (2007), ⟨http://19.bbk.ac.uk/index.php/19/article/viewFile/453/313⟩; Philip Collins, *From Manly Tear to Stiff Upper Lip: The Victorians and Pathos* (Wellington, New Zealand: Victoria University Press, n.d. [1975])。

直在培养男孩和男人自控和克制情感的能力。这种普遍的做法并不局限在公立学校。对有些人而言，训练从出生就开始了。维多利亚时代晚期和爱德华时代的育儿手册警告称，婴儿是哭哭啼啼的暴君。明智的父母不会纵容孩子任性的眼泪，而是以身作则，教他们如何"默默忍受，控制自己，做自己情绪的主人或女主人"。[1] 后来被送到寄宿学校的男孩，必须学会如何处理因分离而产生的情绪。答案通常是不去谈论它们，甚至不去感受它们。英国国教会为来自不算富裕家庭的孩子开办的日校里也盛行类似的风气。19世纪70年代，据英国米德兰兹地区一所日校的学生回忆，孩子们会因各种微小过失而被老师用藤条殴打，然而"饮泣吞声是一种荣誉"，"如果一个男孩忍不住流泪，他可以将脸藏在怀里，从而避免受到嘲笑"。[2] 正如我们将要看到的，同样的态度——希望用不哭的方式克服情绪和身体上的痛苦——至少在20世纪60年代以前一直存在于许多学校中，它的某些方面一直延续到今天。[3]

哈丽雅特·马蒂诺在1840年出版的小说《克罗夫顿男孩》是早期校园题材小说的代表，这类小说后来因托马斯·休斯（Thomas Hughes）1857年出版的《汤姆·布朗的学生时代》和鲁德亚德·吉卜林1899年出版的《斯托基公司》而闻名。[4] 哈丽雅特·马蒂诺笔下年轻的主人公休斯被送到克罗夫顿学校前，有一次他在家艰难地学

1　Louise Joy, " 'Snivelling like a kid' : Edith Nesbit and the Child's Tears", *Litteraria Pragensia: Studies in Literature and Culture* 22 (2012): 128—42 (pp. 130, 132).

2　E.C.F., "A Day School Seventy Years Ago", *Church Times*, 15 Feb. 1946, p. 104.

3　见第十七至二十章。1932年，《泰晤士报》报道了威尔士亲王的贝尔格雷夫儿童医院之行，他向那里的病人表达了同情，其中一位名叫彼得·加维（Peter Garvie）的5岁男孩告诉亲王，他希望长大后加入救生团。在亲王来访之前，这名男孩在拆线时痛得流下了眼泪。护士告诉他，"救生员是不会哭的。如果你非常勇敢，威尔士亲王会让你加入他的卫队"; "The Prince's Gift to Boy Patient", *The Times*, 13 May 1932, p. 11.

4　Elizabeth Gargano, *Reading Victorian Schoolrooms: Childhood and Education in Nineteenth-Century Fiction* (New York: Routledge, 2008), pp. 101—7.

习功课，哭喊着要睡觉，他希望自己成为克罗夫顿的一员："他认为克罗夫顿的男孩都能以某种方式完成功课，这是毋庸置疑的；然后他们就可以睡觉了，没有任何不开心的感受，也不会流泪。"初到学校，一个男生给小休斯提了一些建议："你会发现在英国的每所学校，男孩不应该谈论感受——任何人的感受。这就是他们从不提及自己的姐妹和母亲的原因——除非两个亲密的好友在一起时，要么在树上，要么在草地上。"如果想成为一名真正的克罗夫顿男孩，男孩建议休斯谨言慎行，"充满行动力"，表现出"男子汉气概"但不为此骄傲。[1]

维多利亚时代中期的儿童文学为哭泣引入了一个新词语——blubbing（哭鼻子）。该词在19世纪60年代被首次使用，它是紧抿上唇兴起的另一个标志。使用该词的一个颇具代表性的例子来自1868年《比顿男孩年刊：事实、小说、历史和冒险卷》刊登的一则故事。故事中的男孩为另一个男孩的眼泪感到尴尬，他试图让后者振作起来："好啦，不要哭鼻子了，你有一个好伙伴。"当对方继续哭泣时，他几乎无法忍受，于是"哽咽地"安慰对方，虽然"离开家人第一个夜晚的感受非常奇怪"，但假期不远了，而且他们俩可以成为朋友。[2] 随着公立学校教育日益普及和严格，在这一时期的现实和虚构故事中，"不要哭鼻子"无疑是许许多多男孩给出的劝告。[3] 1915年5月，萨里

1　Harriet Martineau, *The Crofton Boys: A Tale* (London: Charles Knight, 1841), pp. 34, 164.

2　"The Third Boy at Beechy combe. Chapter II: The Third Boy Becomes a Mystery", in S. O. Beeton (ed.), *Beeton's Boy's Annual: A Volume of Fact, Fiction, History, and Adventure* (London: Ward, Lock, and Tyler, 1868), pp. 447—54 (p. 450). 19世纪60年代至90年代间，用"blub"形容"流泪"的更多早期案例，见*Oxford English Dictionary*, online edn (Oxford: Oxford University Press).

3　根据大卫·纽瑟姆的说法，维多利亚时代公立学校教育的基调在19世纪后期发生了变化："过度表露情感很快被视为不良行为；爱国主义和为国家与帝国恪尽职守成为新制度试图灌输的主要情感。" David Newsome, *Godliness and Good Learning: Four Studies on a Victorian Ideal* (London: John Murray, 1961), p. 26. 关于维多利亚时代晚期的教育和帝国主义，见Pamela Horn, "English（转下页）

郡查特豪斯寄宿学校的一名10岁学生杰弗里·戈尔的朋友和老师可能就说过这番话：戈尔在早餐时得知，他的父亲因乘坐的"卢西塔尼亚号"被一艘德国潜艇击沉而命丧大海。像往常一样，坐在桌头的老师宣读了晨报上的战争新闻，但他显然没有意识到这则新闻与小戈尔的关系。戈尔回忆道，当他听到这则消息时，"身体几乎颤抖"，然后突然"情不自已地抽泣"。他记得自己获得了安慰，但如同病人一般。人们在他面前停止了交谈，此后再无人直接提及死亡。[1]

英国的精英教育机构旨在通过将古典教育和团队体育运动相结合，培养学生的克己能力、良好的举止和爱国主义精神。一份报纸在对1925年牛津大学和剑桥大学年度橄榄球赛的报道中赞美了观众良好的举止："在任何地方，比赛双方制造的激情都受到了压制。"报道总结道，这是一场盛大的"紧抿上唇的游行"。[2] 1936年，《泰晤士报》一篇关于中国"流泪党"的文章将东方人的情感与抑制泪水这一"英国传统"进行了比较："当小孩哭泣时，他们被要求停下来。在公立学校，甚至更早的时候，哭鼻子是自取其辱。"文章写道，一个年轻人在大学结束时可能会在公告栏上看到自己糟糕的考试成绩，他等待泪水盈满眼眶，却发现自己完全丧失了流泪的能力。这时他才明白，自

（接上页）Elementary Education and the Growth of the Imperial Ideal: 1880—1914", in J. A. Mangan (ed.), *Benefits Bestowed? Education and British Imperialism* (Manchester: Manchester University Press, 1988), pp. 39—55; Tosh, *A Man's Place*, ch. 8; Claudia Nelson, "Growing Up: Childhood", in Herbert F. Tucker (ed.), *A Companion to Victorian Literature and Culture* (Oxford: Blackwell, 1999), pp. 69—81。

1　Geoffrey Gorer, *Death, Grief, and Mourning in Contemporary Britain* (London: The Cresset Press, 1965), pp. 2—3; Pat Jalland, *Death in War and Peace: Loss and Grief in England, 1914—1970* (Oxford: Oxford University Press, 2010), p. 101.

2　Ivor Brown, "The Best Game to Watch", *Saturday Review of Politics, Literature, Science and Art*, 14 Nov. 1925, p. 563.

己已经完成了英国绅士的教育。[1]《泰晤士报》的这篇文章表达了一点遗憾。E. M. 福斯特曾哀叹英国公立学校培养的年轻人"有强健的身体、聪慧的头脑、不成熟的心智"。[2] 然而直到"二战"结束以后，许多有影响力的人开始呼吁男孩少受压抑情感的教育。我们看到，其中一人正是杰弗里·戈尔。他长大后成了一名人类学家，对英国民族性格和情感压抑尤其感兴趣。[3]

"二战"期间和结束之后，英国人因"紧抿上唇"而闻名于世。但在20世纪初的几十年里，英格兰人——通常是参加过战争的男性——尤其被认为是冷酷无情的紧抿上唇者。1937年，这一观念得到了强化。由弗雷德·阿斯泰尔、琼·方丹、乔治·伯恩斯和格雷西·艾伦主演的好莱坞音乐喜剧《困境中的少女》中，有一首由乔治·格什温和艾拉·格什温创作的歌曲《紧抿上唇》，这首歌用饱满的热情嘲讽了英国人的精神。格雷西·艾伦唱道：

> 是什么让伊丽莎白女王
>
> 成就如此伟业？
>
> 是什么让威灵顿
>
> 在滑铁卢建立功勋？
>
> 是什么让每个英国人
>
> 成为彻头彻尾的斗士？
>
> 不是烤牛肉、不是麦芽酒、不是家，也不是母亲，

1　"Bigger and Wetter Tears", *The Times*, 15 Feb. 1936, p. 13.

2　E. M. Forster, "Notes on the English Character" (1920), in *Abinger Harvest* (London: Edward Arnold & Co., 1936), pp. 3—14 (p. 5).

3　见第十七章。

而是他们传唱的一件小事:

　　紧抿上唇,勇敢的小伙子,

　　　坚持不懈,老豆子。

　　振作起来,继续蒙混过关!

毫无疑问,这不是严肃的文化分析,但这支口水歌配上精心编排的奥斯卡获奖舞蹈,浓缩成了一种令人难忘的形式。对广大国际观众而言,这是一种以各种形式流传了数十年的印象。[1] 一句令英国观众陌生的美式短语,变成了向美国观众解释英国人的习语,紧抿上唇完成了一次循环。

　　对不列颠群岛上的居民来说,他们敏锐地意识到不同民族,甚至不同地区之间情感风格存在差异。18世纪的复兴派教会及其信徒精神觉醒时的身体表现,在工业与农村地区都引人注目,这些地区包括英格兰西南部和东北部以及威尔士的工人社区。在那里,包括乔治·怀特腓德和丹尼尔·罗兰在内的循道宗牧师"用热情点燃了狂热的威尔士人"。[2] 20世纪初,威尔士人依然以易激动而闻名,这在一定程度上要归功于自由党政治家大卫·劳合·乔治。1909年,劳合·乔治担任财政大臣。为了实现他的"人民预算"、提高税收、新增社会福利等主张,他在议会两院与反对党进行斗争。1909年12月,劳合·乔治在自己所在的卡纳文自治市选区的一间教室里举行集

1　George Gershwin (music) and Ira Gershwin (lyrics), "Stiff Upper Lip", in George Stevens (dir.), *A Damsel in Distress* (RKO Pictures, 1937). 关于乔治·格什温对20世纪20至30年代英国民族性的认识,见James Ross Moore, "The Gershwins in Britain", *New Theatre Quarterly* 10 (1994): 33—48。

2　Abel Stevens, *The History of the Religious Movement of the Eighteenth Century Called Methodism*, vol. ii (New York: Carlton and Porter, 1859), p. 89. 关于眼泪和循道宗,见第五章。

会，正式宣布自己愿再次代表选区参加次年大选。劳合·乔治获得了人们的满堂喝彩。他饱含深情地讲述了自己在上议院与反对者的斗争、将更多"克伦威尔精神"灌输给英国民众的愿望，以及他作为威尔士人和"大山之子"的身份。当观众起立欢呼时，劳合·乔治泪流满面，几乎无法完成演讲。当他向会众致谢时，他哽咽得说不出话来。不论劳合·乔治意识到与否，他在公共场合流泪的行为正是奥利弗·克伦威尔某种政治风格的延续。[1]

这件事被广泛报道，不同地区的报纸，侧重各不相同。苏格兰的《邓迪晚间电讯》相对克制，但确信此事反映了财政大臣的民族特征："集会一开始就爆发出威尔士人的热情。集会结束时，观众被威尔士人炽热的情感所征服。"[2]《赫尔每日邮报》公开反对在一群"疯狂的威尔士人"面前"展示过度的情感"。它指出，"在民众头脑清醒、沉着冷静的约克郡，这种展示足以让大厅里的人走空！"该报社论强烈抨击劳合·乔治的预算方案，并将人们对他威尔士式的眼泪及其"信仰复兴主义"和"浮夸和狂热的民族性格"的厌恶作为反对他的另一个理由。[3]五年后，基齐纳（Kitchener）勋爵也表达了类似的想法，他对劳合·乔治提出在战争爆发后招募一支威尔士军团与其他地方部队并肩战斗的设想持保留意见。他对自由党首相阿斯奎思（H. H. Asquith）说，威尔士人"粗野放荡、不服管教，需要英格兰人和苏格兰人严厉对待之"。基齐纳的质疑并未奏效，一个威尔士团真的组建了起来。但有趣的是，这个上唇蓄满胡须的男人，正是那幅以"你的

1　关于克伦威尔的眼泪，见第五章。

2　"Lloyd George in Tears at his Carnarvon Meeting", *Dundee Evening Telegraph*, 10 Dec. 1909, p. 2.

3　"Tears!", *Hull Daily Mail*, 10 Dec. 1909, p. 4.

国家需要你"为口号的著名征兵海报的主角, 他认为本国某些地区男性的坚忍品质, 使他们比其他地区的男性更加不可或缺。[1]

随着冲突的持续, 国内外的作家宣扬了这样一种观点: 英国士兵 (或称"汤米") 具有一种特殊的坚忍冷漠的品质。玛丽·范·登·斯蒂恩 (Marie van den Steen) 伯爵夫人是一位贵族、护士和教育家, 她是1907年在布鲁塞尔开办的一所天主教护理学校的创始人之一。同年在布鲁塞尔开办的另一所与之竞争的自由主义护理学校的校长是坚忍不屈的英国女性伊迪丝·卡维尔 (Edith Cavell)。[2] 战争爆发后, 比利时的范·登·斯蒂恩伯爵夫人在法国报纸上发表了一篇文章, 谈论了英国士兵的性格特征。《利物浦回声报》刊登了译文, 并起了一个引以为傲的标题:《不动感情: 我们汤米的性格素描》。该文的中心思想是英国人"冷漠无情", 范·登·斯蒂恩用传统和相对缺乏想象力的方式对此进行了解释。她认为英国人"对情感只有最细微的反应", 但这种细微的情感是真诚的。这种"盎格鲁-撒克逊式的"沉默矜持的品质, 连同自我牺牲和体育竞技精神, 在英国士兵身上结合在了一起, 最好的象征是当炸弹落在他周围时, 他依然漫不经心地抽着烟斗:"烟斗是自我控制的象征! 他烟斗里冒出的白烟, 是盎格鲁-撒克逊人的徽章。它表明脉搏稳定, 呼吸正常, 头脑清醒。"[3]

当然, 这些都是宣传, 目的是在战争时期提振士气和促进国家恢复; 正是由于在两次世界大战期间反复不断的宣传, 人们开始相信英

1　Peter Simkins, *Kitchener's Army: The Raising of the New Armies 1914—1916* (Barnsley: Pen and Sword Military, 2007), pp. 96—97.

2　关于卡维尔及其坚忍品质的更多内容, 见第十五章。

3　"Not Emotional: A Character Sketch of our Tommies", *Liverpool Echo*, 25 Oct. 1915, p. 4.

国人紧抿上唇的特性。但是，现役军人真实的情感生活，相比处变不惊、乏味无趣、漫不经心地抽着烟的汤米们更加动荡不安。诗人兼小说家弗雷德里克·曼宁参加了1916年的索姆河战役，他后来写了一本关于战争的自传小说《命运的中间部分》。在书中，当目睹自己战友的残肢断臂和尸骸时，男人们流下了眼泪，他们震惊、难以置信、痛苦不堪。一位名叫普理查德的士兵向他人讲述了身负重伤的战友的生命最后时刻，这段描述捕捉到了一种同时表达、抑制真实和痛苦的感受的尝试："泪水从普理查德僵硬的脸上流下来，就像雨滴从窗玻璃上滑落一样；但他的声音没有颤抖，只有玻璃破碎时男孩发出的那种不自然的高音。"[1] 士兵的眼泪有时甚至会出现在报纸新闻中，尽管它们更像是宽慰而非痛苦的眼泪。《每日镜报》1916年6月报道，一列满载英国受伤战俘的火车在伯尔尼移交时，受到了成千上万的瑞士祝福者的欢迎，他们向士兵报以欢呼和鲜花，当地乐队演奏了《天佑国王》。报道这一幕的英国外交官在谈到受伤士兵时说："他们中有许多人哭得像孩子一样；一些人激动得晕了过去。一位士兵告诉我：'先生，上帝保佑你！这仿佛是从地狱掉进天堂。'"[2]

帝国军人并不总是克制情感。[3] 事实上，履行职责时所需的夸张

1　Frederic Manning, *The Middle Parts of Fortune: Somme and Ancre 1916*, ed. Paul Fussell (London: Penguin, 1990), p. 15; 该书首次出版于1929年。对一战士兵的感受、感觉和情感的更多探讨，见Joanna Bourke, *Dismembering the Male: Men's Bodies, Britain and the Great War* (London: Reaktion Books, 1996); Santanu Das, *Touch and Intimacy in First World War Literature* (Cambridge: Cambridge University Press, 2008); Michael Roper, *The Secret Battle: Emotional Survival in the Great War* (Manchester: Manchester University Press, 2009)。

2　"Soldiers in Tears", *Daily Mirror*, 17 June 1916, p. 11.

3　对维多利亚和爱德华时期小说和现实中"有情军人"的研究，见Holly Furneaux, "Victorian Masculinities, or Military Men of Feeling: Domesticity, Militarism, and Manly Sensibility", in Juliet John (ed.), *The Oxford Handbook of Victorian Literary Culture* (Oxford: Oxford University Press, forthcoming)。

的坚忍精神，以及通过沙文主义神话和宣传所强化的坚忍品质，为宣泄情感制造了更大的需求，但这不得不在私下进行。在剧院昏暗的半私密空间里，或者在秘密的私人会面中，军人可能会流泪。剧作家沃尔福德·格雷厄姆·罗伯逊（Walford Graham Robertson）的圣诞剧《萍琪和仙女》（*Pinkie and the Fairies*）1908年在伦敦国王陛下剧院首演，该剧由明星艾伦·特里（Ellen Terry）领衔主演，大获成功。罗伯逊想要抓住孩子们的心，毫无疑问他做到了，但他不经意间也赢得了军人的追捧——"夜复一夜，国王陛下剧院的售票台前看起来就像奥尔德肖特（Aldershot）的游行队伍"。他询问一位士兵朋友，这部剧对军人是否有吸引力。士兵告诉他，他们来此就是为了流泪，而且给他们留下"最深刻印象"的是孩子对仙境的幻象逐渐消失的那一幕。夜复一夜，在昏暗的国王陛下剧院，士兵们为萍琪、仙女和她们消失的仙境而哭泣，"灯光照在一排排被泪水沾湿的衣襟上"。[1] 这部戏不仅令士兵着迷，可能还吸引了水手：它后来在朴次茅斯和伍尔维奇上演（见图17）。[2]

这种动情行为也发生在英国最有权有势的阶层。埃莉诺·格林（Elinor Glyn）夫人是一位文笔生动的浪漫小说家。她的男性崇拜者包括布尔战争期间英国驻南非高级专员阿尔弗雷德·米尔纳爵士。1903年，他们在波西米亚的温泉小镇卡尔斯巴德共同度过了一段时光。米尔纳在晚上的一大乐趣——尽管格林夫人未必感兴

1 W. Graham Robertson, *Time Was: The Reminiscences of W. Graham Robertson* (London: Hamish Hamilton, 1931), p. 321. Tracy C. Davis, "What are Fairies For?", in Tracy C. Davis and Peter Holland (eds), *The Performing Century: Nineteenth-Century Theatre's History* (Basingstoke: Palgrave Macmillan, 2007), pp. 32—59.
2 "The Theatre Royal", *Portsmouth Evening News*, 23 Oct. 1909, p. 3; 关于伍尔维奇的演出，见图17。

PINKIE <small>AND</small> THE FAIRIES

THE ENTIRE AND ACTUAL PRODUCTION
FROM HIS MAJESTY'S THEATRE, LONDON

图17：1910年，沃尔福德·格雷厄姆·罗伯逊创作的圣诞剧《萍琪和仙女》将在伍尔维奇皇家炮兵剧院上演的海报。

趣——是大声朗读柏拉图的对话录，尤其是《斐多篇》，"这本书的最后几页总能让他感动落泪"。[1] 这几页记录了苏格拉底之死，他告别朋友和家人，平静地喝下狱卒为他准备的毒药。就像士兵们为萍琪和仙女哭泣一样，这幅生动的场景有力地提醒我们，我们对这一时期英国男性受压抑的认识是不完整的。这是英国男性为他人的饮泣吞声而潸然泪下的绝佳案例，亦是紧抿上唇时代的典型产物，它后来在20世纪40年代的电影中得到了充分的演绎，时至今日依然能引起人们的共鸣。[2] 在《斐多篇》末页，苏格拉底斥责他的好友像妇人一样恸哭，自己坚持从容赴死。

在本章开头，我将奥斯卡·王尔德和吉卜林作为维多利亚时代晚期不同类型的男子气概的代表进行了对比——王尔德是感性的唯美主义者，吉卜林则是坚忍的帝国主义者。但事实常比这种对比复杂。王尔德和吉卜林生活并活跃在同一个文化世界中。奥斯卡·王尔德是吉卜林小说的崇拜者；他送给儿子的最后一件礼物——1895年的刑事审判使王尔德和他的小儿子从此永别——是一本吉卜林的《奇幻森林》。[3] 吉卜林的文学作品和思想态度并非总是不带感情的。他的早期小说《抛弃》成书于1888年并在印度出版，它讲述了一位娇生惯养的年轻英国男子，在印度面对军营生活的考验和诱惑时精神崩溃并自杀的故事。故事中有这样一幕：一位少校在阅读年轻士兵写给心上人的绝笔信时哭得前俯后仰。故事的讲述者是一名下级士

1　Anthony Glyn, *Elinor Glyn: A Biography* (London: Hutchinson, 1955), p. 104; J. Lee Thompson, *Forgotten Patriot: A Life of Alfred, Viscount Milner of St. James's and Cape Town, 1854—1925* (Madison: Fairleigh Dickinson University Press, 2007), p. 228.

2　见第十六和二十章。

3　Vyvyan Holland, *Son of Oscar Wilde* (London: Rupert Hart-Davis, 1954), p. 53.

兵, 也是除军官外唯一一位发现自杀现场的人。他对这位高级军官没有试图隐藏自己的情感抱以尊重: 少校"只是像个妇人一样哭了起来, 根本不想掩饰"。[1] 在私密和非常情绪化的时刻, 男人之间也会哭泣, 即便少校也不例外。但不管怎样, 哭泣就意味着"像个妇人"。事实上, 吉卜林创作士兵自杀故事的全部寓意是, 如果这个士兵早年就变得坚强, 而不是被父母的溺爱宠坏, 他就能更好地应对在印度的生活——简言之, 他本可以成为一名男子汉。

"一战"以前, 主流的情感风格经历了从多愁善感到自律克制的转变。这一转变有许多不同的根源。它并不是为了消除全部情感, 而是为了限制情感表达的领域和方式, 其中就包括公开的哭泣。1895年, 也就是王尔德入狱和詹姆森突袭行动(它为《如果——》提供了创作灵感)的那一年, 古怪的奥匈帝国医生和社会评论家马克斯·诺尔道(Max Nordau)的一本书被翻译成了英文。这本名为《堕落》的书获得了《泰晤士报》的推荐, 并在报纸杂志上引起了广泛的争论。[2] 诺尔道认为, 许多有影响力的艺术家和作家都具有某种病态, 他们应该像堕落的罪犯和精神错乱者一样, 受到人们的怀疑。诺尔道认为, "情感主义"(emotionalism)是堕落艺术家——一个会笑到落泪或"无缘无故大哭"的人——的核心特征。平淡无奇的诗歌或绘画会让堕落者欣喜若狂, "尤其是音乐, 即使最平淡乏味、不受称赞

1　Rudyard Kipling, "Thrown Away", in *Plain Tales from the Hills* (London: Macmillan and Co., 1915), pp. 15—26 (pp. 22—3).

2　Daniel Pick, *Faces of Degeneration: A European Disorder, c. 1848—1918* (Cambridge: Cambridge University Press, 1989), pp. 24—6; Thomas Dixon, *The Invention of Altruism: Making Moral Meanings in Victorian Britain* (Oxford: Oxford University Press for the British Academy, 2008), ch. 8, especially pp. 332—3.

的音乐，也能唤起他最强烈的情绪"。[1]

诺尔道的描述可以概括当时文化中的各种人物，包括理查德·瓦格纳、亨里克·易卜生和奥斯卡·王尔德。但至少有一次，他的描述似乎也适用于海报上那个紧抿上唇的家伙——基齐纳勋爵。1909年，蜚声全球的女高音歌唱家内莉·梅尔巴（Nellie Melba）和基齐纳勋爵都住在墨尔本的政府大楼里。根据梅尔巴对二人相见的描述，基齐纳自1902年起担任驻印英军总司令，直到最近才离开印度。他跪在她的面前请求道："梅尔巴夫人，我已在外漂泊八年。您能否就为我唱一段《家，甜蜜的家》？"当她坐在钢琴前，为这位背井离乡的游子唱起这支她曾为成千上万听众吟唱的成名曲时，基齐纳一言不发，"他的脸颊上挂着两颗大泪珠"，他走上前亲吻了梅尔巴的手。[2] 为苏格拉底之死恸哭，或为年轻战友自杀而落泪是一回事，但为《萍琪和仙女》或者《家，甜蜜的家》哭泣又意味着什么呢？诺尔道博士一定会将其诊断为堕落的情感主义。

我们相信，奥斯卡·王尔德的大儿子西里尔也是这么想的。1895年王尔德入狱时，西里尔10岁，他不久被带到国外和叔叔一起生活，他也将名字从"王尔德"改成了"霍兰德"。霍兰德后来入读拉德利学院，他在那里成了一名运动健将，是同年级最优秀的划桨手和游泳运动员，还是级长（prefect）和社团负责人。1900年的一天，他在吃早餐时从报纸上读到父亲去世的消息，无意间还听到其他男孩讨论此事。这些男孩对自己的同学"霍兰德"的真实身世毫不知情。与杰弗里·戈尔在得知父亲去世后在早餐桌上抽泣不同，西里

1　Max Nordau, *Degeneration* (NewYork: D. Appleton and Co., 1895), ch. 3, p. 19.
2　Nellie Melba, *Melodies and Memories* (London: Thornton Butterworth, 1925), pp. 260—2.

尔·霍兰德只能将悲伤藏在心里。西里尔后来在伍尔维奇的皇家军事学院受训，1905年被任命为皇家野战炮兵少尉。1914年，他在印度服役三年后擢升上尉。[1] 同年6月，他在战争前夕写给弟弟维维安的信中，讲述了自己从小就想摆脱他们父亲名声的决心："成为一个男人，是我的头等大事。我不应该为一个颓废的艺术家、柔弱的唯美主义者和屈辱的堕落之人哭泣。""我不是狂放、多情和不负责任的英雄，"西里尔接着说，"我靠思想而不是情感生活。"[2] 事实上，这并不是用思想代替情感的问题，而是用另一种更爱国的情感代替一种颓废的情感的问题。他写道："除了为国王和国家的尊严战死沙场，我别无他求。"正如他父亲笔下的一个戏剧角色所观察到的，在这个世界上，悲剧只有两种："一种是事与愿违，另一种是得偿所愿。"[3] 1915年5月9日，西里尔·霍兰德在法国北部的纽维尔-圣瓦斯特附近被一名德军狙击手射杀。[4]

与此同时，尽管鲁德亚德·吉卜林的独生子杰克视力很弱，但得益于他大名鼎鼎的父亲的人脉，杰克被任命为爱尔兰卫队少尉。1915年8月，也就是杰克18岁生日的当月，他被派往法国执行任务。次月，他参加了洛斯战役，这场仗是对基齐纳勋爵新组建部队的第一次重大考验。两万名英军在炮弹和机枪下丧命。吉卜林少尉被报失

1　Holland, *Son of Oscar Wilde,* pp. 139—145, 152—153; "Cyril Holland (E Social 1899—1903): Son of Oscar Wilde", *The Old Radleian* (2011), pp. 8—19.

2　Holland, *Son of Oscar Wilde,* p. 140. 另见George Robb, *British Culture and the First World War* (Basingstoke: Palgrave, 2002), pp. 33—34; Michael Roper, "Between Manliness and Masculinity: The 'War Generation' and the Psychology of Fear in Britain, 1914—1950", *Journal of British Studies* (2005): 343—362 (p. 348)。

3　Oscar Wilde, "Lady Windermere's Fan", in *The Importance of Being Earnest, and Other Plays*, ed. Peter Raby (Oxford: Oxford University Press, 1995), Act 3, p. 44.

4　Holland, *Son of Oscar Wilde,* p. 144.

踪, 推测已经阵亡。他的父母和他们的好友寻访了杰克的战友, 试图弄清真相, 但没有获得任何肯定的答复。[1] 作家亨利·赖德·哈格德（Henry Rider Haggard）是寻访者之一, 他的受访者中有一人确信曾看到吉卜林"试图用止血绷带缠住被炮弹弹片击碎的嘴巴"。这位士兵称自己本想去帮他, 但"长官疼得直哭", 他不想因为"提供帮助而使长官蒙羞"。[2] 十几岁的少尉打破了紧抿上唇的规则, 他的眼泪使他失去了士兵的救助。你会成为一个男人, 我的儿子。

1　这个故事在1997年被大卫·海格（David Haig）改编成戏剧《我的儿子杰克》, 2007年该剧被制作成电影并搬上电视荧幕, 导演是布赖恩·柯克（Brian Kirk）。

2　*The Private Diaries of Sir H. Rider Haggard,* 1914—1925, ed. D. S. Higgins (London: Cassell, 1980), pp. 41—5.

第十五章
爱国主义是不够的

1920年3月17日，在伦敦圣马丁广场的一旁，矗立着海军上将纳尔逊的纪念柱。在纳尔逊坚毅目光的注视下，亚历山德拉王太后为一座新雕像揭幕。雕像的主人公和纳尔逊一样，都是以身殉国，但二人在其他方面有很大不同。伟大的霍雷肖是十足的多情军人：他既是一名浪漫的武士英雄，又是一个喜欢哭泣和亲吻的人。[1] 相比之下，新纪念碑的主人公是一名克制、谦逊和自律的女性。王太后在揭幕仪式上回忆了这位女主人公如何"勇敢从容地就义"。她相信大英帝国的后代都会为这种"无私的女性品格所感动"。[2] 1928年，潇洒的美国飞行员阿梅莉亚·埃尔哈特（Amelia Earhart）在造访伦敦期间参观了这座雕像，并留下一束玫瑰，以表达她对烈士的敬意。[3] 1932年，杜莎夫人蜡像馆让年轻的参观者从蜡像人物中选出自己长大后的榜样。斯科特船长和欧内斯特·沙克尔顿（Ernest Shackleton）爵士

1　关于纳尔逊和他的死，见第九章。
2　*Aberdeen Journal*, 18 Mar. 1920, p. 5.
3　"Miss Earhart-British Pathé News", 首次发表于25 June 1928,〈http://www.britishpathe.com/video/miss-earhart〉。

等无畏的探险家颇受欢迎，但排名前三的都是女性。第三位是圣女贞德，第二位是艾米·约翰逊（Amy Johnson, 她是英国版的阿梅莉亚·埃尔哈特，也是首位独自驾机从英国飞到澳大利亚的女性），排名第一的是正是12年前揭幕的那座塑像的主人公。[1] 那么这位备受敬仰的英国女性到底是谁？她是来自诺福克郡的一名中年护士，名叫伊迪丝·卡维尔，也是最早因"紧抿上唇"而闻名的英国女性之一。卡维尔的命运和死后的名声，从一个方面象征着20世纪上半叶女性角色和情感行为的变化。在这一时期，现代女性努力摆脱一种古老的观念，即女性是动辄哭哭啼啼的人，她们软弱、温柔、情感丰富、歇斯底里和善于摆布。

伊迪丝·卡维尔是一名英国国教会牧师的女儿，虔诚而矜持。她曾接受护士培训，并用实际行动证明自己是一名优秀的教育者和组织者。1907年，她被任命为布鲁塞尔一所新建护理学校的校长。战争爆发后，比利时被德军占领，卡维尔的教育工作被打断了，于是她投入照顾伤兵的工作中。卡维尔还参与了一个秘密抵抗网络，将同盟国士兵伪装成病人，为他们提供假文件和藏身处，协助他们逃入同盟国领土。1915年8月，由于德国人对该网络的怀疑与日俱增，卡维尔遭到逮捕。在监禁期间，她承认了自己的行为并指认了同谋。随后她被德国人送上军事法庭，被判叛国罪并处以死刑。五天后，也就是1915年10月12日，她在黎明时分被枪杀。军队牧师在伊迪丝·卡维尔生命的最后一晚探望了她。据牧师记载，她"非常冷静和顺从"，表示自己不惧死亡。她向上帝祈祷并接受了牧师的圣餐，还和他一起说

1　*Gloucestershire Echo*, 21 Mar. 1932, p. 4. 另见Juliet Gardiner, *The Thirties: An Intimate History* (London: HarperPress, 2010), p. 694, *Daily Mirror*, 14 Mar. 1932。

了"求主同住"这句话。卡维尔告诉牧师："看在上帝和永恒的份上，我意识到爱国主义是不够的。我不应对任何人怀有仇恨或怨念。"在卡维尔死前陪伴她的德军牧师证实，她"直到最后一刻都很勇敢和乐观"，她表明自己的基督教信仰和为国家赴死的愿望。"她死得像一位女英雄。"德军牧师说——这位女英雄的坚忍冷漠甚至能让她从容面对死亡。[1]

卡维尔是一名女性、护士和天使，是女性照料者的代表，她被枪杀成了一桩国际丑闻。卡维尔被描绘为烈士。她被野蛮敌人射杀的形象是帮助同盟国征兵的有力武器。后来，美国艺术家乔治·韦斯利·贝洛斯（George Wesley Bellows）在画作《谋杀伊迪丝·卡维尔》（1918）中，将这位英国护士描绘成介于圣母玛利亚和天使加百列之间的人，她身着白衣，徘徊在楼梯上，下方是昏暗、残酷和混乱的战争场景。[2] 公众对卡维尔被杀的第一反应是愤怒和悲伤，但很快报纸开始呼吁人们坚定信念、保持坚忍。一篇杂志文章抱怨卡维尔遭到处决后"暴发的歇斯底里情绪"，并将其解释为"某些人内心软弱的种种迹象之一"。这或许是一个残酷的判决，并且被残忍地执行，但"英格兰因为这个悲剧持续动荡了两周，在我们看来，这应当受到谴责"。对这篇文章的作者而言，这两周的公众情绪太强烈了——也许是14天的时间太久了。该文总结道："面对公众的反应，没有人比卡维尔小姐本人更加震惊和痛苦了，总而言之，她的死不是出于感人的爱国主义精神，而是因为她是一名意志坚定的女性，坚决紧抿

1　"Edith Cavell", *British Journal of Nursing*, 30 Oct. 1915, p. 346. 另见 Claire Daunton, "Cavell, Edith Louisa (1865—1915)", *Oxford Dictionary of National Biography*, online edn (Oxford University Press, 2004), doi:10.1093/ref:odnb/32330。

2　Daunton, "Cavell, Edith Louisa (1865—1915)".

上唇。"[1]

几周后，一位名叫海伦·基的女性在《康沃尔人和康沃尔电讯报》上发表诗作《伊迪丝·卡维尔》。该诗同样给人一种泪不轻弹和桀骜不驯之感，它和卡维尔一样都将死亡视为基督徒的理想。诗的开头是，"为她哭泣，为她叹息？不！"接下来，作者盛赞了卡维尔堪称典范的人生和死亡，以此证明女性可以如此慷慨地赴死，如此完美地效仿基督。该诗接着写道：

> 一想到她的名字，就忍不住激动和兴奋——
> 但为她流泪，为她叹息，为她哭泣？不！
> 为她而战，为她痛苦，为她觉醒？是的！
> 兄弟们！你们要为这场谋杀复仇雪恨！

"在这个时代，我们的帝国，我们的海洋霸主地位，正岌岌可危"，"复仇"乃是当务之急。面对这位女性的冤死，我们需要的不是眼泪，而是男性的暴力。这里传达的信息与亨利·麦肯齐的《有情人》（1771）等感伤小说截然相反。正如我们在前文看到的，主人公哈利对苦难和不公的反应不是刀剑，而是眼泪。[2]

当我第一次注意到1920年在圣马丁广场上由亚历山德拉王太后揭幕、雕塑家乔治·弗兰普顿爵士（Sir George Frampton）制作的卡维尔纪念碑时（见图18），我对卡维尔和她的故事一无所知。我立

---

1 "Life and Letters", *The Academy*, 13 Nov. 1915, p. 211.
2 Helen Key, "Edith Cavell", *The Cornishman and Cornish Telegraph*, 2 Dec. 1915, p. 3. 关于《有情人》，见第七章。

图18：伦敦的伊迪丝·卡维尔护士纪念碑，1920年首次揭幕。

刻被卡维尔头顶上巨大的"HUMANITY"（人性）一词所震撼。直觉告诉我，这是某位人文主义者的雕像。[1] 但仔细观察后，这座雕塑似乎承载了复杂的信息。在顶部，粗矮的花岗岩十字架上是女人和婴儿形象，这也许象征着人性，但也让人想起了基督教的圣母和圣子。十字架下方写有"为了国王和国家"。浮雕上的卡维尔身穿护士服，面对行刑队。浮雕下方，刻着她的名言："爱国主义是不够的。我不应对任何人怀有仇恨或怨念。"这句话是1924年才加上去的，剔除了卡维尔对它的神学解释，这在某种程度上与弗兰普顿1920年版雕像上的"国王和国家"传递的信息相矛盾。[2] 卡维尔的声明，表达的是一种严格的基督徒之爱，超越了对阶级和国家的忠诚。这座纪念碑，在对国家、对上帝和对人类的爱之间，在世俗的斯多葛主义和基督教的虔诚之间，将一些相互冲突的意识形态的力量凝固在石头上，这些力量在两次世界大战之间的岁月里塑造了关于情感、性别和民族性格的观念。一位被自己和同时代的一些人视为女基督的女人，如今在其他人心中变成了一个更为世俗和健康的现代女孩——就像在20世纪30年代驾机单飞的阿梅莉亚·埃尔哈特或艾米·约翰逊。"爱国主义是不够的"，这句痛苦之言可以看作对历史学家的警告。无论我们试图解释卡维尔的行为和信仰，还是这一时期女性不愿被视为多愁善感和哭哭啼啼，爱国主义都只是故事的一部分。

将卡维尔奉为新的意志坚定女性的典范，只是一个复杂过程的一部分，经过这个过程，"紧抿上唇"的心态从精英男性延伸到所有阶

---

1 Jacqueline Banerjee, "Frampton's Monument to Edith Cavell", The Victorian Web, 26 May 2009, ⟨http://www.victorianweb.org/sculpture/frampton/28.html⟩.
2 "The Cavell Memorial", *Lancashire Evening Post*, 7 Sept. 1929, p. 4.

层和性别的人身上。从某种程度上看，紧抿上唇的现代女性是19世纪无私和痛苦的女性的后继者。弗吉尼亚·伍尔夫不屑地回看维多利亚时期理想的女性形象——被称为"家中天使"（"Angel in the House"）的半圣人半奴隶的无私母亲。1931年，在一次题为"女性的职业"的演讲中，伍尔夫谈到她在成为作家以前必须克服这种理想化的幻影。"你们这些更年轻和快乐的一代人可能没有听说过她，"伍尔夫解释说，"家中天使极富同情心，无比迷人，完全无私。她擅长处理家庭生活中的棘手问题。她每天都在牺牲自我。如果家里有只鸡，她只取鸡爪；如果哪里有穿堂风，她就坐在哪里——简而言之，她从不为自己着想，但总是去体谅别人的想法和愿望。"[1] 首当其冲的是她的丈夫，然后是她的儿子和女儿。在战争时期，"家中天使"成了军人的妻子和母亲，她们凭借忘我的毅力和紧抿的上唇面对丧亲的威胁。[2] 这种克制和坚韧的女性形象并没有什么特别现代之处。

回到1915年，"卢西塔尼亚号"被击沉和卡维尔被枪杀等事件清楚地表明了战争的程度和残酷，因此对紧抿上唇的宣传日益增多。《帕尔美尔杂志》自豪地宣布，它获准发表"一位优秀的英国士兵"写给"他最好的朋友——他的母亲"的一系列书信。这些信以《兵营笔

1　Virginia Woolf, "Professions for Women", in *The Crowded Dance of Modern Life: Selected Essays*, vol. ii, edited with an introduction and notes by Rachel Bowlby (London: Penguin, 1993), pp. 102—3.

2　关于"一战"时期母亲和儿子的情感联系，包括分离、爱和丧亲经历，以及不同性别的悲痛，见 Michael Roper, *The Secret Battle: Emotional Survival and the Great War* (Manchester: Manchester University Press, 2009), especially pp. 205—42。关于20世纪的女性和哀悼，包括一战对她们哀悼行为的影响，见 Julie-Marie Strange, *Death, Grief and Poverty in Britain, 1870—1914* (Cambridge: Cambridge University Press, 2005); Pat Jalland, *Death in War and Peace: Loss and Grief in England, 1914—1970* (Oxford: Oxford University, 2010); Lucy Noakes, *Death, Grief and Mourning in Second World War Britain* (Manchester: Manchester University Press, forthcoming)。

记：一名战士写给他母亲的随笔》为题，实际上出自29岁女作家玛格丽特·巴克利（Marguerite Barclay）之手。[1] 这种以拉家常为题材的书信小说旨在安抚女性，让她们相信自己的儿子正做着让她们引以为傲的事情，正在像男子汉一样勇敢地承受战争的痛苦。"作者"在信中告诉母亲，一名战士必须培养对鲜血、疼痛和苦难的麻木之心，"他"还回忆了童年的艰辛，以及当"他""看到育儿间的门钥匙和晕倒在垫子上时"，他是如何"保持上唇紧抿"的——如今，母亲和儿子都必须记住这个道理。[2] 1915年6月，一份晚报刊登了伊迪丝·塔尔博特（Edith Talbot）的一首题为"战士的妻子"的诗。该诗再次试图让留守后方的妇女坚定信念、抑制泪水。这首诗尝试用伦敦东区方言写成，开头是：

当他加入大伙时，

我没有哭——

当一个女人有家庭时

她必须保持上唇紧抿！

后来，诗中的妻子强忍泪水，独自照顾孩子，甚至当她们收到令所有家庭都恐惧的噩耗时，她依旧饮泣吞声：

1　巴克利用不同的假名写作。关于她的生平和包括《兵营笔记》在内的一战时期作品，见其自传 Oliver Sandys（pseud.），*Full and Frank: The Private Life of a Woman Novelist*（London: Hurst and Blackett, 1914）。

2　"Billet Notes: Being Casual Pencillings from a Fighting Man to his Mother"，*Nash's and Pall Mall Magazine*, Jan. 1915, pp. 35—42.

> 我现在没有哭，
>
> 虽然你认为我应该,也许吧,
>
> 听说他在外受伤阵亡
>
> 再也不会回到我的身边?
>
> 不,孩子和我,我们会自豪地笑。
>
> 并且我要让他们知道,
>
> 他们拥有一位像我这样平凡的母亲
>
> 还有他们英雄的父亲! [1]

自始至终保持微笑——这是"一战"时期的遗孀和孤儿们的信条, 也是25年后他们子孙的座右铭, 即使他们再也没有见过他们牺牲的英雄丈夫或父亲。

从19世纪90年代到20世纪40年代, 无论是战争时期还是和平时期, 报纸专栏都建议女性读者不要哭泣, 原因有很多: 这会弄花她们的妆容, 破坏她们的肤色, 使她们衰老, 惹恼她们的丈夫, 疏远她们的朋友。[2] 1908年,《每日镜报》的一篇社论老调重弹, 通过援引据说是一位"法国医生"最近发表的关于哭泣有益健康的报告(这套伎俩已有百年历史), 表达了对哭泣, 尤其是女性将哭泣"用作威胁丈夫和让丈夫就范的手段"的反对。[3] 该文总结道, 如果我们必须哭泣,"我们至少应该关门上锁, 私底下哭"[4]。次年,《每日镜报》在题为"哭泣的妻

1　Edith Talbot, "The Soldier's Wife", *Evening Dispatch*, 21 June 1915, p. 4.

2　Deborah Primrose, "Tears, Idle Tears", *Hearth and Home*, 18 July 1895, p. 356.

3　Thomas Dixon, "Never Repress your Tears", *Wellcome History* (Spring 2012): 9—10. 关于法国医生以及此前对眼泪和健康的认识, 见第九章。

4　"Tears, Idle Tears", *Daily Mirror*, 20 May 1908, p. 7.

子"的专栏文章中再次向女性提出建议，警告新婚妻子不要相信女人的力量在于眼泪这种陈词滥调："令人吃惊的是，面对哭哭啼啼的妻子，丈夫会很快变得冷漠无情。"[1]《每日镜报》在1911年称，"哭哭啼啼的女性已经绝迹了"。支撑这一说法的是最近围绕一本小说的几次采访，小说女主人公说她每两年哭一次。哈利街的一名医生曾说，寄宿学校的教育和精心组织的游戏让女孩"更加自立且更有能力照顾自己"，而女演员莉娜·阿什维尔（Lena Ashwell）评论说，也许人们想在剧院里哭上一分钟，但在现实生活中流泪是无益的："这年头，你必须振作并行动起来。"出版商伊夫利·纳什（Eveleigh Nash）也认为，维多利亚时代动辄哭泣和晕倒的女人已是明日黄花。[2] 20世纪20年代，《每日镜报》向读者传递的信息与之前别无二致，当红女星多萝西·布伦顿说，相比哭哭啼啼的"维多利亚时代的少女"，"现代女孩不会哭，即便她们感觉要落泪"。不论医学、精神分析学和常识，无不说明哭泣对人的眼睛、健康、自尊、外貌和爱情是有害的。[3]

于是，传统女性关注的外貌、爱情和友谊，被纳入反对女性哭泣的运动。但女性也有新的、更加现代的理由去隐藏自己的情绪。反对女性充分参与职业和政治生活最常见的一个论点是她们太情绪化了：女人的头脑缺少必要的理性和决心。例如，1884年自由党议员爱德华·利瑟姆（Edward Leatham）反对赋予女性投票权的最新动议，他问下议院同事，为什么他们认为民主在英国比在西班牙和法

1　"Weeping Wives", *Daily Mirror*, 6 Jan. 1909, p. 10.

2　"Women Who Never Cry: Business Girl's Grit Replaces Victorian Tears and Hysterics", *Daily Mirror*, 31 Oct. 1911, p. 5.

3　Dorothy Brunton, "How Good Looks Suffer: You Mustn't Cry if You Would be Beautiful", *Daily Mirror*, 27 Apr. 1929, p. 16. 另见Mary Manners, "Be Hard-Hearted and Happy", *Daily Mirror*, 26 Sept. 1929, p. 7。

国等地更为成功？利瑟姆的答案是：民主制度需要冷静、理性的头脑，"盎格鲁-撒克逊人民族不像拉丁民族那般冲动、情绪化、反复无常、脾气暴躁——我几乎就在说不像拉丁民族那样女性化"。利瑟姆说，允许女性成为选民也会产生类似的结果："女性因素会渗透进你的政策里"，"在你最需要冷静的逻辑时，出现女性特有的逻辑混乱；在你最需要男子气概和坚定信念时，出现女性特有的紧张不安"。[1] 这种恐惧在英国持续并占据上风了数十年。一名普通的女性——一个天生情绪化的生物——怎么可能拥有外科手术所需的意志力、从事法律所需的智慧、开展外交所需的客观公正、参与政治所需的冷静果断？[2]

就像在航空领域一样，在政治领域引领前进道路的也是美国女性。珍妮特·兰金（Jeannett Rankin）是首位当选美国国会议员的女性。1917年4月，她作为众议院唯一的女性议员首次亮相国会，当时正值伍德罗·威尔逊总统为美国参战寻求支持。兰金是一位和平主义者，当被要求表达自己的观点时，她表示尽管她希望支持自己的国家，但她不能投票支持战争。她是极少数投票反对参战的50名议员中的一位。据报道，兰金在讲话时流下了眼泪。一些男性议员

1　利瑟姆谈论的是《国民参政法》法案，当时该法案处于委员会审议阶段。*Hansard*, 12 June 1884, vol. 209, column 103, ⟨http://hansard. millbanksystems.com/commons/1884/jun/12/committee-progress-10th-june-eighth-night#column_103⟩.

2　Leonore Davidoff and Belinda Westover (eds), *Our Work, our Lives, our Words: Women's History and Women's Work* (Basingstoke: Macmillan Education, 1986); Carolyn Christensen Nelson (ed.), *Literature of the Women's Suffrage Campaign in England* (Peterborough, Ontario: Broadview Press, 2004); June Purvis and Sandra Stanley Holton (eds), *Votes for Women* (London: Routledge, 2000). 英国外交部始终坚持女性天生比男性更加情绪化的观点。在20世纪30和40年代，这种所谓的差异成为将女性排除在外交事务之外的理由；Helen McCarthy, *Women of the World: The Rise of the Female Diplomat* (London: Bloomsbury, 2014), pp. 235—6, 345—6。

也哭了，因为他们为这个战争与和平的重大问题而苦恼。然而美国媒体关注的是兰金的行为和眼泪。有人称她仰头掩面，呜咽擦泪，甚至晕倒，这符合人们对情绪化女性的普遍印象。《纽约时报》评论称，这种表现进一步证明"女性无法径直推理和思考"。[1] 此事在英国变得更加扭曲，甚至当时有一位支持女性进入英国议会的评论员也不满地写道："国会女议员在大会上被要求在战争与和平之间进行选择，但她只会号啕大哭，一句话也不说。"[2] 一个坚持原则的和平主义者的立场——尽管让人潸然泪下——就这样被贬低为女性特有的情绪动荡和逻辑混乱。

　　一份报纸写道，难怪现代女孩会因为一场"大哭"暴露了自己的女性弱点而感到"有些羞愧"。[3] 无论是为了取悦丈夫，还是为了在政治和职业上表现出足够的冷静和逻辑性，现代女孩有很多不哭的理由。那些发现自己依然容易动容的女性，有时一定会怀疑自己是不是出了什么问题。曾在社论和建议专栏中将女性眼泪视为疾病的报刊给出了可能的治疗方法，以及用这些方法恢复女性勇气的证据。在一个典型的例子中，一篇题为"痛苦的眼泪"的文章吹嘘道："这个南安普敦的女人由于贫血而虚弱地哭泣，直到威廉姆斯医生用粉红色药片使她康复。"[4] 1914年《曼彻斯特晚报》刊文称："沮丧消沉的女性在服用了莉迪亚·E. 平卡姆（Lydia E. Pinkham）的蔬菜混合物后症状得到了缓解。"该文还附上了一位饱受背痛、体虚、失眠和焦虑之苦的

1　Maria Braden, *Women Politicians and the Media* (Lexington: University of Kentucky Press, 1996), p. 24.

2　"The Human Touch in Parliament", *Daily Mirror*, 13 Apr. 1917, p. 5.

3　*Dundee Courier*, 19 Sept. 1922, p. 4.

4　*Nottingham Evening Post*, 3 Oct. 1913, p. 7.

女性的感言。这位病人说，"只要有一点噪声，我就会哭"，但服用了平卡姆的配方后，"我的神经状态大为改善"，再也没有情绪发作。[1]

人们普遍将情绪的爆发和不必要的哭泣归咎于神经紧张和营养不良。药品的卖点在于它是否能解决因神经衰弱而导致的婚姻问题。"他们触动了彼此的神经！"这是20世纪20年代一款药粉的广告标题："他为鸡毛蒜皮的小事'大发雷霆'；她为丁点批评号啕大哭。"诊断结果非常简单："神经——全是神经！在一个案例中，服用一个疗程的维罗尔外加牛奶比一大堆建议更有效。"[2] 20世纪30年代，弗莱的"4合1食品饮料"也以同样的方式向女性推销："当一个轻率的词语让你呜咽擦泪——几个小时后你发现自己正在为一个可能是无心的冒犯而烦闷：这是危险的信号！你太神经过敏了，你必须停下来。"[3] 1933年，多萝西·L. 赛耶斯在彼得·温姆西勋爵系列推理小说《杀人广告》中嘲讽了这类广告。一家广告商为一种名为"纽崔斯"（Nutrax）的神经滋补药拟的广告词是"含泪再吻"，接下来是，"然而眼泪和争吵，无论多么富有诗意，基本上是神经紧张的症状"。[4]

以前，女性的眼泪受到赞美、欣赏和提倡——尽管这并非总是一成不变。正如我们在前文看到的，玛丽·沃斯通克拉夫特在1789年为女性读者编了一本选集，除开其他内容，它是一本关于如何正确哭

1　*Manchester Evening News*, 3 Dec. 1914, p. 7.

2　*Hull Daily Mail*, 1 Nov. 1926, p. 7.

3　*North Devon Journal*, 3 Feb. 1938, p. 3.

4　Dorothy L. Sayers, *Murder Must Advertise*, with a new introduction by Elizabeth George (London: Hodder and Stoughton, 2003), ch. 17, p. 312; first published in 1933 by Victor Gollancz Ltd.

泣的文学和宗教手册。[1] 一个半世纪后，在一种截然不同的情感氛围中，弗吉尼亚·伍尔夫写了一篇关于沃斯通克拉夫特的短文，饶有兴趣地回顾了这位女权主义革命先驱为路易十六流下的眼泪。伍尔夫和沃斯通克拉夫特及其女儿玛丽·雪莱一样，她们认为不论是个人情感还是政治情感，都很难将它和理性建立联系。[2] 沃斯通克拉夫特在目睹自己最珍视的信念成为现实后不禁泪目的事实，证明她是一个矛盾的女人和"并不冷血的理论家"。[3] 伍尔夫在回想沃斯通克拉夫特的眼泪时感到些许不适，而同时期其他女性面对早前动辄哭天抹泪的情形则是全然不信。记者玛丽·豪沃思（Mary Howarth）是《每日邮报》女性专栏的编辑。1907年，她为《绅士杂志》撰写了一篇关于亨利·麦肯齐1771年小说《有情人》的文章。[4] 豪沃思对这本书的评价甚为刻薄，她认为该书不过是对劳伦斯·斯特恩一流的感伤主义作品的二流模仿，并且嘲笑麦肯齐热衷于赞颂死兔子、凋谢的花朵和滔滔不绝的眼泪。至于小说的主人公哈利，豪沃思写道，麦肯齐"创造了一个人形的泪瓶"，一个"最浮夸的感伤主义者"，这在英国文学史上可谓独一无二。哈利的眼泪感动了像罗伯特·彭斯一样的有情人，逗乐了19世纪宽厚的读者，引起了玛丽·豪沃思的不解和些许厌恶。她将麦肯齐的主人公概括为"视歇斯底里为荣耀，以'神

---

1 见第八章。

2 见第十章。

3 关于伍尔夫对沃斯通克拉夫特的看法，见Cora Kaplan, "Mary Wollstonecraft's Reception and Legacies", in Claudia L. Johnson (ed.), *The Cambridge Companion to Mary Wollstonecraft* (Cambridge: Cambridge University Press, 2002), pp. 247—70 (pp. 251—2)。

4 1903年《每日镜报》创刊时，玛丽·豪沃思曾短暂担任该报的首任编辑，该报最初几乎全是女性员工，目标读者也是女性。这一实验并未持续多久，后来报纸改版成为一份针对两性读者的画报，由男性担任编辑。见Patricia Holland, "The Politics of the Smile: 'soft news' and the Sexualisation of the Popular Press", in Cynthia Carter, Gill Branston, and Stuart Allen (eds) *News, Gender and Power* (London: Routledge, 1998), pp. 17—32 (p. 21)。

经质'自豪的人"。[1]

豪沃思的评论为20世纪上半叶发生的一些特别重要的变化提供了支持。自18世纪以来，人们对眼泪的主流态度日益消极，他们表达这种态度的话语也发生了改变——之前是道德的到如今是医学的，之前是心灵的如今是精神疾病的。在紧抿上唇的年代，豪沃思用来形容哈利的术语——"神经质"和"歇斯底里"——越来越多地和眼泪联系在一起，尤其是女性的眼泪。因此，当玛格丽·肯普的《书》重现天日并于1936年首次被翻译出版时，人们既感到好笑和惊讶，又对玛格丽进行精神病诊断，也就不足为奇了。毫无疑问，玛格丽哭得太凶了，即使在她的年代，也有人认定她疯了。1936年，一位书评人指出，如果玛格丽还活着，她要么被送进精神病院，"要么至少被送到精神分析学家那里"，后者会对她害怕遭到强奸、渴望亲吻麻风病人和持续不断地流泪发表很多看法。[2] 英国耶稣会学者赫伯特·瑟斯顿（Herbert Thurston）神父将玛格丽的行为描述为一种"可怕的歇斯底里"，但又警告称，将她斥为"一个神经质和自欺欺人的幻想家"是草率的，因为她也展现出了勇气和对上帝真诚的爱。[3] 即使首位发现肯普的这本非凡之书的美国学者霍普·艾米丽·艾伦（Hope Emily Allen），也采用了精神病学的解读方法。艾伦引用瑟斯顿神父的权威观点，赞同玛格丽患有"暗示病"或"癔症"，并且指出玛格丽除了那些积极的品质，她还可以被描述为"谨小慎微、神经兮兮、自

1　Mary Howarth, "Retrospective Review: 'The Man of Feeling' —A Hero of Old-Fashioned Romance", *Gentleman's Magazine*, January-June 1907, pp. 290—5.

2　*The Listener*, 28 Oct. 1936, p. 829.

3　瑟斯顿神父在1936年的《月刊》上发表书评，他的评论后来被乔治·伯恩斯引用。转引自George Burns, "Margery Kempe Reviewed", *The Month* 171, no. 885 (Mar. 1938): 238—44 (p. 241)。

负虚荣、目不识丁和神经过度紧张"。[1] 也许,饮用一个疗程的"维罗尔加牛奶"能对玛格丽有所帮助。

查尔斯·金斯利(Charles Kingsley)创作于维多利亚时代的诗《三个渔夫》中有这样的句子:"男人必须工作,女人必须哭泣。"如果20世纪的英国女性想要和男性在平等的条件下工作和投票,她们就必须擦干眼泪。1914年,"全国妇女选举权协会联盟"在一份声明中影射了金斯利的诗句,敦促那些妇女参政主义者必须通过思考而非仅仅感受的方式,努力认识和治愈战争的疯狂:"现代女性必须抑制自己的泪水,她有工作要做。"[2] 1918年,年满30岁并达到一定经济和教育程度的妇女获得了选举权。1928年的《国民参政法》最终使女性获得了和男性相同的选举权。第二年,当女性第一次在大选中与男性平等投票时,《泰晤士报》报道称,她们以一种自信从容的方式投票,展现出了"当代人特有的冷静"。[3] 女权主义者在这个时代还取得了其他的成功。两次世界大战为女性提供了前所未有的机会,使她们能够从事新的工作并获得更大程度的独立。[4] 创造一种理性和克

1　Sanford Brown Meech and Hope Emily Allen (eds), *The Book of Margery Kempe: The Text from the Unique MS Owned by Colonel W. Butler Bowdon* (London: Published for the Early English Text Society by Humphrey Milford, Oxford University Press, 1940), pp. lxiv—lxv.

2　弗吉尼亚·伍尔夫在1938年发表反战文章,其标题"女人必须哭泣"也影射了金斯利的诗。Naomi Black, *Virginia Woolf as Feminist* (Ithaca, NY: Cornell University Press, 2004), pp. 134, 145.

3　*The Times*, 31 May 1929; 转引自Pat Thane, "What Difference Did the Vote Make?", in Amanda Vickery (ed.), *Women, Privilege, and Power: British Politics, 1750 to the Present* (Stanford, Calif.: Stanford University Press, 2001), pp. 253—88 (p. 262)。

4　关于20世纪女性在参与政治和面对战时机遇方面的得失,见Penny Summerfield, "Approaches to Women and Social Change in the Second World War", in Brian Brivati and Harriet Jones (eds), *What Difference Did the War Make?* (Leicester: Leicester University Press, 1995), pp. 63—79; Penny Summerfield, *Reconstructing Women's Wartime Lives* (Manchester: Manchester University Press, 1998); Thane, "What Difference Did the Vote Make?"; Virginia Nicholson, *Millions Like Us: Women's Lives in War and Peace 1939—1949* (London: Penguin, 2011)。

己的全新女性气质既是这些社会变迁的原因，也是它们的结果，而且正如我们看到的，这意味着试图打破女性和流泪之间的联系。但这一尝试只取得了非常有限的成功，它常受到一种难以撼动和持久的厌女症的阻挠，这种厌女症不仅针对那些不符新规的情绪化女性，甚至还针对那些不爱流泪的"现代女子"。它同样未能解决关于女性气质和眼泪的"第22条军规"，即前文讨论的"女巫的困境"——哭泣的女性被指责为软弱和善于摆布，不哭的女性则被斥为铁石心肠、不像女人、泼妇，甚至女巫。[1]

1926年，记者约翰·麦卡弗里（John McCaffrey）在一篇专栏文章中称赞道："现代女孩无暇流泪。"这位"高挑、轻盈、优雅的姑娘"——麦卡弗里称她为"1926小姐"——"信仰紧抿上唇"，认为哭泣是孩童般软弱和缺少自制力的表现。麦卡弗里称，当女性初入职场时，她们很容易在压力下落泪，但现代女孩已经明白，无论在商业、体育还是爱情中，一切类型的成功在没有泪水参与的情况下最容易实现。[2] 现代女性在受到批评时不会哭泣，在争吵后不会落泪，甚至在婚礼上也不会动容："男人当然会欣赏这类新女性。"[3] 十年后，直言不讳的美国记者用笔名"多萝西·迪克斯"在《每日镜报》的建议专栏上发表的题为"如果她一直发出'呜呼'声，他会说——'我完蛋了'"的文章，为这句话在爱情中的意义提供了更多证据。一位署名"哭宝

---

1 见第四章。

2 再次重申，实际变化并没有达到战间期预测的水平。21世纪女性仍然在为在工作场所流泪的风险和影响而担心，一些报纸和广播节目（如BBC 4电台的一场讨论）对此进行了探讨：*Woman's Hour* on the topic of "Crying at Work", broadcast on 20 June 2011, ⟨http://www.bbc.co.uk/programmes/p00hp7f7⟩。

3 "Women Who Forget How to Cry", 13 Oct. 1926, p. 7. 次年，一位男性读者给《每日镜报》写信称，他从未见过自己的女性朋友哭泣，并表示自己更喜欢"不浪漫的理智女性"，而不是"啜泣、傻笑、黏人的类型"。"Through 'The Mirror'", *Daily Mirror*, 22 May 1927, p. 7.

宝"的女性读者来信承认自己"非常敏感"，但"在大哭一场"后心情就会好很多，尽管这让她的未婚夫非常反感。多萝西·迪克斯力挺未婚夫，并将"数百万哭泣的女性"描述为"软弱可鄙"的动物，因为她们用眼泪逃避责任、摆布丈夫。[1] 类似地，《每日邮报》刊发了一首以男性视角创作的押韵诗，诗云："女人在哭泣，利用她们的泪/她们已经统治我们无数年！"[2]

这些关于女性、情感、眼泪和摆布的说法也已存在了无数年。1936年，一篇题为"你是一个冷酷无情的娘们儿吗？一位愤怒男士的调查"的报纸专题文章表明，即使在20世纪，女性也无法摆脱女巫之困。"愤怒的男士"怒斥"美容专家"教导女性不要因为哭泣而破坏了她们的妆容和假睫毛，并表示尽管他欣赏克制情感的现代女性，但并不喜欢或尊重她们。[3] 所以很明显，如果女人流泪，她们就是歇斯底里、软弱、神经质和善于摆布，男人不会喜欢她们。如果女人忍住不哭，她们就是冷酷无情、虚伪、麻木，男人同样不会喜欢。现代女孩可以驾驶飞机、投票、进入议会，从事以前被男性垄断的职业，甚至可以像伊迪丝·卡维尔那样为祖国献出生命，可一旦遇到哭泣的问题，她仍无法取胜。

1　"Dorothy Dix's Love Bureau", *Daily Mirror*, 31 Aug. 1937, p. 22.

2　"Women's Tears", *Daily Mail*, 27 Oct. 1936, p. 10.

3　"Are You One of the Hard-Faced Hussies?", *Daily Mirror*, 15 Dec. 1936, p. 12.

第十六章
谢谢你回到我身边

　　米尔福德枢纽是英国某个虚构的火车站，这里的茶点室为最激情又最克制的爱情故事提供了布景。[1] 在大卫·里恩（David Lean）1945年的电影《短暂邂逅》中，各自已婚的主人公劳拉和亚历克在这里相遇了。一列富有象征意味的快车驶过，扬起的沙尘吹进了劳拉的眼睛里。殷勤的亚历克坚持要提供帮助——"请让我看看，我正好是一名医生"——他用自己叠得整整齐齐的手帕拭去了扰人的沙子。这次经历让劳拉很是感激，她用自己的手帕擦去眼泪，这一举动预示着她和一代又一代电影观众还有更多的泪水可流。突如其来的眼科检查让这对萌动的恋人有了亲密的身体接触。他们再次邂逅，后来设法相见，二人时而抗拒、时而屈从于不断升温的浪漫诱惑。除了几次匆匆的亲吻，他们的恋情未成正果。亚历克在南非觅得一份工作，

1　关于米尔福德火车站的原型，见Richard Dyer, *Brief Encounter* (London: British Film Institute, 1993), p. 57; Antonia Lant, *Blackout: Reinventing Women for Wartime British Cinema* (Princeton: Princeton University Press, 1991), p. 169。关于该片与大卫·里恩等20世纪40年代英国电影导演作品的联系，见Charles Drazin, *The Finest Years: British Cinema of the 1940s* (London: I.B.Tauris, 2007), especially pp. 55—70。

从事自己热衷的预防医学，劳拉则忠实地回到了她那可靠、冷漠、爱玩《泰晤士报》纵横字谜游戏的丈夫弗雷德和他们两个孩子的身旁。

《短暂邂逅》并不是一部对所有人胃口的影片。法国新浪潮电影导演弗朗索瓦·特吕弗（François Truffaut）将它描述为"最不令人愉悦和最为伤感的催泪电影"，他对大卫·里恩这部作品"在英国鳄鱼中激起的无尽眼泪"嗤之以鼻。[1] 即便是那些将《短暂邂逅》视为英国经典电影的人，也似乎被困在了20世纪40年代，他们见证了一个压抑情感的时代，影片中紧张不安的主人公们被规则束缚，他们吞掉心里话，否认自己的真情。[2] 这部电影可能比"二战"后任何一部电影更能让中产阶级感动落泪。历史学家的任务就是超越这些印象，去理解这部电影如何以及为何能与中产阶级产生这种联系。多亏了"大众观察"档案馆保存的记录，我们可以透过《短暂邂逅》最早一批观众的眼睛，重新审视劳拉和亚历克，并将该片和那个时期其他的催泪影片放在一起进行考察。[3]

1950年8月，"大众观察"向志愿者小组发送了被他们称为"指令"的月度问卷，询问他们对其他民族的感受（包括日本人，他们受到了一些刻薄的评论），对人造黄油和天然黄油优点的看法，以及他

1　François Truffaut, *The Films in my Life* (New York: Simon and Schuster, 1978), p. 160.

2　Dyer, *Brief Encounter*, pp. 41—68.

3　大众观察档案馆成立于1937年，作为一种新的尝试，它旨在创建"我们自己的人类学"，记录英国社会和文化生活的方方面面。Nick Hubble, *Mass Observation and Everyday Life: Culture, History, Theory* (Basingstoke: Palgrave Macmillan, 2006); James Hinton, *Nine Wartime Lives: Mass Observations and the Making of the Modern Self* (Oxford: Oxford University Press, 2010). "大众观察"项目从"普通"英国民众中抽取丰富的样本，尽管这些样本并不能完全代表全体英国人。关于"大众观察"作为文化和社会史来源的价值和局限性的有益讨论，以及一个新婚男子在1940年圣诞节喜极而泣的例子，见Claire Langhamer, *The English in Love: The Intimate Story of an Emotional Revolution* (Oxford: Oxford University Press, 2013), pp. xv—xxi.

们认为特别动人的音乐片段的信息。最后，问卷问道："你曾在观影时哭过吗？哪部电影（如果有的话）曾让你落泪？你哭得多厉害？以及（如果你还记得）电影的哪个部分让你落泪？"另有一个补充问题，问题本身就揭示了彼时人们对公开表达情感的态度："你对此有多羞愧？"对这些问题的回复有些是手写的，有些是打印的，它们以墨水和纸张的形式保存了1950年英国各个年龄和阶层的男女的眼泪与感受。这些第一人称的文献能让我们深入了解彼时流行的情感态度，帮助我们重建特定情感生活的片段。受访者点名最多的催泪电影正是《短暂邂逅》。[1]

这一特别的"指令"收到了超过300份回复，从能言善辩和热情洋溢，到简短敷衍和不屑一顾，回复的语气可谓各式各样。在被问及是否曾在观影时流泪，40%的男性和72%的女性给出了肯定的回答。[2] 考虑到这一时期我们英国人的克制形象，尤其是压抑冷漠的男性形象，这一数字似乎偏高。还有证据表明，自1950年以来，这种爱哭的情况所发生的变化比人们想象的要少得多。2004年，受舒洁纸巾委托的一项调查发现，44%的男性和80%的女性表示他们观看电影或电视节目时会哭泣。[3] 与面巾纸的联系说明，自1950年以来，无

1　对"指令"的回复保存在大众观察档案馆（以下简称MOA），这是苏塞克斯大学的特别收藏之一。本章引用的回复均取自1950年8月的指令回复（以下简称DR），并以索引号和/或者基本传记信息（比如性别、年龄和职业）进行标注。苏·哈珀和文森特·波特曾探讨过观影哭泣的问题，见Sue Harper and Vincent Porter, *Weeping in the Cinema in 1950: A Reassessment of Mass-Observation Material* (Brighton: Mass-Observation Archive, University of Sussex Library, 1995); and Sue Harper and Vincent Porter, 'Moved to Tears: Weeping in the Cinema in Postwar Britain', *Screen* 37 (1996): 152—73。

2　这些数字是基于对回复1950年8月MOA指令的100名男性和100名女性受访者的分析而得出的，这些分析和问卷回复一起被装在一个名为"指令回复：1950年8月，分析"的单独文件夹中。

3　Kate Fox, *The Kleenex for Men Crying Game Report: A Study of Men and Crying* (Oxford: Social Issues Research Centre, 2004), ⟨http://www.sirc.org/publik/crying_game.pdf⟩, pp. 10—12.

论是用来拭去陌生女士眼里的沙尘，还是用于"观影"时擦泪，手绢的使用无疑已大为减少。1938年，苏塞克斯郡黑斯廷斯市欢乐电影院的工作人员称，放映完一部特别感人的影片后，他们在观众席看见了大量被丢弃的手帕。之后的影院工作人员可能再也没有这样的经历了。[1]

如果1950年"大众观察"的反馈是可靠的，那么大约40%将手帕打湿的人（无论男女）会为自己在观影时流泪而感到羞愧。[2]一位37岁的教师写道："在这种情况下，我总是感到羞愧，希望没人注意到我。我无法理解那些说自己喜欢大哭一场的人。"另一位女士写道："我很努力**不让**自己哭出来。我为自己哭泣感到懊恼，但眼泪还是流了下来。"一位30岁的秘书说，她从不在看电影时流泪，她不喜欢"在公共场合发泄情绪"，这会让她非常尴尬，所以"当我想哭时，我通常会克制自己"。[3]这些都是现代女孩，她们强忍泪水，担心哭泣会让他人对自己另眼相看。即便声称从不以哭为耻的大多数男人和女人，也有不少称自己会感到害羞、尴尬或愚蠢，并试图隐藏自己的眼泪。

"大众观察"的调查结果表明，男性和女性会被不同的事物所打动。男性更多提到战争片和纪录片，女性则提到和爱情、儿童或动物有关的故事。[4]有两位受访者对什么会让他们流泪给出了极其具体的回答，抓住了男性偏好英雄式自我牺牲和女性喜爱感伤故事这一差异中的某些方面。一位53岁的推销员提到了自己的"凯尔特"和爱尔兰血统，他表示自己常在观影时感动落泪，通常是"当主人公在反

1　"Dorothy Drew's Show Talk", *Hastings and St Leonards Observer*, 15 Jan. 1938, p. 9.

2　MOA, DR, Aug. 1950, "Analysis".

3　MOA, DR, Aug. 1950, "Analysis", participant index numbers 0177, 814, 3034.

4　Harper and Porter, "Moved to Tears".

派手下历经艰险，终于'洗心革面'并取得胜利，以及当他怀着怜悯之心并冒着生命危险将反派子女从险境中解救出来时"。[1] 一位职业是教师和艺术家的40来岁未婚妇女，给出了一份截然不同但同样具体的清单："境遇悲惨的动物、境遇悲惨的老人、境遇悲惨的儿童，依次最容易让我在电影院落泪。"这位女士还建议，轻轻擦拭而不是擤鼻子，是避免旁人因为注意到你为不幸的动物、老人或儿童哭泣而感到尴尬的好方法。[2]

一些男性表达了他们对"好哭佬"这个词的鄙视，他们将眼泪明确描述为"女子气"或"没有阳刚之气"，或者称哭泣是"软弱的表现"。一位22岁的银行男职员表示，他从未在观影时流泪，"只有威尔士人和许多愚蠢的女人才会那么做"。[3] 但这些泪不轻弹的爷们儿的表述，和体现大量男性情感的其他答案之间存在某种不一致。有几人否认在看电影时哭泣，后来却说自己"差点"感动到落泪、哽咽、"泪眼汪汪"。[4] 一位40多岁的仓库工人夸口说："我从没在电影院里哭过，除非电影特别无聊。"但他又称自己"曾经感动得差点流泪"，他不为此感到羞愧，但还是努力"在同伴面前隐藏了自己的情绪"。[5] 如果这是对一个男人在电影院里压抑泪水的描述，那么在1950年的样本中，40%的男性会在观影时哭泣的数据可能被估低了。男人和

1 MOA, DR, Aug. 1950, "Analysis". married male participant, age 53, index number 3842, occupation given as "Sales Organizer".

2 MOA, DR, Aug. 1950, single female participant, age 45, index number 1313, occupation given as "Artist and Teacher".

3 Harper and Porter, *Weeping in the Cinema*, p. 3; Harper and Porter, "Moved to Tears", p. 154; 但在我看来，这两份出版物都在某种程度上夸大了对性别差异的刻板印象。

4 MOA, DR, Aug. 1950, male participants with index numbers 732, 1351, and 4507.

5 MOA, DR, Aug. 1950, married male participant, age 43, index number 4322, occupation given as "Warehouseman".

女人的反应并非总是和性别的刻板印象一致。为《南极探险家斯科特》(*Scott of the Antarctic*)哭泣的女性多于男性，这是一部讲述英雄牺牲的电影。而男人最常提到的催泪电影，是1942年的战争片《忠勇之家》(*Mrs. Miniver*)，该电影曾被认为是女性观众的"催泪片"。[1] 事实上，讲述一位失意家庭主妇的情感生活的电影《短暂邂逅》能让男女观众都潸然泪下，进一步强化了这样一个事实：男人并不总是遵守他们口口声声标榜的紧抿上唇，特别是有黑暗的电影院做掩护时。

一位28岁的已婚男子在观看《短暂邂逅》时泪目。他是一名出版商，这部电影刚上映时，他应该二十出头。他的问卷能让我们了解这部电影可能与什么样的人产生联系。首先，这位受访者评论称，"我讨厌这些问题"，因为它强迫我"说出自己的'感觉'是什么"。"但是，"他又诙谐地补充道，"我怎么知道我有？"他对外国人的看法不尽相同，但总体上比较克制。提起日本人，他回答道："除了有点反感，我没啥感觉。"至于澳大利亚，他觉得那里有善良的人，但"总体上非常让人生厌"。法国人有魅力、勤奋，但做事效率低，"糊里糊涂"。对于俄国人，他表达了一个简单的政治逻辑："我讨厌共产党人，所以我也讨厌俄国人。"最后轮到美国人："和许多英国人一样，我用一种愉快和宽容的优越感看待他们。"关于对音乐的情感反应，受访者提到了一些让他感动落泪的作品，包括《天佑吾王》《希望与荣耀的土地》，以及1945年流行的战争电影《星星之路》的主题曲。最后，这位爱国的出版商承认，他常在看电影时抹泪："我真是个傻瓜，任何电

1　Harper and Porter, *Weeping in the Cinema*, p. 26.

影都能让我哭"，甚至一部结局皆大欢喜的影片，"无论多么老土，多么愚蠢"，我都会哭。这种事情发生得太多了，以至于他不再以此为耻。[1] 他还写道："像《短暂邂逅》这种饱含深情的电影，能让我从头哭到尾。《忠勇之家》也是如此，尽管我觉得它没那么好看。"[2] 这个例子的引人注目之处在于，它展现了英国男性的传统态度和喜好——总体上对"情感"的厌恶、对外国人持有可预见的看法、对爱国主义音乐的偏好——是如何与敏感到在观影时哭泣的性格并存的。

在看电影时流泪并不是什么新鲜事。好莱坞电影，尤其是针对女性观众的感伤和浪漫电影就有这种催人泪下的能力。20世纪20年代，英语中出现了用来描述这类电影的新词："催泪电影"和"眼泪片"。[3] 催泪电影风靡全国，就连以居民冷静出名的约克郡也不例外。1930年，《约克郡晚邮报》称，男人女人都热衷进电影院，"因为人们可以在那里畅快安静地哭一场且不被人看见"，这正是"'催泪电影'、黑人保姆片（mammy films）、儿童片，以及最新的有声电影和悲情电影取得成功的原因。在画面中、在声音中、在观众中，眼泪无处不在，空气湿度达95%"。[4] "谁说英格兰人是情感淡漠的民族？"1938年，多萝西·德鲁（Dorothy Drew）在《黑斯廷斯和圣伦纳兹观察家报》上发问："电影观众更有发言权。"她写道。为了观看前一年上映的由斯宾塞·特雷西（Spencer Tracy）主演、根据鲁德亚德·吉

---

1 1949年，G. B. 斯特恩（G. B. Stern）在BBC《女性时间》节目中谈到了自己在婚礼上、读到书中的圆满结局时、为退伍军人欢呼，以及在现实生活中经历否极泰来的转变时的流泪冲动（1949年7月6日星期三播出；文本保存在英国广播公司纸质档案中心，雷丁卡弗舍姆公园）。关于圆满结局引起的哭泣，见第十八章。
2 MOA, DR, Aug. 1950, participant index number 1008.
3 关于"眼泪片"、女性电影、伤感影片和电影观众的更广泛的历史和理论，请参阅"进一步阅读"部分中关于眼泪和电影的推荐作品。
4 *Yorkshire Evening Post*, 26 Feb. 1930, p. 8.

卜林同名小说改编的电影《勇敢船长》，男女观众都准备好了手帕。多萝西·德鲁表达了她对这种眼泪的怀疑："我们并不像自己标榜的那样不动感情，但老天知道，如果我要手帕，那我得是一个真正的'好哭佬'"。[1]

1938年，在英国上映的另一部催泪电影是《斯黛拉·达拉斯》。芭芭拉·斯坦威克（Barbara Stanwyck）在片中饰演一名出身平凡的女人，她为了让心爱的女儿嫁给一位富裕的追求者而牺牲了自己的幸福。[2]《阿伯丁日报》写道，"仆人房间里的柔情故事"正日益成为流行的电影情节，而且毫无疑问的是，《斯黛拉·达拉斯》激起的滔滔不绝的泪河正在全国泛滥，多亏了"芭芭拉·斯坦威克小姐精彩真实的表演"，该片比一般的"催泪电影"精彩。[3]在南部沿海，国土的另一端，《朴次茅斯晚报》建议读者"带上大号手帕"去观看这部"母爱的永恒史诗"。[4]该片也在米德兰兹地区上映。在格兰瑟姆国家电影院，年轻的玛格丽特·罗伯特——后来的玛格丽特·撒切尔——经常发现自己被好莱坞的浪漫世界及其"戏剧化的形式、情绪、性感、场面和风格"所"深深吸引"。她记得自己看过的电影包括"从《四根羽毛》和《鼓》这样的帝国主义冒险片，到《女人》这种女星云集、精致时髦的喜剧片，再到诸如芭芭拉·斯坦威克的《斯黛拉·达拉斯》或英格丽·褒曼饰演的'四手帕催泪片'"。[5]我们将看到，半个多世纪后，当

1　"Dorothy Drew's Show Talk", *Hastings and St Leonards Observer*, 15 Jan. 1938, p. 9.

2　Suzanna Danuta Walters, *Lives Together/Worlds Apart: Mothers and Daughters in Popular Culture* (Berkeley and Los Angeles: University of California Press, 1992), pp. 24—34.

3　*Aberdeen Journal*, 1 Mar. 1938, p. 8.

4　*Portsmouth Evening News*, 5 Mar. 1938, p. 7.

5　*Grantham Journal*, 12 Aug. 1939, p. 6; Margaret Thatcher, *The Path to Power* (London: HarperCollins, 1995), pp. 14—15. [所谓"四手帕催泪片"（four-handkerchief weepies），是指那些特别催人泪下的影片，观众甚至需要四块手帕擦泪。——译者注]

玛格丽特·撒切尔在1990年11月告别唐宁街时,她主演了自己的催泪片。但是据说帮助撒切尔夫人度过最后一次内阁会议的是一盒舒洁纸巾,而非任何数量的手帕。[1]

　　近年来,无论是"铁娘子"撒切尔夫人,还是她伟大的战时前辈、"大轰炸"精神(the Blitz spirit)的传奇化身温斯顿·丘吉尔,他们在世人的印象中都是泪不轻弹和坚韧无畏的人,与我们这个时代软弱好哭的政治家形成了鲜明对比。然而这两个对比是错位的。1999年,芭芭拉·冈内尔在一篇评论中谈到了丘吉尔在大轰炸时期展现的"顽强不屈的忍耐力"。在提到公众和小报要求女王对戴安娜王妃的去世表达哀悼时,冈内尔写道:"没有人从大轰炸的废墟里跳出来冲他大喊,'向我们展现出你的关心,温尼(即温斯顿·丘吉尔——译者注)!'"而在全国哀悼活动中,"老太太"(Ma'am)[2]却被要求这么做。[3] 事实可能的确如此,但这只是因为丘吉尔并不需要任何人的驱使,正如1940年9月他视察南伦敦佩卡姆的一处遭到轰炸的地区时发生的事所表明的。在一个非常贫穷的社区,至少有20座房屋被毁。"一面残破的英国国旗已在废墟中傲然竖立。"丘吉尔在他的战史中写道。当他的车被人认出来后,大批民众开始聚集在一起,人数近千。他们"情绪高涨","表现出热烈的拥护之情,想要触摸和轻抚我的衣服"。丘吉尔"被彻底打动了,眼泪流了出来"。和丘吉尔同行的人听到一位老妇说:"你看,他真的关心咱们,他哭了。"用丘吉尔自己的

1　Cecil Parkinson interviewed on *Newsnight*, BBC Two, 8 Apr. 2013. 关于撒切尔夫人哭泣的更多内容,见第十九章。
2　指英国女王伊丽莎白二世。——译者注
3　Barbara Gunnell, "Tears-No Longer a Crying Shame", *New Statesman*, 22 Nov. 1999, ⟨http://www.newstatesman.com/node/136193⟩.

话说，他那"不是悲伤的眼泪，而是发自对人民的坚韧不屈和爱国精神的由衷赞叹"。[1] 丘吉尔也曾在下议院落泪。在1940年7月的一次特别重要的演讲中，丘吉尔告诉议会，他决定摧毁北非的法国舰队，避免它落入德军之手。"演讲的听众永远都不会忘记，"《观察家》记者报道称，"当他坐下时，其他人起立喝彩，泪水不情愿地从他的脸颊上滚落。这是一种深刻的情感，它激励着这个伟大和英勇的男人。"[2] 最后，这位伟大的战时首相还和他许许多多的英国同胞一样，也会在看电影时流下眼泪。丘吉尔是一位电影爱好者，在战争期间，无论在他位于契克斯的乡间官邸，还是在大西洋的航船上，他都会为同事和密友放映最新影片。他最喜欢的是《汉密尔顿夫人》（1914），导演亚历山大·科达（Alexander Korda）对纳尔逊勋爵的情妇进行了浪漫的演绎，讲述了她在伟大的海军将领阵亡后终日酗酒，陷入贫困的故事。在这部电影中，劳伦斯·奥利弗（Laurence Olivier）饰演纳尔逊，费·雯丽饰演汉密尔顿夫人。丘吉尔可能是在第五次欣赏该片时，被人目睹在影片结束时抹眼泪。[3]

1　Winston S. Churchill, *The Second World War*, ii: *Their Finest Hour* (New York: Houghton Mifflin, 1949), pp. 307—8.

2　*The Spectator*, 11 July 1940, p. 3, 〈http://archive.spectator.co.uk〉. 另见Richard Toye, *The Roar of the Lion: The Untold Story of Churchill's World War II Speeches* (Oxford: Oxford University Press, 2013), p. 63; Kevin Matthews, review of *The Roar of the Lion: The Untold Story of Churchill's World War II Speeches* (review no. 1542), 〈http://www.history.ac.uk/reviews/review/1542〉; Martin Francis, "Tears, Tantrums, and Bared Teeth: The Emotional Economy of Three Conservative Prime Ministers, 1951—1963", *Journal of British Studies* 41 (2002): 354—87 (p. 373).

3　D. J. Wenden and K. R. M. Short, "Winston S. Churchill: Film Fan", *Historical Journal of Film, Radio and Television* 11 (1911): 197—214 (pp. 204—5); Charles Barr, "'Much Pleasure and Relaxation in These Hard Times': Churchill and Cinema in The Second World War", *Historical Journal of Film, Radio and Television* 31 (2011): 561—86 (pp. 566—7). 关于艾玛·汉密尔顿等人的眼泪以及1805年纳尔逊之死，见第九章。

毕竟，在1940年5月丘吉尔作为首相的第一次演讲中，他就说过他能奉献给国家的只有"热血、辛劳、眼泪和汗水"。战争，特别是从1940年起对英国城市的轰炸，为英国人民提供了无数悲伤恸哭的时刻。1941年夏天，一本标榜"人民作品"的先锋杂志《七》(Seven)在一篇简短的自传文章中描述了战争时期不同的工作。一位伦敦牧师称，在他的工作中，葬礼通常不是宣泄情感的时刻，但在一次大规模的空袭后，随之而来的用于收殓民防工人、国民卫队、飞行员、妇女和儿童尸体的一口口棺材，使每一分每一秒都"充满了沉痛的情感"。送葬队伍在街道上蜿蜒而行，哭泣的家属紧随其后。这些都是坚强和勤劳的人："他们从不轻易落泪。悲伤、痛苦和不幸对他们来说习以为常。他们都是坚强的人，更习惯咒骂而不是哭泣。"但在这样的时刻，"死亡的恐惧笼罩着所有人，除了眼泪，什么都没有留下"。[1]

人们在战争中仍会流泪，即使劳动者也不例外。但在大多数情况下，人们普遍认为应该止住眼泪，忍受流血、辛劳和汗水。沉湎于自己的情绪被认为是自私的，更不用说在国家危急存亡的关头歇斯底里地哭泣了。[2] C. R. 内文森（C. R. Nevinson）在1940年创作的一幅画抓住了这一观念，该画描绘了一名坚强的伦敦儿童，作品取名为《伦敦人的坚忍；或曰卡姆登镇的孩子不哭》。通过与敌人的行为进行比较，这一观念更加紧密地和不列颠联系在了一起。眼泪曾经是法国人、爱尔兰人和"野蛮人"的专利，现在又与德国和意大利法

1　A London Clergyman, "Dry Those Tears", *Seven: Magazine of People's Writings*, no. 2, July—Aug. 1941, pp. 3—5; accessed via the *Mass Observation Online* database. 1943年，伦敦南部的一所学校遭到轰炸，关于家长和媒体对此事的反应，见 Lucy Noakes, "Gender, Grief and Bereavement in Second World War Britain", *Journal of War and Culture Studies* 8 (2015): forthcoming.
2　Noakes, "Gender, Grief and Bereavement".

西斯联系在一起。1938年3月，澳大利亚历史学家斯蒂芬·罗伯茨（Stephen H. Roberts）在《每日快报》刊文，描述了希特勒民粹主义演讲的技巧。罗伯茨观察道："若不诉诸情感，对他来说是非常残酷的。"他还列举了"元首"好哭的一些例子。据说戈林曾言："我们总能让阿道夫流泪。"[1] 一年前，罗伯特还出版了一本名为《希特勒建造的房子》的书，对纳粹迫害犹太人和战争风险发出了警告。

一位报道1940年盟军新闻的美国记者将他的书命名为《伤兵不流泪》。[2] 四年后，随着战争渐入尾声，《约克郡邮报》战地记者乔·伊林沃思在前往荷兰内梅亨的路上遇上了一群来自约克郡的士兵。其中一名来自埃德灵顿的陆军下士赫伯特·奥尼尔对双方伤兵的行为进行了评价："一些德军伤兵哭哭啼啼，但负伤的汤米一言不发，他们只想要一根香烟和一杯茶。"[3] 还有威廉·马丁上尉，他在1945年对日军狱警的反抗正是该书的开场白："英国人从不哭泣！"[4] 据战地记者报道，英国人的这种坚忍与德日指挥官向盟军投降时泣不成声的可悲场面形成了鲜明对比。[5]

1945年欧洲战场和对日作战的胜利带来了喜悦和宽慰的眼泪，它使那些在身体和心灵上受到奴役的人们获得了自由。[6] 这是团聚的一年，是结局圆满的一年。9月，从日本战俘营返回的第一批人中，有一群

---

1 Stephen H. Roberts, "Why Hitler Backs his Hunches", *Daily Express*, 14 Mar. 1938, p. 12.

2 Quentin J. Reynolds, *The Wounded Don't Cry* (London: Cassell and Co., 1941).

3 Joe Illingworth, "Confident Yorkshiremen in Holland", *Yorkshire Post*, 25 Sept. 1944, p. 1.

4 见本书介绍部分。

5 "Surrender in Holland, Denmark, and North-West Germany", *Yorkshire Post*, 5 May 1945, p. 1; Victor Lewis, "Jap 'Never Surrender' General Weeps Again", *Press and Journal*, 12 Sept. 1945, p. 1; 另见Christopher Bayly and Tim Harper, *Forgotten Wars: The End of Britain's Asian Empire* (London: Allen Lane, 2007), p. 50。

6 解放海峡群岛尤其具有戏剧性和催人泪下，相关实例见*Yorkshire Post*, 11 May 1945, p. 1。

瘦弱黝黑的人，他们走下飞艇，登上多塞特郡普尔码头的木舢板，受到了当地官员和自发聚集起来的热心市民们的欢迎："男人们欢呼雀跃，女人大都哭了。她们中有不少人的儿子曾被关在日军监狱。"其中还有一位名叫吉布林的上校，他曾在1942年初将妻儿从新加坡送到澳大利亚，并一度以为他们仍在那里，直到他拨通身在伦敦的母亲的电话——这是自战争爆发以来他第一次与母亲通话——才得知妻子带着他们的儿子丹尼斯和伊沃也待在那里。眼泪说流就流。吉布林上校的母亲哭了。就在上校环顾四周，看着身边见证自己在电话里与亲人团聚的新闻记者时，吉布林认出了他的妻子——"我的眼泪止不住地流了出来。这太尴尬了，亲爱的，这屋子里全是人"。上校说完便擦着眼泪走开了，即使不觉得羞耻，多少也有点尴尬。[1]母亲和妻子与她们的儿子和丈夫团聚。分别多年的夫妻再次相逢。战争阻隔了爱情。通过战时的工作而获得空前独立地位的妇女们又回归更加传统的家庭角色。

《短暂邂逅》正是在这样一个回归和结束的世界（world of returns and endings）里上映的。还记得那位爱国出版商在1950年"大众观察"问卷调查中的回答吗？他为一切美好的结局哭泣，他观看《短暂邂逅》时也是如此，"但在影片处结尾哭得最厉害"。罗纳德·尼姆（Ronald Neame）是《短暂邂逅》的编剧和制片人。1945年该片上映时，他34岁。他后来解释道，每当他想看这部电影的时候，他都会严厉地对自己说——我们几乎可以想象20世纪40年代的父亲或老师们说过的话——"好了，尼姆，别傻了，这是一部电影，仅仅一部电影而已，你真的不要陷入其中，那样太愚蠢了。"尼姆仍然

---

1 "Laughter and Tears", *Western Morning News,* 20 Sept. 1945, p. 3.

觉得电影结局感人肺腑。劳拉伤心欲绝、失望透顶, 她的丈夫弗雷德虽情感冷淡, 但察觉到有事发生。他说:"不管你的梦是什么, 它都不是一个很快乐的梦, 对吗?"丈夫又问自己能否帮上什么忙。劳拉告诉丈夫, 他总是乐于相助。弗雷德说:"你已经离开很远了。"当劳拉回答"是的"时, 他说道,"谢谢你回到我身边"。劳拉哽咽一声, 紧紧地抱住弗雷德; 谢尔盖·拉赫玛尼诺夫的第二钢琴协奏曲冲向了高潮; 劳拉和弗雷德的画面被屏幕上巨大的"结束"二字取代。对罗纳德·尼姆而言, 结果总是一样的:"当电影院的灯光亮起时, 我泪流满面, 尴尬无比。"[1] 但对其他人而言, 从20世纪60年代开始, 这部电影带来的不是眼泪和同情, 而是讥讽和嘲笑。[2] 这个国家主流的情感风格即将发生变化, 就像1771年路易莎·斯图尔特第一次阅读《有情人》时的泪眼婆娑和19世纪20年代她的好友对此书的嘲笑一样。[3]

以现代人的眼光看,《短暂邂逅》的结局也许并不美满。劳拉旋风式的恋爱结束了, 她的激情被沉闷的家庭生活浇灭了。但对于1945年的观众来说——他们和罗纳德·尼姆一样——劳拉和弗雷德为了婚姻和家庭做出的情感牺牲令人钦佩和感动, 它象征了战后英国的稳定和福祉。自私的情感——在劳拉的例子中表现为对浪漫的渴望, 在弗雷德那里是对不忠的嫉妒或愤怒——被置于一旁。对那些接受过"紧

---

1 "Ronald Neame on *Brief Encounter*'s Ending", The Criterion Collection, 29 Mar. 2012, ⟨http://www.criterion.com/current/posts/2227⟩.

2 Jeffrey Richards, *Films and British National Identity: From Dickens to Dad's Army* (Manchester: Manchester University Press, 1997), pp. 123—4. 这部电影甚至在20世纪40年代就遭到了嘲笑, 在肯特郡的试映中, 一些工人观众讥笑该片。但在中产阶级中, 该片总能收获最受感动的观众。见 Kevin Brownlow, *David Lean: A Biography* (London: Faber and Faber, 1997), p. 203; Melanie Williams, 'Brief Encounter (1946)', in Sarah Barrow and John White (eds), *Fifty Key British Films* (London: Routledge, 2008), pp. 55—60 (p. 56)。

3 见第九章。

抿上唇"哲学训练的男男女女来说，这样的结局就算并不完美，但也是好的。用劳拉的话说，那些想要出轨的人，设法"控制自己"并且"像理智的人一样行事"——企图用"体面"和"自尊"战胜自私的浪漫激情。就像1944年前往内梅亨的伤兵一样，在影片的关键一幕中，劳拉和亚历克只需一杯茶和一支烟就能帮助他们平复激情。[1]《德比每日电讯》对该片的影评以《任何人都可能遇到的事》为题，赞美了这部"温柔市井剧"（mild domestic drama）的真诚和热情。它还对这段外遇在"人们认为应该结束的时候"而结束表示认可。[2] 这是一部能让无数男女产生共鸣的影片，在经历了六年的牺牲、分离、或真实或想象的不忠之后，他们都有自己的理由在1945年说一句"谢谢你回到我身边"。这句辛酸的结束语打动了《短暂邂逅》第一批观众的心，他们在银幕前表达出时常隐匿于心的愧疚、失落、感激、宽慰或失望之情。[3]

这一时期的其他电影和《短暂邂逅》一样，也能激发克己、坚忍和自我牺牲的战时伦理。1942年上映的《忠勇之家》是一部表现英国人坚忍的好莱坞影片。该片以一首激动人心的《基督战士向前进》结尾，这首歌是在英格兰乡村一座被炸毁的教堂里唱响的。如果这一切还不足以使人泪目，随着滚动的演职员表响起的埃尔加的《威风堂堂进行曲D大调第一进行曲》（*Pomp and Circumstance March No.1*）之《希望与荣耀的土地》旋律，则使人潸然泪下。难怪我们这位爱国的出版商会感动得热泪盈眶。《纪实新闻快报》的影评人对这部好莱坞虚构影片所受到的欢迎表达了强烈不满："你坐在帝国影院，几乎可以听见

---

1 这一幕发生在一次湖上泛舟之后。亚历克掉进水里，当他在船夫的小屋里擦干身子时，他和劳拉第一次对彼此说出了自己的情感。

2 "It Could Happen to Anybody", *Derby Daily Telegraph*, 12 Mar. 1946, p. 2.

3 关于首批观众的各种反应，见Lant, Blackout, p. 187。

整个房子的人都在哭泣——经历了三年战争的英国观众在为有史以来最虚假的战争电影之一恸哭流涕。"[1]但这种肤浅的论调没能抓住重点：正因为人们在日常生活中缺少流泪的机会，在观影时哭泣才会成为一种受欢迎的发泄方式。紧抿上唇的心态在第二次世界大战时达到顶峰。正如当时流行的精神分析理论所指出的，英国人的眼泪在公共场合被压抑得越狠，在其他场合就会流得越多，在电影院这种半私密的巨大"泪瓶"里，这一情况尤为如此。[2]一些参与1950年"大众观察"问卷调查的受访者表示，经历战争后，他们观影时变得更情绪化了。[3]没有什么比压抑情感的影片更能激起这种反应了。

1945年，由英国信息部（Ministry of Information）策划的电影《星星之路》（*The Ways to the Stars*），以英国人的视角展现了盟军飞行员的英雄主义和自我牺牲精神。[4]影片中，一首讲述英雄飞行员最终牺牲的诗《为了约翰尼》被不同的角色反复诵读。这是一首对禁欲主义和决心的赞美诗，它告诫约翰尼最亲近和最深爱的人，应保持冷静，尽心养育英雄的孩子，不要沉溺于悲伤："为了他，在未来的岁月里，忍住你的眼泪。"[5]《星星之路》被《每日邮报》的读者评为战争时期最优秀的影片。《观察家报》称赞了影片人物冷静克制

1　Jeffrey Richards and Dorothy Sheridan (eds), *Mass-Observation at the Movies* (London: Routledge and Kegan Paul, 1987), "Introduction", p. 15.

2　关于精神分析学和眼泪，见第十七章，以及Thomas Dixon, "The Waterworks", Aeon Magazine, 22 Feb. 2013, ⟨http://aeon.co/magazine/psychology/thomas-dixon-tears⟩。关于《短暂邂逅》中劳拉表现出了弗洛伊德式歇斯底里的观点，见 Dyer, *Brief Encounter*, p. 21; Lant, *Blackout*, pp. 181—3。

3　Harper and Porter, "Moved to Tears", pp. 169—70.

4　Richards and Sheridan, *Mass-Observation at the Movies*, p. 13.

5　John Pudney, "For Johnny" (1942), in *The Oxford Dictionary of Quotations*, new edn, ed. Elizabeth M. Knowles (Oxford: Oxford University Press, 1999), p. 616; 另见 Brian Murdoch, *Fighting Songs and Warring Words: Popular Lyrics of Two World Wars* (London: Routledge, 1990), pp. 167—8; Noakes, "Gender, Grief and Bereavement"。

的现实主义精神,"他们和现实中的人一样, 没有过多表达自己的私人情感"。《每日电讯报》将这部"纯粹的英国"电影与"多愁善感"和"歇斯底里"的好莱坞催泪片进行了对比;《每日简讯》则评论道:"在那些优秀的压抑情感的影片中, 它远比任何刻意而为的催泪片感人。"[1] 1950年,"大众观察"的许多受访者也给出了相同的观点, 即现实主义和冷静克制的电影比彻头彻尾的催泪片更令人动容。[2] 正如一名男子所言, 他会被"任何真实发生的事情, 而非好莱坞式的哭哭啼啼"深深打动。另一名男子称:"一个人会为悲伤的情节哭泣, 但更容易为英勇无畏和压抑情感的男女主角潸然泪下。"[3]

所有这些评论同样适用于《短暂邂逅》这部以国内和平时期为背景的影片, 尽管该片情感充沛, 但它凭借现实主义和冷静克制, 在当时广受赞誉。[4] 大卫·里恩的这部电影向战后观众重申了在过去六年战争期间及之前被反复灌输的一个道理: 你自己的情绪——不论恐惧、悲伤、欲望还是绝望——都是次要的, 你应该将它们移出视线, 通过奉献他人来克服这些情绪。[5]《短暂邂逅》已经成为一种相当现代和英式的现象的经典案例——为紧抿上唇哭泣, 为泪不轻弹者落泪。这些战时催泪片的观众可以通过自己的眼泪, 提供一些他们生活中

1　Richards, *Films and British National Identity*, pp. 87—9.

2　一名36岁的校长, 转引自 Harper and Porter, "Moved to Tears", p. 171。

3　MOA, DR, Aug. 1950, male participant, age 34, civil servant, index number 0175.

4　Dyer, *Brief Encounter*, pp. 32—3, 48—53; Lant, *Blackout,* pp. 163—7, 183—92. 一名33岁的男记者 (MOA, DR, Aug. 1950, index number 83) 写道:"我似乎要回到1946年和《短暂邂逅》的场景中, 才能找到一部真正催人泪下的电影。我想这是因为它比其他任何影片更加贴近真实的 (中产阶级) 生活。"

5　关于压抑、隐藏和克制情感的文化, 见第十七章以及 Noakes, "Gender, Grief, and Bereavement"; Pat Jalland, *Death in War and Peace: Loss and Grief in England, 1914—1970* (Oxford: Oxford University Press, 2010); Sonya O. Rose, *Which People's War? National Identity and Citizenship in Britain, 1939—1945* (Oxford: Oxford University Press, 2003), ch. 5, pp. 151—96。

和银幕上那些令他们钦佩的斯多葛主义者所缺少的东西。更早以前，多愁善感的女人为死鸟哭泣，悲天悯人的男人为悔过的妓女落泪，维多利亚时代的家庭为狄更斯笔下的生离死别动容。如今，英国的男男女女为自我牺牲和克己守道的行为泪流满面，这些行为有的是为了国王和国家，有的是为了丈夫和孩子，还有的是为了像《双城记》中一名虚构的18世纪法国贵族。

狄更斯的这部小说以法国大革命为背景，首次出版于1859年，是电影制作人的最爱。在20世纪，它曾被7次搬上银幕。[1] 1940年，一项关于观众最喜爱的电影结局的调查清楚表明，人们更愿意看到死亡，但也乐见复生。在最受欢迎的淡出画面中，排名第五的是1935年版《双城记》的结局，罗纳德·科尔曼（Ronald Colman）在片中饰演西德尼·卡顿。卡顿为了自己暗恋的女人——查尔斯·达尔奈的妻子——顶替达尔奈走上了断头台。刀落之前，观众从科尔曼口中听到了狄更斯赋予卡顿的著名遗言："我做了一件比我所做过的好得多、好得多的事；我就要去比我所知道的好得多、好得多的安息处。"当断头台的闸刀落下时，镜头移向天空，随着《来吧，忠实的信徒们》的曲调响起，银幕上出现了《约翰福音》中的一句话："复活在我，生命在我。信我的人，虽然死了，也必复活。"[2] 卡顿的死被描绘为耶稣之死的再现，以及从俗世之城通向天堂之城的大门，这不仅和20年前伊迪丝·卡维尔以身殉国类似，而且和狄更斯的宗教情感一致。[3]

1　Michael Pointer, *Charles Dickens on the Screen: The Film, Television, and Video Adaptations* (Lanham, Md: Scarecrow Press, 1996).

2　John 11: 25.

3　MOA, "Fade Out (Film)", File Report 393, Sept. 1940. 1939年由赫伯特·威尔科克斯执导、安娜·尼格尔主演的电影《护士伊迪丝·卡维尔》的结局也是最受观众喜爱的淡出画面。Richards and Sheridan, *Mass-Observation at the Movies*, p. 207. 关于卡维尔，见第十五章。关于尼格尔，见第十七章。

1958年，由德克·博加德（Dirk Bogarde）主演的电影《双城记》采用了不同的表现手法，使这部影片更像爱情故事而非布道，为了迎合战后观众的口味，故事的结局也被改写了。[1] 最后的遗言依然没有变，但卡顿的饰演者博加德在说出"我做了一件比我所做过的好得多、好得多的事"这句话之前，加入了一句新的台词，用来取代狄更斯原作中卡顿对其他人未来生活的一大段预言。这句新台词是基于狄更斯小说中达尔奈的妻子露西的形象设计的，多年后，露西为卡顿哭泣。这一精心设计的情节，是为那些想为泪不轻弹者哭泣的观众量身定制的。卡顿此时说："我突然想哭。但我必须抑制住自己的眼泪，以免他们以为我是在为自己哭泣，但谁又会为西德尼·卡顿落泪呢？就在之前，世上无人这么做，但现在会有人为我哭泣。知道这一点，可以拯救一个毫无价值的生命——毫无价值，但从这最后一刻起，它使一切变得有价值了。"露西爱怜和感伤的眼泪，而非基督和来世，现在成了救赎的手段。观众看到的是一个自我牺牲的英雄，他高贵地压抑着自己的眼泪。谁会为这位紧抿上唇的西德尼·卡顿泪目呢？ 20世纪50年代的观众会。英国记者罗杰·奥尔顿的父亲带他去看这部电影时，他年仅10岁。他如此回忆最后这句台词的效果："我发现我周围全是嘈杂的抽泣声，那些具有50年代坚毅粗犷之风的男人开始偷偷抹泪，他们可能参加过'二战'。后来我意识到自己也哭了。"[2] 20世纪50年代，狄更斯的作品在经过适当的修改后，依然能让整个国家为之动容。

1　*A Tale of Two Cities*, dir. Ralph Thomas, Rank, 1958.
2　"50 Films That Make Men Cry", *GQ Magazine*, 26 Apr. 2011, ⟨http://www.gq-magazine.co.uk⟩.

第五部分
感　受

第十七章
卿卿如晤

1958年7月，英国广播公司国内频道播出了知名癌症康复者布莱恩·海森（Brian Hession）牧师关于"治愈之泪"（Healing Tears）的电台访谈。他向听众讲述了自己在伯恩茅斯拜访一位妇女的故事。这位妇女的丈夫罹患癌症，躺在隔壁房间，陷入昏迷，奄奄一息。按照那时的习惯，这位妇女被建议不要向丈夫说出他的真实病情。海森解释道："她不得不编造各种谎言，而我是她第一个告知真相的人。"当她这样做的时候，女人泪崩。"我搂着她，"海森说，"告诉她不要介意自己的眼泪——她应该好好哭一场了，接着我们一起跪下祈祷。"[1]在那个年代，人们对绝症和死亡通常三缄其口、极力否认。人们有时将谈论死亡的禁忌称为"维多利亚时代"的产物。事实上，维多利亚时期的哀悼是公开且复杂的。正是20世纪上半叶两次世界大战导致的集体创伤、死亡的医学化和宗教仪式的衰落，使死亡和传统

1　Brian Hession, "Healing Tears", a talk for "The Silver Lining" programme, broadcast Tuesday 8 July 1958, 4.45—5.00 p.m., Home Service. Transcript held at the BBC Written Archives Centre, Caversham Park, Reading.

的集体哀悼行为分离开来，丧亲者默默承受悲痛，而他们的亲朋则像对待麻风病人一样，带着一种尴尬的同情和厌恶，在他们左右踟蹰徘徊。死亡遭到否认，癌症成为绝口不提之事，丧亲之痛须独自承担，眼泪受到抑制。布莱恩·海森的声音是罕见的，他大声疾呼，反对战后英国人的这种沉默和自否。[1]

数以百万的人发现自己和伯恩茅斯那位在布莱恩·海森怀里哭泣的女人处于相同的境地：得知配偶罹患绝症后，不得不决定是否听从建议，向患者和孩子们隐瞒真相，然后在患者去世后，在这个已经忘记如何哀悼的文化中，选择面对更多的沉默、尴尬和否定。在这种情况下，有些人坚决不流眼泪，有些人独自哭泣，还有一些人找到善解人意的朋友或辅导师，通过面对面或书信的方式，与他们分享自己被压抑的心里话和眼泪。在20世纪50和60年代，那些尝试重新在公开场合表达悲伤——或者仅仅是公开承认悲伤存在——的先驱能够利用既有的宗教思想和新的心理学理论，试着让整个国家再次谈论疾病和死亡并为之哭泣。与此同时，包括肥皂剧和后来成为"真人秀"在内的新型电视节目为了实现催泪的效果，向全国数百万观众提供了许许多多既坚忍克己又多愁善感的案例。全国性的广播电台和电视台首次为数百万英国人提供了一个机会，让他们在某个固定的时间一起哭泣，不论是为1953年的加冕礼，还是为1960年以后的

1　帕特·贾兰探讨了19和20世纪英国人对死亡态度的演变。据她判断，第二次世界大战标志着哀悼传统最终被打破，被"一种普遍的、受到压抑的私下哀悼模式所取代，这种模式深深扎根于这个国家的社会心理"，其主导地位一直延续到20世纪60年代中期。Pat Jalland, *Death in War and Peace: Loss and Grief in England, 1914—1970* (Oxford: Oxford University Press, 2010), p. 10, and *passim.* 另见"进一步阅读"部分推荐的有关现代英国的死亡和哀悼的著作清单。

《加冕街》。[1]

布莱恩·海森是一位风度翩翩的英国圣公会教士，曾任英国皇家空军牧师，在英国和好莱坞制作过宗教电影。他的书和电台演讲在20世纪50年代中期风靡全国。1956年，他出版了一本名为《决心活下去》的书，使他受到了更加广泛的关注。该书记录了他两年前从胃癌中幸存的经历，他在确诊时被告知生命仅剩几天。[2]这是最早的癌症回忆录之一。海森用忏悔和动情的笔调书写癌症和死亡的主题，这是对主流的沉默和自我否定文化的反抗。当他在1958年的主题访谈中提到眼泪时，他引用了心理学和神学的观点，将哭泣描述为一种"缓解内心紧张"的宝贵方法和一种"释放情绪的媒介"，无论是表达喜悦、悲伤、痛苦还是同情。海森想起抹大拉的玛利亚在空墓前哀哭，并引用耶稣的祝福："哀恸之人有福了，因为他们将得到安慰。"[3]"真正的眼泪，"海森说，"是为了净化和治愈。"[4]一年前，《教会时报》虔信专栏的一篇文章也对类似观点表达了赞同，该文讲的是耶稣在拉撒路墓前哭泣的时刻："这句话本身就有一节经文，似乎在提醒我们，在逆境中始终紧抿上唇是禁欲主义者而非基督徒的品质。流泪这一身体行为具有一种净化和矫正的效果。"[5]在经历了几十年世俗化和禁欲主义之后，回归基督教传统是尝试记住眼泪价值的一种方式。[6]

1　关于1953年加冕礼引发的哭泣，见第二十章和Wendy Webster, *Englishness and Empire, 1939—1956* (Oxford: Oxford University Press, 2005)。关于《加冕街》，见 Richard Dyer et al., *Coronation Street* (London: BFI Publishing, 1981)。关于这一时期英国电视业的发展史，见Joe Moran, *Armchair Nation: An Intimate History of Britain in Front of the TV* (London: Profile, 2013), ch. 4。

2　"In Memoriam: Brian Hession", *Church Times*, 13 Oct. 1961, p. 17.

3　Matthew 5:4.

4　Hession, "Healing Tears".

5　"Catholic Ceremonial", *Church Times*, 11 Oct. 1957, p. 12.

6　关于早期的哭泣文化史，见第一至四章。

就在布莱恩·海森关于"治愈之泪"的访谈播出几天后，另一位妇女得知她的丈夫罹患晚期癌症，癌细胞正在侵袭他的胃和肝脏。她以笔名"格伦·希瑟"将此事写给了"合作通讯俱乐部"（Co-operative Correspondence Club）。该俱乐部是1935年爱尔兰一位孤独的母亲为寻求友谊和帮助而建。医院的医生将病情预断告诉了格伦·希瑟已成年的儿子，并建议他们不要在她的丈夫唐从手术中醒来后将预断告诉他。格伦·希瑟写道："我很清楚，我永远无法连续两周说谎，这不是我们面对劫难的方式。我决定告诉他。孩子们同意了。这很困难，但我还是做到了，他真的很了不起。"几周后是这对夫妇的结婚纪念日。唐为妻子准备了一个包裹，里面装着"小玫瑰、蕾丝手帕和香水"。这个意料之外的礼物让她潸然泪下，唐在手术后第一次"掩面而泣"。这温柔浪漫的时刻为夫妻俩提供了一个释放眼泪的契机，要不然他们的泪水就会遭到否定："我希望我能在你们每个人的怀里哭泣！为了拉尔夫和唐，也为了感谢朋友们的好意，我在这里不得不忍住泪水并且表现得勇敢。但亲爱的合作通讯俱乐部并不建议克制眼泪。"笔友的信就像一个"安全阀"，缓解了她的悲伤。[1] 50年后，俱乐部的另一位女性在接受英国广播公司4台《女性时间》节目的采访时说："那时流行紧抿上唇。你知道，我们实在无法向家人和朋友倾诉真实的悲痛，但我们可以把它写在纸上。"[2]

学者、基督教护教士和儿童文学家C. S. 路易斯在1960年妻子

---

[1] Jenna Bailey, *Can Any Mother Help Me?* (London: Faber and Faber, 2007), pp. 246—8; 另见 Jenna Bailey, "Can Any Mother Help Me?", History of Emotions Blog, 20 Mar. 2014, ⟨https://emotionsblog.history.qmul.ac.uk/2014/03/can-any-mother-help-me⟩。

[2] "Co-Operative Correspondence Club", BBC Radio 4, *Woman's Hour*, 6 Aug. 2007, ⟨http://www.bbc.co.uk/radio4/womanshour/04/2007_32_mon.shtml⟩.

乔伊因癌症去世后，同样选择用纸笔而不是言语来表达自己的悲伤。他们结婚仅有几年。路易斯尝试在一叠记事本中而非给朋友的信中诉说和理解自己孤独绝望的感受。他的分析毫无保留，他的文字体现出强烈的悲痛和信仰上的动摇，以及他逐渐从伤痛中恢复的过程。这在一定程度上是在路易斯目睹亡妻乔伊面容这段生动的幻象后实现的。乔伊的面容展现了她的内心——路易斯形容她爽快利落、务实干练、令人振奋——事实上，她的面容毫无情感。第二年，路易斯将书匿名出版，取名《卿卿如晤》（*A Grief Observed*）。随着1963年路易斯去世，该书的真正作者为人所知，它成为一部被广泛阅读的慰藉文学作品，时至今日依然是这类题材的畅销书。这本书还是那个时代一份引人入胜的文献，它向我们展示了在一个压抑情感的时代正成为过去，一个注重心灵内省和自我治愈的时代即将诞生之时，一位富有教养、能言善辩、内心矛盾的中年男人在1960年与癌症、死亡和悲伤做斗争时的思考与感受。

路易斯出生于贝尔法斯特，父母皆新教徒。在他年仅9岁时，他的母亲死于癌症。他的父亲用流泪和发脾气来表达自己的悲伤，喜怒无常，令人害怕。仅仅两周后，年幼的路易斯就被送进他哥哥就读的一所极其严格的英国寄宿学校里——他后来把这段经历比作囚禁在集中营。[1] 路易斯的父亲也死于癌症，因此路易斯在《卿卿如晤》中哀叹这种疾病带来的三次劫难："癌症！癌症！还是癌症！我的母

---

[1] Jalland, *Death in War and Peace*, pp. 236—7. 另见 J. A. W. Bennett, "Lewis, Clive Staples (1898—1963)", rev. Emma Plaskitt, *Oxford Dictionary of National Biography* (Oxford University Press, 2004), online edn, May 2008, doi:10.1093/ref:odnb/34512. 路易斯对童年的回忆，包括他学会将情绪视为某种危险和尴尬的事物，见 C. S. Lewis, *Surprised by Joy: The Shape of my Early Life* (London: Geoffrey Bles, 1955), especially chs 1—2.

亲、我的父亲、我的妻子。我想知道下一个轮到谁。"尽管路易斯笃信基督教,但他的信仰过于理性和严格,以至于他不可能相信"治愈之泪"。他将自己最初陷入悲伤的日子尖刻地描述为"眼泪和悲怆"。他成长过程中的反天主教元素,在他用"抹达林之泪"这句短语谴责自己哭泣时体现得最为明显,该短语最早的使用者是17世纪的新教徒。[1] 路易斯写道,他更喜欢"整洁和诚实"的创痛,而不是哭哭啼啼地沉湎于"自怜自艾、泥坑和令人厌恶的甜腻快感之中——这让我感到恶心"。他认为眼泪遮挡了现实,使他有一次"对着一个娃娃恸哭流涕",而不是他真正失去的女人乔伊。他一遍又一遍地写下自己的悲伤,路易斯发现自己沉湎于自己的情绪,又被自己的情绪所伤,于是决心通过思考的力量挣脱情绪:"情绪、情绪、还是情绪。让我试着思考一下。"[2]

遭遇丧亲之痛的路易斯经历了一系列不同的情感,他试图对这些情感进行分析,其中就包括他对自己眼泪的强烈厌恶。他从旁人对自己处境的反应中,注意到了一种最明显的情绪:尴尬。他害怕与那些知道自己不幸的人相遇,既反感他们提起此事,又讨厌他们对此只字不提。他发现,最不会让自己感到痛苦的回应,来自那些"受过良好教育的年轻人",他们"迎面走来的表情,好像我是个牙医。他们的脸唰的变得通红,勉勉强强寒暄几句,然后迅速但不失礼貌地溜向酒吧。也许,丧偶的人应该像麻风患者一样,最好被隔离在专门的区

1　关于抹达林之泪,见第二章。
2　C. S. Lewis, *A Grief Observed* (London: Faber & Faber, 1964), pp. 8, 14, 31; original publication N. W. Clerk, *A Grief Observed* (London: Faber & Faber, 1961). 关于路易斯的书及其在20世纪60和70年代丧亲和伤痛文学(literature of loss and grief)中的地位,见Jalland, *Death in War and Peace*, ch. 12。

域"。路易斯还从乔伊的孩子们身上发现了一些他认为非常尴尬的地方。每当他试图提起乔伊时，"他们的脸上没有悲伤，没有爱，没有恐惧，也没有怜悯，只有最致命的尴尬。在他们眼里，我好像是在做不体面的事。他们盼我停下来。在我母亲去世后，当我父亲提起她时，我也有同样的感觉"。[1] 然而，其中一个男孩后来说，路易斯完全误解了那种外在尴尬背后的情感。道格拉斯·格雷沙姆回忆道，在接受了7年"英国预科学校的教化"后，他学到了最重要的一课："对我来说，最可耻的事情莫过于在公共场合哭成一团。英国男孩不流泪。"[2] 年轻的道格拉斯知道，如果路易斯对他提起母亲，"我就会泪崩，更糟糕的是，他也会如此。这就是我尴尬的原因"。[3] 事实上，据格雷沙姆回忆，他身上那种英国人特有的矜持而脆弱的外壳只有一次被打破，那是乔伊死后他第一次见到路易斯时。男孩和男人紧紧相拥，难以言喻的泪水倾泻直下："那是我们唯一一次用身体表达彼此的爱意。"[4]

这就是善良的老一辈英国人紧抿上唇的结果：一个失去至亲的男人厌恶自己的眼泪，他被旁人当作麻风病人对待，他误读继子们的悲伤，孩子们也因为害怕哭泣而不敢谈论他们的亡母。1994年，道格拉斯·格雷沙姆在《卿卿如晤》的序言中写道："我花了近30年时间，才学会如何哭泣而不感到羞耻。"[5] 路易斯至少还有记事本帮他排解。他开始创作一幅文学的"悲伤地图"。他的努力失败

1　Lewis, *A Grief Observed,* pp. 11—3.

2　把年幼的儿子送去寄宿学校的母亲们也必须学会不在离别时当众流泪。这是马乔里·普鲁普斯在1957年的一篇文章里谈到的，当时女王第一次把年轻的查尔斯王子送去上学。Marjorie Proops, "You Can't Kiss a Schoolboy Goodbye!", *Daily Mirror*, 18 Sept.1957, p. 11.

3　Douglas H. Gresham, "Introduction" to C. S. Lewis, *A Grief Observed* (Harper-Collins e-book, 2009), pp. xix—xx. 关于19世纪英国学校灌输紧抿上唇的观念，见第十四章。

4　Douglas H. Gresham, *Lenten Lands* (New York: Macmillan, 1988), p. 127.

5　Gresham, "Introduction", p. xx.

了，因为悲伤"不是一种状态，而是一个过程。它需要的不是地图，而是一部历史"。尽管如此，写作还是有治愈作用的：作为一种"防止彻底崩溃的手段，一种安全阀，它确实有一些益处"。[1]路易斯当然紧抿着上唇，但这是一个经过仔细检查的上唇。《卿卿如晤》对无意识、精神分析学、个体情感的历程以及对"安全阀"的需求很感兴趣，这表明甚至连路易斯也受到了弗洛伊德心理模型和治疗性心理模型的影响，这些模型在他写作的年代日渐流行，影响力不断扩大。后期的弗洛伊德主义创造了一种"治疗文化"，它与一种自我耽溺的情感凝视和无拘无束的自由表达结合在了一起。[2]但在20世纪中期的几十年里，精神分析学家对公开表达情感的态度变得愈加矛盾。

对于眼泪的精神分析法有两个核心思想：压抑和回归。它们在专业人士和普通民众心中成了心理学的正统观点。第一种观点认为，眼泪是先前被压抑的情绪的溢出或释放。第二种观点认为，成年人的哭泣是对婴儿甚至胎儿时期的经历和情感的某种回归。1893年，约瑟夫·布鲁尔（Josef Breuer）和西格蒙德·弗洛伊德围绕"歇斯底里现象的心理机制"进行的"初步交流"，解释了创伤事件导致的受压抑的记忆如何在多年后引起歇斯底里症状。他们相信可以在催眠状态下进入这些创伤记忆，这些记忆是需要从心灵中清除的"异物"。弗洛伊德和布鲁尔报告称，一旦病人把记忆用语言表达出来，歇斯底里症状就会消失。眼泪在这个心理模型中以多种方式表现出来，既有

1　Lewis, *A Grief Observed*, p. 47.

2　Frank Furedi, *Therapy Culture: Cultivating Vulnerability in an Uncertain Age* (London: Routledge, 2003).

病态的，也有健康的。哭泣本身可能是一种歇斯底里的行为，它表明被压抑的创伤依然存在。另一方面，眼泪作为一种情感宣泄的渠道，它和其他对创伤事件自觉或不自觉的反应一样，能够发挥有益的作用。这里的情感被认为是一种需要从身体中排泄出去的精神液体；哭泣是实现该目标的办法之一。布鲁尔和弗洛伊德还给出了另一种权宜之策，即报复行为。于是，眼泪、语言和行为一起，成为情感的释放器、溢流渠和安全阀。[1]

在精神分析学家和其他心理学家看来，哭泣本质上是一种排泄方式。眼泪可以象征性地和其他体液联系在一起，比如血液和汗水，就像丘吉尔以首相身份在第一次演讲中所说的那样。[2] 颇有影响力的美国精神分析学家菲利斯·格林纳克在20世纪40年代发表的几篇文章中提出了一种观点，即哭泣应被理解为排尿的一种替代行为。这个观点有两层意思。第一，排尿和哭泣是可以相互替代的行为，它们都是释放紧张和情感的液压机制。第二，格林纳克发展出了一个更为复杂的理论，解释了女性对婴儿阴茎被压抑的嫉妒之心如何在多年以后引发哭泣，而这种哭泣是她们为了实现渴望已久的像男性那样排尿的一种象征性尝试。为了支持第一种观点——哭泣和排尿是焦虑情绪的发泄渠道——格林纳克使用了战时英国军营和撤离儿童中

1　Josef Breuer and Sigmund Freud, *Studies on Hysteria: The Standard Edition of the Complete Psychological Works of Sigmund Freud*, ii: *1893—1895*, trans. James Strachey and Anna Freud (London: The Hogarth Press and the Institute of Psycho-Analysis, 1955), pp. 3—11. 另见Thomas Dixon, "The Waterworks", Aeon Magazine, 22 Feb. 2013, ⟨http://aeon.co/magazine/psychology/thomas-dixon-tears⟩。

2　关于丘吉尔的眼泪，见第十六章。关于丘吉尔这篇著名的演讲以及眼泪和其他体液的联系，见Robert L. Sadoff, "On the Nature of Crying and Weeping", *Psychiatric Quarterly* 40(1966): 490—530 (p. 493)。

尿床比例增加的例子。[1] "大众观察"的一些记录也支持这种联系。据1940年的一位观察者描述，在一条最近有三幢房屋被炸毁的街上住着一位40岁左右的中产阶级妇女，每到夜幕降临时，她就越发紧张，她身体颤抖，不停地跑上楼如厕。最后，当空袭警报响起时，"她当场失禁，号啕大哭"。[2] 1950年，一名粗鲁的男性受访者在回复有关眼泪的"指令"时写道："我从来没有'在看电影时'哭过——我有时撒过尿。'太可耻了'——是的——因为我浪费了自己的钱。"[3]

我们也许可以称此为"眼泪失禁"理论，即流泪和流出其他体液是同一回事。精神分析学对如何健康地释放被压抑的情感兴趣盎然，但这也助长了一种观念，即在众目睽睽之下哭泣是有些出格和恶心的行为，这种观念本身就是一系列宗教、政治和社会态度的产物。当然，面对数以百万的电视观众哭泣更令人作呕。1955年，商业电视台在英国首次开播并开始与之前垄断媒体的英国广播公司竞争。从一开始，人们就担心广播公司会为了收视率而竞相播放最煽情的节目，这些节目通常模仿自美国。事实证明，这种担心不无道理。

即便在远早于奥拉普·温弗瑞（Oprah Winfrey）时代的20世纪50年代，美国文化就以极尽煽情著称，这也体现在它的电视节目中。据《每日镜报》报道，美国医生曾公开表示："哭泣对我们的心灵健康至关重要！他们说，我们男人应该每三周至少哭一次，如果我们

1　Phyllis Greenacre, "Urination and Weeping", *American Journal of Orthopsychiatry* 15 (1945): 81—8 (p. 81). 另见Phyllis Greenacre, "Pathological Weeping", *Psychoanalytic Quarterly* 16 (1945): 62—75。

2　Mass Observation, File Report 290, *Women in Wartime* (June 1940), accessed via Mass Observation Online.

3　Mass Observation, Directive Response, Aug. 1950, male participant in hisforties, index number 1120. 关于"大众观察"及其1950年"指令"的更多内容，见第十六章。

不锻炼自己的泪腺，它们就会受到损害！"[1] 1953年，伊芙·佩里克在《每日快报》介绍了当时美国最火爆的电视节目：一档名为《这就是你的生活》的新型"催泪片"。据佩里克介绍，这个节目的套路是主持人出其不意地将他的"受害者"——某位名人——带到演播室，这位名人的各路亲友、年迈的母亲或疏远的女儿出现在他的面前并回顾他的一生，结局便是"他哭了，她也哭了，我们也哭了，他们全都哭了，最后节目大获成功"。[2] 1955年起，英国广播公司引进并播出《这就是你的生活》。首集由美国版主持人拉尔夫·爱德华兹（Ralph Edwards）主持，他的"受害者"是爱尔兰主持人埃蒙·安德鲁斯（Eamonn Andrews），安德鲁斯后成为该节目的固定主持人，这为英国广播公司带来了极高的收视率。

在《这就是你的生活》第二季，安德鲁斯的一个受害者是布赖恩·海森牧师，后者对自己被骗进节目愤怒不已，他原以为自己是受邀发表一番旨在提高公众对癌症认识的电台谈话。海森发表了一封公开信，谴责英国广播公司的伎俩。后来，他在《重现》系列节目的末集获得了机会，得以表达他原本希望在电台谈话中传递的信息。他告诉埃蒙·安德鲁斯，人们需要认识到癌症无论如何都不会传染，通过医疗技术、人类的努力和对上帝的信仰，癌症是能够被治愈或控制的。海森最初的愤怒获得了媒体的称赞。一篇文章认为，他回击这个"糟糕"的节目是正确的，但同时也承认"许多突然发现自己面对过往的人都很喜欢这个节目，他们的眼泪往往出自真情"。[3]

---

1   "So Get Weeping, Dad!", *Daily Mirror*, 11 Aug. 1954, p. 2.
2   Eve Perrick, "TV Tears Wash Those Wisecracks Away", *Daily Express*, 26 Nov. 1953, p. 4.
3   *Southern Daily Echo*, 18 Jan. 1957. 另见 "The Reverend Brian Hession", The Big Red Book: Celebrating Television's This is your Life, ⟨http://www.bigredbook.info/brian_hession.html⟩。

1958年，当埃蒙·安德鲁斯将意外带给影星安娜·尼格尔（Anna Neagle）时，她滔滔不绝地流下了感伤的泪水。《安娜·尼格尔在数百万电视观众前落泪》成为《每日快报》的头条新闻。据报道，她哭泣的主要原因是一个电影片段，片段中是她的好友兼同事杰克·布坎南（Jack Buchanan）在他俩早期合演的一部影片中为她唱歌的情景。当尼格尔的丈夫、电影导演赫伯特·威尔科克斯（Herbert Wilcox）走进来时，她紧紧抓住他，抽泣着，然后痛苦地说起几个月前死于癌症的布坎南。尼格尔主演过很多影片，其中就包括1939年由赫伯特·威尔科克斯执导、旨在表现英雄护士出生入死的好莱坞电影《护士伊迪丝·卡维尔》。[1] 布鲁塞尔有一家以卡维尔命名的疗养院，在读到疗养院护士们发来的一封充满赞美之情的电报时，尼格尔再次流下了眼泪。即将被行刑队处决的伊迪丝·卡维尔面不改色，面对电视摄像机镜头的安娜·尼格尔泪眼婆娑。新闻报道倾向于同情尼格尔，但谴责节目不可饶恕地侵犯了她的私人情感。《每日快报》认为它是这部"由美国人发明的"节目中"最令人尴尬的"一集。《每日小品》对此表示赞同："若用哭泣和眼泪来衡量，这集堪为巅峰，但泪水让这位优秀和受人喜爱的女演员蒙羞。"《每日邮报》称其为"多愁善感的故事"。还有一位批评家谴责英国广播公司为打败商业电视台而不可原谅地播出这种充满震惊、尴尬和感伤的"每周偷窥秀"（weekly peepshow）。[2] 从他人的眼泪中窥伺对方的情感，这看起来不仅令人尴尬，而且多少有些猥琐。

1　Charles Drazin, *The Finest Years: British Cinema of the 1940s* (London: I. B. Tauris, 2007), p. 219. 关于卡维尔的事迹，见第十五章。

2　James Thomas, "The Cruel Keyhole", *Daily Express*, 19 Feb. 1958, p. 6.

第五部分　感　受

但安娜·尼格尔和她的丈夫为英国广播公司辩护,否认自己受到了节目的侵扰,并表示不介意她的悲伤被数百万电视观众围观。报道援引尼格尔的话称,她的反应乃是一种怀旧和感激的"真挚情感",她没有在意"有数百万人正在看我哭泣"。现在她开始思考这件事,但她并不担心:"我知道,公众不会因为真情实感而难堪,只有虚情假意才会让他们尴尬。"威尔科克斯也认为,这集节目只不过展现了一个"普通女人"的"普通情感"。[1] 除开观众,批评家们依旧不买账。威廉·康纳(William Connor)在《每日镜报》的《卡桑德拉》(Cassandra)专栏发起了一场抵制该节目的联合行动,他称节目"令人作呕","满是糖精",是一种"虚情假意、倒人胃口、令人厌烦的噱头"和"荒诞不经、哭哭啼啼的把戏"。[2] 在一篇题为"未流的眼泪"中,康纳对足球运动员丹尼·布兰奇弗劳尔(Danny Blanchflower)——他和C. S. 路易斯一样,都是土生土长的贝尔法斯特人——大加赞赏,因为他是第一位拒绝参加该节目的人。当布兰奇弗劳尔惊讶地发现自己上了埃蒙·安德鲁斯的当后,他从直播镜头和专程从世界各地赶来参加节目的亲友面前跑开了。他事后说,当时他认为这个节目是对隐私的侵犯。[3]

1960年,在一档名为《面对面》的访谈节目中,当节目主持人兼记者约翰·弗里曼(John Freeman)问同为主持人的吉尔伯特·哈丁(Gilbert Harding)是否曾经目睹他人离世时,哈丁的眼

1　Ibid. 另见 "Anna Neagle-Press Reactions", The Big Red Book: Celebrating Television's This is your Life, ⟨http://www.bigredbook.info/article3.05.html⟩。

2　"Unshed Tears", Daily Mirror, 8 Feb. 1961, p. 8.

3　"It's the Show that Balances on a Tightrope", The Big Red Book: Celebrating Television's This is your Life, ⟨http://www.bigredbook.info/article10.02.html⟩.

泪夺眶而出。[1] 弗里曼并不知道哈丁的母亲刚刚离世。这件事有时被视为第一次有人在电视镜头前哭泣。事实上，早在1957年安娜·尼格尔和吉尔伯特·哈丁在荧幕上落泪之前，《这就是你的生活》就已经因为参与者的婆娑泪眼而出名。[2] 广播公司和它们的观众都尝到了眼泪的滋味，尽管人们对早期煽情电视"真人秀"的实验褒贬不一，但泪水是无法抑制的。的确，一些批评家开始指责电视节目中的哭点不够多。1961年，《每日镜报》电视评论家希拉·邓肯（Sheila Duncan）对一部新的晚间连续剧《今夜回家》进行了评论，该文的标题是《哭泣可能会有所帮助》。该剧的第一集讲述了萨顿夫人的葬礼，萨顿的丈夫和孩子们紧抿上唇、忍住悲痛，这让邓肯觉得非常可笑，并使她想起了很久以前的电影风格。1961年，"连萨顿这样的中产阶级家庭也不禁泪流满面"，邓肯写道，她希望该片中的女儿"对琐碎的家务感到愤怒，或至少在她现代化的20世纪厨房里哭泣"。如果想要希拉·邓肯提起兴趣，萨顿一家应该"表现得更像现实中的人"。[3] 当然，观众对电视荧幕中的哭与不哭反应不一，体现了现实生活中人们对生死、失去和情感的不同态度。尤其对于和悲伤相关的情感及其表达这些基本问题，没有唯一的答案。什么是真情实感？

---

1 Clifford Davis, "Mr Harding is Near to Tears", *Daily Mirror*, 19 Sept. 1960, p. 18.

2 *Southern Daily Echo*, 18 Jan. 1957; "The Reverend Brian Hession", The Big Red Book: Celebrating Television's This is your Life, ⟨http://www.bigredbook.info/brian_hession.html⟩. On the mythology surrounding Harding's tears on *Face to Face*, see Moran, *Armchair Nation*, pp. 136—8.

3 Sheila Duncan, "Crying Might Help", *Daily Mirror*, 12 Sept. 1961, p. 16. 萨顿一家人的克制让希拉·邓肯想到了1950年的电影《寒夜青灯》（*Blue Lamp*）中的一个场景：一名警察的妻子听闻丈夫死讯后的第一反应是默默地将一些花插进花瓶里。1950年8月，"大众观察"调查观众是否在观影时哭泣，一些受访者提到了该片，认为它是一部特别感人的电影。见Sue Harper and Vincent Porter, "Moved to Tears: Weeping in the Cinema in Postwar Britain", *Screen* 37(1996): 152—73 (pp. 160—1)。

什么是虚情假意？什么是正常的行为？又有哪些是异常？什么可以被展示？又有哪些需要被隐藏？

　　社会调查家杰弗里·戈尔是努力将社会舆论从倾向否认悲伤转变为表达悲伤的关键人物。我们上一次见到他是在1915年，当他在寄宿学校吃早餐时，得知父亲随"卢西塔尼亚号"命丧大海，这让他流泪不止。[1] 1961年，杰弗里的弟弟彼得被诊断出肺癌。像往常一样，医生认为最好不要让病人知道自己命不久矣的事实。彼得去世后，沉默和否认仍在继续。他的妻子为了保护孩子，于是按照自己的想法，不让他们参加父亲的葬礼，而是带他们去野餐，她完全隐藏自己的情绪，仿佛什么事都没有发生一样。但是，丧亲之痛和野餐毕竟是两码事。杰弗里·戈尔再一次泣枕难眠、体重骤减，如果告诉别人他正在为去世的兄弟哀悼，他就会被投来"震惊而尴尬"的目光。彼得的遗孀伊丽莎白也觉得自己被人当作麻风病人一样对待。正是这段经历，促使戈尔对社会观念进行调查，并在1965年出版《当代英国的死亡、悲伤和悼念》。戈尔发现，当时英国大约半数的死亡发生在医院，尽管他的研究对象有超过70%的人名义上是基督徒，但经常去教堂的人不到20%。对来世的信仰参差不齐：四分之一的人不相信来世，四分之一的人对此有些犹疑，甚至在其余的人中，只有少数人信仰正统基督教教义。所有这些，使一个国家与有关悲伤和哀悼的古老传统渐行渐远，人们普遍否认死亡，并且接受了"向悲伤屈服"是"病态、不健康和意志消沉的行为"的观念。但对戈尔来说，真正的病态是拒绝在公共场合承认死亡或拒绝对死亡表达适当的情感。

1　见第十四章。

关于英国人对待悲伤的历史，戈尔的著作是一个重要的里程碑。他在1965年还不是多数派，但他借鉴人类学、社会学和精神分析学的观点，主张全盘反思与死亡相关的情感及其表达，标志着一种有影响力的新方法的诞生。[1] 1965年2月，《每日镜报》的知心大姐（agony aunt）萨拉·罗布森在回复一位年轻妻子的来信中提到了孩子和悲伤。这位妻子的丈夫病危，她想知道应该如何告诉4岁的女儿，婆婆说最好向她隐瞒，但妻子觉得"把她排除在我们的悲伤之外"似乎是错的。萨拉·罗布森的回复毫不含糊。出于所谓的善意而对孩子隐瞒事实是一个严重的错误：应该完整经历哀悼的过程，而不是试图走捷径。在幼儿阶段压抑孩子的悲伤，甚至骗他们父母"去了美国"，都可能导致内疚和被遗弃的感觉，使他们以后患上抑郁症。对于成年人来说，悲伤和沮丧也是必须面对和经历的。如果不这样做，就等于为今后身体和心理上的疾病埋下了种子。如果母亲信仰来世，建议她和孩子分享这些信仰。否则，她就只能说："爸爸去世了，我们再也见不到他了。对我们来说，这太可怕了，但我们只能接受这个事实。"罗布森最后建议，在悲伤来临的时候，既要允许小女孩"想哭就哭"，也应让她的母亲表达悲伤和失落，并通过谈论丈夫寻求宽慰。"英国人紧抿上唇的信念在战场上也许是可贵的，"萨拉·罗布森若有所思地说，"但对那些丧亲者而言是灾难性的。"[2]

---

1 Geoffrey Gorer, *Death, Grief, and Mourning in Contemporary Britain* (London: The Cresset Press, 1965); Jalland, *Death in War and Peace*, ch. 11, quotations at pp. 217, 218, 224.
2 Sara Robson, "Grief Has Real Meaning for a Child", *Daily Mirror*, 18 Feb. 1965, p. 15.

第十八章
加油吧，小伙子们！

　　1973年4月左右，英国的男子气概发生了变化。[1] 101年前，查尔斯·达尔文曾断言"英国人很少哭泣"。如今，在第二波女权主义、流行音乐、美国精神病学和英国小报的影响下，男性情感终于重回时尚。20世纪70年代的男人会因为各种各样的事情潸然泪下，不论是听琼·贝兹（Joan Baez）演唱《来这里》（*Kumbaya*），还是在马克·罗斯科的单色画前沉思，抑或是不小心用割草机杀死了一只刺猬。[2] 1979年，最后这件事发生在诗人菲利普·拉金（Philip

---

1　这句话借用了弗吉尼亚·伍尔夫（Virginia Woolf）的著名论断："1910年12月左右，人类的性格发生了变化。" Virginia Woolf, "Mr. Bennett and Mrs. Brown" (1924), in *The Virginia Woolf Reader*, ed. Mitchell A. Leaska (San Diego: Harcourt Brace Jovanovic, 1984), p. 194. 另见 Peter Stansky, *On or About December 1910: Early Bloomsbury and Its Intimate World* (Cambridge, Mass.: Harvard University Press, 1996), pp. 2—4, 243。

2　艺术家詹姆斯·埃尔金斯认为，1970年自杀的马克·罗斯科开始尝试描绘眼泪，这在现代画家中是独一无二的。在1957年的一次采访中，罗斯科评论说，那些在他的画作前哭泣的人，"和我在创作这些画时有着同样的宗教体验"。James Elkins, *Pictures and Tears: A History of People Who Have Cried in Front of Paintings* (New York: Routledge, 2001), pp. 12—13. 关于绘画和哭泣的更多讨论，见第六章。一个男人在听琼·贝兹演唱《来这里》时流泪的例子，见 Dalbir Bindra, "Weeping: A Problem of Many Facets", *Bulletin of the British Psychological Society* 25 (1972): 281—4 (p. 283)。

Larkin）的身上。刺猬之死让他悲伤落泪，并激发他创作悼诗《割草机》。按照拉金的标准，这是一首简单和伤感的诗，仿佛是感伤时代为死鸟和死狗悲伤恸哭的后现代回响。[1] 但相比民间音乐、抽象表现主义作品或发泄不满的后现代诗歌，迄今为止更受欢迎的男性情感载体是英式足球，尤其充满浪漫和激情的足总杯。按照从紧抿上唇时代流传下来的传统观点，眼泪是悲伤的标志，哭泣最好私下进行，哭哭啼啼是弱女子和浮夸的外国人的标志。1973年4月，一名硬朗的英国男儿在谢菲尔德足球场上喜极而泣，这是一个值得解释的事件，在这个男性哭泣史的转折点，它提供了一个发人深省的研究案例。

　　鲍勃·斯托克（Bob Stokoe）1930年出生于诺森伯兰，他是一名矿工的儿子，曾在1955年代表纽卡斯尔联队赢得足总杯冠军。1973年，他已成为教练。在执教查尔顿、卡莱尔和布莱克浦后，他回到英格兰东北部，成为纽卡斯尔队的宿敌——桑德兰队的主教练。1972年11月，斯托克入主洛加公园球场，当时球队正在乙级联赛的末尾挣扎。他的执教风格彰显了自己的个性：一种混合了老派的强硬、朴实的表达欲和强烈个人情感的风格。他的目标是激发球员的活力，笑称对手"没有腿就没法奔跑"。另一方面，他被形容为情绪化和敏感的人：他在乎自己的外表，像弗兰克·辛纳屈（Frank Sinatra）那样头顶软毡帽，喜欢在家里度过安静的夜晚，他无比爱护宠物，以至于在担任查尔顿竞技队教练时，他甚至因为爱狗离世而错过一场比赛。[2] 在被任命为桑德兰队主教练时，斯托克说他想让球员"在球场

1　James Booth, *Philip Larkin: Life, Art, and* Love (London: Bloomsbury, 2014), pp. 423—5. 关于18世纪的感伤主义美学，见第六至九章。
2　Lance Hardy, *Stokoe, Sunderland and '73: The Story of the Greatest FA Cup Final Shock of All Time* (London: Orion Books, 2009), pp. 13—22, 86—8.

内外都有更大的言论自由"。[1] 在那一届足总杯开赛之计,博彩公司为球队开出的爆冷赔率为250比1,但斯托克率领球队一路过关斩将,在半决赛中对阵英甲阿森纳队。1973年4月7日,这场比赛在谢菲尔德西斯堡的中立球场进行,吸引了55 000名观众到场观赛。桑德兰以2比1取胜,最终挺进温布利的决赛球场。在球迷心中,这是俱乐部历史上最激动人心的时刻之一。有人回忆说,当终场哨声响起时,一位老人"张开双臂搂住我,然后在我肩膀上失声痛哭",他说,"我们要去温布利了,伙计,我们要去温布利了!"[2] 桑德兰球迷一直等到"奇迹之人"——他们的"救世主"鲍勃·斯托克——回到球场接受他们的欢呼之后才愿离开。鲍勃回到绿茵场,对观众送上飞吻。他双手抹泪——借用几年前发表的一首诗中的句子——"他带着一位哭者和尊严,擦干了他的面庞"。[3]

在接下来的一个月,温布利球场继续见证了胜利和泪水。桑德兰再次爆冷,击败了由传奇人物唐·里维(Don Revie)率领的国际巨星云集的利兹联队。[4] 决赛前,斯托克继续为球员的情绪考虑。他告诉媒体,他会让队员保持轻松:"我不想让他们过早兴奋,以免士气

1   Geoffrey Whitten, "Revivalist Has More Than Blind Faith", *The Times*, 6 Apr. 1973, p. 13. 另见Hardy, *Stokoe, Sunderland and '73*, p. 98。

2   一位署名"Laeotaekhun"的球迷在桑德兰队留言板上的一个题为"你在比赛中经历的最强烈的情绪是什么?"的讨论帖上如此写道。见 "What's the Most Emotion You Felt at a Match?", 8 Aug. 2014, ⟨http://www.readytogo.net/smb⟩。

3   Les Murray, "An Absolutely Ordinary Rainbow", first published in his *The Weatherboard Cathedral*; Les Murray, *Collected Poems* (Melbourne: Black Inc, 2006), pp. 28—30. 关于希尔斯堡半决赛后球员、球迷和教练员的情绪反应, 见Hardy, *Stokoe, Sunderland and '73*, pp. 187—9; Desmond Hackett, "Sunderland Grab the Glory", *Daily Express*, 9 Apr. 1973, p. 23。

4   Gerald Sinstadt, "The Cup Final: Inspiration versus Hardened Skill", *The Times*, 4 May 1973, p. 12.

衰减。"[1] 与此同时, 职业足球运动员协会主席对桑德兰几名球员感染流感的事件发表了评论, 他怀疑这是在"令人激动的开球倒计时"期间出现的"神经紊乱症"。[2] 当斯托克穿着他那件鲜红色运动服率队出现在温布利球场时, 一旁是穿着更传统、看起来更加放松的唐·里维。当他们走出球员通道时, 成千上万的球迷发出了震耳欲聋的欢呼声、哨声和歌声, 随后他们齐唱国歌。这是一种类似宗教的狂热氛围, 结合了爱国主义和强烈的地方自豪感。全国有约 2 900 万人通过电视机观看了比赛。比赛开始后的半小时, 桑德兰球迷呼喊着他们的口号:"加油吧, 小伙子们!"("Ho'way the lads")——我现在明白了, 不要将这句话和宿敌纽卡斯尔队的颂歌《加油吧, 小伙子们》("Ha'way the lads")混淆——以及"你们永远不会独行"。两位教练冒雨坐在场边, 神情紧张。他们不像 21 世纪的教练那样注重自己的形象。斯托克在俱乐部运动服的外面套了一件雨衣, 头上戴着一顶软毡帽, 他和身旁的球员共用一条毯子, 把它盖在自己的膝盖上。里维则将一条蓝色的毛巾搭在自己的脑袋上。[3]

即使在桑德兰队的苏格兰前锋伊恩·波特菲尔德 (Ian Porterfield) 进球后, 斯托克依然镇定地咬着手指。英国独立电视台的评论员说道:"鲍勃·斯托克没有喜形于色, 他知道从现在起可能会失去更多。"斯托克后来也描述了那一刻:"我内心激动无比, 但我最不想做的就是释放那种感受。我想控制住它, 用它激励我的球员在剩下的比赛中继续加油。"[4] 比赛行将结束时, 桑德兰仍以 1 比 0

1 "Leeds Again Too Busy for Civic Reception at Home", *The Times*, 3 May 1973, p. 8.
2 Derek Dougan, "David and Goliath in Football Boots", *The Times*, 5 May 1973, p. 12.
3 *Sunderland vs Leeds Utd: 1973 FA Cup Final,* Ilc Media, 2004, DVD.
4 转引自 Hardy, *Stokoe, Sunderland and '73,* p. 266。

领先, 这时他们的主教练才开始激动起来, 不停地将膝盖上的毯子拿起又放下, 教练席上的"鲍勃·斯托克不知道如何克制自己"。当终场哨声响起时, 经典的一幕诞生了。斯托克冲过球场, 拥抱门将吉姆·蒙哥马利, 祝贺他做出了一记精彩的扑救。当斯托克和队员们庆祝胜利时, 解说员再次讲述起桑德兰队为人熟知的逆袭之路, 告诉观众这位"奇迹之人"如何率领一支在乙级联赛苦苦挣扎的球队获得这一荣耀的时刻——"鲍勃·斯托克笑着离开了, 但我相信他也哭了"。[1] 赛后, 伊恩·波特菲尔德在接受采访时被问及攻入制胜球后的感受。他回答道, 这是"我一生中第一次感受到情绪。我不是一个敏感的家伙。但你知道的, 我感觉自己热泪盈眶"。[2] 能在足总杯决赛打入制胜球的人屈指可数, 但有很多球员可能会像波特菲尔德一样称自己"不是一个敏感的家伙", 却因一场球赛使眼泪冲破了自己平时坚不可摧的防线。

　　自从保罗·加斯科因在1990年意大利世界杯半决赛上那次著名的洒泪之后, 运动员落泪的景象已是屡见不鲜。[3] 鲍勃·斯托克和伊恩·波特菲尔德在1973年桑德兰队充满浪漫地问鼎冠军后流下的眼泪, 标志着一个男性情感更加外露的时代的到来——这是最近一系列变化的开创性尝试。20世纪七八十年代, 男性体验自己的情感越来越受到鼓励, 斯托克的眼泪得到了大报和小报的赞赏。《泰晤士报》的一篇文章肯定了斯托克与球员建立的情感纽带, "在半决赛战胜阿

1　*Sunderland vs Leeds Utd*, DVD. The *Sunday Mirror* described Stokoe's "beaming, tearful face" at the end of the Wembley final; 转引自 Hardy, *Stokoe, Sunderland and '73*, p. 296。
2　*Sunderland vs Leeds Utd*, DVD; 亦转引自 Hardy, *Stokoe, Sunderland and '73*, pp. 264—5。
3　关于运动员哭泣的新近案例, 见第二十章。

森纳后，他擦去的眼泪真挚得令人喜爱"。[1] 斯托克曾被英国最受欢迎的知心大姐玛乔丽·普罗普斯奉为男性表达情感的典范。普罗普斯在专栏《亲爱的玛乔丽》中写道："我欣赏会哭的男人，他能毫无顾忌地任由眼泪流淌，将英国男性紧抿上唇的形象打得粉碎，而且不可否认的是，他仍然是一名男子汉。"足球运动员可以兴奋地"彼此亲吻和拥抱"，不用担心他们的男子气概受到质疑。所以当斯托克喜极而泣时，普罗普斯总结道："我和他一样流下了喜悦的泪水。"[2]

　　普罗普斯不仅支持男性的情感解放，也为女性争取社会自由和性自由摇旗呐喊。1973年5月，在为斯托克男子汉之泪撰写的颂词的同一页，普罗普斯还表达了对为性自由而战的澳大利亚女权主义者杰曼·格里尔（Germaine Greer）和推动议会通过《同工同酬法案》的工党议员芭芭拉·卡塞尔（Barbara Castle）的赞美。普罗普斯写道，杰曼·格里尔为女性所做的最大贡献是将她们的聪明才智变成"令人尊敬和性感的"东西。男人需要用眼泪来表达他们的情感，而不是把它藏在心底，这是20世纪七八十年代普罗普斯在回信中反复出现的主题。一位男性读者担心，除了哀伤的音乐、电影或小说，甚至"《这就是你的生活》中感伤的重逢"都可能让他泪流满面。玛乔丽安慰他："再坚强的男人也是会哭的。"[3]《每日镜报》当时的发行量超过400万。玛乔丽·普罗普斯尝试推广一种更为感性的男子

1　Gerald Sinstadt, "The Cup Final: Inspiration versus Hardened Skill", *The Times*, 4 May 1973, p. 12.《每日镜报》也用赞许的语气描述了斯托克在希尔斯堡与妻子拥抱时泪流满面的情景。斯托克出人意料地展现出动情的一面; Frank McGhee, "Messiah and Miracle", *Daily Mirror*, 9 Apr. 1973, pp. 30—1。

2　Marje Proops, "My Quality Street Gang", *Daily Mirror*, 1 May 1973, p. 17.

3　Marje Proops, "He's Ashamed of Weeping", *Daily Mirror*, 4 May 1978, p. 9.

气概和更为知性的女性气质的努力，受到了无数读者的关注。[1]

　　在男子气概和情感问题上，普罗普斯并非孤军奋战。20世纪70年代70年代后期，贝尔·穆尼（Bel Mooney）也在《每日镜报》开设女性版面，用它捍卫和鼓吹男子汉的眼泪。1979年4月，穆尼在一篇题为"坐下来哭"的专栏文章中写道，在电影《归来》中饰演一名瘫痪的越战老兵的美国演员乔恩·博伊特（Jon Voight）最近在奥斯卡颁奖典礼时落泪。博伊特并不是第一位在接受奥斯卡最佳男主角奖时流泪的人——第一个人是1970年奥斯卡颁奖典礼上的约翰·韦恩（John Wayne），吉恩·哈克曼（Gene Hackman）在第二年也泪洒颁奖典礼。这些男性都是开拓者。含泪发表获奖感言是在20年之后真正流行起来的。[2] 穆尼在1979年的那篇文章中写道，英国拳击手乔·巴格纳（Joe Bugner）在婚礼当天喜极而泣，"这太甜蜜了"。穆尼还补充道，她最近看到一位母亲训斥在学校足球比赛上哭鼻子的10岁儿子，并且用"大男孩不哭"来告诫他。穆尼被激怒了，她想吼回去，"他们会哭！"和普罗普斯一样，穆尼将男性的情感和女性的才智这两个话题联系起来："让男孩相信表达情感是错误的，就像告诉女孩受教育是浪费时间一样糟糕。"她希望其他男性名人能像博伊特和巴格纳一样，为公众树立榜样，为"男性的解放"

1　1970年至1979年间，《每日镜报》的发行量从470万份下降到了380万份; Matthias M. Matthijs, *Ideas and Economic Crises in Britain from Attlee to Blair, 1945—2005* (Abingdon: Routledge, 2011), p. 120。

2　丽贝卡·罗尔夫（Rebecca Rolfe）对奥斯卡奖得主的行为的研究表明，从1993年左右开始，在发表获奖感言时流泪的情况明显增加，汤姆·汉克斯（Tom Hanks）和史蒂文·斯皮尔伯格（Steven Spielberg）都曾落泪（后者是迄今唯一一个因激动而哽咽或哭泣的奥斯卡最佳导演奖得主）。20世纪90年代以前，男性在领奖时比女性更容易流泪，但1997年海伦·亨特在领奖时流泪，开始了未来15年来只有三位最佳女主角奖得主不哭的历史。见Rebecca Rolfe, "How They Behaved", Thank the Academy, 2013, ⟨http://www.rebeccarolfe.com/projects/thanktheacademy⟩。

而战。[1]

　　普罗普斯和穆尼就像波特菲尔德和斯托克、博伊特和巴格纳一样，都是一种新型男子气概的先驱，但这种男子气概在某些地方非常不受欢迎。就在玛乔丽·普罗普斯在建议专栏中赞美那些热泪盈眶的男人时，她的同事弗兰克·泰勒（Frank Taylor）在《每日镜报》体育版上表达了截然不同的观点。1973年5月，就在桑德兰队在温布利球场取胜10天以后，泰勒在题为"所有的男子汉去哪儿了？"的文章中，将10英镑奖金颁给了获得本周最佳信件奖的肯特郡格雷夫森德的麦克唐纳夫人，因为后者哀叹"坚强、强壮和男子汉式的足球运动员"已不复存在。如今的运动员，麦克唐纳夫人写道，除了在面对任意球时养成了"用手护住自己"的新习惯，似乎还会经常"相互亲吻和哭泣"。就连大个子杰克·查尔顿（Jack Charlton）在为利兹联队踢最后一场球时也流下了眼泪："一个心绪难平的时刻？是的。但有必要这样吗？"[2] 麦克唐纳夫人还可以将杰克的兄弟博比加到她的名单上。1968年曼联队捧得欧洲杯时，博比·查尔顿（Bobby Charlton）泪洒绿茵场。1973年4月，也就是鲍勃·斯托克泪洒希尔斯堡10天后，博比在新闻发布会上宣布退役，他的教练马特·巴斯比（Matt Busby）爵士不禁潸然泪下。[3] 三年后，纽卡斯尔前锋马尔科姆·麦克唐纳（Malcolm Macdonald）因为球队在联赛杯决赛上输给曼城而哭泣。一位来自格兰瑟姆的读者利姆用和麦克唐纳夫人相似的口吻写道："至少可以说，

1　Bel Mooney, "Sit Right Down and CRY", *Daily Mirror*, 19 Apr. 1979, p. 9.

2　"Where Have All the He-Men Gone?", *Daily Mirror*, 17 May 1973, p. 9.

3　Frank Taylor, "Room at the Top", *Daily Mirror*, 17 Apr. 1973, p. 30.

这很可悲。"[1]

对一些人来说, 足球运动员和其他男性这种好哭的新倾向, 并非值得称赞的情感外露的体现, 而是软弱、女子气、不正常或同性恋的标志。1967 年以前, 男性之间的性行为仍然是一种刑事犯罪, 不满21 岁者的异性性行为也是犯罪。异性和同性性行为的法定年龄在2001 年才首次实现一致。1972 年 7 月, 首届英国同性恋大游行在伦敦举行。在那个年代, 同性恋没有获得任何形式的广泛接受。[2] 1971年, 玛乔丽·普罗普斯收到了一位年轻妻子的来信, 这位妻子的丈夫在他们第一次吵架后哭了, 这不禁让她担心:"你认为这表明他很娘吗?"普罗普斯让她的读者放心:"强壮的男人也会流泪", 也许是在看电影时, 也许是在几杯啤酒下肚后变得"多愁善感"时, 男儿有泪不轻弹的迷思应该归咎于"那些愚蠢的母亲, 因为她们教育自己的男孩哭泣是缺少男子气概的表现"。[3] 几年后, 就有这样一位愚蠢的母亲写信给"亲爱的玛乔丽", 描述了她那 10 岁"好哭的儿子", 以及她和丈夫如何尝试用拳击游戏和谆谆教诲让他变坚强起来:"我们一遍又一遍地告诉他, 只有娘娘腔才哭。"玛乔丽当然不以为然。她认为, 没有必要告诉一个男孩只有娘娘腔才会哭。"到底什么是娘娘腔?"她问道,"我想你的意思是指软弱的男人或同性恋。"普罗普斯很快驳斥了这种想法, 并称男同性恋必须有非常坚硬的外壳, 才能在"这个充

1　该信发表在《每日镜报》体育版上, *Daily Mirror*, 4 Mar. 1976, p. 27. 同年晚些时候, 萨里郡一位叫赫斯本德的夫人写信给《泰晤士报》, 谈论了美国政治家和电视节目并发问:"男子汉不哭的传统到底发生了什么?"见 *The Times*, 13 Nov. 1976, p. 13. 杰弗里·伯纳德 (Jeffrey Bernard) 在其专栏《杯赛狂热》(*Cup Fever*) 中不仅抱怨了现代足球运动员软弱和娇宠的个性, 还提到了球员们情绪化的眼泪。见 *Spectator*, 7 May 1976, p. 14, The Spectator Archive, ⟨http://archive.spectator.co.uk⟩。

2　Matt Cook et al., *A Gay History of Britain: Love and Sex Between Men Since the Middle Ages* (Oxford: Greenwood World Publishing, 2007), chs 5 and 6.

3　Marje Proops, "The Night He Cried", *Daily Mirror*, 19 Dec. 1971, p. 13.

满偏见的世界"生存。她严厉告诉这位女士, 应该给予她"胆小和非常敏感"的儿子更多支持。[1] 这种更易流泪的新型男子气概的支持者知道他们的批评者在想些什么。演员奥利弗·里德(Oliver Reed)和爱德华·伍德沃德(Edward Woodward)在一篇采访文章中表示, 通过哭泣表达情感的男人拥有更成功的婚姻。里德说:"所有坚强的男人在一生中都会有流泪的时候。这并不意味着他们精神错乱(raving fruits)。男人应当有哭泣的能力, 否则他的男子气概就会受到质疑。"[2]

这种情感外露的新型男子气概以哭泣的运动员和电影明星为代表, 它不仅被报纸专栏女作家所倡导, 还得到了英国流行音乐和美国精神病学的进一步支持。流行文化使"男孩不哭"这句话从公认的常识变成了人尽皆知的讽刺语。1975年, "10cc乐队"的歌曲《我没有恋爱》中有一段反复吟咏的女声:"大男孩不哭。"四年后, "治疗乐队"(The Cure)发布的第二支单曲名为《男孩不哭》。这首歌在1986年重新发行, 那时的"治疗乐队"和它著名的哥特潮人主唱罗伯特·史密斯(Robert Smith)的名气更是有增无减。[3] 这首歌讲述了心碎的失恋者试图压抑自己的情绪却失败的故事:"我试着报以微笑, 隐藏眼里的泪。"[4] "男孩不哭"的观念如今成了流行音乐辛辣尖刻的戏仿对象。

20世纪80年代, 当我还是南伦敦的一名青春期少年时, 我也跟

---

1 Marje Proops, "Anguish Over their Cry-Baby Son", *Daily Mirror*, 13 July 1978, p. 9.

2 Ronald Bedford, "Go On and Cry, You Big He-Men", *Daily Mirror*, 11 July 1974, p. 5.

3 Stan Hawkins, *The British Pop Dandy: Masculinity, Popular Music and Culture* (Farnham: Ashgate, 2009), pp. 81—4.

4 The Cure, "Boys Don't Cry", written by Robert Smith, Laurence Tolhurst, and Michel Dempsey (Fiction Records, 1979).

着吟唱这些歌曲, 用一种新的、男子汉的方式感受自己的情绪。我最喜欢的乐队之一是"恐惧之泪"(Tears for Fears)。我还记得自己在汉默史密斯购物中心的"我们的价格"("Our Price")唱片店购买他们《大椅子之歌》专辑(1985年)时的兴奋之情。这张专辑包含歌曲《我相信》,开头的歌词是:

> 我相信,当伤痛过去
> 我们会变得坚强。是的,我们会变得坚强。
> 我相信,如果我在写这些话时泪如雨下,
> 这荒谬吗? 或者这是真实的我吗?
> 我相信,如果你知道这些眼泪为何而流,
> 它们就会像雨滴一样倾泻而下。

结尾的歌词是:

> 我相信,不,我不相信每当你听到新生命的一声啼哭,
> 你看不到生命的诞生。

同专辑的另一首歌是这样开头的:"喊吧! 喊吧! 把一切宣泄出来,这些都是我不想要的东西。"[1]我当时无法准确描述我对这些歌词的理解——现在也做不到——但它们是情感教育的一部分, 与当时的心理学理论一致。通过这种教育, 好哭的习性逐渐从英国社会情感外

---

[1] Tears for Fears, "I Believe", written by Roland Orzabal, "Shout", written by Roland Orzabal and Ian Stanley, *Songs from the Big Chair* (Phonogram/Mercury, 1985).

露的一群人转移到了情感较少外露的另一群人中。

乐队的名字"恐惧之泪"取自美国精神病学家阿瑟·雅诺夫1980年的一本书《痛苦的囚徒》,它概括了雅诺夫的中心思想,即受到压抑或"封锁"的恐惧和焦虑情绪可以通过流泪释放。[1]雅诺夫关于通过眼泪释放被压抑的情感的理论与许多心理学和精神分析学的情感理论有共通之处,它可以追溯到西格蒙德·弗洛伊德和约瑟夫·布鲁尔最早的论著。[2]雅诺夫的原创贡献在于开创了一种治疗模式,鼓励患者回归婴儿时期,释放原始的尖叫和眼泪,发泄后来因为社会化和成年后的压抑而被封锁的全部情感。[3]"恐惧之泪"并不是唯一受到雅诺夫思想启发的流行乐队。同一时期,格拉斯哥另类摇滚乐队给自己起名"原始尖叫"(Primal Scream)。但雅诺夫最著名的病人是前披头士乐队成员约翰·列侬。1970年,他和妻子小野洋子在加利福尼亚接受了为期数月的雅诺夫疗法实验,使原始哭泣的疗效引起了英国民众的注意。20世纪60年代,约翰·列侬对披头士年轻女歌迷们歇斯底里的尖叫和号哭习以为常。的确,流行音乐会和大型体育赛事已经承担了许多以前由露天宗教复兴派集会或公开处决所行使的公共情感功能。穿着白色法衣、热泪盈眶的布道者,被身穿运动服、眼泪汪汪的教练员或身穿蓝色牛仔裤旋转的吉他手所取代。但与一些美国歌手不同的是,披头士成员在演唱时很少

1　Arthur Janov, *Prisoners of Pain: Unlocking the Power of the Mind to End Suffering* (New York: Anchor Press, 1980).

2　见第十七章。

3　Ad Vingerhoets, *Why Only Humans Weep: Unravelling the Mysteries of Tears* (Oxford: Oxford University Press, 2013), pp. 220—1. 本·芬尼(Ben C. Finney)描述了一种类似的哭泣疗法: Ben C. Finney, "Say It Again: An Active Therapy Technique", *Psychotherapy: Theory, Research and Practice* 9 (1972): 157—65.

流泪。[1] 1970年4月乐队解散后,列侬在他的私人治疗中发现了自己好哭的一面。总之原始疗法很有价值,列侬说,因为它"让我们持续感受到情感,而这些情感通常会让你哭泣。仅此而已。因为在以前,我从不去感受事物,就是这么回事。我以前压抑情感,而当情感发泄出来时,你就哭了"。他谴责从12岁左右开始就让男孩饮泣吞声的普遍做法:"你知道,'做个男人',那是什么鬼玩意?男人会受伤的!"[2]

阿瑟·雅诺夫是英国记者为了给新型男子气概寻找依据而引用的几位美国精神病学家之一。伊沃·戴维斯(Ivor Davies)在《每日快报》的《这就是美国》专栏中报道了他在1970年参加雅诺夫"原始研究所"举办的另类圣诞派对的经历。在派对上,成年人扮演孩子,从圣诞老人那里收到他们童年时没能获得礼物,然后"在地毯上打滚哭泣"。[3] "英国人太压抑了。"雅诺夫后来在接受英国媒体采访时说道。他把这种紧抿上唇的心态描述为"如果你试图与生活中的问题妥协,那就是一场彻头彻尾的灾难"。他还补充道,英国"毫无疑问是发达国家中精神病学最落后的"。[4] 引用奥利·弗里德(Oliver

---

1　1969年,唐·肖特(Don Short)如此讥讽美国流行歌手薇姬·卡尔在表演时哭泣:"为数百万人哭泣。"见*Daily Mirror*, 8 Feb. 1969, p. 9。20世纪50年代美国最好哭的演员是约翰尼·雷(Johnnie Ray)。1976年雷在英国演出时,杰弗里·万塞尔(Geoffrey Wansell)在《泰晤士报》对其进行了评论:"昨晚,一场扭曲时间的战争打响了,第一位用眼泪浸润青少年观众梦想的歌手在18年后回到了伦敦。"在万塞尔看来,这场活动并不成功,就像"看蜡像"一样,雷和他的观众都没有落泪。"Johnnie Ray: The London Palladium", *The Times*, 3 Aug. 1976, p. 7.

2　Jann S. Wenner, *Lennon Remembers* (London: Verso Books, 2000), pp. 1—14; John Wyse Jackson, *We All Want to Change the World: The Life of John Lennon* (London: Haus Publishing Limited, 2005), p. 132. 1982年发表的一项针对70名英国男性和70名英国女性的心理学研究发现,男性回忆起他们哭泣的行为平均在11岁左右开始减少;对于女性来说,16岁以后哭泣开始减少: D. G. Williams, "Weeping by Adults: Personality Correlates and Sex Differences", *Journal of Psychology* 110 (1982): 217—26。

3　Ivor Davies, "When Adults Cry on Santa's Knee", *Daily Express*, 21 Dec. 1970, p. 2.

4　Ross Benson, "If You Want to Grow Up, Be a Cry Baby", *Daily Express*, 3 May 1978, p. 11.

Reed）观点的那篇关于哭泣和男子气概的文章，是以另一位美国精神病学家杰克·巴尔斯维克（Jack Balswick）博士的研究为基础的，后者与他人合作发表了一篇题为"沉默的男性：美国社会的悲剧"的论文。[1] 后来，来自明尼苏达的美国精神病学家威廉·弗雷（William Frey）博士发表了自己的新研究《紧抿上唇会损害你的健康》。该文吸收了弗雷关于眼泪的化学成分及其在消除压力化学物质方面的作用的观点，将鼓励男性通过流泪释放情感的建议与更大的"变化中的性关系模式"联系起来。[2] 弗雷的方法为已经占据主导地位的眼泪失禁理论提供了一个生化学版本。在接下来的几十年里，他的研究得到了英国媒体的更多报道。甚至从20世纪50年代起，英国人就向美国学习眼泪的文化和心理学生成机制。[3] 美国精神病学家已经取代了19世纪经常引用的法国医生，成为鼓吹眼泪有益健康的人最常引用的权威学者。[4] 这是威廉·弗雷为自己打造的角色。30多年来，他一直小心劝导冷漠的英国人与自己的情感建立更加紧密的联系，他还在2011年参演了由喜剧演员乔·布兰德制作的一部关于眼泪的电视纪录片。[5]

　　1973年4月，鲍勃·斯托克在希尔斯堡流下的眼泪仍然是一个谜：既然哭泣通常被认为是在表达悲伤，那么为什么他积极、快乐的

1　Jack O. Balswick and Charles W. Peek, "The Inexpressive Male: A Tragedy of American Society", *Family Co-Ordinator* 20 (1971): 363—8.

2　Veronica Papworth, "Stiff Upper Lips Can Harm your Health", *Sunday Express*, 3 Feb. 1980, p. 19.

3　见第十七章。

4　关于法国医生，见 Thomas Dixon, "Never Repress your Tears", *Wellcome History* (Spring 2012): 9—10 以及本书第九章。关于美国电影和电视节目对英国文化的影响，见第十七章。

5　"For Crying Out Loud", What Larks Productions for BBC Four, first broadcast 14 Feb. 2011, ⟨http://www.bbc.co.uk/programmes/b00ymhqz⟩.

情绪也会导致哭泣？诚然，快乐和悲伤都能使人落泪，这并不是什么新鲜事。中世纪的神秘主义者在经历狂喜和悔恨时会流泪，听循道宗牧师讲道的男男女女会因为哀叹罪行和心感神赐而潸然泪下。[1] 在20世纪，快乐和悲伤的结局都是催泪片的有效工具，这也不是什么新鲜事。但事实证明，在战后的几十年里，它是精神分析学家和心理学家特别感兴趣的谜题。从根本上看，有两种理论可以解释喜悦之泪：它要么本质上是悲伤的眼泪，要么就是从某种紧张情绪中解脱出来的眼泪。1956年，美国学者桑德尔·费尔德曼（Sandor Feldman）在论文《为幸福的结局哭泣》中对前一种理论进行了经典的阐释。费尔德曼说，与表象相反，并没有喜极而泣这回事。那些为皆大欢喜的电影结局、为自己生命中自豪或快乐的时刻而哭泣的人——比如当孩子出生时，与离家或身处险境的亲人团聚时，或者当赢得一场足球赛时——可能会认为自己流下的是喜悦的泪水。[2] 事实上，这些都只是负面情绪延迟或替代释放的情况。也许眼泪表达的是对转瞬即逝的悲伤，一种意识到这种快乐不能持久的反应。简言之，从此刻开始，一切开始走下坡路。眼泪还可以被解释为对一种在快乐结局到来之前被压抑的恐惧和悲伤的延迟表达。对取胜的男女运动员而言，费尔德曼的理论可以引申为，胜利时刻的眼泪表达的是对为了获得胜利而付出的牺牲和忍受的艰辛的悲伤之情。[3] 在20世纪70年代提出的另一种理论认为，所有的哭泣都是一种解脱——甚至像一篇论文作者所说的那样，它是一种"快乐的"表达，标志着一个人从兴奋和

1　见第一和五章。

2　关于催人泪下皆大欢喜的电影结局，见第十六章。

3　Sandor S. Feldman, "Crying at the Happy Ending", *Journal of the American Psychoanalytic Association* (1956): 477—85 (p. 479)；另见 Vingerhoets, *Why Only Humans Weep*, pp. 87—8。

痛苦过渡到身心恢复的状态。[1]

　　哪一种说法可以解释1973年4月鲍勃·斯托克的喜极而泣？斯托克回忆半决赛战胜阿森纳后桑德兰球迷对他的热烈反应："人们——那些成年人——流着眼泪向我鞠躬，仿佛我是他们崇拜的某种神灵一样。就在那时，我听到成千上万的人向我呼喊'弥赛亚'。"我们知道，眼泪顺着斯托克的脸颊滚落。"我走出球场，"他说，"我感觉自己沉浸在极乐之中无法自拔。"这里的意象与雅诺夫的解除封锁理论产生了共鸣。桑德兰球迷的反应最终打破了斯托克自婴儿时期就建立在内心的对原始情感的封锁吗？另一方面，斯托克在半决赛胜利后接受采访时发表的评论与费尔德曼的理论是一致的，即表面上的喜悦之泪实际上是悲伤的。斯托克谈到在希尔斯堡球场面对球迷的那一刻时说道："我有点想功成身退，因为没有什么比得上我在那一刻体验的情感。"[2]难道是因为暗自担心这无与伦比的时刻稍纵即逝，所以他才哭泣吗？斯托克在决赛前接受《广播时报》的采访时坦率地谈到了其他消极的情绪。"这实在让人难过，"他反思道，"我知道我是一个不称职的丈夫和父亲。我尽己所能供养我的家人，但我知道我离他们很远。我无能为力。足球是我生活的全部。我们住过12座不同的房子，我的女儿上过5所不同的学校。"[3]也许在希尔斯堡的胜利让他想起了自己和家庭付出的代价，才是他表现出备受钦佩的男子汉情感的真正原因。

　　情感体制（emotional regimes）——体验和解释情感的规则

1　Jay S. Efran and Timothy J. Spangler, "Why Grown-Ups Cry", *Motivation and Emotion* 3 (1979): 63—72.

2　Frank McGhee, "Messiah and Miracle", *Daily Mirror*, 9 April 1973, p. 30.

3　转引自Hardy, *Stokoe, Sunderland and '73*, p. 226。

与价值——只会缓慢、逐渐和部分地发生改变。即使祖父母和父母试图纠正自己成长过程中的错误，他们还是会将自己儿时就扎根于心的对待情感及其表达方式的态度传递给下一代。没有哪种文化存在单一的情感体制，或对情感持有统一的态度。20世纪70年代对男性眼泪的新观点是，他们应当获得理解而不是嘲笑，应受到同情而不是惩罚，应得到爱和支持而不是羞辱和拳击课。[1] 1980年，维罗妮卡·帕普沃思（Veronica Papworth）告诉她在《星期日快报》上的读者，紧抿上唇会损害他们的健康。1983年，玛乔丽·普罗普斯在《每日镜报》上称，"紧抿上唇的英国人在几十年前就过时了"，"流出咸咸的眼泪是一种无害的释放"，它比压抑情感这种有害的行为要好得多。[2]一位教育心理学家担忧，由于使用过时的教材，英国的男孩仍在接受压抑情感的教育。《每日快报》的一篇社论对此做出回应："足球运动员们会亲吻和拥抱，难道不是在为英国年轻人树立心理上的好榜样吗？乐观点，教授，不是每个人都会把课本当回事的。"[3]然而事实上，情感体制的这一变化才刚刚开始，许多男人因为固守旧的情感体制而落伍，其中就包括斯托克的桑德兰队的一名球星。

在备战与阿森纳队的半决赛时，性格冷漠的桑德兰队中后卫戴夫·沃森（Dave Watson）感受到使命的召唤并决心保持头脑冷静。他在后来的一次采访中说，"鲁德亚德·吉卜林：胜利和灾难：你应当一视同仁；我坚信这一点，我一直在努力做到这一点。虽然有时很困

---

1 Judith Kay Nelson, *Seeing Through Tears: Crying and Attachment* (New York: Routledge, 2005), pp. 47—8.

2 Veronica Papworth, "Stiff Upper Lips Can Harm your Health", *Sunday Express*, 3 Feb. 1980, p. 19; Marje Proops, "A Tough Guy's Crying Shame", *Daily Mirror*, 6 Dec. 1983, p. 9.

3 "If You Have Tears to Shed", *Daily Express*, 14 July 1980, p. 8.

难，但它帮助我在比赛中保持冷静"——这正是《如果——》这首诗所表达的紧抿上唇的哲学。沃森的妻子总会在重大赛事前确保丈夫处在正确的心态："她会做一些例行检查，确保我在比赛前头脑清醒，为了激怒我，她甚至会扇我的耳光。她在杯赛前也这么做了，这对我帮助很大。"考虑到沃森更喜欢克制愤怒而不是发泄情绪，他不喜欢庆祝重要进球也就不足为奇了。他说："奔跑40码去为队友庆贺，我从没做过这样的事。我总觉得这是浪费时间，我真的这么认为。我通常想回到我在球场上的位置。我从来都不是那种喜欢亲亲抱抱的人。"回到自己在球场的位置，而不是亲吻和拥抱——恐怕再也找不到如此尽职尽责、恭敬有礼的男性形象了——一个紧抿上唇的男人时刻专注于自己的事情而不是沉浸在自己的情感之中。这正是20世纪六七十年代的流行文化所反对的。沃森为他的克己尽职付出了心理上的代价。在希尔斯堡击败阿森纳之后，沃森没有和队友以及斯托克一起在球场上接受观众的欢呼，而是像往常一样径直跑进球员通道。"我独自一人在更衣室待了至少五分钟，"沃森回忆道，"这很奇怪，我没有让自己去享受那场比赛和那场胜利，没有让自己去享受那个情绪和瞬间。"他"独自一人"坐在浴池里，心想："男孩们都去哪了？"他们正在球场上拥抱和哭泣。最后他们拿着香槟走进更衣室，"我才意识到自己错过了什么"。他错过了20世纪70年代新男性的诞生。"我离开球场太快了，我现在很后悔，"沃森说道，"事实上，从那以后，我为此后悔至今。"[1]

---

1 Hardy, *Stokoe, Sunderland, and '73,* pp. 175—6, 185, 187—8.

第五部分 感 受

第十九章
撒切尔的眼泪

维多利亚时代和爱德华时代反对给予女性选举权的人认为，女性过于情绪化，以至于无法在政治领域坚持自己的立场。[1] 在1928年《国民参政法》通过51年后，英国首次选择了一位女首相。如果有人担心玛格丽特·撒切尔太过女性化、飘忽不定或心肠软弱而无法胜任这份工作，他们很快就认识到自己错了。在11年半的时间里，撒切尔坚定奉行自己选定的路线，包括在福克兰群岛向阿根廷开战，在国内打击工会、爱尔兰民族主义者和好吃懒做的穷人，像男人一样不择手段地统治自己的政党和国家。讽刺木偶剧《木偶屋》(*Spitting Image*) 将撒切尔描绘成一个对权力疯狂的男人，她穿西装打领带，抽着丘吉尔式的雪茄，生吃牛排，恐吓她软弱的内阁同事并在男厕所里站在他们身旁小便。在其中一部短剧中，扮演迈克尔·赫塞尔廷 (Michael Heseltine) 的木偶坦言："当她站在我身边时，我哪也

1　见第五章。

去不了。"[1] 这种醒目和极端的男子气概，使工党后排议员利奥·阿布斯（Leo Abse）在他非凡的弗洛伊德式心理传记中将撒切尔描述为"阳具女人"（phallic woman）。[2] 这种针对性别倒置的指责一直持续到了今天。2014年，希拉里·曼特尔（Hilary Mantel）出版短篇小说《刺杀玛格丽特·撒切尔》，讲述者将撒切尔描绘为冷酷无情的吸血鬼，"靠威士忌的气味和猎物血液中的铁质过活"。"我认为她不会流一滴眼泪，"讲述者说道，"不论是面对在公交站淋雨的母亲，还是面对在海上被大火吞噬的水手。"在曼特尔的故事中，首相正在接受眼睛手术："难道是因为她不会哭吗？"在一次采访中，希拉里·曼特尔说撒切尔体现了反女权主义者的观念，即女性"必须通过模仿男性才能取得成功"。"她生来就不是女人。她是一个心理上的异装癖者。"[3]

诚然，在20世纪80年代，玛格丽特·撒切尔的形象——总司令、矿工的灾难、恐怖分子的宿敌——越来越具有男子气概。但是撒切尔不哭并非事实。在撒切尔的执政生涯中，她的公众形象融合了情感外露的传统女性特征，以及男性所谓的领导力和攻击性。这位保守党领袖和她的助手展示给公众的形象是一位女性而非女权主义者：她是孝顺的女儿、持家的主妇和宠溺的母亲。[4] 在所有这些角色

1　Mark Brown, "Spitting Image Exhibition Allows Margaret Thatcher Centre Stage Again", The Guardian Online, 25 Feb. 2014, ⟨http://www.theguardian.com⟩.

2　Leo Abse, *Margaret, Daughter of Beatrice: A Politician's Psycho-Biography of Margaret Thatcher* (London: Jonathan Cape, 1989), e.g. pp. 61, 250.

3　Hilary Mantel, "The Assassination of Margaret Thatcher: August 6th 1983", and author interview with Damian Barr, *The Guardian*, Review Section, 20 Sept. 2014, pp. 2—5; also available at The Guardian Online, 19 Sept. 2014, ⟨http://www.theguardian.com⟩.

4　Wendy Webster, *Not a Man to Match Her: The Marketing of a Prime Minister* (London: The Women's Press, 1990), pp. 78—87; Margaret Scammell, "The Phenomenon of Political Marketing: The Thatcher Contribution", *Contemporary British History* 8 (1994): 23—43.

中，表达恰当的情感至关重要。自1975年当选首相以来，撒切尔夫人将个性和情感在政治中的地位提升到了一个新的高度。1982年马岛战争[1]结束后，撒切尔夫人成为首位登上潮流女性杂志《女人专属》（*Woman's Own*）封面的首相。其中的一段采访询问了撒切尔夫人在最近战争期间的感受。记者注意到，"在我们交谈的很长一段时间里，她的眼睛是湿润的"。[2] 在1984年矿工罢工期间，撒切尔夫人是第一个出现在电视访谈节目中的在任首相，在独立电视台的《阿斯普与宾客》（*Aspel and Company*）节目中，她和歌手巴里·曼尼洛（Barry Manilow）坐在一起，谈论自己的爱好、家庭和情感。[3]第二年，她在英国独立电视台一档名为《女人面对面》（*Woman to Woman*）的节目中接受米里亚姆·斯托帕德（Miriam Stoppard）博士的采访，成为首位在电视上哭泣的首相，或许也是首位在电视上流泪的英国政治家。[4] 撒切尔夫人对传统女性角色的演绎是通过哭泣这一女性的天赋实现的。但我们将要看到，眼泪没能总是成功帮她塑造一个更为温和的公众形象，或赢得一个更加有利的媒体。

1　即1982年英国和阿根廷的"马尔维纳斯群岛战争"，亦称"福兰克群岛战争"。——译者注

2　Webster, *Not a Man to Match Her*, p. 85; Douglas Keay interview with Margaret Thatcher, "Whatever I Go Through Now, Can't Be as Terrible", *Woman's Own*, 28 Aug. 1982, Margaret Thatcher Foundation, ⟨http://www.margaretthatcher. org/document/123130⟩.

3　Webster, *Not a Man to Match Her*, p. 85; "Interview for London Weekend Television (LWT) Aspel and Company", Broadcast 21 Aug. 1984, Margaret Thatcher Foundation, ⟨http://www.margaretthatcher.org/document/105507⟩.

4　保守党的哈罗德·麦克米伦可能是个例外，他在1957年至1963年间担任首相。在两次电视采访中，他被描述为说话声"充满情感"，"眼角有泪"，并且有些戏剧性地"强忍泪水"。1985年撒切尔在采访时流泪是第一个有明确记录的哭泣案例。麦克米伦在谈到电视这种新媒体时表示，那些在家看电视的人"不会受到大型政治集会所能激起的任何情绪的影响"。Martin Francis, "Tears, Tantrums, and Bared Teeth: The Emotional Economy of Three Conservative Prime Ministers, 1951–1963", *Journal of British Studies* 41 (2002): 354—87 (pp. 367, 379); John Turner, *Macmillan* (London: Longman, 1994), p. 173; Mike Featherstone, *Undoing Culture: Globalization, Postmodernism, and Identity* (London: Sage, 1995), p. 106.

撒切尔夫人当政改变了政治气候，从此之后，眼泪越来越多地出现在政治场合。即便如此，大西洋两岸的政客们——从1972年的美国总统参选人埃德·马斯基（Ed Muskie）到2012年的伦敦市长竞争者肯·利文斯通（Ken Livingstone）——都明白哭泣是一种冒险的政治策略。马斯基为遭受媒体攻击的妻子辩护时在公开场合流下了愤怒的眼泪。他是在一场暴风雪中发表户外讲话的，事后他颇有诗意地宣称，媒体在他脸颊上看到的是融化的雪花而非眼泪。马斯基争取民主党提名的竞选活动严重受挫。[1] 2012年，利文斯通在观看自己的竞选视频时呜咽擦泪。视频中的伦敦民众讲述了自己的困境，敦请利文斯通为他们的利益着想并击败来自保守党的现任伦敦市长鲍里斯·约翰逊。在第四频道的新闻节目中，政治分析家彼得·凯尔纳（Peter Kellner）指出，选民对看上去真诚而非虚假的眼泪印象深刻，但真诚是不够的，选民还喜欢体现人性而非软弱的眼泪。[2] 利文斯通的眼泪和早年马斯基的眼泪一样，看上去不受控制、没有尊严、软弱无力。对利文斯通来说，眼泪来得也不是时候，因为几天后，挪威大屠杀凶手、极右翼人士安德斯·布雷维克（Anders Breivik）似乎也有类似表现——他在法庭上看到自己制作的宣传片时流下了眼泪。[3]

尽管存在这些危险，但近年来政客们倾向于认为，电视上精心设计的哭泣形象所带来的潜在好处超过了潜在的风险。2010年大选

1　关于埃德·马斯基和政客眼泪的性别属性，见Stephanie A. Shields, *Speaking from the Heart: Gender and the Social Meaning of Emotion* (Cambridge: Cambridge University Press, 2002), pp.161—5。

2　"The Crying Game: When Politicians Get Teary", Channel 4 News, 12 Apr. 2012, ⟨http://www.channel4.com/news⟩.

3　"Anders Behring Breivik Weeps in Oslo Court", BBC News, 16 Apr. 2012, ⟨http://www.bbc.co.uk/news/world-europe-17727993⟩.

前夕, 两党领袖都借助眼泪来处理他们截然不同的形象问题。人们认为现任工党首相戈登·布朗的智力令人赞叹, 但心理上阴郁偏执。当他在镜头前谈到他的女宝宝珍妮弗时, 他泪流满面, 因为2002年珍妮弗在早产出生10天后就夭折了。[1] 在选举前的两次电视采访中, 大卫·卡梅伦在谈到自己6岁的儿子伊万时泣不成声。伊万在一年前去世, 自出生起就饱受脑瘫和癫痫的折磨。[2] 卡梅伦的形象问题与布朗几乎完全相反。选民们担心的不是卡梅伦有阴郁或执拗的个性, 而是他根本没有个性。一项民意调查发现, 56%的选民认为卡梅伦是一个"狡猾的推销员", 他有在电视公司担任公关经理的职业背景。[3] 在镜头前哭泣可能本身就是一种有效的公关行为, 它可以塑造一个截然不同、看起来更加真实或真诚的媒介形象, 并以此挑战一个过于迷恋媒体的政客的媒介形象。2010年晚些时候, 时任英国首相和联合政府领导人的卡梅伦被拍到在访问儿子母校时流下了眼泪。[4] 2014年, 卡梅伦在2015年大选前的最后一次党务会议演讲中, 把儿子患病和离世与保守党对国民医疗服务的态度联系起来, 再一次让他和妻

1 "Gordon Brown Weeps Recalling Daughter's Death", *Sunday Telegraph*, 7 Feb. 2010, 〈http://www.telegraph.co.uk/news/politics/gordon-brown/7179967/Gordon-Brown-weeps-recalling-daughters-death.html〉; Simon Walter, "Gordon Brown Weeps on TV as he Talks about Death of Jennifer", *Mail on Sunday*, 7 Feb. 2010, 〈http://www.dailymail.co.uk/news/article-1249089〉.

2 Tim Shipman, "Another Day, Another Emotional Party Leader: After Gordon Brown's Tears, David Cameron Breaks Down on TV", *Daily Mail*, 16 Feb. 2010, 〈http://www.dailymail.co.uk/news/article-1251069〉. Toby Young, "David Cameron: Talked from the Heart about Ivan in Tonight's ITV interview", Telegraph Blog, 12 Apr. 2010, 〈http://blogs.telegraph.co.uk/news/tobyyoung/100034036/david-cameron-itv-interview〉.

3 Fraser Nelson, "Cameron Steps Up his Game", Spectator Coffeehouse Blog, 14 Feb. 2010, 〈http://blogs.spectator.co.uk/coffeehouse/2010/02/cameron-steps-up-his-game〉.

4 "Prime Minister David Cameron's Tears for Late Son Ivanon Emotional Visit to Former School", *Daily Record*, 19 Nov. 2010, 〈http://www.dailyrecord.co.uk/news/uk-world-news/prime-minister-david-camerons-tears-1076220〉.

子莎拉曼红了眼眶。[1] 卡梅伦的团队显然认为，如此表达情感有助于赢得选票。曾经纯粹的私人情感，如今在数百万观众和选民面前被展示。

评论家们对如今哭哭啼啼的政客不以为然，他们经常提起过去的领导人似乎有泪不轻弹，尤其是温斯顿·丘吉尔和玛格丽特·撒切尔。2011 年，克里斯蒂娜·欧东内（Cristina Odone）在其《每日电讯报》的博客中将副首相尼克·克莱格晚上听音乐时呜咽擦泪——他最近在接受采访时承认了这一点——与理想中"丘吉尔式的""拿着白兰地酒瓶而不是手帕"率军作战的"不屈政治家"进行了对比。事实上，正如我们所看到的，丘吉尔本人显然没有通过任何要求他禁用手帕、不准流泪的领导力测试。[2] 欧东内补充道："我认为，撒切尔夫人只有在离开唐宁街 11 年后，才流下了眼泪。"[3] 事实上，撒切尔在担任首相期间不仅多次在众目睽睽下哭泣，而且在采访中也谈到了自己的眼泪。尽管政治新闻记者安迪·麦克史密斯在《独立报》上承认撒切尔曾两次在公众面前洒泪，但在政客承认自己私下流泪的问题上，他提出了和欧东内类似的观点。"曾经有一段时间，"麦克史密斯写道，"如果哪位政客承认哭泣，他的职业生涯就会完蛋。玛

1　Ben Wright, "Cameron Frames Election Choice With Tax Cuts Pledge", BBC News, 1 Oct. 2014, 〈http://www.bbc.co.uk/news/uk-politics-29448836〉.

2　关于丘吉尔的眼泪，见第十六章。

3　Cristina Odone, "A Blubbing Politician? It's Enough to Make You Weep", Telegraph Blog, 7 Apr. 2011, 〈http://blogs.telegraph.co.uk/news/cristinaodone/100082936/a-blubbing-politician-nick-clegg〉. 克莱格在接受《新政治家》杂志记者杰迈玛·卡恩的采访时说，"我不是一个出气包"，"我当然有情感"，并且透露他喜欢晚上在家读小说，"总是在听音乐时流泪"。New Statesman, 7 Apr. 2011, 〈http://www.newstatesman.com/uk-politics/2011/04/clegg-interview-coalition-life〉. 1990 年，玛格丽特·撒切尔辞职后的第二天，《太阳报》在头版错误地暗示，她在那天流泪是担任首相以来的第一次："Mrs. T-ears", The Sun, 23 Nov. 1990, p. 1.

格丽特·撒切尔绝不会拿她'铁娘子'的声誉去冒险承认自己的软弱。"[1]但事实上,撒切尔不止一次这样承认,包括她在1978年接受杂志采访时,那是她成为首相的前一年。

我们现在可以将托尼·布莱尔看作21世纪政治文化中早已司空见惯的新煽情风格的始作俑者。然而,情感政治真正的先驱是20年前的玛格丽特·撒切尔。布莱尔通过他丰富的表情和颤抖的声音,而不是泪腺来表达自己的情感。玛格丽特·撒切尔15年的保守党领袖生涯从始至终都沉浸在眼泪之中。但与之前的领导人相比,撒切尔在情感上还算克制。按照20世纪战后年代的标准,她的哭泣不过是一场小型的公共洪水(minor public deluge)。它还在两个关键方面与早期的眼泪政治有所不同。正如我们看到的,从奥利弗·克伦威尔到温斯顿·丘吉尔,中间历经查尔斯·詹姆斯·福克斯、埃德蒙·伯克、大卫·劳合·乔治,更不用说一些君主,他们无不在履行自己的公共角色时流泪哭泣。自撒切尔时代发生的变化在于人们接受了这样一种观点:是否为私人原因而流泪,是判断一个人能否胜任公职的因素。[2]第二个主要变化是电视作为一种媒介的兴起。通过它,政客煽情的眼泪能够以彩色和特写的形式呈现在数以百万的选民家的客厅里。撒切尔夫人是第一位认识到电视的情感技术潜力的英国首相。

1975年2月11日,撒切尔被选为保守党领袖并接受了英国广播公司记者迈克尔·科克雷尔的专访。后者回忆道,撒切尔那天看上去

---

1 Andy McSmith, "It's my Party and I'll Cry if I Want to", *The Independent*, 23 Nov. 2011, ⟨http://www.independent.co.uk/news/uk/politics/its-my-party-and-ill-cry-if-i-want-to-6266291.html⟩.

2 马丁·弗朗西斯提出了一种政治史的研究方法,即认识到"政治世界是私人情感领域的一部分,它们并不是彼此分离的";Francis, "Tears, Tantrums, and Bared Teeth", p. 387.

很女性、很柔弱。"当我想起我的前任，爱德华·希斯、亚历克·道格拉斯-霍姆、哈罗德·麦克米伦、安东尼·伊登，当然还有伟大的温斯顿，"这位保守党的新领袖感慨道，"这就像一场梦。难道你不这样认为吗？"[1]这是她作为党首第一次面对镜头接受采访。她承认："当他们告诉我胜利的消息时，我差点哭了出来。"在一个重要的瞬间，或许是无意识的政治算计之后，撒切尔补充道："我的确哭了。"据科克雷尔回忆，当她说这些话时，"她咬着嘴唇，眼里闪烁着泪光——她看起来一点也不像铁娘子"。[2]科克雷尔并不是那时唯一一个被撒切尔初任党魁时柔弱的女性气质所震撼和感动的男性。杰弗里·豪后来在撒切尔下台中发挥了作用，他回忆起撒切尔夫人首次面对保守党普通国会议员委员会（1922 Committee of Conservative MPs）时的情景："面对高高在上的 6 位下议院元老（knights of the shires），那一瞬间她看起来非常美丽——也非常柔弱。这是一个令人感动的、近乎封建时代的场面。我的眼泪流了下来。"[3]

撒切尔最引人注目的几次落泪都用在专门针对女性的采访中。1978 年，《妇女世界》杂志对这位被称为"铁娘子"的女人的采访被媒体广泛报道。这次采访涉及了一系列被认为与女性相关的问题，包括爱情、婚姻和育儿。撒切尔称自己在感情方面是一个"浪漫主义者"，她相信真爱和两个人的白头偕老。她对女性就业表达了审慎的支持，前提是不以牺牲家庭生活为代价。就像当代的比顿夫人，撒切

1　弗朗西斯在 "Tears, Tantrums, and Bared Teeth" 一文中分析了撒切尔的几位前任党首的情绪和眼泪。

2　Michael Cockerell, "How to Be a Tory Leader", *Daily Telegraph*, 1 Dec. 2005, ⟨http://www.telegraph.co.uk/culture/3648425/How-to-be-a-Tory-leader.html⟩.

3　Geoffrey Howe, *Conflict of Loyalty* (London: Macmillan, 1994), p. 94. 关于1975年撒切尔竞选时让男性落泪的其他案例，见Patrick Cosgrave, *Margaret Thatcher: Prime Minister* (London: Arrow, 1979), p. 13。

尔宣称："任何懂得如何治家的女性，更容易懂得如何治国。"撒切尔夫人在谈到自己的工作压力时说道："有时我晚上回到家，所有事情压在我身上，我会独自流泪。我是个非常情绪化的人。我从没见过哪个人在面对痛苦的事情时会无动于衷，我也不例外。"尼克·克莱格在30多年后接受采访时说的话和撒切尔的这段评论如出一辙。[1]

《每日快报》围绕撒切尔在接受《妇女世界》采访时称自己"是个非常情绪化的人"的部分大做文章，它刊登了一篇题为"为什么麦琪让我哭"的文章，带着一丝玩世不恭的态度开门见山地宣称，"铁娘子的内心是软弱的"。《快报》还征求了其他女政治家的意见，但刊登的几乎全是工党女性的批评言论。[2] 国际发展部部长朱迪斯·哈特（Judith Hart）说，当她沮丧时，她可能更易怒，会通过工作或听广播转移自己的情绪，但绝不会流泪。来自伍尔弗汉普顿东北部的工党议员内勒·肖特（Renée Short）称自己非常震惊："天哪，对于一个想当首相的人来说，这是一个多么大胆的坦白。我无法想象一个首相在遇到问题时会哭鼻子。我自己不会哭。当事情压得我喘不过气来的时候，我会带着我的两条贵宾犬出门散步，转移自己的注意力。眼泪无济于事，它们没法完成工作。"最后，内政部副部长雪莉·萨默斯基尔（Shirley Summerskill）医生也表示："当遇到烦心事时，我喜欢听音乐。撒切尔夫人应该把注意力转移到其他事情上。我现在是以医生的身份说话！"[3] 萨默斯基尔医生的医学建议倾向于分散注意

1　John Ezard, "Mrs Thatcher's Emotional Side", *The Guardian*, 21 Sept. 1978, p. 2.

2　关于20世纪五六十年代工党在争取女性选民方面遇到的问题，见Amy Black and Stephen Brooke, "The Labour Party, Women, and the Problem of Gender, 1951—1966", *Journal of British Studies* 36 (1997): 419—52。

3　Michael Evans, "Why I Cry by Maggie", *Daily Express*, 21 Sept. 1978, p. 7.

力，否认而非表达情感。正如我们所看到的，这与哭泣有益身心健康的最新科学指南并不一致。

20世纪80年代，玛格丽特·撒切尔在公开场合流泪是她政治和个人价值观的缩影。报纸新闻记录了撒切尔在1982年10月亲眼看见柏林墙和1986年访问耶路撒冷亚德瓦谢姆大屠杀博物馆时的眼泪。撒切尔的顾问查尔斯·鲍威尔（Charles Powerll）回忆称，1988年撒切尔在格但斯克的一座教堂里听到波兰团结工会之歌时潸然泪下。[1] 柏林墙、博物馆和歌曲都是因意识形态导致的人类苦难的象征，撒切尔从小就和父亲一起与这种意识形态做斗争。1982年发生的两件事——1月她的儿子马克在参加撒哈拉沙漠汽车拉力赛时短暂失踪，以及4至6月间爆发的马岛战争——使这一年成为撒切尔担任首相期间哭得最多的一年。在这两起事件中，撒切尔都流下了母性的泪水。儿子失踪期间，撒切尔在一次公务活动中泪崩。一份小报称这绝不仅仅是流泪："她歇斯底里地抽泣"，眼泪"顺着脸颊滑落到蓝色的西装上"。"这位被誉为铁娘子的首相，已经变成了一位绝望焦虑的母亲。"[2] 撒切尔在和儿子团聚几个月后，她的母性情感延伸到那些冒着生命危险在南大西洋执行军事任务的年轻英国士兵身上。私底下，她好几次因为担忧和怜惜这些士兵——撒切尔将他们视若己出——而流泪。据保守党议员吉利安·谢波德说，有一次撒切尔

1　Patricia Clough, "Thatcher Moved to Tears by the Berlin Wall", *The Times*, 30 Oct. 1982, p. 1; Ian Black, "Holocaust Images Move Thatcher to Tears", *The Guardian*, 26 May 1986, p. 1; Charles Powell, interviewed for the PBS Documentary *Commanding Heights: The Battle for the World Economy*, Episode 2: "The Agony of Reform" (dir. William Cran, Heights Productions Inc., 2002).

2　"Fears Grow for Mark", *Daily Express*, 14 Jan. 1982, p. 1. 另见 Penny Chorlton, "Thatcher Weeps for her Missing Son", *The Guardian*, 14 Jan. 1982, 〈http://www.theguardian.com/theguardian/1982/jan/14/fromthearchive〉.

不停地哭了40分钟。大概在同一时间，一名小报记者拍到了一张撒切尔夫人泪流满面的照片，但未将其公开。[1] 撒切尔在当年晚些时候接受了《女人专属》的采访，她在谈到隐藏自己的情绪时不禁潸然泪下。当被问及福克兰群岛的事件是否曾让她动容时，她回答道，"噢，是的，你会情不自禁。眼泪就是流了出来。但你会让自己很快振作起来。"[2] 第二年，当撒切尔在向在福岛阵亡的士兵致敬以及当英国夺回福岛时，她流泪的样子被拍了下来。[3]

"撒切尔妈妈"（Mama Thatcher）的哭泣——她很自豪曾在意大利被人如此称呼——与威廉·弗雷博士提出的关于眼泪的新生化理论是一致的。[4] 在1985年出版的《哭泣：眼泪的奥秘》一书中，弗雷将哭泣描述为一种将压力荷尔蒙排出体外的排泄过程。该研究还指出，女性流泪的频率和持续时间比男性更高和更久，并推测这是因女性催乳素水平较高所致，而催乳素是一种刺激乳房组织发育和乳汁分泌的激素。[5] 眼泪是母性的。作为教育大臣，撒切尔取消了向学

1　Dominic Lawson, "Believe it or Not, Thatcher Was a Woman Who Cared", *The Independent*, 8 Apr. 2013, ⟨http://www.independent.co.uk/voices/comment/dominic-lawson-believe-it-or-not-thatcher-was-a-woman-who-cared-8564896. html⟩. 另见 John Campbell, *Margaret Thatcher*, ii: *The Iron Lady* (London: Vintage, 2008), pp. 140, 150—1; Jonathan Aitken, *Margaret Thatcher: Power and Personality* (London: Bloomsbury, 2013), p. 361。
2　Douglas Keay interview with Margaret Thatcher, "Whatever I Go Through Now, Can't Be as Terrible", *Woman's Own*, 28 Aug. 1982, Margaret Thatcher Foundation, ⟨http://www.margaretthatcher.org/document/123130⟩.
3　John Ezard, "Thatcher Honours Falklands War Dead", *The Guardian*, 11 Jan. 1983, p. 1; Webster, *Not a Man to Match Her*, pp. 84—5.
4　关于弗雷和其他美国精神病学家在20世纪70年代英国媒体讨论哭泣益处的过程中所扮演的角色，见第十八章。撒切尔1984年在芬奇利和1985年接受米里亚姆·斯托帕德的电视采访时都提起自己在意大利被称为"撒切尔妈妈"；"Silver Anniversary for 'Mama Thatcher'", Margaret Thatcher Foundation, 28 January 1984, ⟨http://www.margaretthatcher.org/document/105607⟩。
5　William H. Frey II, with Muriel Langseth, *Crying: The Mystery of Tears* (Minneapolis: Winston Press, 1985), pp. 48—52.

校提供免费牛奶的政策，因此她收获了"牛奶掠夺者"的绰号，这使她的形象一点也不像母亲。也许眼泪有助于塑造一个更有母爱的形象。1985年11月，在英国独立电视台的《女人面对面》节目中，健康和生育专家米里亚姆·斯托帕德博士采访了撒切尔夫人。撒切尔的女性身份使话题再一次进入了情感和家庭等女性领域，她谈到自己不仅是父亲的女儿和像母亲一样的家庭主妇，还是一位经历过"生育奇迹"的女性。[1]

　　斯托帕德对撒切尔的专访由约克电视台制作，预告片称这是有史以来首相面对采访"最坦率、最真诚、最有人情味和最轻松的回答之一"。[2]在演播室，撒切尔谈到了1982年儿子失踪时自己作为母亲所经历的悲伤以及她对永远失去儿子的恐惧。她将这种感受与在福岛战争中牺牲的军人的母亲们的感受进行了比较："我很幸运，但她们并非如此。"首相还总结了她对性别差异的认识。虽然她自己的职业生涯证明女性在公共生活中能够取得无限的成就，但她坚持认为男女之间存在着"根本的差异"，这既是"生理上的差异"，也是"情感上的差异"。撒切尔对这种情感差异给出了两种解释。第一，女人在成为母亲后，"身体、心理和情感会发生巨大变化"。威廉·弗雷博士肯定会赞同这一观点。第二，撒切尔谈到了这样一个事实：女性作为家庭主妇被要求应对困境，在遭遇困难和危机时将家庭团结在一起，照顾孩子，为他们擦干眼泪。那么根据这种分析，作为一个情感丰富

1　Peter Jones (dir.), "Woman to Woman", Yorkshire Television, broadcast on ITV, 19 Nov. 1985, Margaret Thatcher Foundation, 〈http://www.margaretthatcher. org/document/105830〉; "Miriam Stoppard Talks to Margaret Thatcher", BFI Archive Collection, London, Reference number 326007, 〈http://collections-search.bfi.org.uk/web〉.

2　"Tears and Resolution in Candid Thatcher Interview", *The Times*, 19 Nov. 1985, p. 2.

的母亲和坚忍的家庭主妇，女人对世界的体验和男人完全不同，后者能够体验的情感范围更加有限。

米里亚姆·斯托帕德特别想问撒切尔有关她母亲比阿特丽斯·罗伯茨（Beatrice Roberts）的事情。撒切尔描绘了这样一幅画面：当格兰瑟姆市议员兼市政官阿尔弗雷德·罗伯茨（Alfred Roberts）和他聪明伶俐的小女儿进行激烈政治争论的时候，顺从沉默的家庭主妇正在一边打扫屋子一边准备饭菜。事实上，在回答有关母亲的问题时，撒切尔给出了最情真意切的回答，在谈到自己父亲时，她很明显流下了眼泪。在我的印象中，不曾有英国政客在电视上哭泣，现在看到这个采访也会感到非同寻常。撒切尔讲述了她身为市议员的父亲在格兰瑟姆被工党对手赶下台那天的故事。有人会觉得她不止一次讲过这个故事。"这真是一场悲剧。"她动情地说。但米里亚姆·斯托帕德打断了撒切尔并再次问起她的母亲。首相没有被转移话题，她调整了自己的回答，继续讲述那天的故事："我记得当父亲落选市议员后，他慷慨激昂地发表了最后一次演讲。"接着，撒切尔模仿父亲的样子，重述了他的演讲词："为了荣誉，我穿上这件罩袍；为了荣誉，我将它脱下！""他就是那么想的。"女儿解释道。这时她感动得哭了出来，泪水在眼眶里打转，嘴唇颤抖着，然后露出勇敢和孩子般的笑容。如今的采访者肯定会停下来，以便镜头拉近，然后问道："首相，为什么这段往事让你如此动容？当时你为父亲落泪了吗？你觉得这段往事为什么会让你潸然泪下？这会让你预见自己在政治上不可避免的失败吗？"但在1985年，哭哭啼啼的首相是人们不愿看到的，这种煽情的采访风格还没有流行起来。干练的米里亚姆·斯托帕德有些尴尬，她接着就罗伯茨一家的循道宗信仰和社会责任观提出了一系列事前准备好的问题, 她的受访者用一块手帕慢慢擦去双眼流下的眼泪, 然后继续回答问题。

作为女儿, 撒切尔夫人为父亲的落选而哭泣, 这与20世纪70、80年代的一种主要心理治疗理论相吻合。"依恋理论"(attachment theory)由英国精神病学家约翰·鲍尔比(John Bowlby)提出, 它是传统弗洛伊德精神分析学的一个分支, 强调母婴纽带是儿童情感发育的关键。该理论充满了反女权主义的可能, 它谴责冷漠和迟钝的母亲给后代带去了不安全感。尽管利奥·阿布斯的撒切尔心理传记更多地基于弗洛伊德而非鲍尔比, 但它为这样一种观点打下了基础: 撒切尔和母亲的纽带不够牢固, 母女纽带的缺乏正是撒切尔主义诸多弊端的肇因。童年时期缺少母亲养育的撒切尔, 不会也不可能"养育"这个国家。[1] 20世纪70年代, 在"依恋理论"的影响下, 标准的育儿建议逐渐发生变化, 人们开始鼓励母亲抱起和安慰啼哭的婴儿。以前人们相信, 对哭闹的孩子给予回应会让他们变得更加善于摆布和欲求不满。以依恋为中心的新方法推翻了这一认识, 它告诉父母, 从小哭声受到重视的孩子最终会比那些被忽视的孩子哭得少。缺少父母陪伴的婴儿长大后会缺少安全感和自信心。根据依恋理论, 哭泣始终是一种人际行为, 它是在向缺位的照料者呼唤关爱, 在这些照料者中, 缺位的母亲首当其冲。[2] 也许支持依恋理论的学者会说, 玛格丽特表面上为父亲的落选而哭泣, 她真正痛苦的是不曾拥有一个关爱她的母亲。撒切尔记得小时候在格兰瑟姆电影院观看芭芭拉·斯

1　Abse, *Margaret, Daughter of Beatrice*.
2　Judith Kay Nelson, *Seeing Through Tears: Crying and Attachment* (New York: Routledge, 2005), especially pp. 47—8.

　　　　　　　　　　　　　第五部分　感　受

坦威克主演的电影《史黛拉恨史》(*Stella Dallas*)时哭得泪流满面。该片讲述了一位母亲为了让女儿出人头地和摆脱卑微出身而牺牲母女情的故事。[1]

媒体对首相在米里亚姆·斯托帕德的采访中展示的眼泪的反应几乎全是负面的。尼古拉斯·莎士比亚在《泰晤士报》的电视评论中写道:"一块手帕不知从哪里冒出来,擦干了哭红的双眼,你还没来得及说'洋葱',我们就已经滔滔不绝地谈起了宗教。"他觉得整场采访"荒唐频出",嘲笑撒切尔用"一个人"(one)而不是"我"(I)来表达自己的王者之情,为她"发自内心但不幸被操纵的哽咽声"感到遗憾。[2]精神病学家安东尼·克莱尔(Anthony Clare)在《倾听者》中对这场采访进行了剖析,他怀疑铁娘子的"小泪滴"的真实性和自发性,因为一般来说电视采访的"自发性和英国皇家阅兵仪式无异"。事实上,撒切尔在这场采访中的眼泪,为说明鉴别真情实感和虚情假意的难度,提供了一个有趣的例证。就像南希·班克斯–史密斯(Nancy Banks-Smith)在《卫报》所言,撒切尔很可能是真心敬重白手起家、自学成才的父亲,而且他的人生经历确实打动了她。"另一方面,"对于后来的眼泪,班克斯–史密斯正确地指出,"她把那个动情的时刻带到了自己身上。"她是在蓄意表现出真情实感。[3]对于撒切尔的表现,不管最公正的解释是什么,哭泣的受访者在1985年少之又少可以用一个事实来证明:克莱尔和莎士比亚在寻找比较点时不约而同地想到了25年前,也就是1960年吉尔伯特·哈丁在接受《面对

1　见第十六章。

2　Nicholas Shakespeare, "Television: Unity in Diversity", *The Times*, 20 Nov. 1985, p. 10.

3　关于情感的真实性,见第二十章和结论。

面》采访时流下的眼泪。[1]

讽刺杂志《侦探》（*Private Eye*）在两篇文章中对斯托帕德的采访表达了赞赏。一篇题为"麦琪在电视上哭得吓人"的小报文章在开篇写道："昨晚，数百万观众倒吸了一口气，因为他们在电视上看到撒切尔夫人谈到早年在格兰瑟姆的生活时想方设法地挤出眼泪。"文章接着写道，首相"拼命从手提包里拿出一个小洋葱"。《亲爱的比尔》专栏文章据称是由德尼·撒切尔写给一位老朋友的一系列滑稽信件组成。这一期的专栏文章将撒切尔在斯托帕德专访中流下的眼泪描述为由盛世广告公司设计，用来宣传他妻子"温柔至极"的最新伎俩。撒切尔被描绘为"声音温柔的照料者，与用手指掐住金诺克喉咙的格兰瑟姆·莫勒截然不同"。信中暗示，这么做是为了提振她不断下滑的民调支持率。[2] 如果这是他们的意图，短期看它并未奏效。但18个月后的1987年6月，保守党在撒切尔的领导下获得了42%的选票，轻松赢得第三次大选的胜利，而尼尔·金诺克（Neil Kinnock）领导的工党的得票率为31%。[3]

在1987年新当选的工党政治家中有英国最早的三位黑人议员：伯尼·格兰特（Bernie Grant）、黛安·阿伯特（Diane Abbot）和保罗·博滕（Paul Boateng）。大选几个月后，博滕成为人类情感

1　关于早期电视荧幕上的眼泪，包括哈丁的哭泣，见第十七章。

2　"Dear Bill" and "Maggie in TV Tears Shocker", *Private Eye*, No. 625, 29 Nov. 1985, pp. 17, 18. 另见 Benny Green, "Television: Hanky-Panky", *Punch*, 27 Nov. 1985, p. 86。

3　"1983—1987 Polls", UK Polling Report, 〈http://ukpollingreport.co.uk/voting-intention-1983-1987〉; "General Election Results 11 June 1987", Guides to Parliament (Factsheets), 〈http://www.parliament.uk/about/how/guides/factsheets/members-elections/m11〉.

系列节目《眼泪、笑声、恐惧和愤怒》的一名撰稿人。[1] 该节目由电影制片人莎莉·波特（Sally Potter）制作，1987年9月和10月在第四频道播出，它向观众传递了马乔里·普鲁普斯等人在小报上鼓吹了十几年的观点：表达自己的情绪是自然和健康的，流泪也不例外。一篇影评称赞了波特对20世纪40年代电影片段的精妙借用，以及她为阐释"哭泣的非英国性"而进行的采访。尽管如此，该影评还是抱怨道："最无聊的地方在于，这个系列节目不过是鼓动盎格鲁-撒克逊男人发泄情感的伟大运动（当然也得到了《女人时间》节目组的帮助）的一部分。"[2] 在波特使用的电影中，有两部曾被1950年"大众观察"的受访者选为最让他们泪目的影片，它们分别是《短暂邂逅》和《偷自行车的人》。波特的意图体现在她向资深电影导演迈克尔·鲍威尔（Michael Powerll）的提问中："既不会笑，又不会哭，是否在本质上与压抑的人和结构（structures）有关联？"鲍威尔在停顿了很长时间后，简单地回答"是的"，接着又是一阵停顿，然后抱歉地问道："还有其他要问的吗？"

在关于眼泪的节目中，波特的受访者几乎都来自传统上被认为比盎格鲁-撒克逊男性精神更软弱，因而更好哭的群体：儿童、妇女和非欧洲人。这是受压抑者的回归。深层的论点是，流泪是一种"自然的"行为，对哭泣的限制在非西方的文化中较少，英国人现在应该以此为榜样，摆脱目前阻碍他们自然表达情感的文化束缚。拉比诺

1　Sally Potter (dir.), "Tears", Channel 4, broadcast 19 Sept. 1987. 四集节目由萨拉·拉德克利夫于1986年为Working Title Productions制作，并于1987年9月和10月每周在第四频道播出，第一集讲的是"眼泪"; BFI Archive Collection, London, Reference numbers 299385-299388, 〈http://collections-search.bfi.org.uk/web〉。
2　John Dugdale, "Guidelines", *The Listener*, 17 Sept. 1987, p. 29.

维奇博士（Rabinowicz）说，来自东方的犹太人有一种"东方人的心态"，鼓励人们倾诉而不是压抑自己的情感——因此眼泪为人类心灵中的"毒流提供了一种释放的渠道"。在拉比诺维奇看来，《圣经》也支持眼泪是一种"自然现象"的观点。小说家哈尼夫·库雷西（Hanif Kureishi）将巴基斯坦和世界其他穆斯林社会的男性描述为比充满敌意但内心压抑的英国郊区居民更加"情感外露"的人。巴基斯坦人"随时随地都能哭泣"，他指的是《我美丽的洗衣店》中男人们相拥而泣的场景，这一幕正是他自家亲戚行为的再现。然而，库雷西受到的英式教育让他对自己的情绪感到恐惧和尴尬，于是他学会了冷嘲热讽和冷漠超然。他说，当看到有人哭泣，他的内心会产生一种强烈的情感："我有一种想揍他们的强烈冲动。"

保罗·博滕生于1951年，父亲是加纳人，母亲是苏格兰人。他告诉波特，他在做律师期间经常想哭，尤其是当他感到无能为力和委托人遭受了不公时。他有时确实和委托人一起哭。博滕说，尽管"泪不轻弹是人们对律师的刻板印象"，但他希望，除了在有需要时保持冷静和自信之外，他能用眼泪表明自己"与委托人感同身受"。博滕没有提及自己为循道宗传教的经历。撒切尔在一个枯燥、朴素的英格兰循道宗教派中长大，信仰上更倾向卫斯理而非怀特腓德，直到成年后才皈依国教；相比之下，博滕的循道宗信仰更加热忱。[1] 他的眼泪

---

1 "The Rt Hon. Paul Yaw Boateng, Doctor of Laws", Bristol University Honorary Degrees, 18 July 2007, ⟨http://www.bristol.ac.uk/pace/graduation/honorary-degrees/hondeg07/boateng.html⟩. 2000年，博滕讲述了他在刚果目睹一位工匠制作耶稣受难铜像的经历。铜像上的基督、圣母玛利亚和抹大拉的玛利亚具有非洲黑人的特征。对博滕来说，这象征着非洲人从殖民者手中夺走了基督，使之成为非洲人自己的神。这让博滕深受感动，"几乎要哭了出来"。"Behold the Lamb of God", *Church Times*, 20 Apr. 2000, p. 15. 关于撒切尔的循道宗信仰，见 Eliza Filby, *God and Mrs Thatcher: Conviction Politics in Britain's Secular Age* (London: Biteback, 2015)。

与历史上更早时期的英国牧师和律师的眼泪有些相似。[1] 然而随着20世纪五六十年代来自非洲、南亚和西印度群岛等前英国殖民地的移民涌入，他的眼泪可能会强化一种由来已久的观念，即黑人的情感反应是天真的、易激动的、无拘无束的。20世纪80年代，圣公会的观察家羡慕市中心黑人五旬节派教堂里的那种生动热情的礼拜方式。[2] 正如《教会时报》的一位撰稿人所言，即使五旬节派葬礼上的哀悼者可能表现得"天真"和"过于情绪化"，这也比英国国教会的冷淡和压抑要好，因为那里的人们依旧会为在葬礼上落泪而道歉。[3] 本着同样的态度，莎莉·波特的系列节目试图为后殖民时代和多元文化的英国提供一种新的情感范例，在这个范例中，保守的白人男性要学会模仿那些来自文化上更富情感表现力的地区的人。迈克尔·鲍威尔指责两次世界大战造就了紧抿上唇这种不自然的心态，他认为"要经历整整一代或两代人，英国人的举止才会变得自然"。[4] 令人惊讶的是，波特的节目将文明的英国人与缺少约束、更加"自然"，因此更加哭哭啼啼的非西方人相对立，使达尔文等人推广的帝国主义比较人类学死灰复燃。[5] 不同的是，英国人的克制现在受到了谴责而非赞赏。不哭成为心理压抑和政治压迫的标志。在后帝国主义时代的英国，现在是让那些被压抑的情感和被压迫的人民自由表达的时候了。时至今日，甚至没有人尝试过彻底摒弃这些种族主义人类学所捏造的刻板印象。

　　玛格丽特·撒切尔和莎莉·波特用眼泪追求的是完全不同的政

1　见第五和十二章。

2　Norman Hare, "Most are Christian 'in some sense'", *Church Times*, 19 Aug. 1988, p. 5.

3　Francis, 'Tears, Tantrums, and Bared Teeth', p. 364.

4　Potter, "Tears".

5　见第十三章。

治愈愿景。当波特为一个更加情感外露的后殖民时代的不列颠而欢呼时，撒切尔夫人却在为失去殖民地而流泪。撒切尔私下在电视上看到英国国旗在津巴布韦独立仪式上降下，她泪眼汪汪地对议会助手伊恩·高（Ian Gow）说："可怜的女王。你知不知道自从她登基以后，大英帝国失去了多少殖民地？"[1]波特感兴趣的是激发被压迫者的眼泪，用情感打破阶级、种族和性别的隔阂，而撒切尔则喜欢用自己的眼泪强化有关性别、家庭和母性的保守观念。撒切尔有一句名言：根本不存在所谓的"社会"，社会只是一个抽象的概念，真正组成国家的是个人和家庭。[2]同样，她的眼泪也常常是通过家庭而非社会的情感渠道流出的。这与17、18世纪的理论形成了鲜明的对比，后者认为哭泣是一种基本的社交行为，能够在全社会建立一条流动的情感纽带。即便如此，波特和撒切尔都赞同这样一种观点，即情感是自然的生物学现象，女性对情感有不同的体验，而且更加强烈。

2013年4月，玛格丽特·撒切尔去世，享年87岁。公众的反应揭示了女巫作为铁石心肠女性象征的持久力量。撒切尔的反对者发起了一场运动，希望将电影《绿野仙踪》的歌曲《叮咚，女巫已死》送上音乐下载排行榜的首位。尽管这首歌卖出了50 000多张，但还是与榜首失之交臂。[3]撒切尔夫人的支持者和旧日的同僚试图通过她温柔的一面来维护她的声誉。他们回忆起她私底下哭泣的时刻，其中包

1　Aitken, *Margaret Thatcher*, p. 291.

2　Douglas Keay Interview for *Woman's Own*, 23 Sept. 1987, Margaret Thatcher Foundation, ⟨http://www.margaretthatcher.org/document/106689⟩. 其中包括1988年撒切尔夫人在《星期日泰晤士报》上发表的一份解释性声明："她并不是把社会看作一个抽象的概念，而是更愿意将个人和家庭行为视为社会的真正力量。"她对社会的态度，反映了她对个人责任和选择的基本观点：把事情留给"社会"，就是在逃避真正的抉择、实际的责任和有效的行动。

3　Louisa Hadley, *Responding to Margaret Thatcher's Death* (Basingstoke: Palgrave Macmillan, 2014), ch. 1.

括她最著名和最让人难以忘怀的眼泪——1990年她最后离开唐宁街时眼里闪烁的泪花。事实上，那个古老的观点再次浮现了出来：如果这个女人会哭，她就不可能是女巫。参加了那天上午由撒切尔主持的最后一场内阁会议的塞西尔·帕金森（Cecil Parkinson）在一次电视采访中描述道，当他抵达时，他发现首相正拿着一盒面巾纸坐在那里。当她试图向同事们宣读准备好的声明时，她不止一次含泪哽咽。帕金森在接受《新闻之夜》采访时证实，当时几位内阁成员都在流泪。当帕金森回忆起那一刻时，他再一次泪如泉涌。[1]

在撒切尔夫人的葬礼上，保守党财政大臣乔治·奥斯本被拍到在听悼词时流下了眼泪。尽管奥斯本在联合政府的同僚尼克·克莱格站出来为他辩护，但他的眼泪遭到了媒体和网络评论的群嘲。奥斯本甚至在英国最重要的早间新闻广播、英国广播公司第四频道的《今日节目》中被问及在葬礼上哭泣一事。主持人约翰·汉弗莱斯想知道奥斯本是不是"那种"好哭的、不会因为太过"大男子主义"而拒绝表露情感的人。财政大臣带着内疚和辩白的口吻回答道：他被摄像机拍下来了，所以没有否认的必要，但那是个"有力的""动情的""感人的"时刻，布道、音乐和国礼的共同作用确实让他"有点热泪盈眶"（well up a bit），但他认为"哭泣"（weeping）这个词有些言重。[2]

当我听到约翰·汉弗莱斯就乔治·奥斯本在玛格丽特·撒切尔

1　Cecil Parkinson interviewed on *Newsnight*, BBC Two, 8 Apr. 2013; 另见 Kenneth Baker's recollection of the occasion in Iain Dale (ed.), *Memories of Maggie: A Portrait of Margaret Thatcher* (London: Politico's, 2000), p. 154, reprinted from Kenneth Baker, The Turbulent Years (London: Faber & Faber, 1993). 据撒切尔本人回忆，她在担任首相的最后几天里有几次感动得流下了眼泪。Margaret Thatcher, *The Downing Street Years* (London: HarperCollins, 1993), pp. 856, 857, 861.

2　"George Osborne on 'welling up' at Margaret Thatcher Funeral", BBC News, 23 Apr. 2013, ⟨http://www.bbc.co.uk/news/uk-politics-22263810⟩.

葬礼上哭泣向他提问时，抛开我对这个话题的职业和历史兴趣，我觉得自己正在目睹一件超现实的事情。这个人真的是因为在葬礼上流下了几滴温和、克制的眼泪而被人盘问吗？在葬礼上哭泣或多或少是一种普遍的人类行为。奥斯本是在表达对一位自己仰慕的女性的悲伤之情，这位女性领导着他所属的政党，在经历了相当长一段时间的精神状况恶化之后去世。那是2013年，不是16世纪90年代，不是18世纪90年代，也不是20世纪50年代。这时的英国，不需要抵制来自哭哭啼啼的天主教、感伤的革命热情，以及那些令人尴尬和避之不及的情绪的威胁。这是一个"后奥普拉"和"后戴安娜时代"的英国，不是那个用缄默否认死亡、禁止在公共场合流泪的紧抿上唇的英国。果真如此吗？包括约翰·汉弗莱斯在内的许多人认为，1997年公众对戴安娜王妃的悼念——尽管在一些人看来是真实的——被媒体以夸张、片面和伤感的方式报道，从而制造出了一种不宽容，甚至极权主义的情感氛围。[1] 对戴安娜的悼念，以及电视对它的报道，导致了人们意见的分歧和对新情感主义的强烈抵制。20世纪60年代以来，紧抿上唇看起来古怪、令人尴尬。这一次，它将卷土重来，成为人们感伤怀旧的对象。

---

1 John Humphrys, *Devil's Advocate* (London: Hutchinson, 1999), ch. 4, "Sentimentality". 关于对悼念戴安娜王妃的更多反应，见第二十章。

　　　　　　　　　　　　第五部分　感　受

第二十章
重回感伤

　　"上帝保佑你，哭泣的女王！"1837年，18岁的维多利亚眼里泛着泪光，在圣詹姆斯宫的阳台上宣布登基时，伊丽莎白·巴雷特这样喊道。[1] 伴随着维多利亚女王漫长的统治，她和她臣民的眼泪越来越少，一个紧抿上唇的帝国诞生了。1952年，另一位年轻女性继承了英国王位。伊丽莎白公主生于1926年，25岁时她的父亲乔治六世驾崩，她的童年和少年时期贯穿第二次世界大战前后，彼时公众的坚忍克制达到了顶峰。公主即位时没有在公众面前流泪，在1953年6月加冕为伊丽莎白二世时也没有哭。这位新君主始终没有流泪，但她的臣民们却做不到，他们挤在闪烁的黑白电视机前收看加冕典礼。这是有史以来第一次现场直播的加冕礼，吸引了大约2 000万名观众。一名13岁的女学生安妮·瓦茨在北威尔士乡下的家里和家人以及邻居们一边吃着成堆的三明治和蛋糕，一边收看女王的加冕典礼，屋外的米字旗迎风飘扬，她的父亲——一名爱国的商船水手——忍不住

1　"Victoria's Tears", in Elizabeth B. Barrett, *The Seraphim, and Other Poems* (London: Saunders and Otley, 1838), pp. 328—31. 另见第十章。

流下了热泪。[1] 电视创造了一种新的共享空间，数百万观众能够同时以一种密切和动情的方式经历国家大事。不久，克里斯托弗·萨蒙（Christopher Salmon）在英国广播公司的《听众》杂志上写道："上周在英国发生了一件非同寻常，甚至可能是史无前例的事。"萨蒙认为，人们在这场全国性事件中所倾注的情感十分引人注目："在那一天，他们通过电视机找到了参与典礼的方式。我听说收看典礼的人大都流下了眼泪。"对萨蒙来说，这些泪水让整个国家团结了起来："我们都是一体的。"[2]

　　举国上下守在电视机前，面对王室的变故，眼泪让他们紧紧团结在一起——在1997年9月6日之后的任何时间读到这样的描述，都会让人立刻想起威尔士王妃戴安娜的葬礼。在研究英国哭泣史的过程中，我曾向许多听众做过公开演讲，演讲之后是提问和讨论。在这些交流中，有两个问题最常被人以这样或那样的形式提起：戴安娜之死的真正影响是什么？英国人紧抿上唇的心态到底怎么了？戴安娜和紧抿上唇：这两个词像幽灵一样困扰着我的研究，也困扰着1997年以后有关情感和英国国民性的公共话语。戴安娜的去世和葬礼对大多数人的日常生活没有持久的影响。即便如此，悼念戴安娜是一件极不寻常的事情，它为整个20世纪90年代一直在进行的"泪水转向"增添了动力。戴安娜的重要性更多体现在她是一个象征，而不是一个真人。她是一个新的、情感外露时代的象征和预兆——18世纪感

1　Anne Watts, *Always the Children: A Nurse's Story of Home and War* (London: Simon & Schuster, 2010), ch. 7.

2　Wendy Webster, *Englishness and Empire, 1939—1965* (Oxford: Oxford University Press, 2005), p. 97.

伤时代在电视屏幕和后现代的一个重现。[1]

　　戴安娜的情感风格与她沉默寡言的婆婆截然不同。伊丽莎白二世统治的是一个国民日益善于表达情感的国家，但在她统治的前45年里，女王从未在公开场合哭泣。1997年，71岁的伊丽莎白第一次在公众面前抹泪。但这位君主流下的眼泪并不是因为戴安娜的死，而是因为她失去了一艘豪华轮船。[2] "不列颠尼亚号"皇家游轮在伊丽莎白加冕那年下水，在女王统治期间一直是海外访问和接待的首选交通工具。1997年，由托尼·布莱尔领导的新的工党——又称"新工党"（New Labour）——政府上台。那时王室的受欢迎程度正处于低谷，布莱尔政府认为，用公共开支翻新或更换女王陛下的游轮是不合理的，"不列颠尼亚号"将退役并被改造为一个旅游景点。1997年7月1日，"不列颠尼亚号"的最后一项使命是在香港回归中国后，将英国末代港督彭定康接离香港。主权交接仪式上演奏了旨在激发爱国英国人泪腺的乐曲，包括埃尔加的《宁录》变奏曲、《天佑女王》，以及在英国国旗下落时演奏的《最后岗位》。英国的殖民史正在让位于一个前途不明的中国。诀别香港前，彭定康在倾盆大雨中潸然泪下，身旁是饮泣吞声的托尼·布莱尔，他们和威尔士亲王一起乘坐即将退役的"不列颠尼亚号"游轮离开香港。一年前，威尔士亲王与戴安娜离婚，标志着本就不受欢迎的英国王室再次陷入低谷。[3] 所有这些

1　一位评论员在20世纪末谈到了90年代情感风格的变化，见Barbara Gunnell, "Tears—No Longer a Crying Shame", *New Statesman*, 22 Nov. 1999, ⟨http://www. newstatesman.com/node/136193⟩。

2　Robert Jobson and Sean Rayment, "True Grief" and "For Britannia, Tears that the Royals Couldn't Hide", *Daily Express*, 12 Dec. 1997, pp. 1, 3; Adrian Lee, "Why the Royals Can Never Forgive Blair and Brown", *Daily Express*, 17 May 2011, pp. 28—9.

3　Ross Benson, "It All Ends in Tears", *Daily Express*, 1 July 1997, pp. 1, 5; Stephen Vines, "Hong Kong Handover: Patten Wipes a Tear as Last Post Sounds", *Independent*, 1 July 1997, ⟨http://www.indpendent.co.uk⟩.

事件，都是对英国统治阶级衰落的一个巨大、潮湿和漂浮的隐喻。

次月底，也就是1997年8月31日凌晨，戴安娜王妃在巴黎的一场车祸中丧生，年仅36岁。那个周日的早晨，一觉醒来的英国人听到了这个噩耗。在英格兰东北部塞奇菲尔德选区的一座教堂外，托尼·布莱尔在细雨中发表了他最令人难忘的一篇演讲。他没有哭，但说话断断续续，表情郑重严肃，这很快成为布莱尔动情的标志。据英国广播公司报道，在谈到"人民的王妃"突然离世所带来的震惊、痛苦和悲伤时，首相"因动情而哽咽"，他赞美了她的人道主义事业，并说全国人民都会和她的两个儿子——15岁的威廉和12岁的哈利——站在一起。[1] 随后的大规模悼念活动达到了前所未有的规模。伦敦肯辛顿宫和白金汉宫外堆满了上百万束鲜花，电视镜头和报纸新闻中满是鲜花和眼泪。

戴安娜去世后的几天里，女王和她的孙子威廉、哈利，以及他们的父亲一起住在苏格兰的巴尔莫勒尔皇家城堡。在那一周，王室仅进行了私下的哀悼，因此他们的行为被描述为与这个国家的情感基调不合拍。小报呼吁女王返回伦敦，以表明她对人民的悲痛感同身受。《每日快报》头版文章将闭门不出的王室的那种"老派"矜持，与戴安娜代表的、举国拥护的新精神——文章将其归纳为"爱、开放、同情"——进行了对比。在另一篇专栏文章中，资深记者卢多维克·肯尼迪（Ludovic Kennedy）对英国王室是否会有人哭表示怀疑："他们从出生起就被教育不要流露情感，无时无刻紧抿上唇。然而，哭泣

1　"Blair Pays Tribute to Diana", BBC News, 1 Sept. 1997, ⟨http://www.bbc.co.uk/news/special/politics97/diana/blairreact.html⟩. 另见Jim McGuigan, "British Identity and 'the People's Princess'", *Sociological Review* 48 (2000): 1—18; James Thomas, *Diana's Mourning: A People's History* (Cardiff: University of Wales Press, 2002), ch. 1。

有很好的治疗效果，它也是人之所以为人的标志。"《每日快报》警告称，如果女王对戴安娜的逝世无动于衷，君主制度的终结与不列颠共和国的建立将"向前迈进一大步"。[1]

女王对这些批评之声的间接回应是在葬礼前通过电视直播表达对戴安娜的悼念。女王在白金汉宫发表讲话，她的身后是悼念的人群。她刻意地指出："我们都在用不同的方式面对……表达失落并不容易。"接着，女王谈到了死亡可能引发的疑虑、愤怒，以及对他人的关心，并向她的人民保证，作为祖母和女王，她的这些话是"发自内心的"。[2] 这篇以流行心理学和情感充沛的语言写成的讲话稿，与国王生硬的语调和冷漠的面容形成了鲜明对比。虽然讲稿的内容体现了奥拉普精神，但女王的肢体语言和表达方式更接近于《短暂邂逅》。三个月后，女王终于第一次在公众面前哭泣——为"不列颠尼亚号"哭泣——这迟到的泪水无法让她的批评者满意，但它仍被视为王室情感风格的转变：一种后戴安娜时代的副产品。[3]

媒体对戴安娜去世的社会反应的大部分报道表明，全国上下在悲痛中团结了起来。正如《听众》杂志对1953年收看加冕礼并落泪

1　"Express Opinion: The Queen Must Lead Us in our Grief", and Ludovic Kennedy, "Thanks to Diana, Wills is our Ray of Hope", both in *Daily Express*, 4 Sept. 1997, p. 14. 1997年9月8日，《独立报》对前一周的新闻进行了分析，关注情感和媒体的报道，见 Virginia Ironside, Thomas Sutcliffe, and Ann Treneman: "Diana: How We Saw It", *Independent*, 8 Sept. 1997, ⟨http://www.independent.co.uk/news/media/diana-how-we-saw-it-1238054.html⟩。

2　Queen Elizabeth II, "Tribute to Diana, Princess of Wales", 5 Sept. 1997, C-Span Cable TV Archive, ⟨http://www.c-span.org/video/?90552-1/death-princess-diana⟩。另见 "Speech Following the Death of Diana, Princess of Wales", 5 Sept. 1997, The Official Website of the British Monarchy, ⟨http://www.royal.gov.uk⟩。

3　《每日快报》评论说，当女王和菲利普亲王都在落泪时，"紧抿上唇成为历史"，但在三个月前戴安娜王妃的葬礼上，"王室被指责没有在公共场合表现出足够的情感"，但皇家游轮"不列颠尼亚号"的退役见证了"王室的转变"；*Express*, 12 Dec. 1997, p. 3。

的观众所描述的那样，加冕礼看起来好像"我们万众一心"。但事实并非如此。葬礼结束后进行的一项民意调查显示，大约三分之二的英国人对戴安娜去世感到"难过"或"非常难过"，剩下的三分之一要么"不太难过"，要么"一点也不难过"。超过四分之一的人表示他们已经在吊唁簿上签名，还有五分之一的人准备去做。另一方面，有一半人表示自己没有也不打算在吊唁簿上签名。70%的受访者无意参加在伦敦王宫和王妃下葬地北安普顿郡阿尔索普庄园外举行的集体献花活动。[1] 许多没有流泪和献花的人感觉自己被电视和报纸新闻无视了。电视镜头倾向于拉近泪眼婆娑的面孔，然后将这些个体的画面与庞大人群的画面并列。这种报道给人一种集体哭泣的错觉。社会人类学家凯特·福克斯（Kath Fox）指出，这种所谓"空前的举国哀悼"很大程度上是通过一种非常英国式的、耐心有序的排队行为来表达的，无论是买花和献花、在吊唁簿上签名，还是看一眼灵柩。[2]

　　1997年9月初，不论是公众还是媒体，都应该为制造煽情的氛围负责，很多人觉得这种气氛令人窒息。较年长的受访者最有可能表达他们的不安，他们认为戴安娜事件像极了国外那种过度哀悼的场面

1　James Thomas, "Beneath the Mourning Veil: Mass-Observation and the Death of Diana", *Mass-Observation Archive Occasional Paper No. 12* (Brighton: University of Sussex Library, 2002), p. 3; Thomas, *Diana's Mourning*, ch. 5.

2　Thomas, "Beneath the Mourning Veil", p. 1; Thomas, *Diana's Mourning*, pp. 1—3; Jenny Kitzinger, "Image", part of a "Special Debate" on "Flowers and Tears: The Death of Diana, Princess of Wales", *Screen* 38 (1998): 73—9; Robert Turnock, *Interpreting Diana: Television Audiences and the Death of a Princess* (London: British Film Institute, 2000), p. 81; Peter Mandler, *The English National Character: The History of an Idea from Edmund Burke to Tony Blair* (New Haven: Yale University Press, 2006), pp. 236—7; Kate Fox, *Watching the English: The Hidden Rules of English Behaviour*, updated edn (London: Hodder & Stoughton, 2014), pp. 255—6.

以及几十年前德国和意大利法西斯领导人煽动的危险集体情绪。[1] 这些回答让人想起了眼泪是其他民族、种族和宗教专利的旧观念。保守党政治家兼记者鲍里斯·约翰逊最初信奉的就是这种观念。1995年，约翰逊在谈到同年托尼·布莱尔在工党大会上受到的肉麻夸赞时说："穿着紫红色西装的冷酷的女权主义者哭得就像亚拉巴马州的会众在听到辛普森（O. J. Simpson）被判无罪时一样。"[2] 1997年，约翰逊在《每日电讯报》一篇题为"这是哪里，阿根廷吗？"的专栏文章中再次表达了对公众情绪的厌恶。他称人们对戴安娜之死的反应就像"拉丁美洲的悲伤狂欢节"，让他想到了南美洲的天主教徒，而不是五旬节中的非裔美国人。[3]

　　早在关于戴安娜及其去世的全国性辩论之前，足球就已经为人们——尤其是男性——提供了一种新的情感表达模式。20世纪70年代以来，球员和教练员变得越来越爱哭。[4] 出生于盖茨黑德的保罗·加斯科因延续了英格兰东北部足球运动员好哭的传统（包括博比·查尔顿和鲍勃·斯托克）。1990年，在都灵举行的世界杯半决赛上，伤心的加斯科因流下了举世闻名的眼泪。他之所以哭泣，是因为如果英格兰队闯入决赛，身背两张黄牌的他将无法上场。然而英格兰队输掉了这场比赛。另一位泰恩赛德人、英格兰队主教练博比·罗布森（Bobby Robson）告诉媒体，他并不羞于承认赛后大家在更衣

1　John Humphrys, *Devil's Advocate* (London: Hutchinson, 1999), ch. 4; Turnock, *Interpreting Diana*, p. 83. 关于法西斯主义和情感的关系，见第十六章。

2　Boris Johnson, "Politics", *The Spectator*, 7 Oct. 1995, p. 8, ⟨http://archive. spectator.co.uk⟩.

3　Boris Johnson, "Where is This, Argentina?", *Daily Telegraph*, 3 Sept. 1997; 转引自 Thomas, *Diana's Mourning*, p. 111; and Mandler, *The English National Character*, p. 237.

4　见第十八章。

室里哭泣:"我尝试隐藏自己的眼泪并装作坚强,但这太难了。"[1]加斯科因的眼泪成为1990年那场失败的永恒一幕,他还因《木偶屋》中泪水从眼睛中喷溅而出的木偶形象和纪念该事件的歌曲《哭吧,加扎,哭吧!》而被人铭记。[2]

加扎的眼泪标志着新的感伤时代的到来,另一个标志性的时刻是紧随其后的1990年撒切尔夫人含泪离开唐宁街。[3]到2012年,哭泣文化已经从足球和政治领域延伸到了其他体育运动,包括田径和网球,以及新兴的电视真人秀节目。2012年的伦敦奥运会使国家自豪感和体育竞技精神结合在了一起,创造了一个令人难以抗拒的流泪氛围——不论是获得奖牌的英国运动员,还是采访他们的电视记者。[4]运动员流泪并不是什么新鲜事。据我所知,奥运奖牌获得者流泪的例子最早能追溯到1956年和1964年,而且都是游泳运动员。[5]在1996年亚特兰大奥运会上流泪的运动员数量最多,这使那一届夏季奥运会又被称为"哭泣运动会"。[6]据《每日电讯报》报道,在2004年雅典奥运会上,英国赛艇选手马修·平森特(Matthew Pinsent)站在金牌领

1　John Wragg, "Heartbreak!", *Daily Express*, 5 July 1990, p. 56.

2　"Cry Gazza Cry", *Spitting Image*, Central Television, 1990, clip available on YouTube, 〈http://www.youtube.com/watch?v=-cWzY20VyMA〉. 关于加斯科因在20世纪90年代的文化象征意义,见Ian Hamilton, "Gazza Agonistes", *Granta* 45 (1993): 9—125。

3　见第十九章。

4　Peter McKay, "Hankies Ready, It's the Crying Games", *Mail on Sunday*, 5 Aug. 2012, 〈http://www.dailymail.co.uk〉; Tim Rayment, "Win or Lose, It's the Crying Games", *Sunday Times* (News), 5 Aug. 2012, p. 11.

5　在1956年墨尔本奥运会上,17岁英国游泳运动员朱迪·格林汉姆(Judy Grinham)在获得100米仰泳金牌后流下了眼泪,她创造了新的世界纪录,成为1924年以来首位获得奥运金牌的英国游泳运动员。Peter Wilson, "Gold Day for Pride of London", *Daily Mirror*, 6 Dec. 1956, p. 21. 在1964年东京奥运会上,日本游泳队唯一获得奖牌的是四人200米接力队,他们在获得铜牌后流下了喜悦的泪水,"Americans End with 16 of the Twenty-Two Gold Medals", *The Times*, 19 Oct. 1964, p. 4。

6　Richard Williams, "The Crying Games", *The Guardian,* 5 Aug. 1996, p. A1.

奖台上流下了"糖果般大小的泪珠",展现出情感在他那"橡树般伟大的心灵"中激荡的力量。[1] 罗德·里德尔(Rod Liddle)在《观察家》上表达了震惊。"伊顿公学显然没有教给马修·平森特任何东西,"里德尔写道,"划船快固然好,但站在雅典奥运会领奖台上哭得像个婴儿——或者,更糟糕的是,像个外国人——是没有任何道理的。"[2]

曾在20世纪90年代表达过与罗德·里德尔类似观点的鲍里斯·约翰逊,在2012年伦敦奥运会时已经接受了这种新的感伤文化。同年5月,他再次击败工党对手肯·利文斯通(他面对自己的竞选视频抽泣,使他失去了选民的支持),成功连任伦敦市长。[3] 伦敦奥运会和残奥会开幕式是其总导演、左翼人士丹尼·博伊尔(Danny Boyle)的胜利,他借这一机会赞美了英国国家医疗服务体系(NHS)、现代的多元文化主义和英国王室。其中一个镜头是女王和詹姆斯·邦德(由丹尼尔·克雷格饰演)一起跳伞进入奥林匹克公园。鲍里斯·约翰逊评价道:"人们说这些都是左派的把戏,这是无稽之谈! 我是一名保守党人,我从一开始就流下了爱国和自豪的热泪。我哭得像安迪·穆雷一样。"几周后,伦敦市长称奥运会的闭幕是"让人热泪盈眶、情感战栗的高潮"。[4] 约翰逊在这两件事上的措

1　Robert Philip, "Sobbing Giant With a Dry Eye on Another Hero's Record", *Daily Telegraph*, 23 Aug. 2004, 〈http://www.telegraph.co.uk〉.

2　Rod Liddle, "Big Girls Don't Cry. Nor Do Conservatives", *The Spectator*, 26 Aug. 2004, p. 22, 〈http://archive.spectator.co.uk/article〉.

3　见第十九章。

4　"Boris Johnson: Ceremony left me 'crying like a baby'", BBC News, 28 July 2012, 〈http://www.bbc.co.uk/news/uk-19027643〉; Peter Dominiczak, "Boris Johnson Left in Floods of Tears by 'stupefyingly brilliant' Opening Ceremony", *London Evening Standard*, 28 July 2012, 〈http://www.standard.co.uk〉; "Johnson: 'The final tear-sodden juddering climax of London 2012'", BBC News, 10 Sept. 2012, 〈http://www.bbc.co.uk/news/uk-19549553〉.

辞具有双重含义。他显然与热泪盈眶的参与者和公众站在了一起，但他的眼睛是干的，略带讽刺地和哭泣者保持着距离。毕竟，他说的是眼泪，而不是在公开场合流泪。他使用了"炽热的眼泪"和"情感战栗的高潮"这种暗示性的意象，这可以被解读为一种类似于性高潮的爱国主义热情，也可以被解读为一种新弗洛伊德主义的观点，即哭泣是一种用眼睛射精的行为，最好私下进行。

鲍里斯·约翰逊在评论中提到的苏格兰网球运动员安迪·穆雷最近继承了保罗·加斯科因的头衔，成为英国最著名的哭泣运动员。从大卫·休谟和亚当·斯密，到亨利·麦肯齐和罗伯特·彭斯，苏格兰哲学家和作家在创造和诠释18世纪"有情人"方面做出了重要贡献，所以当代最著名的"有情人"中有一位是苏格兰人可谓顺理成章。[1] 2012年以前，穆雷以沉默寡言和脾气暴躁出名。他在比赛中最可能表现出的情绪是突然发怒。2012年7月，穆雷成为自1938年以来首次闯入温网男单决赛的英国人，但他最终不敌罗杰·费德勒。他赛后接受采访时泪流满面，数度哽咽。当他试图感谢所有帮助过他的人时，他泣不成声。他越是哭得厉害，人群的欢呼声就越大。许多报纸后来称，穆雷流露的情感为他赢得了全国人民的心。[2] 其他人，包括一些致电英国广播公司参与话题讨论的听众，以及《观察家》专栏作家托比·杨（Toby Young），则对穆雷的"情感失禁"感到厌恶，杨称穆雷的行为不过是"一个懦夫的日常"。[3] 双方的言辞都很激烈，支持男性表达情感的人总

1　见第七章。

2　吉姆怀特的评论很有代表性："穆雷昨天意外地赢得了全国人民的心。" *Telegraph*, 9 July 2012, p. 1. 同一份报纸在体育版头版刊登了一张穆雷情绪激动的照片，标题是《勇敢的穆雷：泪流满面的苏格兰人击败费德勒赢得人心》。

3　Toby Young, "When Did Tears Become Compulsory?", *The Spectator*, 14 July 2012, p. 60. "Please Don't Cry", London Review of Books Blog, 9 July 2012, 〈http://www.lrb.co.uk/（转下页）

体上占据上风。第二年，穆雷再次闯入温网决赛。这一次，他夺得了冠军并再一次泪流满面。这让人们重新理解了中心球场入口上方鲁德亚德·吉卜林对胜利和灾难一视同仁的名言。[1]

　　媒体认为，穆雷在2012年和2013年泪洒温网赛场，与他早年目睹邓布兰惨案有关。1996年，前青年领袖托马斯·汉密尔顿（Thomas Hamilton）——穆勒一家与汉密尔顿相识——在邓布兰小学枪杀了16名儿童和1名教师之后饮弹自尽，当时穆雷和哥哥就躲在校长办公室的一张桌子下面。2013年温网锦标赛前，英国广播公司播出了穆雷的生活纪录片，其中有苏·巴克对他的采访（两场决赛结束后，巴克也在赛场上对穆雷进行了采访）。当她问起校园屠杀案的往事，穆雷还未开口，就已泪流满面。2014年，在邓布兰高中的一次集会上，穆雷被授予斯特林自由勋章，以表彰他的体育成就。他又一次泣不成声。在说了几声感谢后，穆雷脸颊开始抽动，他不停摸着鼻子，努力从眼泪中挤出话来。经过长时间的停顿，他终于说道："每个人都知道，我为母校感到自豪。"穆雷再度哽咽，等到平静下来后，他微笑着坐下来说："我为自己的行为道歉。"[2]

（接上页）blog/2012/07/09/jenny-diski/please-dont-cry〉. 2012年7月9日，杰里米·维恩的电台节目表达了对穆雷的厌恶和失望。记者帕特里克·海耶斯表达了少数人的观点，他指责穆雷沉溺于一种"情绪化的、治疗性的和周期性的情感体验"，认为穆雷应该隐藏自己的情感。"Jeremy Vine"，BBC Radio 2, 9 July 2012, 〈http://www.bbc.co.uk/programmes/b01kjgtb〉.

1　关于吉卜林的《如果——》，见第十四章。

2　Martin Hodgson, "Murray Describes Fight to Cope with Trauma of Dunblane School Killings", *The Guardian*, 5 June 2008, 〈http://www.theguardian.com/sport〉; "Andy Murray Breaks Down in Tears as He Remembers Dunblane Massacre", *Telegraph*, 28 June 2013, 〈http://www.telegraph.co.uk〉; Tara Brady, "Making of Murray: How Andy Survived the Dunblane Massacre to Grow into a Sporting Superstar", *Daily Mail*, 7 July 2013, 〈http://www.dailymail.co.uk〉; "Andy Murray in Tears at Freedom of Stirling Award", BBC News, 23 Apr. 2014, 〈http://www.bbc.co.uk/news/uk-scotland-27130166〉.

在这些公开活动中，穆雷用眼泪取代了语言。正是在他试图把想法转化为语言时，不请自来的眼泪让他哽咽，淹没了他的声音。这些非言语的能指表达了一种强烈的，而且确确实实获得了人们掌声的情感。穆雷在斯特灵市议会就和在温网赛场上一样，他为忍住泪水而做的每一次停顿都获得了人们的掌声。这仅仅是最近重新发现眼泪的情感经济无形中再现18世纪感伤文化诸多方面的一个例证。我们已经看到，1907年玛丽·豪沃思在《绅士杂志》撰文，表达了对亨利·麦肯齐1771年创作"有情人"哈利那夸张眼泪的困惑。豪沃思列举了一些她认为当代读者无法理解的表述，包括"说话声消失在眼泪里"和一只眼流泪。这种"情感表达技巧"是一门完全被遗忘的技艺。[1] 玛丽·豪沃思如果在《X音素》和《英国达人秀》——独立电视台分别于2004年和2007年制作播出——这样的英国真人秀节目中看到选手和评委们情绪化的行为，一定会震惊不已。在这些节目中，18世纪感伤小说的形式和情感重现天日，讲述个人悲剧、贫穷、疾病和丧亲之痛的是普通人，他们是乞丐和疯子、受伤的士兵和失足女性的后代，他们的祖先在首个感伤时代的文化作品中占有一席之地。无论过去还是现在，这些故事和表演一旦获得成功，就能赚取眼泪和金钱。成功的表演不仅能赢得热烈的起立鼓掌和滔滔不绝的眼泪，而且有望带来一份利润丰厚的录制合同。评委，尤其是女性评委用泪水表达敬意，这反过来更令表演者和观众潸然泪下，有时表演者还会和评委相拥而泣。所有催泪的情感都在这里——"从泪光到抽泣"，

1　Mary Howarth, "Retrospective Review: 'The Man of Feeling' — A Hero of Old-Fashioned Romance", *Gentleman's Magazine*, Jan. — June 1907, pp. 290—5 (p. 294); 另见本书第七和十五章。

正如1801年那本关于哭泣史的讽刺书在介绍部分所写的那样。[1]

出生于纽卡斯尔的歌手谢丽尔·费尔兰德斯-维西尼（原名谢丽尔·科尔）在2002年英国独立电视台真人秀《流行明星：竞争对手》中出道，如今是《X音素》中典型的好哭评委。几个世纪前，面对时常在被告席哭泣的罪犯，像詹姆斯·肖·威尔斯爵士这样的法官和陪审员在刑事法庭上做出生死裁决时会流下眼泪；谢丽尔和她的评委同事们则在为眼前乞求出名和讲述自己不幸故事的表演者做出让他们一举成名还是默默无闻的裁决时，眼泪顺着她的脸颊滚落。[2] 2011年，在一部关于电视荧幕上眼泪泛滥的纪录片中，喜剧演员乔·布兰德可能想起了谢丽尔·科尔（当时她还用此名）。布兰德抱怨道："我觉得电视上有太多迷人的哭泣，但眼泪只有一滴。没有鼻涕，对吗？也没有脸红。"[3] 大概半个世纪前，记者凯·威瑟斯（Kay Withers）在英国广播公司的《女性时间》节目中也指出，一些女性"哭起来非常美丽"，她们的下巴轻轻摆动，嘴唇微微颤抖，接着"晶莹的大泪珠溢出眼眶，缓缓地从脸颊滑落，温柔又忧郁。这一切无比动人，充满了女人味"。威瑟斯将这种美丽的哭泣与她自己流泪的样子做了对比（乔·布兰德也会这么做）："这是一幅可怕的画面，充血的眼睛，肿胀的眼睑和上唇，沾满眼泪的脸颊，流涕不止的红鼻子。"[4]

1　Anon., "Weeping", *The Spirit of the Public Journals for 1801: Being an Impartial Selection of the Most Exquisite Essays and Jeux d'Esprits, Principally Prose, that Appear in the Newspapers and Other Publications*, Volume 5 (London: James Ridgway, 1802), pp. 136—8; 另见第九章。

2　关于威尔斯法官，见第十二章以及Thomas Dixon, "The Tears of Mr Justice Willes", *Journal of Victorian Culture* 17 (2012): 1—23.

3　Jo Brand, "For Crying Out Loud", What Larks Productions for BBC Four, first broadcast 14 Feb. 2011, 〈http://www.bbc.co.uk/programmes/b00ymhqz〉.

4　Kay Withers, "Cry Baby", *Woman's Hour*, Monday 29 Jan. 1968; transcript held at the BBC Written Archives Centre, Caversham Park, Reading.

回到18世纪，我们又找到了一个先例。我们在之前的章节看到，范妮·伯尼的好友索菲·斯特里特菲尔德"非常漂亮、温柔、魅惑"，她能随心所欲地流泪，"使她那漂亮的双眸里盈满泪花"。1779年，伯尼对斯特里特菲尔德的这种能力感到震惊。伯尼注意到，斯特里特菲尔德哭泣时，她那漂亮的脸蛋既没有扭曲也没有"沾泪"，而是保持着"光滑和优雅"。[1] 在谢丽尔·费尔兰德斯-维西尼的身上，我们仿佛看到了新感伤时代的索菲·斯特里特菲尔德。

周六晚间充斥的煽情电视节目引发了人们对眼泪的厌倦，这是可以理解的。事实证明，称这些煽情电视节目为"真人秀"难以让人接受。2007年，电视评论家查理·布鲁克（Richard Brooker）在一篇关于《音素X》的文章中指出，为了创造理想的煽情效果，节目需要进行大量的艺术取舍和制作。据布鲁克观察，"目前，只有优秀的歌手才被允许有悲惨的经历"。"这个节目一定积累了惊人的档案，"他推测，"其中肯定有好几个小时斜眼胖子讲述自己为纪念去世的亲人而参加《X音素》的故事的视频，他们的说话声仿佛被鱼叉刺中、对着镜头哭泣的角马——但这些视频都未被编辑，因为它们不符合'故事'的需要。"[2] 2013年，讽刺新闻网站《每日土豆泥》（*The Daily Mash*）刊登了一篇题为"如今哭泣毫无意义"的文章，文章开头写道："《X音素》已经使哭泣行为在情感上变得毫无意义。该节目过度

1　*The Diary and Letters of Madame D'Arblay* [Fanny Burney], ed. by her niece [Charlotte Barrett], 7 vols (London: Henry Colburn, 1842—6), i. 218—22; G. J. Barker-Benfield, *The Culture of Sensibility: Sex and Society in Eighteenth-Century Britain* (Chicago: University of Chicago Press, 1992), p. 346; Scott Paul Gordon, *The Power of the Passive Self in English Literature, 1640—1771* (Cambridge: Cambridge University Press, 2002), p. 212. 另见本书第八章。
2　Charlie Brooker, *The Hell of it All* (London: Faber and Faber, 2009), pp. 29—30; originally published in "Charlie Brooker's Screen Burn", *The Guardian*, 1 Sept. 2007, 〈http://www.theguardian.com〉.

利用可见的绝望, 削弱了以前目睹流泪者所能唤起的同情之心。"该文接着引用了一个虚构的"泥瓦匠比尔·麦凯的话": "妻子哭泣是因为她的祖母去世了。我感到的只是轻微的烦恼, 以及坐在沙发上吃薯片时说几句刻薄话的冲动。"[1]就像第一个感伤时代结束之后的情况一样, 过多的眼泪会引来冷嘲热讽。

最近发生的这些事情, 使人们开始忘记戴安娜的形象。记者们不再认为有必要将情感外露视为生活在"后戴安娜"世界的标志。然而, 另一个老生常谈的问题被证明更有生命力: "紧抿上唇的心态到底怎么了?""紧抿上唇"是英国国民特征的观点在20世纪30年代才完全确立, 但早在1953年, 也就是女王加冕的那一年, 就已经有人开始怀疑它的价值了。在《每日快报》女性版中, 安妮·爱德华兹(Anne Edwards)写道, 当母亲把年幼的儿子送到寄宿学校时, 她们感到心碎, 不知道这种痛苦是否值得。随后她们收到了被泪水浸湿的家信, 这说明"坚守英国人紧抿上唇的传统是一个多么艰难的过程"。[2]随着英国逐渐从两次世界大战的集体创伤中恢复过来, 越来越多的人加入呼吁抛弃紧抿上唇观念的队伍中, 尤其是当涉及死亡和丧亲之痛, 以及男人和儿童的眼泪与情感时, 这种呼声更加强烈。从1965年杰弗里·戈尔出版关于死亡和哀悼的书, 到20世纪70年代玛乔丽·普罗普斯的建议专栏, 再到1987年莎莉·波特为第四频道制作的系列电视片, 人们对压抑情感进行了漫长的反抗。[3]很明显, 反抗

---

1 "Crying Now Meaningless", *The Daily Mash*, 7 Oct. 2013, ⟨http://www. thedailymash.co.uk⟩.

2 "Anne Edwards Traces the Start of a Stiff Upper Lip", *Daily Express*, 12 Oct. 1953, p. 3. 几年后, 玛乔丽·普罗普斯用类似的笔调描绘了母亲们第一次把儿子送去寄宿学校时不得不压抑自己情感和眼泪的痛苦心情: Marjorie Proops, "You Can't Kiss a Schoolboy Goodbye!", *Daily Mirror*, 18 Sept. 1957, p. 11.

3 见第十七至十九章。

是成功的。到1997年戴安娜王妃去世时,如果有报纸说紧抿上唇已成明日黄花,那一定是很老的新闻了。

1997年11月,《星期日泰晤士报》刊登了一篇题为"再见,紧抿上唇"的评论文章。[1] 但事实证明,这是一场漫长的告别,因为反抗紧抿上唇的时代已经被文化停滞和怀旧的混合物所取代。一次又一次的民意调查,一篇又一篇的文章,用几乎相同的措辞宣布,英国人紧抿上唇的观念已成为过去。2004年,舒洁纸巾委托进行了一项针对哭泣行为的详细研究,研究结果被广泛报道。[2]《每日快报》称:"英国人紧抿上唇的时代已成为过去,四分之三的成年男性认可哭泣。"[3] 6年后,沃伯顿面点公司(它们的产品和眼泪之间的联系并不显著)在进行广告宣传时使用了类似的调查结论。《每日快报》适时报道了这条新闻,称英国人紧抿上唇的习惯已成为过去,越来越多的人准备好在公共场合流泪。[4] 2011年,轮到克林顿贺卡乘着"情感时尚"的东风大赚一笔了。没错,克林顿贺卡在情人节期间的一项调查表明,那些在生活中"紧抿上唇"的英国男人正"走进历史"。这项新研究发现,"男人乐于在他人面前表露情感甚至哭泣"。在克林顿贺卡的调

1　Margaret Driscoll, "Goodbye Stiff Upper Lip", *Sunday Times*, 16 Nov. 1997, p. 6. 同年, 撒玛利亚会的首席执行官西蒙·阿姆森(Simon Armson)在评论年轻人自杀率上升以及缺乏对抑郁症年轻患者的同情时表示, "可悲的是, 似乎紧抿上唇还没有成为过去。" John Chapman, "Anguish of the Young as Suicide Rates Rocket", *Daily Express*, 17 May 1997, p. 25.

2　Kate Fox, *The Kleenex-for-Men Crying Game Report: A Study of Men and Crying* (Oxford: Social Issues Research Centre, 2004), 〈http://www.sirc.org/publik/crying_game.pdf〉.

3　Sally Guyoncourt, "30% of Men Have Cried This Month", *Daily Express*, 18 Sept. 2004, p. 51. 该报告还引发了一场关于"男人是否可以哭"的讨论, 见 *Woman's Hour*, BBC Radio 4, 29 Sept. 2004, 〈http://www.bbc.co.uk/radio4/womanshour/2004_39_wed_03.shtml〉。

4　Laura Holland, "We've Kissed Goodbye to the Stiff Upper Lip", *Daily Express*, 26 Mar. 2010, p. 3; "The British Stiff Upper Lip Finally Wobbles", Warburtons Bakery Press Release, 26 Mar. 2010, 〈http://www.warburtons.co.uk/press/latest_news.php?p=27&id=861〉.

查中, 英格兰北部的男性最善于表达情感, 纽卡斯尔位列最感性城市榜单之首。约半数受访者将自己外露的情感归因于那些乐于探索自己女性化一面的"都市型男"(metrosexual man)的崛起。2011年晚些时候, 两家偏向保守的报纸刊登专文并发问: 我们紧抿的上唇到底怎么了? [1]在2012年伦敦奥运会和残奥会激动人心的赛场上, 这个老问题再次被提起。同年10月, "舆观"网站(YouGov)开展的一项民意调查显示, 57%的英国人认为英国人不再紧抿上唇, 62%的人认为这个国家在最近几十年里变得越来越情感外露。[2]但是, 在"二战"结束70年后, 在反对压抑情绪的合作运动开始半个世纪后, 为什么依然有人提出这个问题呢? 弗吉尼亚·伍尔夫试图杀死维多利亚时代那个理想化的、被称为"家中天使"的温柔无私的女性形象。为此她曾经说道:"杀死一个幽灵比杀死一个实体要难得多。"我们也可以对另一个幽灵说同样的话, 它在20世纪和以后的日子里一直困扰着英国人的自我认知, 这个幽灵就是"紧抿上唇"。[3]

然而, 读完上段列举的调查和评论文章的标题以及那些老生常谈的观点, 我们发现言论和现实之间存在差异。心理学正统观点认为哭泣是有益的, 现代男人应该表达他们的情感, 紧抿上唇已经过时, 这些观点看似广受赞同, 但事实上人们的根本行为和态度似乎没

---

1 "Why the Stiff Upper Lip Has Gone Soggy as Men Become Happy to Show their Emotions", *Daily Mail*, 8 Feb. 2011, 〈http://www.dailymail.co.uk〉; William Leith, "All Cried Out—Whatever Happened to our Stiff Upper Lip?", *Sunday Telegraph*, 6 Nov. 2011, Magazine, pp. 16—17; Lauren Paxman, "What Stiff Upper Lip?", *Daily Mail*, 25 Nov. 2011, 〈http://www.dailymail.co.uk〉.

2 Harris MacLeod, "Do Brits Still Have Stiff Upper Lips?", YouGov, 4 Oct. 2012, 〈http://yougov.co.uk〉.

3 Virginia Woolf, "Professions for Women", in *The Crowded Dance of Modern Life: Selected Essays*, volume ii, ed. with an introduction and notes by Rachel Bowlby (London: Penguin, 1993), pp. 102—3. 另见本书第十五章。

有发生那么大的改变。比如, 我在前文提到, 观影时哭泣的比例似乎没有什么变化。1950年, 40%的男性和72%的女性承认自己哭过。而在2014年, 这两个数字只是略微上升到44%和80%。[1] 在新的感伤主义中, 流泪的男人几乎成了被迷恋的对象。摄影师山姆·泰勒-伍德 (Sam Taylor-Wood) 在2004年出版新书《哭泣的男人》并举办展览。2014年, 他出版诗集《让成熟男人哭泣的诗》, 里面的每一首诗都附有一位著名男性作家或艺术家催人泪下的简短感言。[2] 即便如此, 对包括英国在内的整个西方世界的研究表明, 男性哭泣的频率和强度明显低于女性, 这可能是由两性之间的生物学和激素差异造成的。[3] 20世纪60、70年代的先驱曾希望, 情感表达和性行为的新规范将推动一场性别革命。[4] 但显而易见的是, 在撒切尔时代这场革命并未发生。1985年, 艾琳·费尔韦瑟 (Eileen Fairweather) 不仅撰文反对玛格丽特·撒切尔所谓女权之战已基本取胜的观点, 而且拒绝加入写作诸如 "如今生活多么美好, 男人知道如何哭泣, 女人首次夺得全英饲养兔子大赛冠军" 这类文章的浪潮。费尔韦瑟认识到, 情感风格不会在没有实现社会或经济平等的情况下发生变化。[5] 作家马克·梅森最近提出, "新男性的眼泪" 往往可以掩盖一些相当顽固的态度: "一旦我们用几滴眼泪赢得了他人的好感, 我们就会愉快地忽

1　见第十六章。

2　Sam Taylor-Wood, *Crying Men* (Göttingen: Steidl, 2004); Anthony Holden and Ben Holden (eds), *Poems that Make Grown Men Cry: 100 Men on the Words that Move Them* (London: Simon & Schuster, 2014).

3　Ad Vingerhoets, *Why Only Humans Weep: Unravelling the Mysteries of Tears* (Oxford: Oxford University Press, 2013), ch. 10.

4　见第十八章。

5　Eileen Fairweather, "The Feminist Backlash: We're Waving, Not Drowning", *Cosmopolitan* (London: National Magazine Company Limited), Jan. 1985, pp.88—9, 135.

略掉晚餐后堆积如山的待洗餐具。"[1]

还有证据表明,将男人哭泣视为软弱、女子气甚至同性恋标志的观点并未消失。[2] 2004年,一位男性在接受英国广播公司《女性时间》有关男性眼泪的专题采访时评论道:"就像如今现代社会的一切——男人可以是同性恋、男人可以流泪、男人可以化妆。就这么简单。"[3] 2011年底,威尔士足球队主教练加里·斯皮德(Gary Speed)的意外身亡——显然是自杀——引发了大量关于男性抑郁和男孩无法表达情感的讨论。记者艾丽·福格(Ally Fogg)写道,自己曾被家人和老师反复灌输"男孩不哭"的道理——这个道理在操场上以一种残酷的方式得到了强化。"和所有男孩一样,"福格写道,"我知道眼泪和抽泣是失败的标志。无论是在操场上遭遇殴打和欺凌,还是遇见老师,游戏规则都很简单:如果你哭了,你就输了。当小男孩开始建构成年男人的身份时,最难学的一课就是坚强。永远不要示弱,永远不要表现得脆弱,最重要的是,永远不要让其他人看到你的眼泪。"[4] 至少从19世纪开始,学校就在灌输这些道理,20世纪50年代乔伊·格雷沙姆的儿子道格拉斯和60年代哈尼夫·库雷西接受的就是这种教育。[5]

紧抿上唇作为一句老生常谈、一个幽灵和一种顽强的意识形态而存在,因此它最后也成了感伤和缅怀的对象。伊恩·希斯洛普

1　Mark Mason, "Get a Grip, Chaps. There's Too Much Male Blubbing in Public Life", *The Spectator*, 28 Apr. 2012, p. 24.

2　Fox, *The Kleenex-for-Men Crying Game Report,* p. 6.

3　*Woman's Hour*, BBC Radio 4, 29 Sept. 2004, ⟨http://www.bbc.co.uk/radio4/womanshour/2004_39_wed_03.shtml⟩.

4　Ally Fogg, "We Tell Boys Not to Cry, Then Wonder About Male Suicide", *The Guardian*, Comment is Free Blog, 17 Jan. 2012, ⟨http://www.theguardian.com⟩.

5　见第十四、十七和十九章。

（Ian Hislop）是讽刺杂志《侦探》的编辑，戴安娜去世后，他不遗余力地批判在公开场合表露情感的行为。2012年，他在英国广播公司电视频道播出系列节目《伊恩·希斯洛普紧抿的上唇：英国的情感史》。[1] 希斯洛普对情感态度变化的调查涉及自己被送到寄宿学校的经历。他重回母校，朗读了19世纪猩红热爆发期间一名男孩写给家人的信，这些信的字里行间体现了男孩的坚忍。在那次疫情中，他有不止一位同学染病死亡。在读信的过程中，希斯洛普的嘴唇似乎在颤抖，因为他被这个维多利亚时代勇敢的小伙子感动了，这个男孩学会了在最可怕和沮丧的时刻隐藏自己的情感。在谈到戴安娜的葬礼时，希斯洛普说自己既没有被埃尔顿·约翰的歌曲《风中之烛》打动，也没有被戴安娜哥哥的悼词感染，而是深深感动于戴安娜的两个年幼的儿子，他们走在母亲灵柩的后面，沉着镇定，没有哭泣。

从《忠勇之家》和《短暂邂逅》到21世纪，为不哭的人流泪，为紧抿上唇的英国人动容，至今仍然是最具英国特色的感伤形式。[2] 这也是匈牙利影子舞团"吸引力黑光剧社"在2013年夺得《英国达人秀》决赛冠军的一个重要因素，当时英国独立电视台的收视人数最高达1300万。影子舞团极尽煽情的迷你剧赚足了观众的掌声和评委的眼泪。他们的决赛作品是向英国的斗牛犬精神致敬，它用埃尔加的《希望与荣耀的土地》配乐，展现了从丘吉尔的战时演讲到2012年伦敦奥运会这个时期里英国人的决心、坚忍和胜利。表演以乔治六世去世和年轻的公主在1953年加冕为伊丽莎白女王而结束。当音乐到达

1　"Ian Hislop's Stiff Upper Lip: An Emotional History of Britain", Wingspan Productions for BBC Two, first broadcast Oct. 2012, 〈http://www.bbc.co.uk/programmes/b01n7rh4〉.
2　关于英国人为20世纪40年代电影中不哭的人流泪的相关论述，见第十六章。

高潮时，舞者用身体展现出女王头像的轮廓。观众热泪盈眶，投票人打爆了热线电话，匈牙利舞者夺得了冠军，成为首次赢得英国达人秀的外国表演者。其中一位评委阿曼达·霍尔顿（Amanda Holden）的眼里闪烁着美丽的、多元文化的眼泪，她对舞团说："你们拥抱了英国，我们也要拥抱你们！"[1]

---

1 "Shadow Theatre of Attraction with a Great British Montage. Britain's Got Talent Final, 2013", YouTube, 8 June 2013, 〈http://www.youtube.com/watch? v=x1r9qNVqSrk〉; Fiona Keating, "Attraction Win Britain's Got Talent as Eggs Fly at Simon Cowell", *International Business Times*, 9 June 2013, 〈http://www. ibtimes.co.uk〉.

结　论
我就是海

威廉·布莱克曾经写道，眼泪乃理智之物。在他之前，大卫·休谟认为，理性是而且只应该是激情的奴隶。[1]埃德蒙·伯克在谈到贵族在法国大革命中的命运时指出，"在这种事件中，我们的激情指导着我们的理性"，我们"在惊惧中反思"，我们的思想"被恐惧和怜悯净化"。[2]历史和悲剧一样，通过人类的激情教育世人。伯克的政治对手托马斯·潘恩认为，"政府的巨大开支先使人们有感觉，再促使他们反思。"[3]近年来，人们开始重新认识思考和感觉之间存在紧密联系的道理，这些道理在感伤时代可谓老生常谈。不论严肃史学，还是通俗史学，它们不仅都受到了情感转向的影响，而且被这样一种想法所鼓舞：如果我们能够理解逝者的思想，那么我们也能体会他们的情感。情感史已经成为一门独立的学科分支，研究成果不仅包括枯燥

1　David Hume, *A Treatise of Human Nature,* ed. L. Selby-Bigge and P. Nidditch (Oxford: Clarendon Press, 1978), p. 415; first published 1739—40. 另见本书第五、十章。

2　Edmund Burke, *Reflections on the Revolution in France* (1790), in *Burke: Revolutionary Writings,* ed. Iain Hampsher-Monk (Cambridge: Cambridge University Press, 2014), p. 82.

3　Thomas Paine, *The Rights of Man* (1791), in *Paine: Political Writings,* ed. Bruce Kuklick (Cambridge: Cambridge University Press, 2000), p. 129.

的理论著述，还有更为戏剧化和情感细腻的作品。[1] 历史学家并不一定要去想象、回应或唤起古今之人的任何情感，他们可以去描述社会规范、道德态度、科学观念和身体姿势，因为这些因素决定了过去的情感如何产生和如何被人理解。但是对于那些确实希望将历史作为一种进入历史情感的想象途径的人而言，历史可以通过让人们思考来激发他们的感受，也可以通过让人们去感受来促进他们思考。

一些历史类电视节目相当直接地诉诸了历史人物和观众的情感。近年来，在众多名人秀和真人秀节目中，最成功的要数英国广播公司制作的历史片《客从何处来》（*Who Do You Think You Are?*）。该片是《这就是你的生活》的众多"孙辈"之一，它每周都会有一位名人在历史学家和家谱研究者的陪同下，按照精心编排的剧本，追寻早已去世的祖先。被选中的名人和20世纪50年代以来参加《这就是你的生活》的嘉宾一样，往往会因为这段经历而落泪。该节目使一些不太可能会哭的人流下了眼泪，其中包括咄咄逼人的政治记者杰里米·帕克斯曼（Jeremy Paxman），他被维多利亚时代的曾祖父母所遭遇的贫困、疾病和早逝所触动，祖先的经历不仅让他感到气愤，还令他潸然泪下。[2] 2011年，喜剧演员乔·布兰德抱怨道，她不仅躲不掉那些为了一举成名而在达人秀上哭哭啼啼的人，还会看到知名公众人物在《客从何处来》上呜咽擦泪——因为他们刚刚发现自己的曾曾曾曾祖母曾在工厂里劳动。布兰德在发这通牢骚时，

1　关于情感史的推荐书目，见"延伸阅读"。

2　Paxman appeared on the show in January 2006. "Jeremy Paxman", Who Do You Think You Are Past Stories, BBC Website, ⟨http://www.bbc.co.uk/whodoyouthinkyouare/past-stories/jeremy-paxman.shtml⟩.

想到的人很可能就是帕克斯曼。[1] 这是一部催人泪下的社会史——利用哭泣的名人与他们祖先之间的亲缘联系，为人们耳熟能详的关于过去的剥削和压迫的历史故事注入了新的情感。

2014年8月，出生于约克郡的演员、探险家布莱恩·布莱斯德（Brian Blessed）亮相《客从何处来》。这位以独特的洪亮嗓音和大胡子而闻名的男人，兴致勃勃地追寻自己的祖先，想象他的曾祖父杰贝兹·布莱斯德（Jabez Blessed）的情感历程。布莱斯德的曾祖父自幼失去双亲，12岁时成为一名水手的学徒，这位水手的工作是将煤炭用船从纽卡斯尔运往伦敦。布莱斯德引用约翰·梅斯菲尔德（John Masefield）《恋海》中的诗句——"我必须再去看海，看那幽静的大海和蓝天"——想象着大海上的璀璨星夜对这个年轻小伙子的影响："这肯定打开了他的心扉。"晚年，杰贝兹·布莱斯德成为林肯郡一名成功的店主。再婚前，他和第一任妻子养育了13个健康的孩子。1890年，杰贝兹去世，享年73岁。节目的结尾，布莱恩·布莱斯德探访了杰贝兹的坟墓。布莱斯特站在墓碑前，面对自己的祖先，背诵了艾米莉·勃朗特最后一部斯多葛主义作品的开头几句：

我没有懦夫的灵魂

在这风雨飘摇的世界里，无人在颤抖

我看到天堂里闪耀的光辉

1　Jo Brand, "For Crying Out Loud", What Larks Productions for BBC Four, first broadcast 14 Feb. 2011, ⟨http://www.bbc.co.uk/programmes/b00ymhqz⟩.

还有闪耀的信仰，它助我摆脱恐惧[1]

说着说着，布莱斯特哽咽了，为了压抑这种情绪，他绷紧了自己的嘴巴和脸颊，然后掩面而泣，咕哝着"该死！"布莱斯特困惑地摇着头说："我想我这辈子从没哭过。我这辈子从没哭过。从来都没有。甚至在婴儿时期也没有。"在关于这个节目的采访中，布莱斯特再次重申，在他的一生中，甚至在表演莎士比亚的悲剧时，他从来没有流过泪。布莱斯特把坚忍的情感表现到了极致。真正打动他的不是童年的贫困和死亡的感伤之景，而是他心中曾祖父在人生的惊涛骇浪中镇定自若地航行的坚忍信念。[2]这是英国人为泪不轻弹者落泪的传统的又一例证——被他们绝不屈从于自己情感的信念所感动。多亏了布莱斯特对自己情感汪洋的勇敢抗争，客厅里的观众才有机会为布莱恩·布莱斯特——而不是他的祖先——落泪。

布莱恩·布莱斯特在接受《赫尔每日邮报》采访时表示，对他来说参加《客从何处来》是一次非凡和"神秘"的旅程："一切都消失了，镜头消失了，一瞬间，我与自己融为了一体。"[3]对于布莱斯特来说，这是内心情感的电视真人秀。但是对我们其他人来说，这一切难道不很做作吗？站在这里的是一位演员，经过反复排练后，他对着电视镜头背诵了几行诗，探索他与去世已久的祖先之间假想的情感关联。

1　"No Coward Soul is Mine" (1846), in Emily Jane Brontë, *The Complete Poems*, ed. Janet Gezari (London: Penguin, 1992), p. 182; 关于勃朗特对埃皮克提图的斯多葛主义哲学的认识，见 Margaret Maison, "Emily Brontë and Epictetus", *Notes and Queries* 223 (1978): 230—1。

2　"Brian Blessed", *Who Do You Think You Are?*, BBC One, 14 Aug. 2014, ⟨http://www.bbc.co.uk/programmes/b04dw11r⟩. "How Who Do You Think You Are? Silenced Brian Blessed", *Yorkshire Post*, 4 Aug. 2014, ⟨http://www.yorkshirepost. co.uk⟩.

3　"Who Do You Think You Are? Brian Blessed Silenced and Brought to Tears as he Discovers his 'adventurous roots'", *Hull Daily Mail*, 13 Aug. 2014, ⟨http://www. hulldailymail.co.uk⟩.

正如一位对寻根问祖类电视节目嗤之以鼻的人所言，那些流着眼泪为"遥远的亲人"举行"隆重丧礼"的人，其实是在"为陌生人的死而哭泣"。[1]与逝者素不相识，也是人们吐槽1997年英国社会悼念戴安娜王妃的理由之一。人们问道：为什么每个人都在为戴安娜哭泣，他们甚至都不认识她？[2]这两个案例都说明，为陌生人流泪要么是精神失常，要么是自欺欺人，或者兼而有之。从任何角度看——除了20世纪不会哭的犬儒主义者——这种反对之声是荒谬和平庸的，更不用说它们是反社会和不人道的了。这些愤世嫉俗者问道：谁会为一个陌生人流泪？而我们能够以感伤主义传统之名反问：谁只会为自己和自己所爱的人哭泣？

1871年，紧抿上唇的时代刚刚来临，维多利亚女王的长子、王位继承人威尔士亲王患上了严重的伤寒。焦虑情绪在全国蔓延，经由报纸表达，也因报纸而持续。《观察家》杂志的一篇文章抱怨媒体夸张煽情的报道，但声称"英国人民对王子疾病的感受是真诚和可信的"。该文评论了英国民众与王室的情感关系，其措辞也适用于诸如戴安娜逝世等最近的事件，这表明该事件激起的情感介于剧烈的丧亲之痛和流行小说中的死亡故事（比如狄更斯的《小耐儿》）所唤起的较温和的悲伤之间。这篇文章观察道："对大多数英国人而言，王室的痛苦和悲伤构成了一种关于人类灾难的生动寓言，我们深入其中，是因为我们知道它能吸引所有人——这个寓言蕴含的道理事关同情而非

1　Alison Graham, "Why Must Social History Documentaries Invariably Lead to the 'Crying Shot'", *Radio Times*, 14 July 2012, 〈http://www.radiotimes.com〉.
2　For an interesting analysis see James Thomas, *Diana's Mourning: A People's History* (Cardiff: University of Wales Press, 2002), ch. 5.

坚忍，友善和包容而非耐心和勇气。"[1] 在我们这个时代，得益于电视、互联网和社交媒体，我们可以借由空前广大的情感共同体进入人类灾难的寓言并用真情实感进行回应。真人秀节目就像古典悲剧或肥皂剧（包括温莎家族的肥皂剧），通过怜悯和恐惧净化我们的心灵。

事实上，真正的、最为超然和坚忍的态度或许是对所有人平等地哭泣——不论是虚构的人物、陌生人、朋友、爱人还是我们自己——将我们自己的生活和不幸与他人进行更加客观的比较，同时又不完全脱离人类的情感。笛卡尔曾经写道，最伟大的灵魂在面对自己生活中的悲剧时的反应，与他们对戏剧的反应是相同的。也就是说，他们将真实的感受和哲学上的超然结合了起来。[2] 一个多世纪后，大卫·休谟在《斯多葛派》中想象有一位哲人坐在岩石上，观察下方人类生活中的电闪雷鸣和喜怒哀乐。但是休谟的斯多葛主义是感伤时代的产物，休谟用它来缓和他与社会情感以及同情怜悯之间的冷漠关系。休谟笔下的斯多葛主义者沐浴在泪水之中，不仅为他的朋友，而且为他的国家和全人类的不幸而哀叹，在怜悯、同情和人道的品质中获得快乐——这些道德情操"照亮了悲伤者的面孔，像太阳一样，照亮了阴云和雨水，为它们涂上自然界里最绚烂的色彩"。[3]

不论古代还是现代道德哲学家的著述，在今天都缺少广泛的读者，但是人们对舞台悲剧这一同样古老的情感教育工具仍旧抱有巨

1　"Public Calamities and the Public Bearing", *The Spectator*, 16 Dec. 1871, pp. 9—10, ⟨http://archive.spectator.co.uk⟩.
2　Letter from Descartes of 18 May 1645, *The Correspondence Between Princess Elisabeth of Bohemia and René Descartes,* ed. and trans. Lisa Shapiro (Chicago: University of Chicago Press, 2007), p. 87.
3　David Hume, "The Stoic" (1742), in *David Hume: Selected Essays*, ed. with an introduction and notes by Stephen Copley and Andrew Edgar (Oxford: Oxford University Press, 1993), pp. 83—91 (pp. 87—8).

大的热情。在过去三个世纪的大部分时间里，莎士比亚的第一部悲剧《泰特斯·安特洛尼克斯》因品位和不得体之故而被排除在经典之外。[1] 1955年，它的未删减版本再次被搬上舞台，20世纪90年代以后，《泰特斯·安特洛尼克斯》迎来了真正的复兴。1995年，安东尼·谢尔（Anthony Sher）主演了由国家剧院出品的《泰特斯·安特洛尼克斯》，后来又在约翰内斯堡市场剧院登台献艺。1999年，安东尼·霍普金斯在朱莉·泰莫（Julie Taymor）执导的电影《泰特斯·安特洛尼克斯》中出演主角。《泰特斯·安特洛尼克斯》对复仇、斩首、致残、性暴力和荣誉谋杀的表现，以及剧中逆流成河的鲜血、汗水和眼泪，都在当代引起了巨大的反响。2013年，我在埃文河畔斯特拉特福德的天鹅剧院观看了由迈克尔·芬蒂曼（Michael Fentiman）执导、皇家莎士比亚剧团出品的《泰特斯·安特洛尼克斯》。芬蒂曼这部作品的关键，是将恐怖与幽默结合在一起，泰特斯看见儿子们的头颅时放声大笑的场面是这种结合最集中的体现。在最后一幕中，由斯蒂芬·鲍克瑟（Stephen Boxer）饰演的泰特斯将自己装扮成一名得意快活的法国女仆，监督着一场堪比《教父》或《落水狗》的血腥晚宴。慈爱的泰特斯杀死了拉维妮娅——"为了她，我已经把我的眼睛哭瞎了"——然后笑着面对自己的死亡，这个笑声在原始剧本中是没有的，它呼应了泰特斯之前的"哈、哈、哈！"观众时而大笑，时而惊恐。在天鹅剧院，我环顾四周，旁边的人有的被震惊、有的在啜泣、有的在抹泪。我摘下眼镜，擦掉了沾在脸上的鼻涕、汗水和眼泪。

1　关于《泰特斯·安特洛尼克斯》的历史，见Jonathan Bate, "Introduction", in William Shakespeare, *Titus Andronicus*, ed. Jonathan Bate (London: Arden Shakespeare, 1995), pp. 37—69。

在斯特拉特福德观看《泰特斯·安特洛尼克斯》的中场休息时，我旁边的一对夫妇拿着冰激凌回到座位上。我已经完全陷入安特洛尼克斯家族的巨大悲痛，不禁好奇我的邻座"怎么能在这种时候吃得下冰激凌？"我们可以决定我们在多大程度上允许想象力将自己带入故事的情境。自从柏拉图担忧舞台悲剧对心灵脆弱者有害以来，就有包括我在内的很多人习惯深陷其中。[1] 斯特拉特福德的这场戏对我影响最大的是泰特斯的弟弟玛克斯找到身受重伤的拉维妮娅——她张着嘴巴，血从前胸涌流下来，引起了观众的阵阵喘息——并将她带回父亲身边的那一幕。泰特斯问道："哪一个傻子挑了水倒在海里？"大海的意象贯穿整个场景。泰特斯就像后来休谟笔下的哲人，他站在岩石上宣称：

> 现在我像一个人站在一块岩石上一样，
> 周围是一片汪洋的大海，
> 那海潮愈涨愈高，
> 每一秒钟都会有一阵无情的浪涛
> 把他卷入白茫茫的波心。

后来，当激情的汪洋吞噬岩石上的泰特斯时，他发表了上面这番演讲并宣称"我就是海"。[2] 这是全剧的中心时刻。1995年，安东尼·谢尔在南非饰演泰特斯时就在思考，其他悲剧演员——尤其是几年前他

1　"Margaret Are You Grieving? A Cultural History of Weeping", BBC Radio 3, 27 Jan. 2013, ⟨http://www.bbc.co.uk/programmes/b01pz96d⟩.
2　Shakespeare, *Titus Andronicus*, ed. Bate, Act III, Scene 1, pp. 194, 195, 201. 关于《泰特斯》的更多内容，见第三章。

在《伊莱克特拉》和《海达·高希勒》中见到的菲奥娜·肖（Fiona Shaw）——如何在每晚的演出中表现出这一幕所需的情感。谢尔写道，肖在表演时融入角色，不用欺骗，甚至不用假装，就能产生需要的情感，这是"真实的情感"。[1] 1992年，肖在北爱尔兰德里登台演出索福克勒斯的《伊莱克特拉》。那一周仇杀案频发，不久前她的兄弟在交通事故中丧生，肖的演出成为古典悲剧具有使人贯注于当下真情实感的力量的一个著名例证。[2] 安东尼·谢尔在回忆录中提起了他在约翰内斯堡表演《泰特斯·安特洛尼克斯》的关键一幕时想方设法制造出"真实的情感"的经历，其中包括那段"我就是海"的演讲。但让他感到遗憾的是，有时"真实的情感"并未到来。[3] 对于舞台上的演员来说，表演的情感和真实的情感之间没有明确的界限，这在我们的日常生活中也是如此。即便我们是自己的观众，哭泣无疑也是一种表演，但据此认为情感是不真实的，就会制造一种错误的二分法。

情感表演和性行为一样，并不总是按计划进行。"眼泪就像精液，"安东尼·谢尔在回忆录中写道，"如果你总想着它，它就不会来。"[4] 正如我们在本书看到的，眼泪长期以来被认为是一种分泌物和信号——用罗伯特·伯顿的话来说，它是"第三类混合的体液排泄

---

1 Anthony Sher and Gregory Doran, *Woza Shakespeare! Titus Andronicus in South Africa* (London: Methuen Drama, 1996), p. 166.

2 Fiona Shaw, "Playing Electra in Derry Helped Me See the Power of Tragedy", *The Guardian*, 29 Apr. 2014, ⟨http://www.guardian.com⟩; Jane Montgomery Griffiths, "Remembering Derry: Sophocles' Electra and the Space of Memory", *Didaskalia 7.2* (2009), ⟨http://www.didaskalia.net/issues/vol7no2/griffiths.html⟩. Fiona Shaw also contributed to "Margaret Are You Grieving?", BBC Radio 3.

3 Sher and Doran, *Woza Shakespeare!*, pp. 200, 238, 261, 262.

4 同上引，238。

物"。[1] 这就是眼泪力量的一部分。它们是体液, 但与血液、黏液、汗液、尿液和精液既相同又不同的是, 它们可以有意无意地从我们体内渗出, 进入公共世界, 有的是表演, 有的是泄漏。与我们的情感不同, 眼泪可以被他人看见、触摸和品尝。然而我们从伯顿、笛卡尔、弗洛伊德和弗雷那里接触到的不同类型的眼泪失禁理论在当今学界并非主流。威廉·弗雷的实验旨在证明, 感动的泪水是分泌压力荷尔蒙的载体, 但他的实验并未被他人成功复制。弗洛伊德的压抑和退行概念不再占据主导地位。声称女性哭泣是在模仿她们自幼向往的男性小便行为的说法, 就和古代医生或中世纪神学家提出的任何理论一样离奇古怪和不可思议。[2] 哭泣科学的最新成果来自荷兰心理学家艾德里安·温格霍茨（Ad Vingerhoets）, 他对该领域的全面研究无法支持哭泣是情感溢出、排泄或宣泄的观点。让眼泪停止是不可能的。1827 年, 达尔文观察到哭泣可能由最不相关的情感, 甚至在没有情感作用的情况下产生的。1960 年, 在美国一项开创性的心理学研究中, 受访者列出了多达 307 种不同的哭泣原因。研究者将它们分为 47 类, 涵盖了心理学认定的每一种人类情感, 并将它们归入三个大类: 1. 悲伤和哀愁; 2. 愤怒、恐惧和痛苦; 3. 愉悦、感激、温柔和崇高（sublime）。[3] 温格霍茨的最新研究也证实, 哭泣的原因多种多样, 包括一系列明显相反的情形——既有冲突、孤单、失败的状态, 也有和解、社会关系紧密、胜利的状态——以及痛苦和疼痛、安慰和同情、狂喜甚至性高潮的快感。当我们哭泣时, 我们似乎在表达人类情感一

1　见第三章。

2　关于菲利斯·格林纳克（Phyllis Greenacre）等精神分析学家, 见第十七章。

3　Alvin Borgquist, "Crying", *American Journal of Psychology* 17.2 (1906): 149—205 (pp. 152—3).

些基本矛盾的正反两面。也许,从我们内心涌起的是一种比我们当代心理学分类更为基本、区别更小的东西。[1]

桑德尔·费尔德曼的理论是,所有的眼泪,无论是出于什么表面原因,无论看起来快乐还是悲伤,最终都是对死亡事实的哀悼——我们自己的死亡和我们所爱之人的死亡。这个理论简单得令人感到凄凉。费尔德曼指出,儿童不会因为快乐的结局而哭泣,这表明他们尚无法接受死亡的事实。这种接受一旦发生,就会把每个快乐的结局变成一个体验那些被压抑、被推迟或被预见的悲伤的机会,这种悲伤源于每个人都要经历的不幸结局。[2] 正如我们看到的,历史上英国人对眼泪和死亡的态度是紧密联系的。我们对在公共场合哭泣充满疑虑的一个最为深刻的根源是16世纪新教徒对天主教哀悼方式的不满,天主教的哀悼方式被认为是耽于感官、亵渎神明、不受控制和毫无效果的。对维多利亚时代的人来说,狄更斯式悲怆的巅峰是对儿童死亡的叙述,它为当时普遍遭遇丧子之痛的父母提供了想象的渠道,这些故事后来又被谴责为感伤主义的登峰造极之作。在20世纪,对死亡保持缄默和予以否认是"紧抿上唇"传统的重要组成部分。从20世纪50年代开始,改革者试图打破传统——这次是以心理学而不是宗教的名义。如今,电视真人秀的观众会为已故的亲人、已故的名人,甚至已故的名人的亲人流泪。

1　Ad Vingerhoets, *Why Only Humans Weep: Unravelling the Mysteries of Tears* (Oxford: Oxford University Press, 2013), pp. 51—2, 91—2, 105—12. 另见 Jerome Neu, *A Tear is an Intellectual Thing: The Meanings of Emotion* (Oxford: Oxford University Press, 2000), ch. 2, especially pp. 35—6; Thomas Dixon, "The Waterworks", Aeon Magazine, 22 Feb. 2013, 〈http://aeon.co/magazine/psychology/thomas-dixon-tears〉. 关于达尔文,见第十三章。
2　Sandor S. Feldman, "Crying at the Happy Ending", *Journal of the American Psychoanalytic Association* 4 (1956): 477—85.

在探讨英国人的哭泣史及其所揭示和包含的思想与态度的过程中，我被集体失忆所震撼，这是紧抿上唇时代留下的持久遗产之一。几十年的战争与和平，将那些把英国人与大量富有想象力的宗教文学联系在一起的许多线索给打破了，这些文学作品曾经构成了情感教育的主要来源。甚至在过去的50年里，每一代社会评论家似乎非但不了解英国人在泪不轻弹的20世纪之前的感伤历史，也不了解20世纪50年代以来英国人对情感的屡次再发现。宣告英国人紧抿上唇传统已经结束、情感外露的新时代行将到来的言论层出不穷。与此同时，也有文章指出"紧抿上唇"心态显然还在继续对人们的心理造成伤害。既然我们现在正处于一个好哭的新时代，我们可以转向文化史和思想史，探讨眼泪在我国早年的历史上如何以及为何受到重视，并理解几乎被湮没的、让我们对公开表达情感依然怀有一丝残存厌恶之情的恐惧和执念。历史可以通过一个规模庞大、内容丰富的文化文物博物馆——它收藏了与情感相关的文字、物品和信仰——引导和帮助眼泪回归生活。

正如我所指出的，这个博物馆应该将很大一部分用于介绍死亡文化——既包括对逝者的悼念仪式，又关注死亡这一决定人类存在的因素本身。精神分析学从古代犹太教和基督教传统中继承了一种观念，即世界和人心在本质上是破碎的。这曾经体现为人类的堕落，以及罪恶和死亡的统治。但重新发现公众的眼泪，通常并不伴随着对这些早期传统的回忆。所以当桑德尔·费尔德曼引用《圣经》中雅各和以扫含泪重逢的故事，并将其作为因大团圆结局而哭泣的案例进行分析时，他的结论当然是用精神分析的语言来表达的。他写道："当我们还是孩子的时候，我们并不知道有一天死亡会终结那些让我们感到快乐的关系。"后来我们哭泣，是因为"充满幻想的童年一去不复返，我们之所以哭泣，是因为悲伤的结局——与爱人分离——终究会到来"。[1] 安娜·利蒂希娅·巴鲍德创作于18世纪的《死亡颂歌》中有一段令人难忘的句子，它用不同的语言表达了类似的观点。巴鲍德将脸颊红润、精力充沛的壮年男子与他日后僵硬冰冷的尸体并列："我之所以哭泣，是因为世上有死亡。神造之物中有行毁灭的，凡所造之物必将毁灭；生者必灭，随我去吧，因为我还要哭下去。"[2]

毁灭是神的作为。受基督教文化浸染的英国作家以各种各样的方式表达对哭泣的认识。在他们看来，哭泣是面对世界的堕落状态和在死亡阴影笼罩下的生活的一种反应。几个世纪以来，有一种观念反复出现：让人起死回生给了他们哭泣的理由，让他们为不得不重走一遍人间和再次经历死亡而哀哭。C. S. 路易斯在《卿卿如晤》中写道，他渴望妻子乔伊能从坟墓回到他身边，但承认这种起死回生对她毫无益处。他问道，还有什么比让她起死回生和"再次经历死亡""更加让她痛苦？""人们称司提反为第一个殉道者。其实拉撒路的第二次死亡岂不更残酷？"[3] 奥斯卡·王尔德曾经讲过一个寓意相似的故事，在这个虚构的故事中，基督和被他治愈的人再次相遇，其中包括曾经的一名麻风病人，如今却沉迷于享乐的生活，以及当年的一个瞎子，如今用他奇迹般复明的眼睛好色地凝视妇女。最后，基督遇见了一名在路边哭泣的年轻男子。基督问他为何而哭，年轻人回答道："我曾死

1　Feldman, "Crying at the Happy Ending", pp. 481—2, 484—5.

2　Anna Laetitia Barbauld, *Hymns in Prose for Children*, 6th edn (London: J. Johnson, 1794), p. 88.

3　C. S. Lewis, *A Grief Observed* (London: Faber & Faber, 1964), p.34.

去, 但你让我起死回生, 除了哭泣, 我还能做什么呢?"[1] 17世纪20年代, 约翰·多恩在以此为主题的布道中给出了基督在拉撒路墓前流泪的几个原因。其中一个原因是, 虽然这会让拉撒路的家人转悲为喜, 耶稣的门徒也会因神迹而坚定信心, "但拉撒路自己却因此牺牲, 他再次被囚禁、委身和屈服于这个世界的种种不义"。耶稣是在为他带给拉撒路的命运而哭泣。[2]

英国人对眼泪的态度, 既受到了古典文化和基督教文化的启发, 还似乎受到了国家地形的影响。不列颠的岛民学会了如何抵御大海, 在他们看来, 这原始、混乱和危险的咸水会将他们腐蚀、溶解和淹没。海洋象征着眼泪和死亡。20世纪中期, 泪不轻弹的英国人看起来就像当代的泰特斯·安特洛尼克斯, 或疯狂的禁欲主义者, 或情绪激动的克努特人, 他坐在一块被翻腾、起伏和咆哮的泪海环绕的岩石上, 喝令海浪退去。[3] 眼泪是一种智慧之物, 但它也是一种基本的、水质的、与气象和海洋息息相关的物质。各个时代的英国作家无不将眼泪视为体液系统的一部分和心灵的析出物, 帮助人类融入他们身处的环境。这些作家在文字和情感海洋之间建立起联系, 用泉水、河道和大海描述眼泪。其中一人是出生于匈牙利的知识分子阿瑟·凯斯特勒 (Arthur Koestler), 他于1948年成为英国公民。

凯斯特勒是一位多产和放纵的人, 他在思想上、政治上和性方

1　"The Doer of Good", in Oscar Wilde, *Complete Shorter Fiction*, ed. Isobel Murray (Oxford: Oxford University Press, 2008), pp. 253—5.

2　John Donne, "John 11.35. Jesus Wept" (1622/3), in *The Sermons of John Donne*, ed. with introductions and critical apparatus by George R. Potter and Evelyn M. Simpson, 10 vols (Berkeley and Los Angeles: University of California Press, 1959), iv. 324—44 (p. 341).

3　关于男子汉和盎格鲁—撒克逊人的眼泪, 以及克努特国王的吻, 见Tracey-Anne Cooper, "The Shedding of Tears in Late Anglo-Saxon England", in Elina Gertsman (ed.), *Crying in the Middle Ages: Tears of History* (New York: Routledge, 2012), pp. 175—92 (pp. 177—81)。

面都不受约束。据1998年出版的一本传记透露，凯斯特勒是残忍的性侵者。该书包含了对作家兼电影制作人吉尔·克雷吉（Jill Craigie）的一段采访，她指控凯斯特勒1951年对她实施了强奸。[1] 凯斯特勒也是20世纪英国为数不多的持续对眼泪和哭泣进行心理学思考的学者之一。他对许多类型的哭泣嗤之以鼻，将其视为内心软弱和女子气的表现。但他指出，应当对能够激发"狂喜"之泪的"超越自我"情绪给予更多关注。凯斯特勒列举了这类眼泪出现的时刻："在大教堂聆听管风琴时；在山顶欣赏雄伟的风景时；观察婴儿且不好意思地报以微笑时；陷入爱河时。"他将这些描述为"海洋般感受"（oceanic feeling）的实例，这个概念是由法国作家和东方宗教学者罗曼·罗兰提出并介绍给弗洛伊德的。在这种时刻，自我"似乎不复存在，它溶解在经验之中，仿佛水中的盐粒"，意识扩张成"无限延伸的海洋般的感受，并和宇宙融为一体"。布莱恩·布莱斯德讲述自己拍摄《客从何处来》的经历或许就是对这种时刻的描述："一切都消失了，摄像机镜头消失了，我突然和自己融为了一体。"对凯斯特勒来说，这一时刻的眼泪不仅指向过去，还指向未来。指向过去就是指向子宫，指向一种出现分化之前的意识状态；指向未来就是指向一种与己无关的来世的可能性，在这个来世中，个人将溶解在永恒的统一性（oneness）之中。凯斯特勒写道，这些经历可以唤起"浮士德的祈祷：停留片刻——让这一刻永恒，让我死去"。[2]

在海洋般的时刻，若屈服于眼泪，则意味着对情感和死亡的接

1　David Cesarani, *Arthur Koestler: The Homeless Mind* (London: William Heinemann, 1998).
2　Arthur Koestler, *The Act of Creation* (London: Hutchinson, 1964), book i, ch. 12, "The Logic of the Moist Eye", pp. 271—84 (p. 273).

结　论　我就是海

受。同样, 在20世纪英国历史上压抑情感的那几十年里, 与眼泪的斗争既是与情感的斗争, 也是与死亡的斗争——与拍打我们海岸的时间之海的斗争。"河水流得好快啊," 小保罗·董贝在临死时喊道, "不过, 它离大海已经很近了。我听见了海浪的声响!"[1] 1822年, 珀西·雪莱在地中海溺亡。前一年, 他写了一首诗, 将时间比喻为深不可测的海洋, 它那"苦难之水的咸味"来自"人类眼泪中的盐!"[2] 两个世纪前, 约翰·多恩在其《马克汉姆夫人的挽歌》中写道:"人是世界, 死亡是海洋。" 在以"耶稣哭了"为主题的布道中, 多恩将牺牲在十字架上的基督的眼泪形容为大海——"自由之海, 向所有人开放; 每个人都可以航行回家, 回到自己的家, 并在那里哀叹自己的罪"。大海之中, 既有死亡之险, 又有重生之机。在我试图理解英国眼泪文化史的过程中, 多恩的布道是最能激起我的兴趣和让我快乐的文本之一。多恩把人类想象成一种多孔的深海生物——"每个人不过是一块海绵, 一块充满泪水的海绵: 无论你将右手还是左手放在一块浸透的海绵上, 它都会哭"。一块无泪的海绵, 会被世俗的欲望烧毁, 变成一块干浮石。"当上帝想在最后的审判日拯救一个人时, 当上帝答应擦去此人所有的眼泪时," 多恩向他的会众问道, "上帝对那些从来不哭的人又能做些什么呢?"[3]

---

1 Charles Dickens, *Dombey and Son*, ed. with an introduction and notes by Denn is Walder (Oxford: Oxford University Press, 2001), ch. 16, p. 240.
2 "Time", in *Posthumous Poems of Percy Bysshe Shelley* (London: John and Henry L. Hunt, 1824), p. 215.
3 Donne, "Elegie on the Lady Markham" (1609), 转引自Marjory E. Lange, *Telling Tears in the English Renaissance* (Leiden: E. J. Brill, 1996), p. 196; Donne, "John 11.35. Jesus Wept", pp. 331, 337, 339。

线上资源

我将写作本书过程中使用过的在线资源、出版物和数据库分为两类：一类是在写作过程其内容可以公开访问的，另一类是可通过机构或个人订阅进行访问的。对于可公开访问的内容，我附上了网站地址。

可公开访问

BBC Genome Project: Radio Times Listings, 1923-2009
   http: //genome.ch.bbc.co.uk
Big Red Book Online: Celebrating Television's This is your Life
   http: //www.bigredbook.info
British Film Institute Collection Search
   http: //collections-search.bfi.org.uk/web
British Museum Collection Online
   https: //www.britishmuseum.org/research/collection_online/search.aspx
Complete Works of Charles Darwin Online
   http: //darwin-online.org.uk
Darwin Correspondence Project
   http: //www.darwinproject.ac.uk
Google Books
   http: //books.google.com
Hansard Online: Official Reports of Debates in Parliament, 1803-2005
   http: //hansard.millbanksystems.com
Internet Archive
   https: //archive.org
Margaret Thatcher Foundation
   http: //www.margaretthatcher.org
The Modernist Journals Project
   http: //modjourn.org
Old Bailey Proceedings Online
   http: //www.oldbaileyonline.org
OTA: The University of Oxford Text Archive

http: //ota.ahds.ac.uk

Project Gutenberg

  https: //www.gutenberg.org

Queen Victoria's Journals

  http: //www.queenvictoriasjournals.org

The Spectator Archive, 1828–2008

  http: //archive.spectator.co.uk

Thank the Academy, by Rebecca Rolfe

  http: //www.rebeccarolfe.com/projects/thanktheacademy

The UK Reading Experience Database

  http: //www.open.ac.uk/arts/reading/UK

可通过订阅访问

17th–18th-Century Burney Collection Newspapers

19th-Century British Newspapers

The British Newspaper Archive

British Periodicals

Early English Books Online (EEBO)

Eighteenth-Century Collections Online (ECCO)

JISC Historic Books

JSTOR

Nineteenth-Century UK Periodicals

Oxford Dictionary of National Biography, Online Edition

Oxford English Dictionary Online

The Times Digital Archive, 1785–1985

UK Press Online

延伸阅读

我在注释中标明了每章引用的原始资料和二手文献。在创建下面的清单时，我选择了一些文章和书籍，它们可以作为进一步研究本书所探讨的话题和历史主题的起点。

关于哭泣的理论

Gary L. Ebersole, 'The Function of Ritual Weeping Revisited: Affective Expression and Moral Discourse', *History of Religions* 39(2000): 211–46.

Sandor S. Feldman, 'Crying at the Happy Ending', *Journal of the American Psycho-analytic Association* 4 (1956): 477–85.

William H. Frey II, with Muriel Langseth, *Crying: The Mystery of Tears* (Minneapolis: Winston Press, 1985).

Arthur Koestler, *The Act of Creation* (London: Hutchinson, 1964), 'The Logic of the Moist Eye', pp. 271–84.

Jeffrey A. Kottler, *The Language of Tears* (San Francisco: Jossey-Bass, 1996).

Tom Lutz, *Crying: The Natural and Cultural History of Tears* (New York: Norton, 1999).

Judith Kay Nelson, *Seeing Through Tears: Crying and Attachment* (New York: Routledge, 2005).

Jerome Neu, *A Tear is an Intellectual Thing: The Meanings of Emotion* (Oxford: Oxford University Press, 2000).

Michael R. Trimble, *Why Humans Like to Cry: Tragedy, Evolution, and the Brain* (Oxford: Oxford University Press, 2012).

Ad Vingerhoets, *Why Only Humans Weep: Unravelling the Mysteries of Tears* (Oxford: Oxford University Press, 2013).

历史上的眼泪

Sheila Page Bayne, *Tears and Weeping: An Aspect of Emotional Climate Reflected in Seventeenth-Century French Literature* (Tübingen: Narr, 1981).

Bernard Capp, ' "Jesus Wept" But Did the Englishman? Masculinity and Emotion in Early Modern England', *Past and Present* 224 (2014): 75–108.

Thomas Dixon, 'The Tears of Mr Justice Willes', *Journal of Victorian Culture* 17 (2012): 1–23.

James Elkins, *Pictures and Tears: A History of People Who Have Cried in Front of Paintings* (New York: Routledge, 2001).

Julie Ellison, *Cato's Tears and the Making of Anglo-American Emotion* (Chicago: University of Chicago Press, 1999).

Thorsten Fögen (ed.), *Tears in the Graeco-Roman World* (Berlin: Walter de Gruyter, 2009).

Elina Gertsman (ed.), *Crying in the Middle Ages: Tears of History* (New York: Routledge, 2012).

Marjory E. Lange, *Telling Tears in the English Renaissance* (Leiden: E. J. Brill, 1996).

Marco Menin, '"Who Will Write the History of Tears?" History of Ideas and History of Emotions from Eighteenth-Century France to the Present', *History of European Ideas* 40 (2014): 516–32.

Anne Vincent-Buffault, *The History of Tears: Sensibility and Sentimentality in France* (Basingstoke: Macmillan, 1991).

Timothy Webb (ed.), *Towards a Lachrymology: Tears in Literature and Cultural History*, *Litteraria Pragensia: Studies in Literature and Culture* 22: 43 (2012).

情感史

Fay Bound Alberti (ed.), *Medicine, Emotion, and Disease, 1750 1950* (Basingstoke: Palgrave, 2006).

Joanna Bourke, 'Fear and Anxiety: Writing about Emotion in Modern History', *History Workshop Journal* 55 (2003): 111–33.

Peter Burke, 'Is There a Cultural History of the Emotions?', in Penelope Gouk and Helen Hills (eds), *Representing Emotions: New Connections in the Histories of Art, Music and Medicine* (Aldershot: Ashgate, 2005), pp. 35–48.

Elena Carrera (ed.), *Emotions and Health, 1200–1700* (Leiden: Brill, 2013).

Thomas Dixon, *From Passions to Emotions: The Creation of a Secular Psychological Category* (Cambridge: Cambridge University Press, 2003).

Thomas Dixon, '"Emotion": The History of a Keyword in Crisis', *Emotion Review* 4 (2012): 338–44.

Lucien Febvre, 'La Sensibilité et l'histoire: comment reconstituer la vie affective d'autrefois?' *Annales d'histoire sociale* 3 (1941): 5–20.

Ute Frevert, *Emotions in History: Lost and Found* (Budapest: Central European

University Press, 2011).

Johan Huizinga, *The Autumn of the Middle Ages*, trans. Rodney J. Payton and Ulrich Mammitzsch (Chicago: University of Chicago Press, 1996). First published 1919.

Claire Langhamer, *The English in Love: The Intimate Story of an Emotional Revolution* (Oxford: Oxford University Press, 2013).

Susan J. Matt and Peter N. Stearns (eds), *Doing Emotions History* (Urbana: University of Illinois Press, 2014).

Gail Kern Paster, Katherine Rowe, and Mary Floyd-Wilson (eds), *Reading the Early Modern Passions: Essays in the Cultural History of Emotion* (Philadelphia: University of Pennsylvania Press, 2004).

Jan Plamper, *The History of Emotions: An Introduction* (Oxford: Oxford University Press, 2015).

William M. Reddy, *The Navigation of Feeling: A Framework for the History of Emotions* (Cambridge: Cambridge University Press, 2001).

Michael Roper, *The Secret Battle: Emotional Survival and the Great War* (Manchester: Manchester University Press, 2009).

Barbara Rosenwein, *Emotional Communities in the Early Middle Ages* (Ithaca, NY: Cornell University Press, 2006).

Ulinka Rublack (trans. Pamela Selwyn), 'Fluxes: The Early Modern Body and the Emotions', *History Workshop Journal* 53 (2002): 1–16.

宗教与情感

Misty G. Anderson, *Imagining Methodism in Eighteenth-Century Britain: Enthusiasm, Belief and the Borders of the Self* (Baltimore: Johns Hopkins University Press, 2012).

Raymond A. Anselment, 'Mary Rich, Countess of Warwick, and the Gift of Tears', *Seventeenth Century* 22 (2007): 336–57.

Eamon Duffy, *The Stripping of the Altars: Traditional Religion in England, c. 1400–c.1580* (New Haven and London: Yale University Press, 1992).

Katherine Harvey, 'Episcopal Emotions: Tears in the Life of the Medieval Bishop', *Historical Research* 87 (2014): 591–610.

David Hempton, *The Religion of the People: Methodism and Popular Religion c.1750–1900* (London: Routledge, 1996).

Susan C. Karant-Nunn, *The Reformation of Feeling: Shaping the Religious Emotions in Early Modern Germany* (Oxford: Oxford University Press, 2010).

Sandra McEntire, *The Doctrine of Compunction in Medieval England: Holy Tears*

(Lewiston, NY: Edwin Mellen Press, 1990).

Phyllis Mack, *Visionary Women: Ecstatic Prophecy in Seventeenth-Century England* (Berkeley and Los Angeles: University of California Press, 1992).

Sarah McNamer, *Affective Meditation and the Invention of Medieval Compassion* (Philadelphia: University of Pennsylvania Press, 2010).

Emma Major, *Madam Britannia: Women, Church, and Nation 1712–1812* (Oxford: Oxford University Press, 2011).

Piroska Nagy, *Le Don des larmes au Moyen Âge: un instrument spirituel en quête d'institution, V^e—XIIIe siècle* (Paris: Albin Michel, 2000).

Kimberley Christine Patton and John Stratton Hawley (eds), *Holy Tears: Weeping in the Religious Imagination* (Princeton: Princeton University Press, 2005).

Miri Rubin, *Emotion and Devotion: The Meaning of Mary in Medieval Religious Cultures* (Budapest: Central European University Press, 2009).

Alec Ryrie, *Being Protestant in Reformation Britain* (Oxford: Oxford University Press, 2013).

Alison Shell, *Catholicism, Controversy and the English Literary Imagination, 1558–1660* (Cambridge: Cambridge University Press, 1999).

Richard Strier, 'Herbert and Tears', *ELH* 46 (1979): 221–47.

英国文艺复兴时期的痛苦和悲伤

Angus Gowland, *The Worlds of Renaissance Melancholy: Robert Burton in Context* (Cambridge: Cambridge University Press, 2006).

Elizabeth Hodgson, *Grief and Women Writers in the English Renaissance* (Cambridge: Cambridge University Press, 2014).

Gary Kuchar, *The Poetry of Religious Sorrow in Early Modern England* (Cambridge: Cambridge University Press, 2008).

G. W. Pigman III, *Grief and English Renaissance Elegy* (Cambridge: Cambridge University Press, 1985).

Jeremy Schmidt, *Melancholy and the Care of the Soul: Religion, Moral Philosophy and Madness in Early Modern England* (Aldershot: Ashgate, 2007).

Erin Sullivan, *Beyond Melancholy: Sadness and Selfhood in Renaissance England* (Oxford: Oxford University Press, forthcoming).

Margo Swiss and David A. Kent (eds), *Speaking Grief in English Literary Culture: Shakespeare to Milton* (Pittsburgh: Duquesne University Press, 2002).

戏剧和剧场

William Archer, *Masks or Faces? A Study in the Psychology of Acting* (London: Longmans, Green and Co., 1888).

Bridget Escolme, *Emotional Excess on the Shakespearean Stage: Passion's Slaves* (London: Bloomsbury Arden Shakespeare, 2013).

Mary Floyd-Wilson, *English Ethnicity and Race in Early Modern Drama* (Cambridge: Cambridge University Press, 2003).

Cora Fox, *Ovid and the Politics of Emotion in Elizabethan England* (New York: Palgrave Macmillann, 2009).

Indira Ghose, *Shakespeare and Laughter: A Cultural History* (Manchester: Manchester University Press, 2008).

Katharine Goodland, *Female Mourning in Medieval and Renaissance English Drama: From the Raising of Lazarus to King Lear* (Aldershot: Ashgate, 2005).

Allison P. Hobgood, *Passionate Playgoing in Early Modern England* (Cambridge: Cambridge University Press, 2014).

Gail Kern Paster, *The Body Embarrassed: Drama and the Disciplines of Shame in Early Modern England* (Ithaca, NY: Cornell University Press, 1993).

Joseph R. Roach, *The Player's Passion: Studies in the Science of Acting* (Newark: University of Delaware Press, 1985).

Matthew Steggle, *Laughing and Weeping in Early Modern Theatres* (Aldershot: Ashgate, 2007).

感性、同情和感伤

G. J. Barker-Benfield, *The Culture of Sensibility: Sex and Society in Eighteenth-Century Britain* (Chicago: University of Chicago Press, 1992).

Nicola Bown (ed.), *Rethinking Victorian Sentimentality, 19: Interdisciplinary Studies in the Long Nineteenth Century* 4 (2007), <http: //www.19.bbk.ac.uk/index.php/19/issue/view/67>.

Carolyn Burdett (ed.), *New Agenda: Sentimentalities*, in *Journal of Victorian Culture* 16 (2011): 187–274.

Markman Ellis, *The Politics of Sensibility: Race, Gender and Commerce in the Sentimental Novel* (Cambridge: Cambridge University Press, 1996).

Jim Endersby, 'Sympathetic Science: Charles Darwin, Joseph Hooker, and the Passions of Victorian Naturalists', *Victorian Studies* 51 (2009): 299–320.

Paul Goring, *The Rhetoric of Sensibility in Eighteenth-Century Culture* (Cambridge: Cambridge University Press, 2005).

Fred Kaplan, *Sacred Tears: Sentimentality in Victorian Literature* (Princeton: Princeton University Press, 1987).

Jonathan Lamb, *The Evolution of Sympathy in the Long Eighteenth Century* (London: Pickering and Chatto, 2009).

John Mullan, *Sentiment and Sociability: The Language of Feeling in the Eighteenth Century* (Oxford: Clarendon Press, 1988).

Adam Phillips and Barbara Taylor, *On Kindness* (London: Hamish Hamilton, 2009).

Valerie Purton, *Dickens and the Sentimental Tradition: Fielding, Richardson, Sterne, Goldsmith, Sheridan, Lamb* (London: Anthem Press, 2012).

Philip Shaw, *Suffering and Sentiment in Romantic Military Art* (Farnham: Ashgate, 2013).

Janet Todd, *Sensibility: An Introduction* (London: Methuen, 1986).

Ann Jessie van Sant, *Eighteenth-Century Sensibility and the Novel: The Senses in Social Context* (Cambridge: Cambridge University Press, 2004).

Paul White, 'Darwin's Emotions: The Scientific Self and the Sentiment of Objectivity', *Isis* 100 (2009): 811–26.

Paul White, 'Darwin Wept: Science and the Sentimental Subject', *Journal of Victorian Culture*, 16 (2011): 195–213.

性　别

Joanna Bourke, *Dismembering the Male: Men's Bodies, Britain and the Great War* (London: Reaktion Books, 1996).

Bernard Capp, '"Jesus Wept" But Did the Englishman? Masculinity and Emotion in Early Modern England', *Past and Present* 224 (2014): 75–108.

Philip Carter, 'Tears and the Man', in Sarah Knott and Barbara Taylor (eds), *Women, Gender and Enlightenment* (Basingstoke: Palgrave Macmillan, 2005), pp. 156–73.

Tracey-Anne Cooper, 'The Shedding of Tears in Late Anglo-Saxon England', in Elina Gertsman (ed.), *Crying in the Middle Ages: Tears of History* (New York: Routledge, 2012), pp. 175–92.

Kate Fox, *The Kleenex-for-Men Crying Game Report: A Study of Men and Crying* (Oxford: Social Issues Research Centre, 2004), <http: //www.sirc.org/publik/crying_game.pdf>.

Holly Furneaux, 'Victorian Masculinities, or Military Men of Feeling: Domesticity, Militarism, and Manly Sensibility', in Juliet John (ed.), *The Oxford Handbook of Victorian Literary Culture* (Oxford: Oxford University Press, forthcoming).

Katharine Goodland, *Female Mourning in Medieval and Renaissance English Drama: From the Raising of Lazarus to King Lear* (Aldershot: Ashgate, 2005).

Kimberley-Joy Knight, '*Si puose calcina a' propi occhi*: The Importance of the Gift of Tears for Thirteenth-Century Religious Women and their Hagiographers', in Elina Gertsman (ed.), *Crying in the Middle Ages: Tears of History* (New York: Routledge, 2012), pp. 136–55.

Sarah Knott and Barbara Taylor (eds), *Women, Gender and Enlightenment* (Basingstoke: Palgrave Macmillan, 2005).

Phyllis Mack, *Heart Religion in the British Enlightenment: Gender and Emotion in Early Methodism* (Cambridge: Cambridge University Press, 2008).

Virginia Nicholson, *Millions Like Us: Women's Lives in War and Peace 1939–1949* (London: Penguin, 2011).

Patricia Phillippy, *Women, Death and Literature in Post-Reformation England* (Cambridge: Cambridge University Press, 2002).

Milette Shamir and Jennifer Travis (eds), *Boys Don't Cry? Rethinking Narratives of Masculinity and Emotion in the U.S.* (New York: Columbia University Press, 2002).

Stephanie A. Shields, *Speaking from the Heart: Gender and the Social Meaning of Emotion* (Cambridge: Cambridge University Press, 2002).

Barbara Taylor, *Mary Wollstonecraft and the Feminist Imagination* (Cambridge: Cambridge University Press, 2003).

John Tosh, *A Man's Place: Masculinity and the Middle-Class Home in Victorian England* (New Haven: Yale University Press, 1999).

Jennifer C. Vaught, *Masculinity and Emotion in Early Modern English Literature* (Aldershot: Ashgate, 2008).

电 影

Melanie Bell and Melanie Williams (eds), *British Women's Cinema* (London: Routledge, 2009).

Stanley Cavell, *Contesting Tears: The Hollywood Melodrama of the Unknown Woman* (Chicago: University of Chicago Press, 1996).

Richard Dyer, *Brief Encounter* (London: British Film Institute, 1993).

Sue Harper and Vincent Porter, *Weeping in the Cinema in 1950: A Reassessment of*

Mass-Observation Material (Brighton: Mass-Observation Archive, University of Sussex Library, 1995).

Sue Harper and Vincent Porter, 'Moved to Tears: Weeping in the Cinema in Postwar Britain', *Screen* 37 (1996): 152–73.

Antonia Lant, *Blackout: Reinventing Women for Wartime British Cinema* (Princeton: Princeton University Press, 1991).

Tom Lutz, *Crying: The Natural and Cultural History of Tears* (New York: Norton, 1999).

Kenneth MacKinnon, *Love, Tears, and the Male Spectator* (London: Associated University Presses, 2002).

Alison L. McKee, *The Woman's Film of the 1940s: Gender, Narrative, and History* (New York: Routledge, 2014).

Steve Neale, 'Melodrama and Tears', *Screen* 27 (1986): 6–23.

Jeffrey Richards, *Films and British National Identity: From Dickens to Dad's Army* (Manchester: Manchester University Press, 1997).

Jeffrey Richards and Dorothy Sheridan (eds), *Mass-Observation at the Movies* (London: Routledge & Kegan Paul, 1987).

英国性

Mary Floyd-Wilson, *English Ethnicity and Race in Early Modern Drama* (Cambridge: Cambridge University Press, 2003).

Kate Fox, *Watching the English: The Hidden Rules of English Behaviour*, updated edition (London: Hodder and Stoughton, 2014).

Michael Kenny, *The Politics of English Nationhood* (Oxford: Oxford University Press, 2014).

Paul Langford, *Englishness Identified: Manners and Character 1650–1850* (Oxford: Oxford University Press, 2000).

Peter Mandler, *The English National Character: The History of an Idea from Edmund Burke to Tony Blair* (New Haven: Yale University Press, 2006).

Robert Tombs, *The English and their History* (London: Allen Lane, 2014).

Wendy Webster, *Englishness and Empire, 1939–1965* (Oxford: Oxford University Press, 2005).

政　治

Maria Braden, *Women Politicians and the Media* (Lexington: University of Kentucky Press, 1996).

Markman Ellis, *The Politics of Sensibility: Race, Gender and Commerce in the Senti-mental Novel* (Cambridge: Cambridge University Press, 1996).

Martin Francis, 'Tears, Tantrums, and Bared Teeth: The Emotional Economy of Three Conservative Prime Ministers, 1951–1963', *Journal of British Studies* 41 (2002): 354–87.

Jonas Liliequist, 'The Political Rhetoric of Tears in Early Modern Sweden', in Jonas Liliequist (ed.), *A History of Emotions, 1200–1800* (London: Pickering and Chatto, 2012), pp. 181–205.

Daniel O'Quinn, 'Fox's Tears: The Staging of Liquid Politics', in Alexander Dick and Angela Esterhammer (eds), *Spheres of Action: Speech and Performance in Romantic Culture* (Toronto: University of Toronto Press, 2009), pp. 194–221.

Mark Philp (ed.), *The French Revolution and British Popular Politics* (Cambridge: Cambridge University Press, 1991).

Lance Price, *Where Power Lies: Prime Ministers v the Media* (London: Simon and Schuster, 2010).

Amanda Vickery (ed.), *Women, Privilege, and Power: British Politics, 1750 to the Present* (Stanford, Calif.: Stanford University Press, 2001).

Wendy Webster, *Not a Man to Match Her: The Marketing of a Prime Minister* (London: The Women's Press, 1990).

死亡、悲伤和哀悼

David Cannadine, 'War and Death, Grief and Mourning in Modern Britain', in Joachim Whaley (ed.), *Mirrors of Mortality: Studies in the Social History of Death* (London: Europa, 1981), pp. 187–242.

Katharine Goodland, *Female Mourning in Medieval and Renaissance English Drama: From the Raising of Lazarus to King Lear* (Aldershot: Ashgate, 2005).

Geoffrey Gorer, *Death, Grief, and Mourning in Contemporary Britain* (London: The Cresset Press, 1965).

Pat Jalland, *Death in the Victorian Family* (Oxford: Oxford University Press, 1996).

Pat Jalland, *Death in War and Peace: Loss and Grief in England, 1914–1970* (Oxford: Oxford University Press, 2010).

Adrian Kear and Deborah Lynn Steinberg (eds), *Mourning Diana: Nation, Culture and the Performance of Grief* (London: Routledge, 1999).

Lucy Noakes, *Death, Grief and Mourning in Second World War Britain* (Manchester: Manchester University Press, forthcoming).

Patricia Phillippy, *Women, Death and Literature in Post-Reformation England* (Cambridge: Cambridge University Press, 2002).

Julie-Marie Strange, *Death, Grief and Poverty in Britain, 1870–1914* (Cambridge: Cambridge University Press, 2005).

James Thomas, 'Beneath the Mourning Veil: Mass-Observation and the Death of Diana', *Mass-Observation Archive Occasional Paper No. 12* (Brighton: University of Sussex Library, 2002).

James Thomas, *Diana's Mourning: A People's History* (Cardiff: University of Wales Press, 2002).

Robert Turnock, *Interpreting Diana: Television Audiences and the Death of a Princess* (London: British Film Institute, 2000).

Tony Walters (ed.), *The Mourning of Diana* (London: Berg, 1999).

致 谢

　　我对该主题的研究——最初并没有打算成书——始于2009年的一场关于达尔文哭泣理论的演讲，这场演讲是在埃克塞特大学安琪莉·理查森和她的同事们为纪念达尔文诞辰200周年而组织的一次活动上发表的。我对眼泪产生了浓厚的兴趣，并在2010年伦敦玛丽王后学院的一个受艺术与人文研究委员会资助的项目中继续探索眼泪的内涵。该项目的主题为"表达的情感"，与我合作的还有阿里·坎贝尔、克莱尔·惠斯勒和巴维什·欣多查。克莱尔·考曼提醒我关注弗吉尼亚·伊托正在做的一个关于哭泣心理学的访谈。通过弗吉尼亚，我联系上了云雀制作公司（What Lark! Productions）的克莱尔·惠利和查理·赛弗，他们正在制作一档名为《放声大哭》的电视节目。该节目由乔·布兰德主持，关注眼泪的意义，正在寻找一位史学撰稿人。正因为我参与了这个节目，并和布兰德一起接受了英国广播公司第四频道《女性时间》节目的联合采访，我从此有了写一本书的想法，《帝国的眼泪》开始成型。大约在同一时间，我正在撰写这个主题的第一篇文章，该文最终以《法官威尔斯先生的眼泪》为题发表在《维多利亚时代的文化杂志》上。海伦·罗杰斯给了我极大的鼓励和耐心，帮我将冗长的文稿转化为可以发表的文章。

　　我曾在一些学术研讨会和会议上宣读了自己的研究，我非常感谢这些活动的组织者、主持人和参与者，他们的提问、批评和建议令我的研究受益匪浅：埃克塞特大学达尔文、医学和人文科学会议（安吉丽克·理查森）；伦敦帝国理工学院科学史系研讨会（安德鲁·门德尔松和阿比盖尔·伍兹）；英国18世纪研究会年会，牛津（杰里米·格雷戈里和迈克尔·伯顿）；剑桥大学现代文化史研讨会（彼得·曼德勒和劳伦斯·克莱因）；荷兰历史学会年会，海牙（赫尔曼·卢登堡）；"流动的感情"会议，玛丽王后学院与伯贝克学院（卡罗琳·伯德特和蒂芙尼·瓦特-史密斯）；伯克贝克学院英语专业研究生系列讲座（安东尼·贝尔）；伯贝克学院历史系研究生研讨会（珍妮特·韦斯顿）；英国心理学会，惠康信托基金心理学史研讨会（艾伦·柯林斯和罗德里·海沃德）；英国文学与科学学会年会，卡迪夫（凯尔·沃丁顿、马丁·威利斯和安东尼·曼达尔）；漫长的18世纪研讨会，历史研究所（莎莉·霍洛韦）；北伦敦第三时代大学（德里克·斯科特）；爱丁堡大学失落、悲伤和痛苦研讨会（安娜·格朗德沃特）；历史协会巴斯分会（博伊德·施伦瑟）。在进行档案研究的过程中，我感谢以下方面的帮助和支持：苏塞克斯"大众观察"档案馆（杰西卡·斯坎特伯里）；英国广播公司文字档案中心，卡弗舍姆（杰夫·瓦尔登）；伦敦英国电影协会档案馆；赫特福德郡档案馆与地方研究。

在研究和撰写眼泪及其历史的五年时间里，我有幸与玛丽王后学院热情慷慨的同事们一起工作，无论是在历史学院，还是在情感史中心的跨学科工作中，他们的建议、学识和鼓励弥足珍贵。他们包括：罗德里·海沃德、科林·琼斯、米里·鲁宾、阿曼达·维克里、芭芭拉·泰勒、莫拉格·希阿奇、埃琳娜·卡雷拉、蒂凡尼·瓦特-史密斯、凯瑟琳·安吉尔、汤姆·阿斯布里奇、埃莉诺·贝茨、费·邦德·阿尔伯蒂、安德里亚·布雷迪、莎拉·克鲁克、弗吉尼亚·戴维斯、詹姆斯·埃里森、朱尔斯·埃文斯、马克·格兰西、莉兹·格雷、特里斯特拉姆·亨特、朱利安·杰克逊、阿萨·詹森、海伦·麦卡锡、简·麦克尔沃斯、克里斯·米勒德、迈克尔·奎斯提尔、罗伯特·桑德斯、杰德·谢泼德、克里斯·斯帕克斯、斯蒂芬·斯宾塞、米兰达·斯坦扬、艾玛·萨顿和艾玛·耶茨。我的研究还得到了惠康信托基金的进一步支持，该基金资助了玛丽王后学院一个名为"历史上的医学、情感和疾病"的项目。在项目最后阶段，常驻情感史中心的利弗休姆信托基金会艺术家克莱尔·惠斯勒策划了关于"天气、眼泪和水道"的系列创意活动，为我的书提供了启发和灵感。

在与音频制作人娜塔莉·斯蒂德合作为英国广播公司第三频道制作一档名为《玛格丽特，你悲伤吗？一部关于哭泣的文化史》的专题节目的过程中，我学到了很多关于眼泪作为一种审美反应的知识。该节目在2013年一月首播。多亏了娜塔莉，这个节目才得以问世，我也才有机会向她和所有其他的创作者学习，我非常感谢这些人：皮特·德·博拉、伊恩·博斯特里奇、弗吉尼亚·伊托夫、贾尔斯·弗雷泽、西蒙·戈德希尔、米里·鲁宾、菲奥娜·肖和马修·斯威特。尼克·坦纳是《伊恩·希斯洛普紧抿的上唇：一部英国的情感史》剧集的一位制片人，该节目由翼展制作公司（Wingspan Productions）为英国广播公司第二频道制作。坦纳在参加了玛丽王后学院"漫游的情感"会议之后，我受邀在该节目中担任顾问。我感谢阿奇·巴伦、黛比·李和尼克·坦纳给我这次机会。我从黛比和尼克等人为该剧集所做的历史研究中，以及与他们一起思考如何如何建构英国人情感认同的叙事历史的过程中获益匪浅。

在写作这本书的过程中，一件令人感到愉快的事情是每个人都有一些流泪的经历以及他们对哭泣的看法，无论这些看法来自他们的生活，还是学术研究，或者兼而有之。许多人非常友好地向我讲述了他们的思考和案例，这些思考和案例源于他们的知识和经历，我十分感谢他们：乔安妮·贝利、马修·贝利、尼古拉·鲍恩、约瑟夫·布里斯托、苏珊·布鲁姆霍尔、波莉·布尔、卡罗琳·伯德特、杰弗里·康托尔、伯纳德·卡普、路易丝·卡特、桑塔努·达斯、艾玛·迪克森、凯·迪克森、凯特·迪克森·汉弗莱斯、汤姆·迪克森·汉弗莱斯、威廉·迪克森·汉弗莱斯、斯蒂芬妮·唐斯、吉姆·恩德斯比、马特·菲切、凯瑟琳·弗莱彻、马丁·弗朗西斯、马修·格伦比、安娜·地表水、克劳迪娅·哈蒙德、詹姆斯·哈里斯、凯瑟琳·哈维、蒂姆·希区柯克、斯蒂芬·霍尔、斯图尔特·霍加斯、莎莉·霍洛威、詹姆斯·汉弗莱斯、艾琳娜·伊萨耶夫、汤姆·琼斯、妮娜·奎尼·凯恩、马修·克鲁格曼、金伯利·奈特、埃德·雷克、迈克·利维、托比·利希蒂希、莎拉·洛登·普尔、艾莉森·洛维、乔·里昂、乔安妮·麦克尤恩、罗斯·麦克法兰、安吉拉·麦柯肖恩、菲利帕·马登、温迪·米凯拉、马蒂尔达·默里、苏西·帕金斯、克里斯·皮尔森、吉赛尔·波尔图顿多、罗斯·雷诺兹、爱默生·罗伯茨、贝丝·罗宾逊、威廉敏·鲁伯格、马克·西摩、苏珊娜·沙普兰、贾尔斯·希尔森、艾琳·沙利文、帕姆·瑟斯威尔、斯蒂芬妮·特里格、凯特·汤斯顿、基尔·沃丁顿、蒂姆·韦伯、保罗·怀特、吉莉安·威廉姆森和彼得·耶德尔。

在相关期刊和出版商的许可下，本文重新使用了先前发表在如下出版物中的文字：Thomas Dixon, "Patients and Passions: Languages of Medicine and Emotion, 1790—1850", in Fay

Bound Alberti (ed.), *Medicine, Emotion, and Disease, 1750—1850* (Basingstoke: Palgrave Macmillan, 2006), pp. 22—52; Thomas Dixon, "Enthusiasm Delineated: Weeping as a Religious Activity in Eighteenth-Century Britain", *Litteraria Pragensia: Studies in Literature and Culture* 22 (2012): 59—81; Thomas Dixon, "The Tears of Mr. Justice Willes", *Journal of Victorian Culture* 17 (2012): 1—23.

我也很感谢被授权转载以下材料: 1950年8月"大众观察"（Mass Observation）问卷参与者的回答摘录, 由伦敦柯蒂斯·布朗集团有限公司（Curtis Brown Group Ltd）代表大众观察档案信托公司（The Trustees of the Mass Observation Archive）授权;《新诗集》（*New Collected Poems*, Carcanet, 2003）中莱斯·莫里（Les Murray）的《一道绝对普通的彩虹》（An Absolutely Ordinary Rainbow）中的诗句, 经出版商授权;《献给约翰尼: 第二次世界大战的诗》（*For Johnny: Poems of World War Two*, Shepheard-Walwyn, 1976）中约翰·普德尼（John Pudney）的《献给约翰尼》（For Johnny）中的诗句, 经大卫·海厄姆联合有限公司（David Higham Associates Ltd）向约翰·普德尼基金会（Estate of John Pudney）授权;《为你疯狂》（*Crazy For You*）中《紧密上唇》（Stiff Upper Lip）的歌词, 由乔治·格什温（George Gershwin）和艾拉·格什温（Ira Gershwin）作词作曲且版权所有（1937）, 由诺瓦基音乐(Nowaki Music)、弗兰基歌曲（Frankie G. Songs）、艾拉·格什温音乐（ASCAP）再创作, 经华纳·查佩尔和哈尔·伦纳德公司（Warner Chappell and Hal

致　谢

Leonard Corporation）授权，诺瓦基音乐的一切权益由影像之声（Imagem Sounds）管理，艾拉·格什温音乐的一切权益由华纳音乐集团管理并保留一切权利，受国际版权保护；《男孩不哭》（Boys Don't Cry）的歌词，由罗伯特·詹姆斯·史密斯（Robert James Smith）作词，由他、劳伦斯·安德鲁·托尔赫斯特（Laurence Andrew Tolhurst）和迈克尔·斯蒂芬·邓普西（Michael Stephen Dempsey）作曲，小说歌曲有限公司（Fictions Songs Ltd）版权所有（1979, 1980），经音乐销售有限公司（Music Sales Ltd）和哈尔·伦纳德公司（Hal Leonard Corporation）再版，在美国和加拿大的所有权利由环球音乐-MGB 歌曲公司（Universal Music–MGB Songs）管理，保留一切权利并受国际版权保护；《我相信》（I Believe）（《恐惧之泪》[Tears for Fears]）中的歌词，由罗兰·奥扎巴尔（Roland Orzabal）作词作曲，罗兰·奥扎巴尔有限公司（Roland Orzabal Ltd）和 BMG VM 音乐有限公司（BMG VM Music Ltd）版权所有（1985）；《大叫》（Shout）（《恐惧之泪》[Tears for Fears]），罗兰·奥扎巴尔和伊恩·斯坦利（Ian Stanley）作词作曲，MBG 10 音乐有限公司（BMG 10 Music）和 BMG VM 音乐有限公司版权所有（1984），经哈尔·伦纳德公司授权再版，由美国BMG版权管理公司（BMG Rights Management [US] LLC）保留所有权利并受国际版权保护。尽管已尽一切努力在出版前寻找和联系所有版权所有者，但遗漏在所难免。出版社获悉后，将尽快纠正任何错误或遗漏。

　　我与我的文学经纪人安娜·鲍尔第一次讨论自己的出书设想已是多年前的事了。在这期间，安娜一直帮助我将这些想法有效地转化成这本书中的文字，她用智慧和耐心，温柔而坚定地推动我朝着正确的方向前进。我很感谢牛津大学出版社的克里斯托弗·惠勒和卢西亚·娜奥弗拉赫蒂对这本书的支持，我还要特别感谢马修·科顿在编辑过程中的悉心修改和建议。感谢牛津大学出版社指定的匿名读者对最初写作计划和最后书稿给予的评价。感谢桑德拉·阿瑟松和康妮·罗伯逊分别在插图来源和文本授权方面提供的宝贵协助。在我最后的写作阶段，几位同事非常热心地阅读和评论了一些章节的草稿，提出了许多改进意见。为此，我要感谢乔安娜·伯克、霍莉·弗诺克斯、马克·格兰西、赫塔·豪斯、海伦·麦卡锡、露西·诺克斯、罗伯特·桑德斯和蒂芙尼·瓦特–史密斯。杰基·普里查德细致入微的编辑和安德鲁·霍基的校对让我避免了一些错误，确保终稿按最高标准编写而成。

我的妻子艾米丽·巴特沃斯阅读并评论了每个章节，读完每一章都给予我建议和鼓励。看到本书付梓，她会像其他人一样长舒一口气，让我们从哭泣中解脱出来。在我们的第一个儿子凯莱布出生以前，我开始研究眼泪的历史，并在他上学的第一个学期完成了这本书。我带着爱将这本书献给凯莱布，他和弟弟劳里一起，教会了我许许多多、各种各样关于哭泣的知识。

　　　　　　　　　　　　　　　　　　　　致　谢

守望思想　　逐光启航

帝国的眼泪：一部英国情感史

[英] 托马斯·迪克森　著

赵　涵　译

丛书主编　王晴佳
责任编辑　张婧易
营销编辑　池　淼　赵宇迪
封面设计　3 in

出版：上海光启书局有限公司
地址：上海市闵行区号景路 159 弄 C 座 2 楼 201 室　201101
发行：上海人民出版社发行中心
印刷：山东临沂新华印刷物流集团有限责任公司
制版：南京展望文化发展有限公司

开本：880mm×1240mm　　1/32
印张：13.375　　字数：314,000　　插页：2
2025 年 1 月第 1 版　　2025 年 1 月第 1 次印刷
定价：128.00 元
ISBN: 978-7-5452-2023-0 / B·8

图书在版编目（CIP）数据

帝国的眼泪：一部英国情感史 /（英）托马斯·迪
克森著；赵涵译 . -- 上海：光启书局，2025. -- ISBN
978-7-5452-2023-0

I. B842.6

中国国家版本馆 CIP 数据核字第 202415U231 号

本书如有印装错误，请致电本社更换 021-53202430